胶凝砂砾石坝
坝料力学性能与结构设计

Cemented Sand Gravel Dam: Material Mechanical Properties and Structural Design

蔡 新 郭兴文 杨 杰 武颖利 著

科 学 出 版 社

北 京

内 容 简 介

本书介绍了胶凝砂砾石坝的发展概况，详细阐述了胶凝砂砾石坝坝料的力学特性和大坝结构设计。主要内容包括胶凝砂砾石坝坝料的一系列力学特性试验、新型本构关系、胶凝砂砾石坝工作性态、结构设计及其优化设计等。

本书可作为高等学校土木水利类专业的本科生与研究生的教材或参考书，也可供土木水利领域从事设计、施工、建设及运行管理的工程技术人员参考。

图书在版编目(CIP)数据

胶凝砂砾石坝坝料力学性能与结构设计/蔡新等著．—北京：科学出版社，2021.6

ISBN 978-7-03-068948-1

Ⅰ.①胶…　Ⅱ.①蔡…　Ⅲ.①胶凝-砾石-土石坝-石料-力学性能-研究②胶凝-砾石-土石坝-石料-结构设计-研究　Ⅳ.①TV641

中国版本图书馆 CIP 数据核字（2021）第 104442 号

责任编辑：赵敬伟　郭学雯 / 责任校对：彭珍珍
责任印制：吴兆东 / 封面设计：无极书装

科学出版社 出版
北京东黄城根北街 16 号
邮政编码：100717
http://www.sciencep.com
北京凌奇印刷有限责任公司 印刷
科学出版社发行　各地新华书店经销
*
2021 年 6 月第　一　版　开本：720×1000　B5
2022 年 1 月第二次印刷　印张：17 3/4
字数：358 000

定价：138.00 元

（如有印装质量问题，我社负责调换）

序

由蔡新教授等著的《胶凝砂砾石坝坝料力学性能与结构设计》一书，即将由科学出版社出版，我很荣幸能阅读原稿，并欣然为该书写篇序言。

胶凝砂砾石坝是兼有堆石坝和碾压混凝土坝两种坝型优点的一种新坝型，具有断面小、施工速度快、节省用料、便于施工导流、抗震性能好、适应较软弱地基等特点，有较高的安全可靠性和经济性，具有较强的竞争力和推广应用前景。国外已建成该坝型工程40多座，近20年来该坝型在国内也受到很多关注，胶凝砂砾石坝工程建设的相关关键技术的研究尚处于探索完善阶段，实质性的应用较少，在已建和在建的10多个工程中，主要是围堰等临时性工程，永久工程仅两座，还有多座工程正在规划设计中。

目前关于胶凝砂砾石坝坝料的工程特性与力学行为研究方面取得了一定进展，坝工界、有关院所和高校开展了筑坝料静动力性能、耐久性、蠕变性及热力学性质等方面的试验研究，但该坝型结构设计仍然是经验性的，胶凝砂砾石坝结构性能的研究主要借助岩土材料的经典本构模型进行，尚没有提出准确反映胶凝砂砾石坝坝料特性的静动力本构模型、蠕变本构模型以及热应力-应变关系模型，使得大坝工作性态预测分析结果存在偏差，从而影响了大坝结构设计指标的确定。

针对上述问题，近20年来蔡新教授团队在进行大量系列科学试验理论及数值仿真研究的基础上，对胶凝砂砾石坝的坝料力学特性及大坝结构设计的相关研究成果进行总结凝练，撰写成这本专著。该书介绍了胶凝砂砾石坝技术的发展概况，描述了胶凝砂砾石料的力学特性系列试验及其成果，着重研究了胶凝砂砾石料新型本构关系，胶凝砂砾石坝工作性态、结构设计及其优化设计等。该书是当前全面反映胶凝砂砾石新材料力学性能、胶凝砂砾石坝新坝型结构设计方面的专门著作，既有详细的理论方法内容，又有一定工程应用实例，具有较高的学术水平和重要的参考应用价值。

希望该书的出版为行业领域人员系统地学习和了解胶凝砂砾石坝新坝型并推动该筑坝技术在我国的实质性推广应用起到重要的参考和指导作用。

吴中如

中国工程院院士

河海大学教授　博士研究生导师

2018年12月

前　言

胶凝砂砾石筑坝是20世纪80年代发展起来的一种新型筑坝技术，其特点是将少量胶凝材料、水添加到河床砂砾石或开挖废弃料等坝址附近易获得的基材中，用简易设备和工艺进行拌和，形成胶凝砂砾石料，再使用高效率的土石方运输机械和压实机械施工，填筑成体型介于碾压混凝土坝与面板堆石坝之间的一种新坝型。该筑坝技术最大限度利用河床砂砾及开挖废弃料，可减轻水利枢纽对周围环境的破坏和不利影响，施工速度快，工程造价低，是一种经济环保型的水工建筑物。

胶凝砂砾石筑坝技术扩大了坝型选择范围，放宽了筑坝条件，丰富了以土石坝、混凝土坝、砌石坝等为主的筑坝技术体系。近年来，日本、土耳其、希腊、法国、菲律宾等国家的诸多永久工程中应用了该坝型。我国先后在福建洪口，云南功果桥、大华桥，贵州沙沱，四川飞仙关等围堰临时工程中应用该筑坝技术，取得了一定的实践经验。2015年，我国第一座高度超过50m的胶凝砂砾石坝永久工程——山西守口堡水库大坝正式开工建设，2016年，我国建成了第一座胶凝砂砾石坝永久工程——四川顺江堰胶凝砂砾石溢流坝。永久工程的建设，标志着我国胶凝砂砾石筑坝技术发展到了一个新的阶段。该技术的研究与应用，也为我国面广量大的中小型水利水电工程建设和众多老旧、病险水库工程的除险加固改造提供了一种新的思路和途径。

自1970年Raphael在于美国加利福尼亚州召开的“混凝土快速施工会议”上提出胶凝堆石坝的概念以来，坝工界对这一新坝型给予高度关注，国内外几乎同步开展了一系列的研究工作，并取得了重要进展。20世纪90年代后期以来，我国对该坝型相关研究的投入持续增加。华北水利水电大学（原华北水利水电学院）先后获得水利部重点科研项目“超贫胶结材料坝研究”和水利部公益性行业科研专项经费项目“胶凝砂砾石材料力学特性、耐久性及坝型研究”的资助；中国水利水电科学研究院、福建省水利水电勘测设计研究院、中国水利水电第十六工程局有限公司等单位获得水利部“948”计划技术创新与推广转化项目“胶凝砂砾石坝筑坝材料特性及其对面板防渗体影响的研究”的资助；中国水利水电科学研究院还获得水利部公益性行业科研专项经费项目“堆石混凝土与胶凝砂砾石关键技术研究”的资助；武汉大学获得国家自然科学基金项目“Hard-fill坝几个理论问题的研究”的资助；河海大学获得国家自然科学基金项目“胶凝砂砾石料弹塑性本构模型研究”、高等学校博士学科点专项科研基金“胶凝堆石坝抗震工作性态研究”、“十二五”国家科技支撑计划课题“农村小水电新型水工结构及降损技术研究”的资助。在这些经费支持下，国内从胶凝砂砾石料的基本特性、耐久性、静动力本构、结构计算分析、防渗体系、施工设备、施工工艺等方面，对胶凝砂砾石筑坝技术进行了较为系统的研究，取得了系列重要成果，并出台了《胶结颗粒料筑坝技术导则》(SL 678—2014)。

国际大坝委员会高度重视该坝型的研究和应用，2013年，在贾金生主席的倡导下成立了胶结颗粒料坝专委会，同时他还在我国主持成立了中国大坝工程学会胶结颗粒料坝专委会，组织对该筑坝技术开展进一步的深入研究，为该坝型在我国的实践应用作出了重要贡献。

胶凝砂砾石料作为胶凝砂砾石坝主要筑坝材料，是介于常规堆石和传统混凝土之间的一种新型人工合成材料，是在散粒体的基础上，通过人工施加胶凝材料使其变成连续体，本质上仍是一种由水泥石、骨料，以及二者之间的界面过渡区所构成的材料，是一种典型的颗粒复合材料，因而胶凝砂砾石料的宏观工程力学性能必然与其骨料颗粒分布、形貌及胶结面特性等细观结构特征密切相关。因此，开展胶凝砂砾石料的力学性能试验、宏细观多尺度研究，建立符合其力学行为特点的新型本构关系，揭示胶凝砂砾石料宏观尺度下复杂力学行为机理，对提升胶凝砂砾石坝结构设计水平和推动胶凝砂砾石筑坝技术发展进步，具有重要研究意义和实际应用价值。

本书就胶凝砂砾石料的静力特性、动力特性、蠕变特性、热力学特性及大坝结构分析设计方面的研究进展进行概述，以期为推动该筑坝技术在我国的实质性推广应用提供研究和设计借鉴。

本书共6章。主要介绍胶凝砂砾石坝的发展、胶凝砂砾石料力学特性试验、胶凝砂砾石料本构关系、胶凝砂砾石坝结构工作性态、胶凝砂砾石坝结构设计等。

本书是蔡新教授团队近20年来关于胶凝砂砾石坝研究主要成果的阶段总结，由蔡新、郭兴文、杨杰、武颖利合著，蔡新负责统稿定稿。江敏敏、杜建莉等参加了研究及部分编写。参加研究工作的还有施金、明宇、顾行文、傅华、凌华、赵骞、陈姣姣、沈大博、宋小波、江泉、顾水涛等。在此一并表示感谢。

本书研究工作受到南京水利科学研究院科学基金项目“胶凝面板堆石坝关键技术问题研究”(Y90301，2003年)、高等学校博士学科点专项科研基金项目(博士导师类)“胶凝堆石坝抗震工作性态研究”(20100094110014，2010年)、国家自然科学基金项目“胶凝砂砾石坝坝料弹塑性本构模型研究”(51179061，2011年)、“十二五”国家科技支撑计划课题“农村小水电新型水工结构和降损技术研究”（2012BAD10B02，2012 年）、水利部土石坝破坏机理与防控技术重点实验室开放基金项目“基于胶凝砂砾石坝坝料细观特征的宏观蠕变特性研究”（20145025912，2014 年）、“十三五”重点研发计划课题“胶结颗粒料坝结构破坏模式与新型结构优化理论”（2018YFC0406804，2018 年）的资助，特此致谢。

中国工程院院士、河海大学博士生导师吴中如教授对本书的初稿进行了详细的审阅并作序，提出了宝贵的修改意见，作者表示诚挚的谢意。

限于作者水平，书中难免存在不妥之处，恳请读者批评指正。

蔡　新

2019 年 2 月于南京

目 录

第1章 绪　论

胶凝砂砾石坝，作为近几十年来在总结传统面板堆石坝与碾压混凝土坝优特点的基础上发展起来的一种新坝型，是通过在坝址附近河床或山区的天然砂砾石、废弃石料、碎石等石料中，添加少量胶凝剂、水，经拌和后，运抵施工仓面，摊铺、碾压而成的。它具有断面小、用料省、施工快速、导流方便、地基适应性强、抗震性能好、经济环保等优势，已在水电工程建设中得到了一些应用。该筑坝技术最大限度地利用了河床砂砾石及开挖废弃石料，可减轻水利枢纽对周围环境的破坏以及其他一些不利因素的影响，能在一定程度上降低工程总成本，是一种经济、环保的水工建筑物。

本章主要介绍胶凝砂砾石坝的特点及发展，胶凝砂砾石料力学性质、本构模型，胶凝砂砾石坝结构性能分析及结构设计等研究进展，并概要介绍本书内容及组织构架。

1.1 胶凝砂砾石坝的特点及发展

1.1.1 胶凝砂砾石坝的特点

2013年8月，在美国西雅图召开的第81届国际大坝委员会年会上，表决成立了胶结颗粒料坝专委会，旨在推广以胶凝砂砾石坝为代表的胶结颗粒料筑坝新理念，并促进该新型筑坝技术总结、应用以及推广。

在中华人民共和国水利部2014年发布的《胶结颗粒料筑坝技术导则》(SL 678—2014)[1]中，胶凝砂砾石坝被认为属于胶结颗粒料坝，强调“宜材适构、宜构适材”的理念。该筑坝技术扩大了坝型选择范围，放宽了筑坝条件，丰富了以土石坝、混凝土坝、砌石坝等为主的筑坝技术体系。

胶凝砂砾石坝断面形状通常为梯形，已有研究成果表明，该坝具有良好的适应性、较高的安全性与经济性。相较于面板堆石坝与碾压混凝土坝，胶凝砂砾石坝具有自身的特点[2]。与面板堆石坝相比，它主要体现在以下几个方面。

(1) 胶凝砂砾石坝断面综合坡比一般仅占面板堆石坝坡比的50%，其断面小于堆石坝断面，总体填筑方量显著减少。

(2) 砂砾石筑坝材料中掺入了胶凝剂，碾压后形成的胶结体坝料具有较高的抗剪、抗压强度，坝体表层及内部的抗冲蚀能力得到提升，施工期可允许临时过水，有利于降低施工导流标准；遭遇超标准洪水，亦可依靠坝体材料强度，降低大坝结构的漫顶速溃风险。

(3) 与普通碾压堆石相比，胶凝砂砾石料变形模量较高，通常可达到堆石的10～100倍，可减小坝体变形，有利于改善防渗面板和接缝的工作性态，有效降低上游防渗体系失效风险。

(4) 面板堆石坝修筑时一般设置主堆、次堆、反滤等分区，而胶凝砂砾石坝分区少。

(5) 与堆石料、碾压混凝土相比，胶凝砂砾石料对级配要求较低。

胶凝砂砾石坝与碾压混凝土坝的主要区别如下。

(1) 坝体防渗完全依靠防渗面板或变态胶凝砂砾石防渗体，坝体无防渗要求；

(2) 胶凝砂砾石坝通常应用对称断面，坝体内部整体应力水平低，对筑坝材料强度的要求较低，因而可放宽骨料选择范围，充分利用河床砂砾石、开挖石料，减少弃料，有利于环保；

(3) 胶凝砂砾石坝断面大于碾压混凝土坝，坝体底部应力分布更加均匀且应力水平较低，对基础的强度要求较低，大坝对基础的适应能力增强，坝体稳定性、抗震性能得到提高；

(4) 坝料水泥掺量少，绝热温升低，温度效应小，一般无须采用专门的温控措施，可简化施工工艺，使施工更加简便、快速。

正是上述诸多优势，促进了胶凝砂砾石坝的建设与发展。

1.1.2 胶凝砂砾石坝的发展

1) 国外发展概述

在1970年于美国加利福尼亚州召开的“混凝土快速施工会议”上，Raphael分析了堆石体材料与常规混凝土材料物理力学性质的差异，率先提出通过掺入水泥提高散粒料的抗剪强度，使用高效的土料运输和碾压设备进行坝体施工，从而获得一种新型“最优重力坝”，其剖面介于重力坝与堆石坝之间，坝料性能也介于混凝土和堆石料之间，形成了胶凝砂砾石坝的雏形。1972年，Cannon提出的“用土料压实的方法建造混凝土坝”设想，本质上是胶凝砂砾石坝思想的进一步发展。1973年在第11届国际大坝会议上，A. I. B. Moffat建议将路基上使用的贫浆混凝土用于修筑混凝土坝，并用筑路机械压实，实现快速施工。上述研究工作对胶凝砂砾石坝概念内涵的形成起到了积极引导作用[3]。

1974年，美国加州大学伯克利分校的Johnson将胶凝砂砾石坝思想应用于巴基斯坦Tarbela坝的泄洪洞修复工程，设计了一种未筛洗砂砾石与少量水泥的拌和料，用于修复泄洪洞被冲毁的部位，并在42天内完成了35万m^3的填筑量，此料被称为Rollcrete材料。实践表明，此种材料具有适宜的强度、耐久性及施工速度的优势。

1982年，美国俄勒冈州建成的柳溪（Willow Creek）坝，是世界上第一座坝体内部采用超贫碾压混凝土的重力坝，其内部碾压混凝土的胶凝掺量仅为66kg/m^3。大坝内部水泥用量少，水化热温升低，坝体弹性模量也较低，因此，整个大坝未分横缝，而是采用30cm厚的薄层进行铺筑、碾压。该坝中33.1万m^3碾压混凝土的浇筑在5个月内完成，比常态混凝土重力坝缩短工期1～1.5年，造价仅为常态混凝土重力坝的40%，相当于堆石坝的60%。柳溪坝的成功修建为胶凝砂砾石筑坝积累了实践经验。

1988年，法国学者Londe对前人的筑坝思想进行了进一步剖析，并在第16届国际大坝会议上建议用贫胶混凝土作为筑坝材料，并将当前碾压混凝土级配要求适当降低。他结合上、下游坝坡比为1∶0.70～1∶0.75的假想坝分析了坝体应力特征，指出此类坝的断面大、应力小、材料要求低、筑坝成本低等特点。1992年，他又发表了《对称硬填方面板坝》的论文，指出这种剖面对称体型的新坝型不仅成本低，还具有更高的安全度，为人们更好地了解此类大坝结构特点发挥了重要作用[4]。

希腊是胶凝砂砾石坝实践的先行者，1992年建成了坝高25m的Mykonos Ⅰ坝，1993年建成了坝高28m的Marathia坝，1997年建成了坝高32m的Ano Mera坝，上述三座大坝均为对称梯形断面，断面上、下游坡比均为1∶0.5。图1.1为Ano Mera坝断面图，上游面做防渗处理，下游面采用阶梯形。筑坝材料主要来源于河床和坝址附近，骨料最大粒径为60mm，胶凝剂为粉煤灰和水泥，合计70kg/m^3（其中粉煤灰含量20%），容重为2300～2400kg/m^3，7d、28d、90d的强度分别为3MPa、4MPa、5MPa，碾压层厚在200～300mm。此后，希腊于2003年建成32m高的Steno坝，2009年又建成了3座同类型大坝，分别是坝高32m的Lithaios坝、坝高56m的Valsamiotis坝以及坝高95m的

Platanoaryssi 坝，2010 年建成 42m 高的 Koris Yefiri 坝。

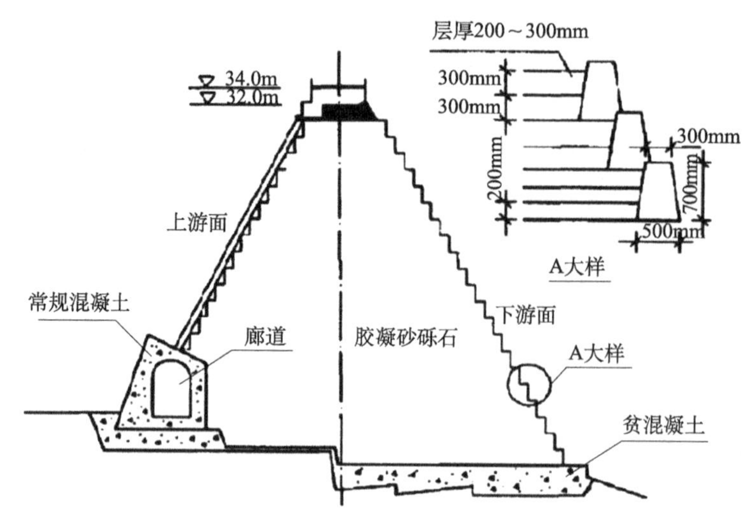

图 1.1　希腊 Ano Mera 胶凝砂砾石坝断面图

日本坝工界自 20 世纪 90 年代起开始，投入大量人力、物力和财力，研究胶凝砂砾石筑坝技术，并称这种新坝型筑坝材料为 CSG（cemented sand and gravel）。1999 年采用 CSG 修建了第一座永久性建筑物——Nagashima 水库拦沙坝；2002 年建成了 Haizuka 水库拦沙坝；2004 年建成 Taiho 坝。2007 年 9 月，日本大坝工程中心公布了《梯形胶凝砂砾石坝施工与质量控制工程手册》，标志着日本胶凝砂砾石坝建设形成了自己的特色。随后，日本又与 2012 年建成坝高 52.4m 的 Tobetsu 坝，2013 年建成 Okukubi 坝。此外，日本修建的胶凝砂砾石坝还有 Sanru 坝（46.0m）、Honmyogawa 坝（64.0m）、Mikasapombetsu 坝（53.0m）、Choukai 坝（81.0m）、Apporo 坝（47.2m）等，截至目前成为完建与拟建此类工程最多的国家。

土耳其是将胶凝砂砾石筑坝技术应用于高坝的国家，2007 年完建的 Beydag 坝及 2010 年完建的 Oyuk 坝高度均达到 100m。2008 年完建的 Cindere 坝（图 1.2）高度达到 107m，是世界上已建的最高胶凝砂砾石坝。Cindere 坝坝体采用对称的梯形结构，坝顶长 280.58m，宽 10m，上、下游坝面坡比为 1∶0.7。坝体每 20m 设置一个垂直缝。大坝只在上游面设置防渗面板和排水系统，防渗面板是混凝土面板加聚氯乙烯（PVC）膜防渗，在 PVC 膜后设置渗漏收集管道，集中到上游面板后的排水管道中。坝料胶凝剂为 50kg/m^3 水泥（强度为 42.3MPa）和 20kg/m^3 的粉煤灰。大坝施工共用了 150 万 m^3 的胶凝堆石料和 18 万 m^3 的常规混凝土。

图 1.2 土耳其 Cindere 坝

此外，法国、多米尼加、菲律宾、伊朗、美国、老挝等国家也应用胶凝砂砾石料进行筑坝，为胶凝砂砾石筑坝技术发展总结了更多的经验。表 1.1 列出了一些利用胶凝砂砾石筑坝技术建造的国外工程实例。

表 1.1 国外的胶凝砂砾石工程

序号	工程名称	国家	高度/m	顶长/m	坡比		完成年份
					上游	下游	
1	Mykonos Ⅰ坝	希腊	25	—	1∶0.5	1∶0.5	1992
2	Marathia 坝	希腊	28	265	1∶0.5	1∶0.5	1993
3	Ano Mera 坝	希腊	32	150	1∶0.5	1∶0.5	1997
4	Platanoaryssi 坝	希腊	95	305	1∶0.75	1∶0.75	2009
5	Lithaios 坝	希腊	32	526	1∶0.80	1∶0.80	2009
6	Valsamiotis 坝	希腊	56	310	1∶0.80	1∶0.80	2009
7	Stenog 坝	希腊	32	170	1∶0.70	1∶0.70	2003
8	Koris Yefiri 坝	希腊	42	221	1∶0.80	1∶0.80	2010
9	Beyda 坝	土耳其	100	785	1∶0.35	1∶0.8	2007
10	Oyuk 坝	土耳其	100	212	1∶0.7	1∶0.7	2010
11	Cindere 大坝	土耳其	107	281	1∶0.7	1∶0.7	2008
12	Moncion 反调节坝	多米尼加	28	270	1∶0.7	1∶0.7	—
13	Can-Asujan 大坝	菲律宾	44	145	1∶0.6	1∶0.6	2004
14	Rwedat	摩洛哥	24	125	1∶0.4	1∶0.4	1988
15	Koudiat Acerdoune 坝	阿尔及利亚	121	500	1∶0.65	1∶0.65	2008
16	Tam Sauk 上库	美国	30	200	1∶0.6	1∶0.6	2009

续表

序号	工程名称	国家	高度/m	顶长/m	坡比		完成年份
					上游	下游	
17	南欧江五级水电站纵向围堰	老挝	31.5（上游）	142.1	1∶0.3	1∶0.7	2013
18	Kahir（对称硬填方坝）	伊朗	54.5	370	1∶0.8	1∶0.8	—
19	St Martin de Londress	法国	25	—	—	—	1992
20	Zaaihoek 坝	南非	43.5	527	—	—	1988
21	Miyatoko 坝	日本	48	256	1∶0.6	1∶0.8	1997
22	Satsunaigawa 坝	日本	—	300	1∶0.4	1∶0.8	1997
23	Nagashima 坝	日本	34	—	1∶0.6	1∶0.7	1999
24	Haizuka 水库拦沙坝	日本	14	196.6	—	—	2002
25	Taiho 坝	日本	77.5	363.3	—	—	2004
26	Tobetsu 当别大坝	日本	52.4	432	1∶0.8	1∶0.8	2012
27	Okukubi 坝	日本	39	461.5	1∶0.8	1∶0.8	2013
28	太保大坝	日本	30	110.5	1∶0.8	1∶0.8	—
29	Tokuyama 水库上游围堰	日本	14.5	140	1∶1.2	1∶1.2	—
30	Tokuyama 水库下游围堰	日本	14.0	140	1∶1.2	1∶1.2	—
31	Takizawa 水库临时明渠	日本	9.0	9	1∶1.2	1∶1.2	—
32	Sanru 坝	日本	46	350	—	—	2017
33	Honmyogawa 坝	日本	64.0	—	—	—	拟建
34	Mikasapombetsu 坝	日本	53.0	160	—	—	—
35	Choukai 坝	日本	81.0	365	—	—	拟建

2）国内发展概述

国内坝工界对胶凝砂砾石坝这一新坝型的构想大体上与国外是同步的。1970 年，林一山先生提出一种由迎水面相对不透水防渗墙与后部体型肥胖的低胶结堆石体组成的结构型式。该类坝的体积介于土石坝与混凝土重力坝之间，筑坝材料的水泥掺量也在两者之间，其实质上就是胶凝面板堆石坝早期构型。

20 世纪 80 年代中后期，我国碾压混凝土坝、混凝土面板堆石坝建设进入了快速发展期。坝工界关注重点主要是传统的混凝土坝、碾压混凝土坝以及混凝土面板堆石坝，对胶凝砂砾石坝的关注极少。随着面板堆石坝建设高度的增加，该类坝面板与趾板之间的不均匀变形问题日益突出。1993 年，郭诚谦探讨了在堆石坝坝体下部高应力区掺加水泥的堆石料，以减少 200m 级大坝周边缝处面板与趾板间较大的不均匀变形问题，胶凝砂砾石料的应用再次在坝工界得到关注。

国内胶凝砂砾石坝的进一步发展与我国碾压混凝土坝的发展密切相关。低胶凝掺量碾压混凝土坝的试验研究以及工程实践，为更低胶凝掺量的胶凝砂砾石料的应用提供了参考。1995 年，方坤河等较为系统地介绍了当时称为“面板超贫碾压混凝土重力坝”的新坝型，论述了该坝型的技术优越性与经济性。此后，该坝型及其筑坝材料特性的研究逐渐受到国内研究人员的关注，1997 年，唐新军、陆述远[5]率先发表了胶结堆石料力学性能研究方面的成果，对促进我国对此类坝料的研究发挥了积极作用。

随着国外相关工程实践次数的增加，国内坝工界接触胶凝砂砾石坝的信息增多，对此坝型及相关材料的研究热情不断高涨，同时国家及各部委的相关经费投入也持续增加。华北水利水电大学（原华北水利水电学院）先后获得水利部重点科研项目“超贫胶结材料坝研究”和水利部公益性行业科研专项经费项目“胶凝砂砾石材料力学特性、耐久性及坝型研究”的资助；中国水利水电科学研究院、福建省水利水电勘测设计研究院、中国水利水电第十六工程局有限公司等单位获得水利部“948”计划技术创新与推广转化项目“胶凝砂砾石坝筑坝材料特性及其对面板防渗体影响的研究”的资助；中国水利水电科学研究院还获得水利部公益性行业科研专项经费项目“堆石混凝土与胶凝砂砾石关键技术研究”的资助；武汉大学获得国家自然科学基金项目“Hardfill 坝几个理论问题的研究”的资助；河海大学获得国家自然科学基金项目“胶凝堆石料弹塑性本构模型研究”、高等学校博士学科点专项科研基金“胶凝堆石坝抗震工作性态研究”，以及“十二五”国家科技支撑计划课题“农村小水电新型水工结构及降损技术研究”的资助。在上述经费的支持下，国内学者从胶凝砂砾石筑坝材料的基本特性、静动力本构、结构计算分析、防渗体系、施工工艺等方面，对胶凝砂砾石筑坝技术进行了较为系统的研究，取得了一系列的重要成果，为胶凝砂砾石坝在我国的推广应用奠定了坚实的基础。

从 2004 年起，我国先后在贵州道塘水库上游围堰，福建街面水电站下游围堰、洪口水电站上游围堰，云南功果桥水电站上游围堰，贵州沙沱水电站二期下游围堰等工程中应用该项筑坝技术，获得了较为丰富的实践经验，为推动该坝型应用于永久性工程奠定了基础。2015 年，我国第一座高度超过 50m 的胶凝砂砾石坝永久工程——山西守口堡水库大坝正式开始施工，2016 年，我国第一座胶凝砂砾石永久工程——顺江堰胶凝砂砾石溢流坝建成，永久砂砾石坝工程的建设标志着我国胶凝砂砾石筑坝技术水平上升到了一个新的阶段。表 1.2 列出了我国应用胶凝砂砾石料所建造的工程实例。

表 1.2 国内的胶凝砂砾石工程

序号	工程名称	省区	高度/m	顶长/m	坡比		完成年份
					上游	下游	
1	道塘水库上游围堰	贵州	7.38	30	1∶0.2	1∶1	2004
2	街面水电站下游围堰	福建	16.3	49.5	1∶0.6	1∶0.6	2004
3	洪口水电站上游围堰	福建	35.5	90	1∶0.3	1∶0.75	2006
4	沙沱水电站二期下游围堰	贵州	14	132.5	1∶0.6	1∶0.6	2009
5	功果桥水电站二期下游围堰	云南	50	130	1∶0.4	1∶0.7	2009
6	飞仙关水电站一期纵向围堰	四川	12	335	1∶0.6	1∶0.6	2011
7	守口堡水库大坝	山西	61.6	354	1∶0.6	1∶0.6	2019
8	岷江航电犍为枢纽防护堤	四川	14.1	—	—	—	2020
9	阿拉沟水库溢洪道基础填方工程	新疆	44	100	—	—	2014
10	吉勒布拉克面板堆石坝左岸趾板后缘边坡	新疆	34	60	—	—	2013
11	顺江堰胶凝砂砾石溢流坝	四川	11.6	270	直立	1∶1	2016
12	大华桥水电站上游围堰	云南	57	124.9	1∶0.5	1∶0.6	2017
13	金鸡沟水库大坝	四川	33	72	1∶0.35	1∶0.75	2019

1.2 胶凝砂砾石料力学特性研究进展

1.2.1 静力特性

胶凝砂砾石料力学特性的研究手段以试验研究为主，依据混凝土的相关试验规程，进行不同胶凝掺量、砂率、水胶比、骨料级配、龄期等因素的胶凝砂砾石料抗压试验、抗折试验以及单轴往复荷载试验等基本试验，分析胶凝砂砾石料的抗拉强度、弹性模量、渗透系数、抗剪强度等材料特性及其影响因素[6-13]，获得的主要认识有：胶凝掺量对胶凝砂砾石料抗压强度与弹性模量的影响较大，水胶比和细骨料的含量对抗压强度的影响次之；最优用水量可明显提高该材料的抗压强度；掺粉煤灰后的抗拉强度有所提升，特别是后期强度的提高明显；胶凝掺量 110kg/m^3 左右的胶凝砂砾石料拉压强度比值一般近似为 1∶8；胶凝砂砾石料具有明显的塑性变形特征等结论，并建议百米级大坝筑坝材料的胶凝掺量宜高于 70kg/m^3，坝料抗压强度应达到 5MPa 以上等工程设计指标。上述胶凝砂砾石料试验结果为相关技术导则制订筑坝材料水胶比、骨料干密度、骨料级配、砂率及胶凝掺量等配合比设计提供了重要依据。为了改善或提高胶凝砂砾石料的力学性能，学者开始尝试在原胶凝砂砾石料中掺入纤维（如聚乙烯醇（PVA）纤维等），进行坍落度、抗压强度、劈裂抗拉强度、抗冻性等特性试验，指出纤维能提高胶凝砂砾石延性，增加其强度，还给出胶凝砂砾石料的推荐配合比。

与混凝土相比，胶凝砂砾石料的胶凝掺量较少，它的一些力学特性受静水压力或围压的影响更明显。为此，专家们还进行了不同围压、养护龄期、用水量、胶凝掺量、胶凝剂种类、材料密度等条件下胶凝砂砾石料的三轴试验研究，分析了这些因素对该材料剪切强度、变形特性影响的研究工作[14-23]。

除上述物理力学试验特性研究之外，一些专家以离散元颗粒流理论为基础，以数值模拟手段研究砂砾石料宏观静力学行为，依据室内试验结果标定出细观参数，并观察数值试件在弹性阶段、塑性阶段的产生、发展以及最终破坏的过程，揭示胶凝砂砾石料的破坏机理，为进一步研究胶凝砂砾石的本构关系提供了参考[24]。

1.2.2 动力特性

相对于静力特性研究，胶凝砂砾石料动力特性的研究相对薄弱。日本学者Omae基于常规砂砾石料动力特性研究方法，采用动三轴仪对胶凝砂砾石料进行动力性能测试[25]，主要结论包括：坝料动应力-应变关系表现出明显的非线性特征；小幅值循环压力作用下胶凝砂砾石料动剪切模量随围压增大而增大；随着剪应变的增大或应变率的减小，该材料的动剪切模量减小。蔡新等基于大型动三轴试验，研究了不同围压下胶凝砂砾石料动模量衰减规律，指出R. L. Kondner双曲线模型可用于描述胶凝砂砾石料的动力特性。之后，傅华等开展了不同胶凝掺量条件下胶凝砂砾石料的动三轴试验，侧重于研究胶凝掺量、围压等因素对胶凝砂砾石料动力特性的影响[22]。尽管目前胶凝砂砾石动力特性试验研究很少，但有限的成果已使人们能初步认识此类坝料的动力特性，为胶凝砂砾石坝结构动力响应预测提供了非常重要的基础性数据。

1.2.3 热力学特性

胶凝砂砾石料是一种典型的颗粒离散型复合材料，其胶凝掺量较小，颗粒之间是通过弱胶结面连接的，界面处所能承受应力相对较低，胶凝砂砾石料绝热温升较低时也有可能引起它的骨料胶结面破坏，影响其宏观性能，进而影响胶凝砂砾石坝的工作性能。关于胶凝砂砾石料的热力学特性研究，目前主要的研究手段为绝热温升试验。贾金生等开展了胶凝砂砾石料绝热温升试验与现场观测[26]，得到了水泥掺量 50kg/m^3、粉煤灰掺量 40kg/m^3 时养护龄期 28d 的胶凝砂砾石料的绝热温升与现场实测温度。之后，孙明权等开展了不同水胶比、砂率等条件下水泥掺量 50kg/m^3 且粉煤灰掺量 40kg/m^3 的胶凝砂砾石料绝热温升试验，结果表明：龄期 3d 的胶凝砂砾石料温度基本达到稳定值，不同试件绝热温升的温度提高 15.5～16.13℃；胶凝砂砾石料绝热温升终值略小于普通混凝土；水胶比越大，早期水化反应越充分[27,28]。该团队还基于上述绝热温升试验结果，提出了一种适合该材料的绝热温升模型[29,30]。目前对胶凝砂砾石料的绝热温升特性仅进行了初步的研究，尚未进行详实且合理的论证。

1.2.4 蠕变特性

筑坝材料的蠕变特性对大坝的静动力特性、长期变形特性以及温度应力均有影响，例如，混凝土坝料的蠕变特性对结构影响具有两面性，即一方面会使混凝土坝的变形增加、强度降低、寿命缩短，另一方面可使混凝土坝减少应力集中现象、温度应力释放等。随着混凝土蠕变特性研究的深入，渗出理论、黏弹性理论、黏性流动理论、塑性流动理论等混凝土蠕变特性理论相继被提出，相应的混凝土蠕变模型也被建立，许多混凝土蠕变计算理论与方法得到了发展。与混凝土类似，胶凝砂砾石料宏观上也表现出一定的蠕变特性，贾金生团队对该材料的宏观蠕变特性与其细观特征之间的相关性进行了探讨，初步分析了胶凝砂砾石料宏观蠕变特性影响机制[31-33]。蔡新团队基于细观力学理论，结合理论建模、数值模拟与试验研究等手段对胶凝砂砾石料宏观蠕变特性进行了较为系统的研究，深化了对该材料蠕变机理的认识，为胶凝砂砾石料蠕变特性的定量分析提供了依据[34]。

1.2.5 渗透溶蚀性能

研究胶凝砂砾石料的渗透溶蚀性能，目的在于提高其耐久性，使胶凝砂砾石坝使用寿命延长，具有巨大的经济与社会效益。目前，胶凝砂砾石料渗透溶蚀特性的研究手段以试验为主，贾金生等对其开展渗透溶蚀试验研究，认为由于胶凝掺量较少，胶凝砂砾石料的抗渗透、溶蚀性稍差于常规混凝土[35-37]。为进一步探索该材料的渗透溶蚀机理，学者还以 Ca^{2+} 的溶出浓度以及渗透量来表征胶凝砂砾石料的渗透溶蚀程度，得出：胶凝砂砾石料透出的 Ca^{2+} 含量随着龄期的增加呈先上升后下降趋势，且最终稳定在某一固定值；胶凝砂砾石料的抗渗透溶蚀性能稍差于常规混凝土，Ca^{2+}的极限浓度也低于常规混凝土。针对上述胶凝砂砾石料渗透溶蚀性能的分析结果，一些有效的抗渗透溶蚀措施相继被提出。

1.3 胶凝砂砾石料本构模型研究进展

随着胶凝砂砾石坝逐渐在水利工程建设中得到应用，且由中、低坝工程向百米级永久性高坝工程推进，合理预测大坝结构施工期、运行期的应力变形工作性态，从而科学评估大坝结构安全性显得更为重要，其核心内容和关键问题是胶凝砂砾石料本构模型的构建。由于胶凝砂砾石料的材料组分不同于堆石料、碾压混凝土等材料，因而其力学特性亦与之存在较大差异，直接采用堆石料或碾压混凝土本构模型预测胶凝砂砾石坝的应力、变形，可能导致其预测值与实际情况存在较大偏差。随着研究工作的深入与工程实践的推进，国内外学者在该领域做了大量的研究工作，并取得了一些重要成果。

1.3.1 静力本构模型

目前，胶凝砂砾石料力学特性研究还处在初步探讨阶段，一些学者尝试采用结构较简单的弹性模型反映胶凝砂砾石料力学特性。对于中低胶凝砂砾石坝，其内部应力水平较低，日本学者 Hirose[38]、Fujisawa 等[39]假定胶凝砂砾石料为线弹性材料，提出以弹性极限强度作为设计强度的设计理念。国内学者李永新等针对胶凝砂砾石坝填筑分层的结构特征，考虑层间薄弱面的影响，提出了横观各向同性的等效线弹性模型。随着胶凝砂砾石坝建设规模的增加，其应力水平也逐渐增加，若仍采用线弹性模型模拟具有明显非线性特征的胶凝砂砾石料，得出的应力变形结果与真实值存在较大差异。国内一些学者[40-42]依据各自得到的胶凝砂砾石料试验成果，建立了相应的胶凝砂砾石料非线性本构模型，例如，孙明权为反映胶凝砂砾石料的软化特性，构建了虚加刚性弹簧本构模型；吴梦喜将表征硬填料形成初始状态的堆石体概化为“堆石元件”，将胶凝材料的胶结作用概化为“胶结元件”，进而提出了基于应变一致假定的二元并联概念模型，该模型既能描述硬填料应力-应变非线性特征，又能反映变形模量随着龄期增长的特征。但胶凝砂砾石料本质上是一种弹塑性材料，目前已建立的胶凝砂砾石料非线性本构模型尚不能反映该材料的塑性变形特征，导致其预测结果与真实值仍存在误差。

为更好地服务于胶凝砂砾石坝工程实践，揭示大坝结构真实应力变形规律，需要合理反映胶凝砂砾石料的弹塑性本质，构建弹塑性本构模型。在此背景下，受国家自然科学基金面上项目“胶凝堆石坝坝料弹塑性本构模型研究”等的资助，蔡新团队在大量材料试验的基础上，引入广义塑性理论，提出了胶凝砂砾石料的剪切屈服与体积屈服方程，建立了适用于胶凝砂砾石料的弹塑性本构模型[43]。之后，进一步对所提弹塑性模型进行改进，给出了新模型的参数确定方法，并模拟论证了模型的合理性；通过胶凝掺量的调整，将所建的胶凝砂砾石料弹塑性模型推广应用于普通堆石料与强胶结碾压混凝土等材料[44]。另外，一些专家还将混凝土损伤模型引至胶凝砂砾石材料，进行了考虑材料损伤的胶凝砂砾石坝数值分析。

1.3.2 动力本构模型

目前，胶凝砂砾石料动力本构关系的专题研究目前仍较少，蔡新团队基于动三轴试验，研究了不同围压、不同胶凝含量下胶凝砂砾石料的动力本构关系及动模量衰减规律，得出了胶凝砂砾石料动力本构关系可借用 Kondner 双曲线模型进行描述，围压、胶凝掺量对动力本构关系均有一定的影响等结论，建立了新的胶凝砂砾石料动力本构模型，可为该坝型的设计研究和实际应用提供参考[25]。

1.3.3 蠕变本构模型

正如前文所述，胶凝砂砾石坝坝料的胶凝掺量介于堆石料（胶凝掺量为 0）与碾压混凝土料（胶凝掺量大于 140 kg/m^3）之间。面板堆石坝发生过筑坝材料的蠕变引起的坝体后期变形加大，面板、接缝损坏，工程出现严重渗漏等问题；一些相关研究也给出了碾压混凝土坝的蠕变变形并不比常态混凝土小等结论。因此，介于两者之间的胶凝砂砾石坝长期变形预测及其对大坝整体耐久性的影响评估，逐渐受到研究者的重视。郭兴文等将胶凝砂砾石料简化为砾石骨料和骨料间界面构成的胶结复合材料，假定砾石骨料不发生蠕变，胶结复合材料的蠕变由骨料间的界面特性反映，进行了胶凝砂砾石料细观层面的二维蠕变理论建模研究，进而得到其宏观蠕变本构模型，为胶凝砂砾石料蠕变特性研究提供了新思路[36]。之后，郭兴文等还借鉴二维蠕变理论的建模思路，构建了基于细观的胶凝砂砾石料三维蠕变模型，应用 Prony 级数转换方式将该模型植入 ANSYS 平台中，并完成了胶凝砂砾石料试件蠕变特性模拟工作。

1.4 胶凝砂砾石坝结构分析研究进展

目前，已建的胶凝砂砾石坝主要是采用满足筑坝材料抗压强度及坝体整体稳定要求的材料力学法进行结构设计的，其断面一般为坝坡比在1∶0.5～1∶0.8范围内的对称梯形断面。随着胶凝砂砾石筑坝高度的增加以及工程规模的增大，人们开始尝试利用数值模拟等更合适的研究手段进行胶凝砂砾石坝的结构分析，旨在加深对大坝结构性能的认识。

1.4.1 静力分析

针对某一胶凝砂砾石低坝，王秀杰运用有限元软件ANSYS进行了胶凝砂砾石坝静力计算，分析了大坝应力变形在不同坝坡变化条件下的分布规律[45]；李永新尝试采用理想弹塑性的D-P本构模型对胶凝砂砾石坝进行有限元分析，探讨了坝料黏聚力、内摩擦角、杨氏模量等对大坝应力与稳定影响的敏感性[46]；施金认为邓肯E-ν模型适用于胶凝砂砾石料，以此模拟三种典型的胶凝砂砾石坝的应力变形特征[47]；孙明权在试验研究基础上，应用非线性K-G模型模拟了胶凝砂砾石料的变形特性。上述胶凝砂砾石坝静力数值模拟主要是依据已有岩土材料本构模型进行的，然而，由于胶凝砂砾石料力学特性与常见岩土材料存在较大差异，得到的大坝计算结果与其真实值存在较大差异。为此，一些学者基于各自修正的经典模型建立胶凝砂砾石料本构模型，模拟了大坝的应力变形计算结果：孙明权等依据虚加刚性弹簧本构模型，分析了大坝的应力、位移分布规律[48]；武颖利依据其提出的胶凝砂砾石料非线性模型，对不同工况下胶凝砂砾石坝工作性态进行了研究[2]；孙伟等通过对胶凝砂砾石料力学性能指标进行搜集、整理、统计和分析，建立了弹性随机场模型，运用Monte-Carlo随机有限元法，研究了胶凝砂砾石坝静力工作性态[49]；杨杰基于新构建的胶凝砂砾石料弹塑性本构模型，进行了不同坝高、上下游坝坡比以及坝料胶凝掺量的胶凝砂砾石坝结构工作性态数值模拟，研究了胶凝砂砾石坝应力、变形结果随坝高、坝料胶凝掺量以及上下游坝坡比变化的规律，揭示了坝料胶凝掺量、坝坡比与坝高的匹配关系，提出了不同坝高条件下大坝坡比、坝料胶凝掺量等关键设计指标的参考取值，为胶凝砂砾石坝结构设计提供了重要依据[44]。

1.4.2 动力分析

胶凝砂砾石坝因体积庞大、体型对称、坝体结构自身具有良好的稳定性，被国内外坝工专家认为是具有良好抗震性能的坝型，但目前关于该坝型的坝料动力特性和大坝动力响应特征研究还不够深入。P. Londe 采用拟静力方法分析了 Hardfill 坝的抗震性能，发现传统重力坝在坝踵和坝趾部位地震动应力集中的现象在 Hardfill 坝上基本消失，地震工况并不会使坝基附近应力状况有较严重恶化；Hirose 采用二维线性有限元分析方法和反应谱法研究了日本 CSG 坝地震动应力和动位移的分布规律，指出该坝型在地震作用下的变形以剪切变形为主，坝体顶部不存在动应力集中区，地震作用下坝体应力的增加幅度远小于重力坝，有很好的抗震安全性；Gurdil 采用时程法对土耳其 107m 高的 Cindere 坝进行了动力计算分析，结果表明该坝抗震安全度较高，可以抵御设防烈度为 8 度地震[50]；Liapichev 针对 100m 高的胶凝堆石坝进行了二维地震分析，研究发现对称体型的胶凝堆石坝具有优越的抗震性能，在峰值加速度 0.4g 的地震作用下，大坝基本可以保证完好无损地正常工作，即便在峰值加速度高达 0.8g 的强烈地震作用下大坝的损害也很有限，不会危及大坝的整体稳定安全[51]；何蕴龙等基于一维剪切楔理论，导出 Hardfill 坝自振频率和振型的计算公式，并采用一个简化等效体系计算动水压力引起的坝体自振频率和振型的变化，并利用反应谱法计算 Hardfill 坝的地震动力反应[52,53]；于跃等基于剪切楔法，计入上游防渗面板的影响，推导了梯形断面 Hardfill 坝的运动微分方程，利用 Liouville 函数和合流超比函数进行求解，推导出 Hardfill 坝自振频率和振型的计算公式，根据自振频率和振型计算出 Hardfill 坝的振型参与系数，推导出在简谐波作用下的坝体加速度、速度和动位移的计算公式，通过计算实例，将基于剪切楔法的计算结果与有限元法的计算结果进行比较，证明了基于剪切楔法的 Hardfill 坝自振特性和动力反应理论计算公式的正确性[54]；蔡新等基于试验研究提出的新型胶凝堆石料动力本构关系，进行该坝型的抗震工作性态分析，其性态规律与其他学者得出的计算结果相似[55]。何蕴龙等围绕胶凝砂砾石坝独特的结构型式，采用时程动力法计算分析了大坝的动力特性与地震响应规律，分析了坝体材料、基岩刚度以及坝高变化对该类大坝地震动力响应的变化特征，认为即使在强震作用下，坝体地震动应力仍处于较低水平，现有重力坝拟静力法难以正确计算胶凝砂砾石坝的地震作用效应。此外，他们还提出适用于胶凝砂砾石坝的地震动态分布系数和动水压力分布系数计算方法，为采用拟静力法进行该坝抗震设计工作提供了参考依据[56]；张劭华等以守口堡胶凝砂砾石坝工程为例，考虑了地基的辐射阻尼效应，采用三维有限元分析方法对该坝进行了地震动力时程分析[57]，结果表明：大坝的地震动力响应动位移、加速度、动应力整体处于较低的水平，对比同等高度重力坝，动力响应水平有明显的降低，体现出了坝体结构型式和材料性能的特点。

1.4.3 温度场数值模拟

胶凝材料水化热所产生的温度应力问题是不可避免的，以往业内普遍认为胶凝砂砾石料绝热温升比混凝土低，弹性模量小，蠕变度与碾压混凝土相当，温度应力较小，因此，一般在低坝中不考虑温度应力和温控问题。随着胶凝砂砾石坝建设规模不断增大，坝高不断增加，坝体浇筑块加大，约束加强，快速施工时的水化热逐渐累积，产生的温度应力也颇为可观，专门分析胶凝砂砾石坝温度场、应力场显得意义重大。彭云枫通过水泥掺量估算了胶凝砂砾石料热力学参数，对胶凝砂砾石坝进行温度场以及应力场的仿真计算，结果表明：相同外界条件下胶凝砂砾石坝达到的最高温度低于碾压混凝土坝，坝体最高与最低温度差相对较小，坝内的温度分布比较均匀；胶凝砂砾石坝最高温度可能会出现在坝体底部的两侧。何蕴龙采用类比分析得到胶凝砂砾石料热力学参数，并对假想高度 100m 的胶凝砂砾石坝进行了施工期、运行期的温度场、应力场全过程仿真计算，得出的主要结论是，在不考虑温控措施的情况下，胶凝砂砾石坝应力水平仍较低；如考虑适当表面保护，适当分缝，可保证大坝基本不会开裂，在安全上和经济上具有显著的优势。吴海林等根据胶凝砂砾石坝的材料特性和施工工艺，提出简化其施工温控措施的设想，以土耳其 Oyuk 坝为例，拟定三种不同温控方案进行仿真计算，对比分析了不同温控措施的差异[58]。郭磊等对山西守口堡胶凝砂砾石坝进行仿真计算，得出表面温度应力远高于胶凝砂砾石材料的抗拉强度，表层开裂可能性比较大，但并未给出应对措施[30]。从上述不同学者的研究结论看，关于胶凝砂砾料的热力学特性对大坝结构安全性的影响有不同结论，需要进一步深入研究。

1.4.4 蠕变性能数值模拟

国内外胶凝砂砾石坝应用于永久性工程的数量不断增多，该坝型的长期应力变形问题开始受到行业内工程人员或专家学者的关注，但目前很少有研究者实际开展这方面的计算分析。冯炜[37]依托胶凝掺量为 80 kg/m^3 的胶凝砂砾石料蠕变试验结果对其蠕变机理进行了初步探索。郭兴文等[59]基于试验数据拟合得到蠕变模型中的相关参数，应用 Prony 级数转换方式将基于细观的胶凝砂砾石料三维蠕变模型植入 ANSYS 平台中进行了胶凝砂砾石料试件的蠕变模拟，并应用所提模型与参数对一假想胶凝砂砾石坝长期变形进行了计算分析，结果表明，对于胶凝砂砾石中低坝，其长期蠕变变形量很小，不会影响大坝结构安全。总体来看，胶凝砂砾石坝蠕变分析方面的研究不够深入，其计算结果不具有普遍性，应用于实际工程问题时具有局限性，需对该坝型的蠕变性能做更深入的研究。

综上所述，目前采用有限元数值方法进行胶凝砂砾石坝的结构静力计算的文献较多，对坝体动力响应特性、蠕变特性以及温度应力的计算较少。主要问题是，有些计算还存在直接套用混凝土材料、砂砾石料的本构模型的情况，且计算参数多采用假设类比参数，计算结果差异较大，尚未形成业内较为一致的计算模式。因此，迫切需要通过深入的对比论证，形成一套包括胶凝砂砾石坝静动力、温度应力以及蠕变性能的系统计算分析方法，为该坝型的设计及推广应用提供有力支撑。

1.5 胶凝砂砾石坝结构设计研究进展

胶凝砂砾石坝根据“宜材适构”的筑坝理念，强调依据当地材料特性，选择合适的结构型式。采用胶凝砂砾石材料筑坝，与筑坝的材料、坝体剖面以及大坝安全等方面进行有机结合，从而形成一套完整的大坝设计理念。主要体现在以下两个方面。

（1）坝体结构设计需适应筑坝材料。胶凝砂砾石坝采用梯形断面，坝体应力水平较低，能适应低强度的胶凝砂砾石料，可以充分地利用当地材料。设计时先调查坝址附近区域内可以使用的开挖料、砂石料，将这些材料作为骨料进行材料试验，确定可以获得的胶凝砂砾石料强度参数，再进行剖面设计，使剖面与可提供的胶凝砂砾石料强度标准相适应。

（2）坝体结构功能分开。胶凝砂砾石坝在坝体上游铺设防渗面板以解决大坝防渗问题，所以筑坝材料没有防渗要求，坝体自身仅要求满足稳定、应力强度等。这也说明坝体材料的骨料可以分离，施工层面可不必特意处理，从而大大简化了施工过程。

1.5.1 断面设计

国内外已建的胶凝砂砾石坝断面一般为对称梯形断面，边坡坡比一般为1∶0.5～1∶0.8，坝体设计依据重力坝理念，利用材料力学法，以坝体不产生拉应力和满足胶凝砂砾石料抗压强度要求作为应力控制标准，同时满足坝体整体稳定要求，部分工程采用有限元数值模拟进行相应分析。我国《胶结颗粒料筑坝技术导则》（SL 678—2014）规定，复杂地基条件下宜采用有限元等效应力法进行计算分析，并应有等效应力进行安全评价。

胶凝砂砾石坝是介于面板堆石坝与碾压混凝土坝之间的一种新坝型，筑坝材料的胶凝掺量也介于堆石料与碾压混凝土坝料之间，因此，该坝设计是参照面板坝模式还是参照碾压混凝土坝模式，是设计中面临的一个重要问题。从前述文献成果已可看出，有些学者对胶凝坝参照面板坝的模式进行设计；随着研究工作的推进，结果表明胶凝砂砾石坝结构设计模式的选择与坝料的强度有很大关系，存在强度分界点，大坝结构设计模式应当与坝料强度匹配。目前较为认可的观点是，当坝料抗压强度大于 6MPa 时，胶凝砂砾石坝的设计采用重力坝设计模式；当坝料抗压强度小于 3MPa 时，胶凝砂砾石坝的设计采用堆石坝设计模式。

胶凝砂砾石坝断面设计主要包括坡比选择、防渗系统设计以及保护结构设计等，这方面已有不少文献作了阐述。针对不同胶凝砂砾石工程的实际情况，研究者提出了不同工程关注的重点问题，并给出了改进措施，对进一步总结胶凝砂砾石坝断面设计提供了大量详实的资料与经验[60-62]。

1.5.2 断面优化设计

为了追求胶凝砂砾石坝的最优断面型式，一些学者已进行了相关的优化探索研究。蔡新、施金等将该坝视为面板堆石坝中较为特殊的一种坝型，通过优选不同坝坡组合的体型进行设计，与普通面板堆石坝相比，胶凝面板砂砾石坝的优化方案坝坡可更陡，堆石方量更少、造价更低，且满足应力、稳定的约束条件，得到的断面安全可靠、经济合理[63]；随着研究工作的推进，该团队基于提出的胶凝砂砾石料本构模型，开展了胶凝砂砾石坝断面多目标优化设计研究，综合考虑坝体的经济性、位移对水位变化的敏感性、整体抗滑稳定安全系数和整体强度安全系数，选取不同的权重系数组合进行研究，优选出最优坝体断面，为该坝型的结构设计提供参考[64]；李晶探讨了胶凝砂砾石坝断面与材料设计允许强度、坝高及基岩条件等因素的关系，提出了胶凝砂砾石坝最优对称断面的适用范围[65]。

1.6 本书内容及组织构架

本书主要研究内容体系如下所述。

第 1 章，介绍胶凝砂砾石坝的特点及发展历程、胶凝砂砾石料力学特性研究进展、不同阶段提出的胶凝砂砾石料本构模型的特点、胶凝砂砾石坝结构分析方法以及大坝结构设计方面的进展，有利于读者了解该领域整体发展现状及发展趋势。

第 2 章，详细描述胶凝砂砾石料的系列试验研究结果，试验内容涉及胶凝砂砾石料基本力学性能试验、静力三轴试验、动三轴试验、蠕变试验、热力学特性试验等，大量的试验一方面为深入了解胶凝砂砾石料不同方面的特性提供了直接资料，另一方面也为后续胶凝砂砾石料系统本构建模及结构分析提供了基础性重要依据。

第 3 章，围绕胶凝砂砾石料结构应力、变形工作性态准确预测的关键问题，基于系统试验数据，结合理论分析与推演，介绍了在不同阶段提出的胶凝砂砾石料的静力本构模型、动力本构模型、蠕变本构模型及热力学模型，详细分析不同胶凝砂砾石料本构模型的特点、适用条件，以及与试验结果的对比验证情况，初步解决了胶凝砂砾石坝结构计算分析难题。

第 4 章，基于第 3 章提出的胶凝砂砾石料本构模型，构建了不同几何特征的胶凝砂砾石坝，进行坝体在静力、地震作用、长期运行以及考虑温度应力影响条件下的工作性态研究，分析大坝结构设计中关键指标的分布规律及极值特征，为大坝结构设计提供参考依据。

第 5 章，基于胶凝砂砾石坝的结构设计原则与方法，进一步开展了胶凝砂砾石坝结构优化设计，总结出对大坝初设有重要参考价值的建议指标选择范围。

第 6 章，在对本书主要研究结论进行简要总结的基础上，对未来该领域的主要突破方向进行阐述。

第2章　胶凝砂砾石料力学特性试验

胶凝砂砾石料力学特性是构建合理胶凝砂砾石料本构模型的主要依据，也是胶凝砂砾石坝结构分析与设计的基础。本章依据相关试验规程以及胶凝砂砾石料自身组成特点，基于胶凝砂砾石料静力、动力、蠕变以及热力学特性研究需求，开展了胶凝砂砾石料单轴强度试验（抗压试验、抗折试验）、静力三轴系列试验、动三轴试验、单轴蠕变试验以及热力学试验，在此基础上，系统且深入地分析了胶凝砂砾石料静力、动力、蠕变以及热力学等行为特性，为后续构建本构模型提供重要依据。

2.1　胶凝砂砾石料及其试验概述

2.1.1　原材料

胶凝砂砾石料是在坝址附近的河床或山区天然砂砾石料、开挖废弃料、破碎石料等材料中添加少量胶凝剂、水拌和而成的。该材料物理组成为少量胶凝剂（主要为水泥与粉煤灰）、水以及堆石料或砂砾石料等。

1. 水泥

水泥品种对胶凝砂砾石料力学特性影响显著，等级越高，水泥自身强度及其与骨料间的胶结强度也越高，宏观上表现为胶凝砂砾石料强度的提高。因此，在胶凝砂砾石坝工程中，水泥品种和标号选取极为重要。《胶结颗粒料筑坝技术导则》（SL 678—2014）对水泥的要求为：凡符合GB 175—2007（《通用硅酸盐水泥》）、GB/T 200—2017（《中热硅酸盐水泥、低热硅酸盐水泥》）的硅酸盐系列水泥均可用于胶结颗粒料筑坝；当胶结材料掺入粉煤灰等矿物掺和料时，水泥宜优先选用硅酸盐水泥、普通硅酸盐水泥、中热或低热硅酸盐水泥。此外，水泥掺量对胶凝砂砾石料强度的影响也很大，《胶结颗粒料筑坝技术导则》（SL 678—2014）规定：胶凝砂砾石料的胶凝掺量不宜低于 80kg/m^3，其中水泥用量不宜低于 32kg/m^3；当水泥用量低于以上值时需进行专门论证。为了全面了解胶凝砂砾石料的力学特性，胶凝砂砾石料力学特性试验研究的水泥掺量已放宽要求。本书试验选用的水泥为 P. C. 32. 5 硅酸盐水泥、P. O. 42. 5 硅酸盐水泥。

2. 粉煤灰

粉煤灰是煤粉经高温燃烧后形成的一种似火山灰质混合材料，是烧煤的发电厂将煤磨成 100 μm 以下的煤粉，用预热空气喷入炉膛呈悬浮状态燃烧，产生混杂大量不燃物的高温烟气，采用集尘装置得到的。粉煤灰的化学成分与黏土质相似，主要为二氧化硅、三氧化二铝、三氧化二铁、氧化钙等。粉煤灰属于活性材料，具有一定胶凝性能。在混凝土中加入一定量的粉煤灰可以提高混凝土的强度，同时还可有效改善混凝土的耐久性能。粉煤灰作为胶凝剂，掺入胶凝砂砾石料中，不仅能胶结骨料，还可增加材料强度，尤其对胶凝砂砾石料的后期强度提高效果显著。试验中选用的粉煤灰为Ⅰ级粉煤灰。

3. 砂砾石料

不同于混凝土等材料，胶凝砂砾石料的骨料为天然河道或山区的原状砂砾石、堆石料、中砂。若当地砂砾石料天然级配在配合比控制范围内，且可使胶凝砂砾石料强度满足工程需求，则无须筛分可直接添加胶凝剂、水进行拌和。《胶结颗粒料筑坝技术导则》（SL 678—2014）指出：天然料中砂的细度模数宜在 2. 0～3. 3，砂率宜在 18%～35%。若胶凝砂砾石料强度无法满足实际工程需求，则可通过掺配砂料或石料对砂砾石料、骨料级配进行调整。试验选用的砂砾石料为南京郊区卵石料，堆石料为爆破碎石料，砂为河砂。

2. 1. 2 试验概述

胶凝砂砾石料的力学特性试验一般包括抗压强度试验、抗折强度试验、室内三轴系列试验、单轴蠕变试验以及绝热温升试验等。

1）抗压强度试验

抗压强度试验主要是为了确定材料的抗压强度等级。胶凝砂砾石料抗压强度试验一般采用边长为 15cm 的立方体试件，其抗压强度 f_c 为

$$f_c = \frac{F_c}{A} \tag{2.1}$$

式中，F_c 为破坏荷载，单位为 N；A 表示试件承压面积，单位为 m^2。

2）抗折强度试验

材料抗折强度试验可用于确定其抗拉强度等级，受力示意图如图 2.1 所示。随着荷载 F 的增加，C 处截面弯矩不断增大，最终将造成断面下侧受拉伸破坏，其抗拉强度由最大拉应力 σ_t^{max} 表示，即

$$\sigma_t^{max}=\frac{M_0}{W_z} \tag{2.2}$$

式中，M_0 为截面弯矩；W_z 为抗弯截面系数。

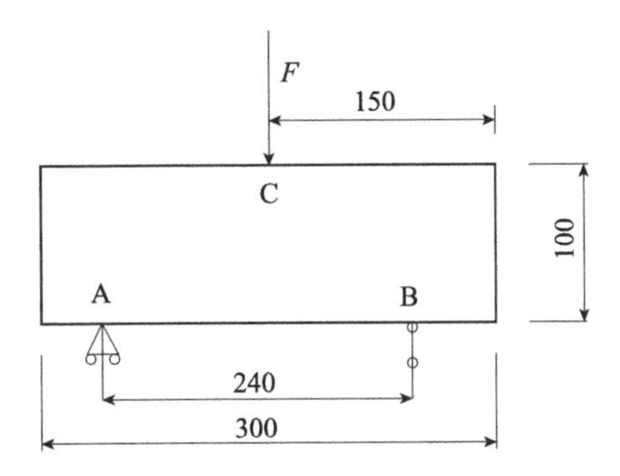

图 2.1　抗折强度试验受力简化图（单位：mm）

3）室内三轴系列试验

胶凝砂砾石料三轴剪切试验一般包括三轴剪切试验、三轴轴向加卸载试验、三轴等向加卸载试验、动三轴试验。

三轴剪切试验又称三轴压缩试验，将试件吊装至三轴试验仪上，采用静水头法对试件进行饱和，施加围压，保持围压不变，逐渐增加轴向压力直至试样破坏。三轴轴向加卸载试验加载过程与三轴剪切试验的不同之处在于，当轴向压力加载至某一应力值时，进行卸载再加载，其余过程与三轴剪切试验相同。

三轴等向加卸载试验过程与三轴剪切试验不同之处在于，试件在加载过程始终保持围压和轴压同步增加，当加载至某一压力值时，进行等向卸载至某一定值，继续进行等向加载，按试验设计要求进行多次往复加载直至试件破坏。

动三轴试验主要用来测定材料的动弹性模量、阻尼比或动强度。与静力三轴试验的最大区别就是，在试验过程中，对试件施加动应力，获得动力力学参数和动力响应特性。

4）单轴蠕变试验

单轴蠕变试验是用来测试长时间单向恒应力作用下试件蠕变性能的一种基本力学性能试验。

5）绝热温升试验

材料绝热温升试验主要用于测定试件与外界不进行热交换时的温度变化过程，确定导热系数、热交换系数等材料热力学参数。

2.2 胶凝颗粒料强度试验

2.2.1 抗压强度试验

参照《水工混凝土试验规程》（SL 352—2006[①]），本书设计了4种胶凝掺量（40kg/m³、60kg/m³、80kg/m³、100kg/m³）的胶凝砂砾石料（以砂卵石料为骨料）以及5种胶凝掺量（30kg/m³、40kg/m³、50kg/m³、60kg/m³及70kg/m³）的胶凝堆石料（以爆破石料为骨料）立方体抗压强度试验与方案。

依据《普通混凝土力学性能试验方法标准》（GB/T 50081—2002），胶凝砂砾石料的抗压强度试验采用边长为15cm的立方体标准试件。胶凝砂砾石料的粗、细骨料分别为南京市六合区的天然砾石料与砂，级配见表2.1；水泥选用安徽海螺水泥股份有限公司海螺牌P.O.42.5普通硅酸盐水泥，粉煤灰选用华能南京电厂的Ⅰ级粉煤灰，粉煤灰与水泥掺量之比为1∶1，水胶比为1.0。本次试验的胶凝砂砾石料试件干密度控制为2300kg/m³。

表2.1　砂砾石料颗粒级配

粒径/mm	20～40	10～20	5～10	1～5	<1
颗粒质量占比/%	35.9	22.5	16.6	8.8	16.2

胶凝堆石料抗压强度试验试件中的爆破碎石料产自南京郊区，其粗骨料级配如表2.2所示。胶凝剂采用海螺牌P.C.32.5普通硅酸盐水泥；砂为南京市场出售的细度模数为2.48的中粗砂，其最优砂率取20%；水灰比取1.0。试件干密度控制为2300kg/m³。

表2.2　堆石料颗粒级配

粒径/mm	20～40	10～20	5～10
颗粒质量占比/%	45	35	20

① 本书的参考标准均为试验时所参考的，有的标准现在已有更新版本。

胶凝堆石料与胶凝砂砾石料均首先依据骨料级配要求筛选骨料，之后按材料组分掺量将胶凝剂、粗细骨料及水等材料混合并拌和均匀。立方体试件采用振捣棒振捣，并以平板夯击辅助振捣，成型试件如图2.2所示。试验试件采用标准养护，养护龄期为28d。试件承压面不平整度误差不得超过边长的0.05%，承压面与相邻面不垂直度不应超过±1°，若试件不满足上述条件或存在严重缺陷则废弃。

图2.2　胶凝砂砾石料立方体试件

胶凝堆石料与胶凝砂砾石料抗压试验过程均为：通过南京水利科学研究院的压力机（图2.3）对胶凝砂砾石料试件进行连续、均匀加载，直至试件破坏，其破坏面见图2.4。

图2.3　试件、压力机与力传感器

表2.3列出了不同胶凝掺量的胶凝砂砾石料抗压强度。试验结果表明：胶凝砂砾石料抗压强度范围为2.06～3.51MPa；胶凝掺量对胶凝砂砾石料抗压强度影响较为明显，胶凝掺量每增加20kg/m^3，其抗压强度可提高10%～27%。

图 2.4　试件破坏面

表 2.3　不同胶凝掺量的胶凝砂砾石料抗压强度值

胶凝掺量/(kg/m³)	40	60	80	100
抗压强度/MPa	2.06	2.61	3.19	3.51

表 2.4 列出了不同胶凝掺量的胶凝堆石料抗压强度。试验结果表明：胶凝掺量对胶凝堆石料抗压强度的影响同样明显，胶凝掺量每增加 20kg/m³，胶凝堆石料的抗压强度可提高 35%～41%。图 2.5 给出了抗压强度与胶凝掺量的关系，从图中可看出：随着胶凝掺量的增加，胶凝堆石料或胶凝砂砾石料的抗压强度大体上呈线性增加的趋势；当胶凝掺量低于 70kg/m³ 时，同等胶凝掺量的胶凝堆石料抗压强度略小于胶凝砂砾石料；而胶凝掺量较高时，其抗压强度高于胶凝砂砾石料。

表 2.4　不同胶凝掺量的胶凝堆石料抗压强度值

胶凝掺量/(kg/m³)	30	40	50	60	70
抗压强度/MPa	1.58	1.81	2.12	2.44	2.98

2.2.2　抗折强度试验

为了获取胶凝砂砾石（或胶凝堆石料）的抗拉强度，本书开展了胶凝掺量 3%（60kg/m³）与 5%（110kg/m³）的胶凝堆石料抗折强度试验。该试验试件

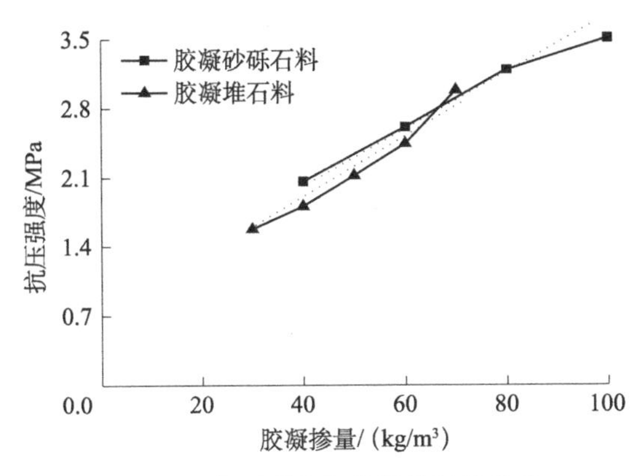

图 2.5　抗压强度与胶凝掺量的关系

材料组分与抗压试验相同，试件尺寸为 10cm×10cm×30cm，其制作过程也与抗压试件相同。该抗折试验仪器采用电子万能伺服机，带抗折试验架及相应的采集系统。图 2.6 为抗折试验照片。

图 2.6　抗折试验照片

图 2.7 为胶凝堆石料抗折试验试件截面最大拉应力 F_t 及其对应位移 u 的关系曲线。从图 2.7 可看出：较高胶凝掺量的胶凝堆石料应力-位移曲线峰值点对应的位移值较小，且峰值点之后应力减幅较大，表明胶凝掺量越高，胶凝堆石料越易发生脆性破坏；胶凝掺量 3%（60kg/m³）与 5%（110kg/m³）的胶凝堆石料峰值应力可作为其抗拉强度，分别为 0.34MPa 与 0.74MPa。表 2.5 列出了上述两种胶凝堆石料的抗压强度与抗拉强度。试验结果表明，胶凝堆石料拉压强度比约为 1∶8，接近于混凝土材料的拉压强度比。

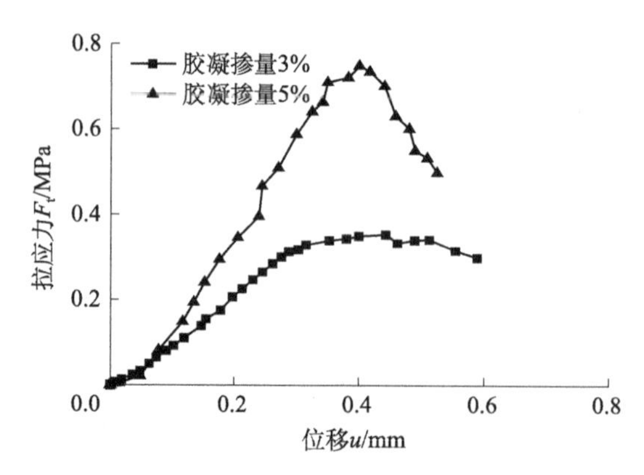

图 2.7　胶凝堆石料抗折强度应力-位移曲线

表 2.5　两种胶凝掺量下材料的抗压、抗拉强度表

胶凝掺量/(kg/m³)	抗压强度/MPa	抗拉强度/MPa	拉压强度比
60	2.68	0.34	1∶7.88
110	5.85	0.74	1∶7.91

2.3　胶凝颗粒料三轴试验

2.3.1　三轴试验设计

1. 试验目的

为了分析胶凝砂砾石料力学特性与堆石料、碾压混凝土等材料的联系与差异，以及为构造胶凝砂砾石料弹塑性本构模型塑性势函数、屈服函数以及硬化规律表达式提供充足的试验依据，本书设计并完成了胶凝砂砾石料三轴剪切试验、三轴轴向卸载-再加载试验以及三轴等向加卸载试验，探究不同胶凝掺量、骨料干密度及骨料级配等材料组分对胶凝砂砾石料力学特性的影响。

2. 试验方案

1）胶凝掺量

胶凝材料是胶凝砂砾石料或胶凝堆石料重要的组成部分，其掺量的大小影响着该类材料的力学特性。为了系统研究不同应力路径下胶凝颗粒料力学特性随胶凝掺量变化的规律，本书开展了不同胶凝掺量、应力路径的胶凝砂砾石料或胶凝堆石料三轴试验，试验方案如表 2.6 所示。

表 2.6　不同胶凝掺量胶凝砂砾石料三轴试验方案

序号	试验类型	胶凝掺量		围压/kPa	骨料干密度/(kg/m³)	骨料种类
		水泥/(kg/m³)	粉煤灰/(kg/m³)			
1	三轴剪切试验	20	0	300、600、900、1200	2130	爆破石料
2		40				
3		60				
4		80				
5		100				
6		10	10	300、600、900、1200	2130	卵石料
7		40	40			
8		50	50			
9	三轴轴向卸载-再加载试验	20	0	300、600、900、1200	2130	爆破石料
10		40				
11		60				
12		80				
13		100				
14	三轴等向加卸载试验	20	0	300、600、900、1200	2130	爆破石料
15		40				
16		60				
17		80				
18		100				

2）骨料干密度

本试验试件采用胶凝堆石料，其骨料干密度分别设定为 2090kg/m³、2110kg/m³、2130kg/m³。

3）骨料级配

在胶凝砂砾石坝工程中，骨料级配一般优先采用当地无筛分的天然级配，但不同工程的筑坝骨料级配存在一定差异，可能会对胶凝砂砾石料的力学特性存在一定影响，其相关研究目前鲜有报道。为此，本次试验专门设计了两种骨料级配的胶凝砂砾石料大型三轴剪切试验方案。

3. 原材料及试件制备

依据《胶结颗粒料筑坝技术导则》（SL 678—2014），胶凝堆石料的胶凝剂采用海螺牌 P. C. 32.5 硅酸盐水泥，水胶比取 1.0，细骨料为南京市场出售的中粗砂，粗骨料为南京郊区的爆破石料。用于三轴试验的胶凝堆石料中砂占 20%，石料占 80%，砂砾石料级配为图 2.8 所示的级配 1#，骨料干密度为 2130kg/m³。

在本次三轴试验中，胶凝堆石料主要是用于制备不同胶凝掺量与骨料干密度条件下三轴剪切试验，以及不同胶凝掺量的三轴轴向卸载-再加载与三轴等向加卸载试验试件。

在胶凝砂砾石料中，胶凝剂采用海螺牌 P. O. 42.5 硅酸盐水泥与Ⅰ级粉煤灰，比例为 1∶1，水胶比取 1.0；粗、细骨料分别为南京郊区的卵石料与中粗砂；砂砾石级配分别为图 2.8 中的级配 2# 与级配 3#，骨料干密度为 2130kg/m³。在表 2.6 中，胶凝掺量 20kg/m³、80kg/m³、100kg/m³ 的胶凝砂砾石大型三轴试验试件均采用骨料级配 2# 的砂砾石料；不同级配下胶凝砂砾石料三轴试验试件采用骨料级配为 2# 与 3# 的砂砾石料，其胶凝掺量为 80kg/m³。

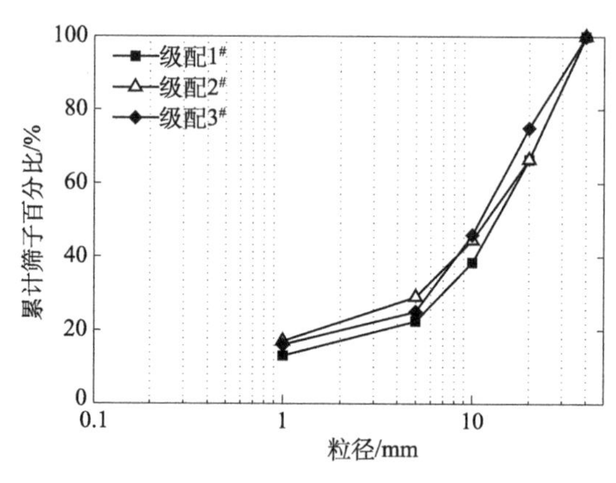

图 2.8　骨料级配曲线

胶凝砂砾石料三轴试验试件在直径 300mm、高 700mm 的圆筒模具中制成，制备过程为：首先依据骨料级配要求筛选骨料；接着按胶凝砂砾石料的材料组分掺量将胶凝剂、粗细骨料及水等材料混合并拌和均匀（图 2.9（a））；然后将胶凝砂砾石料分 5 层装入圆筒模具，每层分别采用振动碾振实，使试件成型（图 2.9（b））；最后对成型试件进行 28d 的养护。

4. 试验过程

图 2.10 为南京水利科学研究院土工试验室的 TYD-1500 型静、动三轴试验仪及其数据采集系统。参照《土工试验规程》（SL 237—1999），胶凝砂砾石料或胶凝堆石料大型三轴排水剪切试验、三轴等向加卸载试验以及三轴轴向卸载-再加载试验，全部在该试验仪器上完成。

1）三轴排水剪切试验

当胶凝砂砾石料试件达到设定的养护天数后，吊装在三轴试验仪上，采用静水头法对试件进行饱和，待其饱和后，开始施加围压进行固结，之后以 2mm/min 的加载速度进行轴向加载。当轴向应变值达到 15%时，停止试验。

(a) 拌和料

(b) 试件

图 2.9　胶凝砂砾石拌和料与成型试件

(a) TYD-1500型静、动三轴试验仪

(b) 三轴试验仪数据采集系统

图 2.10　TYD-1500 型静、动三轴试验仪及其数据采集系统

2）三轴等向加卸载试验

胶凝砂砾石料等向加卸载试验是试件达到设定的养护天数后，吊装在三轴试验仪上，采用静水头法对试件进行饱和，待饱和后对其各向均施加 100kPa 进行固结，继续各向加载至预定应力值，卸载至 100kPa，再继续加载，本试验中卸载应力分别设定为 300kPa、600kPa、900kPa 与 1200kPa。本试验中的“卸载”是指试件加载到一定程度的等向荷载逐渐减小；“再加载”是指减小到一定程度的等向荷载再次加载。

3）三轴轴向卸载-再加载试验

在三轴轴向卸载-再加载试验过程中，首先进行常规三轴固结排水剪切试验，之后当加载到设定的应力水平后开始轴向卸载，将轴向应力卸载至设定值，然后进行轴向再加载试验。整个试验过程的应力卸载-再加载速率为 1mm/min。本试验中的“卸载”是指试件加载到一定应力水平后，轴向荷载逐渐减小；“再加载”是指卸载之后荷载的再次加载。

2.3.2 试验结果分析

1. 围压的影响

图2.11～图2.15分别为胶凝掺量20kg/m³、40kg/m³、60kg/m³、80kg/m³及100kg/m³的胶凝砂砾石料在不同围压下的偏应力-轴向应变（q-ε_a）曲线与体积应变-轴向应变（ε_v-ε_a）曲线，其中偏应力$q=\sigma_1-\sigma_3$。在图2.11～图2.15中，胶凝掺量20kg/m³的胶凝砂砾石料的偏应力q随轴向应变ε_a的增加而不断增大，且增幅逐渐减小，应力值最终会趋于一定值，而体积应变ε_v随轴向应变ε_a的增加呈先增大后减小；当胶凝掺量大于20kg/m³时，胶凝砂砾石料的q与ε_v均随轴向应变的增加表现出不同程度的先增大后减小的现象；不同围压对偏应力q和体变ε_v曲线的影响显著，表现出明显的应力状态非线性相关性。

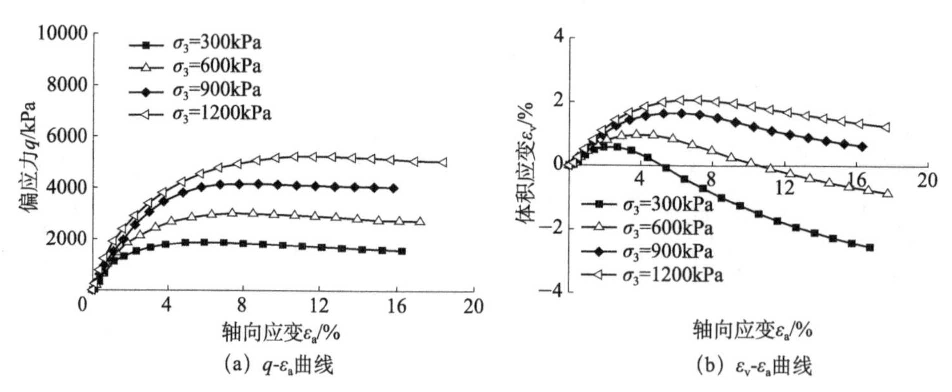

图2.11 胶凝掺量20kg/m³的胶凝砂砾石料（骨料为破碎料）三轴排水剪切试验曲线

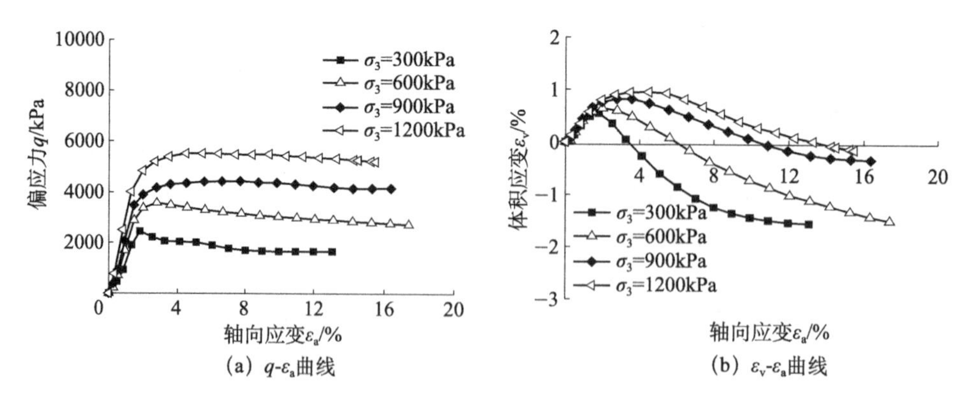

图2.12 胶凝掺量40kg/m³的胶凝砂砾石料（骨料为破碎料）三轴排水剪切试验曲线

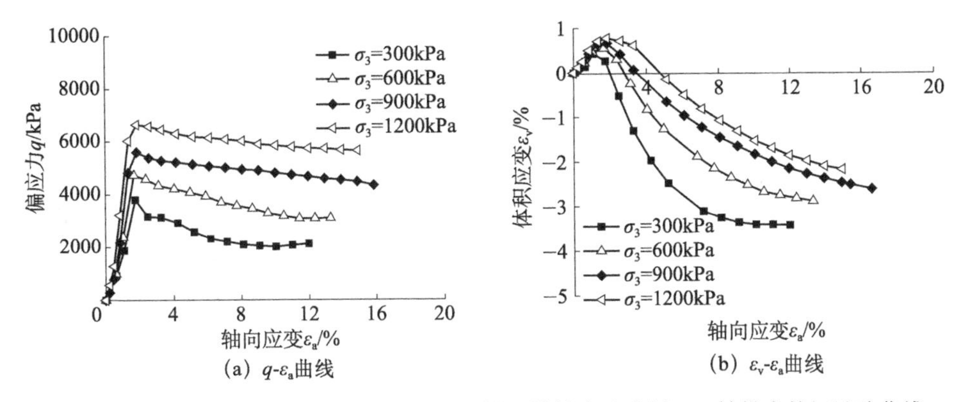

图 2.13　胶凝掺量 60kg/m^3 的胶凝砂砾石料（骨料为破碎料）三轴排水剪切试验曲线

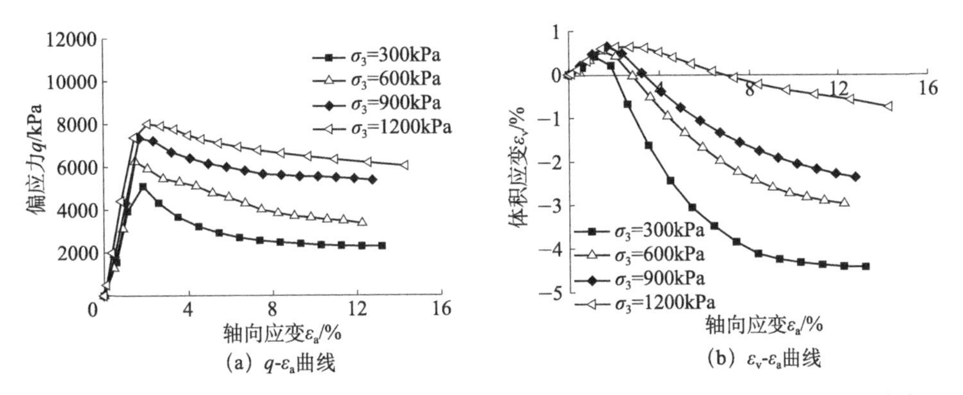

图 2.14　胶凝掺量 80kg/m^3 的胶凝砂砾石料（骨料为破碎料）三轴排水剪切试验曲线

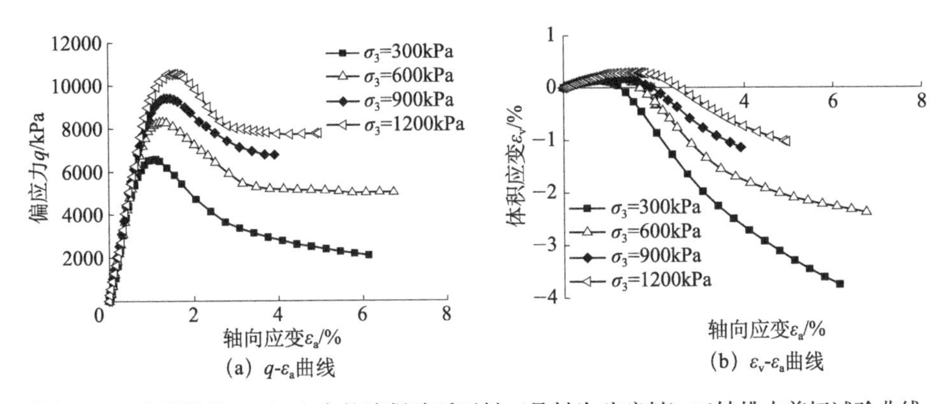

图 2.15　胶凝掺量 100kg/m^3 的胶凝砂砾石料（骨料为破碎料）三轴排水剪切试验曲线

2. 胶凝掺量的影响

图 2.16～图 2.19 分别列出了不同胶凝掺量的胶凝砂砾石料（爆破石料）q-ε_a 曲线与 ε_v-ε_a 曲线。图 2.20～图 2.23 分别列出了不同胶凝掺量的胶凝砂砾石料 q-ε_a 曲线与 ε_v-ε_a 曲线。依据试验曲线可看出：随着胶凝掺量的增加，胶凝砂砾

石料的应变软化特征更加明显；随着胶结性能逐渐提高，应力-应变曲线初始斜率（初始切线模量）、峰值强度增大，ε_v-ε_a 曲线初始斜率（初始切线体积比）、体积应变峰值减小；随着胶凝掺量的增加，体积应变峰值点之后的体变减幅逐渐增大，试件的剪胀特性愈发明显。

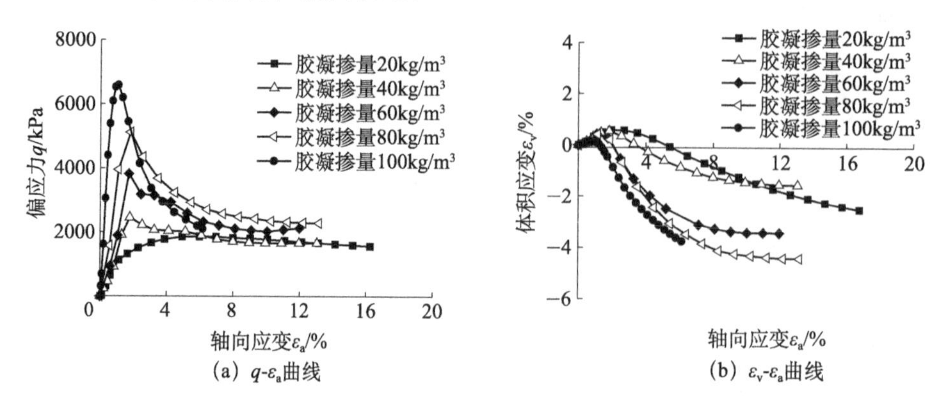

图 2.16　围压为 300kPa 的胶凝砂砾石料（爆破石料）三轴排水剪切试验曲线

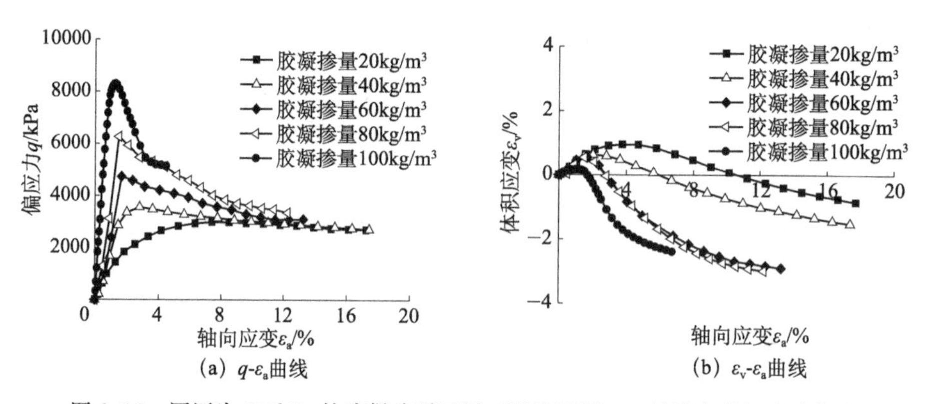

图 2.17　围压为 600kPa 的胶凝砂砾石料（爆破石料）三轴排水剪切试验曲线

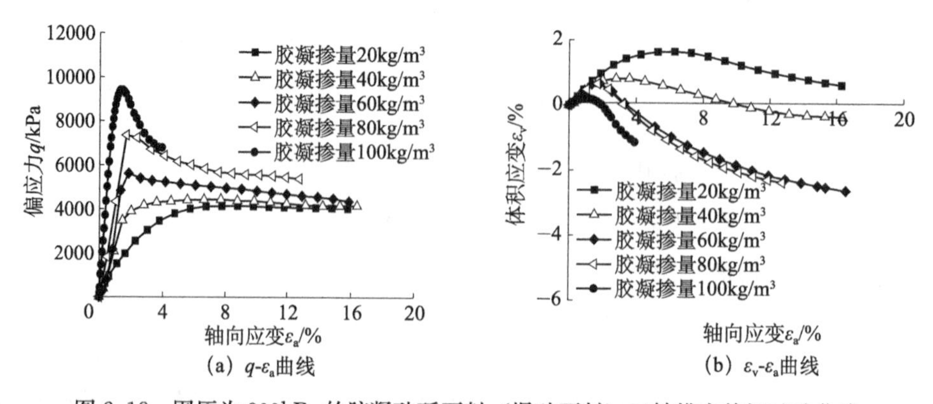

图 2.18　围压为 900kPa 的胶凝砂砾石料（爆破石料）三轴排水剪切试验曲线

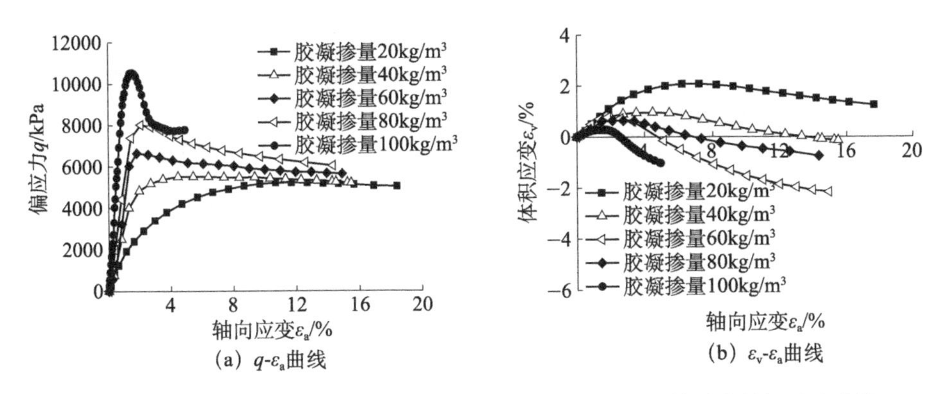

图 2.19　围压为 1200kPa 的胶凝砂砾石料（爆破石料）三轴排水剪切试验曲线

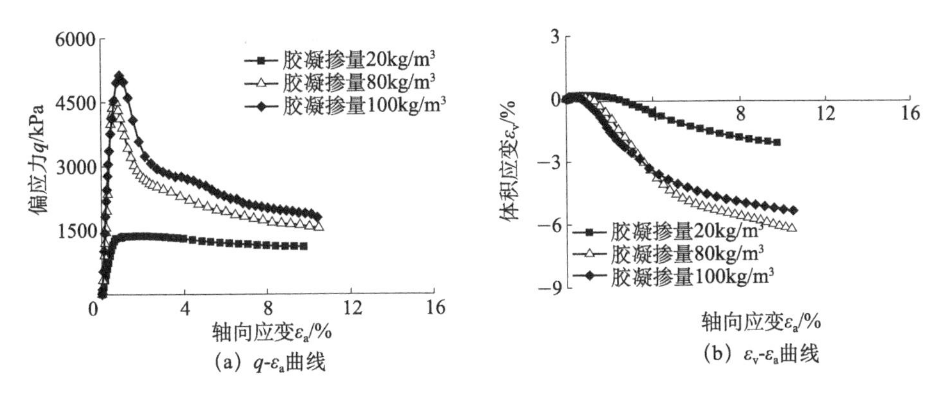

图 2.20　围压为 300kPa 的胶凝砂砾石料三轴排水剪切试验曲线

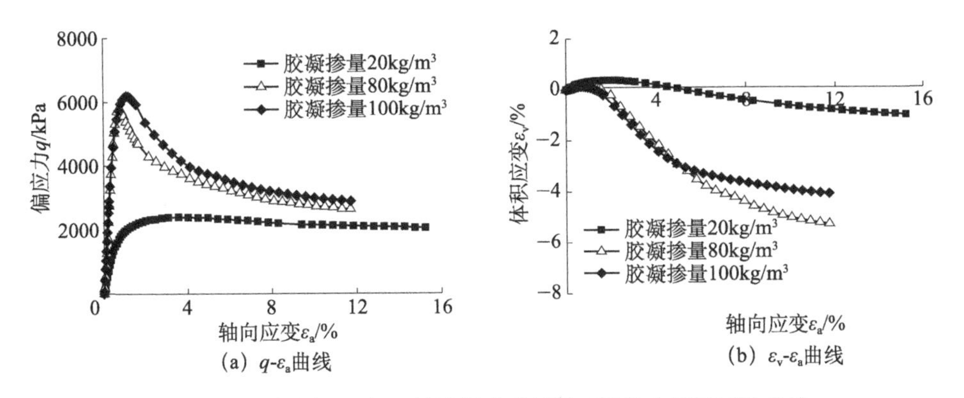

图 2.21　围压为 600kPa 的胶凝砂砾石料三轴排水剪切试验曲线

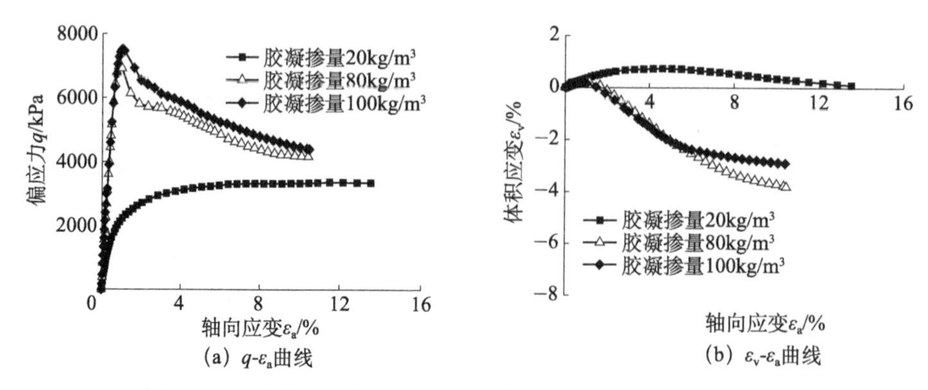

图 2.22 围压为 900kPa 的胶凝砂砾石料三轴排水剪切试验曲线

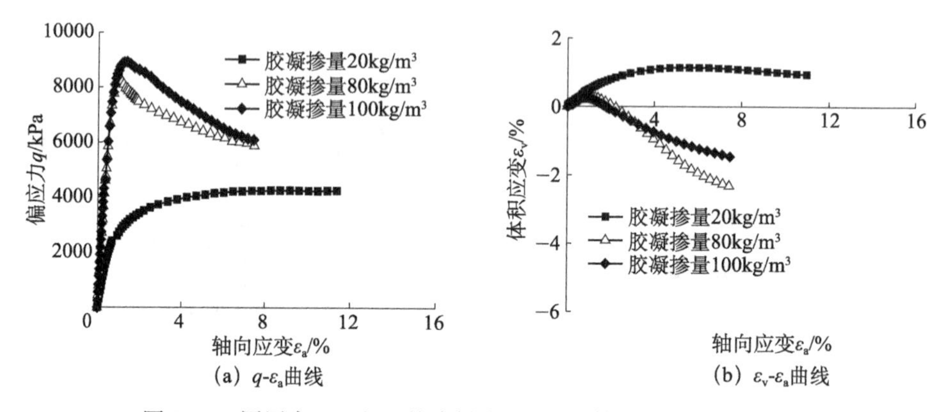

图 2.23 围压为 1200kPa 的胶凝砂砾石料三轴排水剪切试验曲线

作为一种典型的弹塑性材料，胶凝砂砾石料在不同围压或胶凝掺量下的塑性变形特征不应被忽视。图 2.24 给出了胶凝砂砾石料三轴等向加卸载试验曲线，横轴为等向压缩条件下的平均应力 p_0，纵轴为体积应变 ε_v，从中可看出：随着 p_0 的增加，不同胶凝掺量下胶凝砂砾石料体积应变均增大；当卸载-再加载时，会出现滞回圈，试件发生塑性体积变形，且随着卸载点应力的增加，形成的滞回圈面积逐渐增大，塑性体积应变逐渐增加；随着胶凝掺量的增加，相同 p_0 对应的塑性体积应变值减小。

图 2.25～图 2.29 分别为胶凝掺量 20kg/m³、40kg/m³、60 kg/m³、80 kg/m³ 及 100 kg/m³ 的胶凝砂砾石料在围压 300kPa、600kPa、900kPa 及 1200kPa 下的三轴轴向卸载-再加载试验 q-ε_a 关系、ε_v-ε_a 关系曲线。在图 2.25～图 2.29 中，胶凝砂砾石料卸载阶段与其再加载阶段的曲线形成了与粗粒土、天然黏土等材料形状略有不同的新月形滞回圈；随着应力水平的增加，新月形滞回圈形状基本不变，但尺寸逐渐变大；在同一胶凝掺量与围压下，卸载曲线与再加载曲线

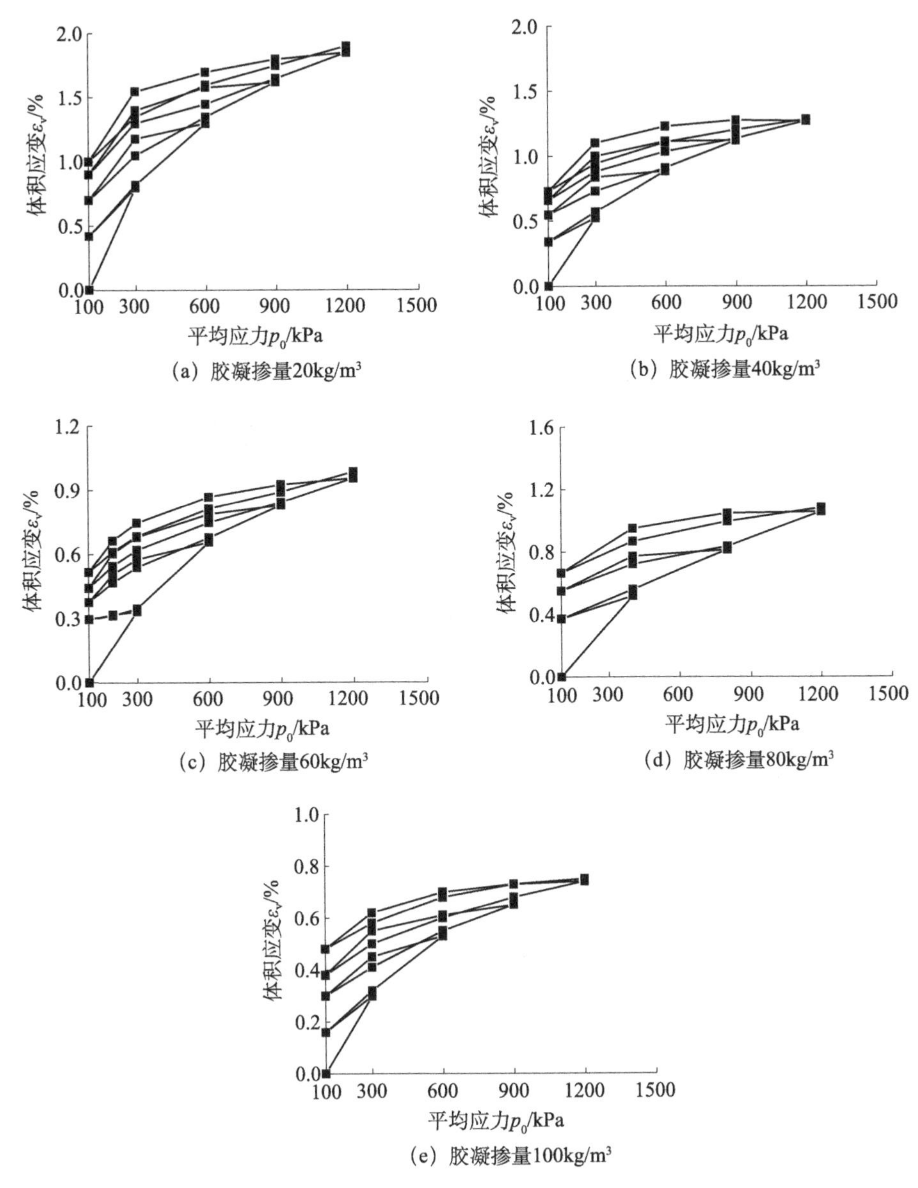

图 2.24　胶凝砂砾石料三轴等向加卸载试验曲线

交点形成割线的斜率变化很小；类似于堆石料等松散颗粒材料，胶凝掺量为 20kg/m³ 的胶凝砂砾石料 q-ε_a 曲线初始点斜率远小于割线斜率；随着胶凝掺量的增加，胶凝砂砾石料 q-ε_a 卸载曲线的割线斜率逐渐接近初始点斜率；不同胶凝掺量的试件，其表现出先剪缩后剪胀特性，且随着胶凝掺量的增加，其剪缩特性趋于弱化，而后期剪胀特性益发明显。

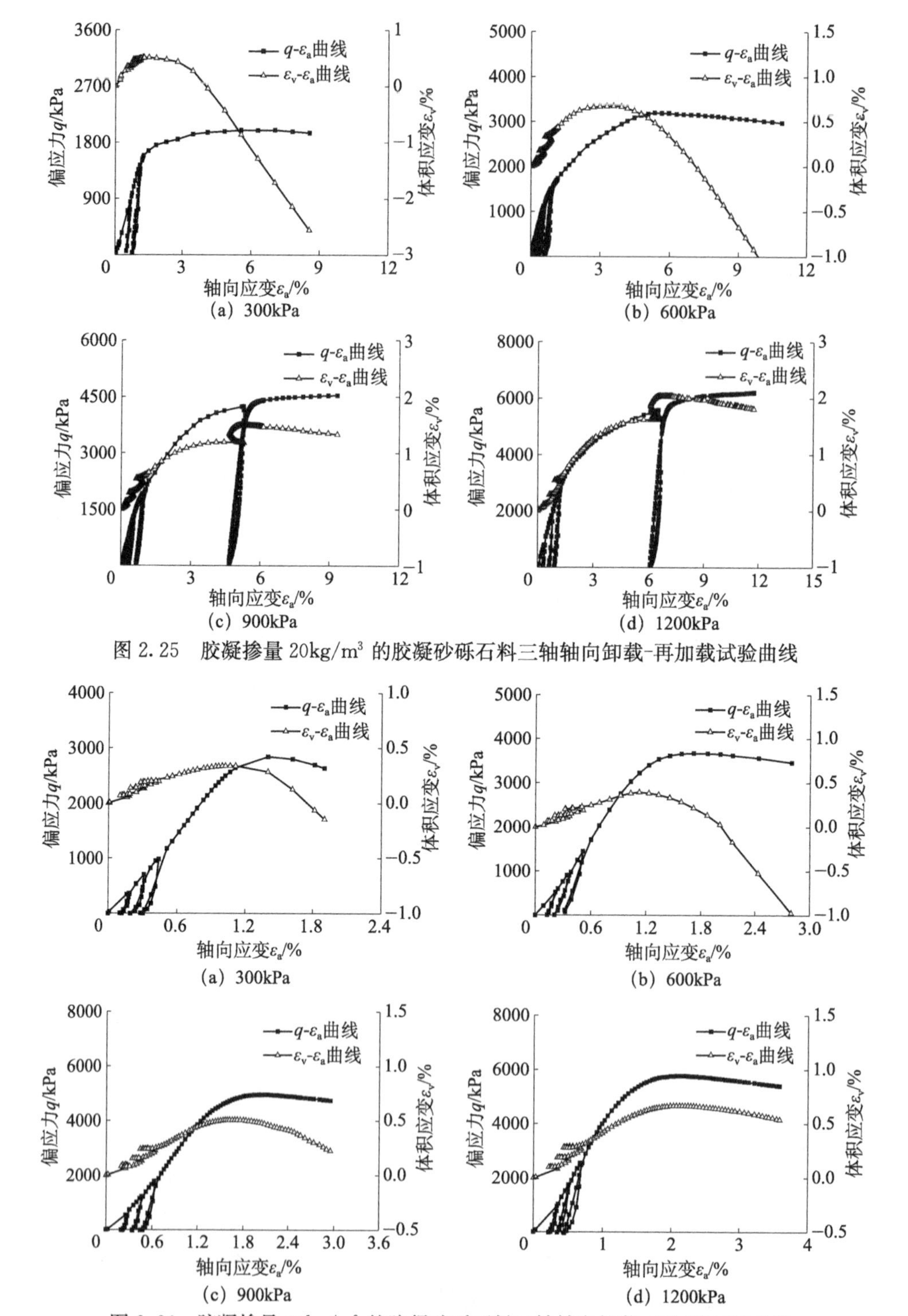

图 2.25 胶凝掺量 20kg/m³ 的胶凝砂砾石料三轴轴向卸载-再加载试验曲线

图 2.26 胶凝掺量 40kg/m³ 的胶凝砂砾石料三轴轴向卸载-再加载试验曲线

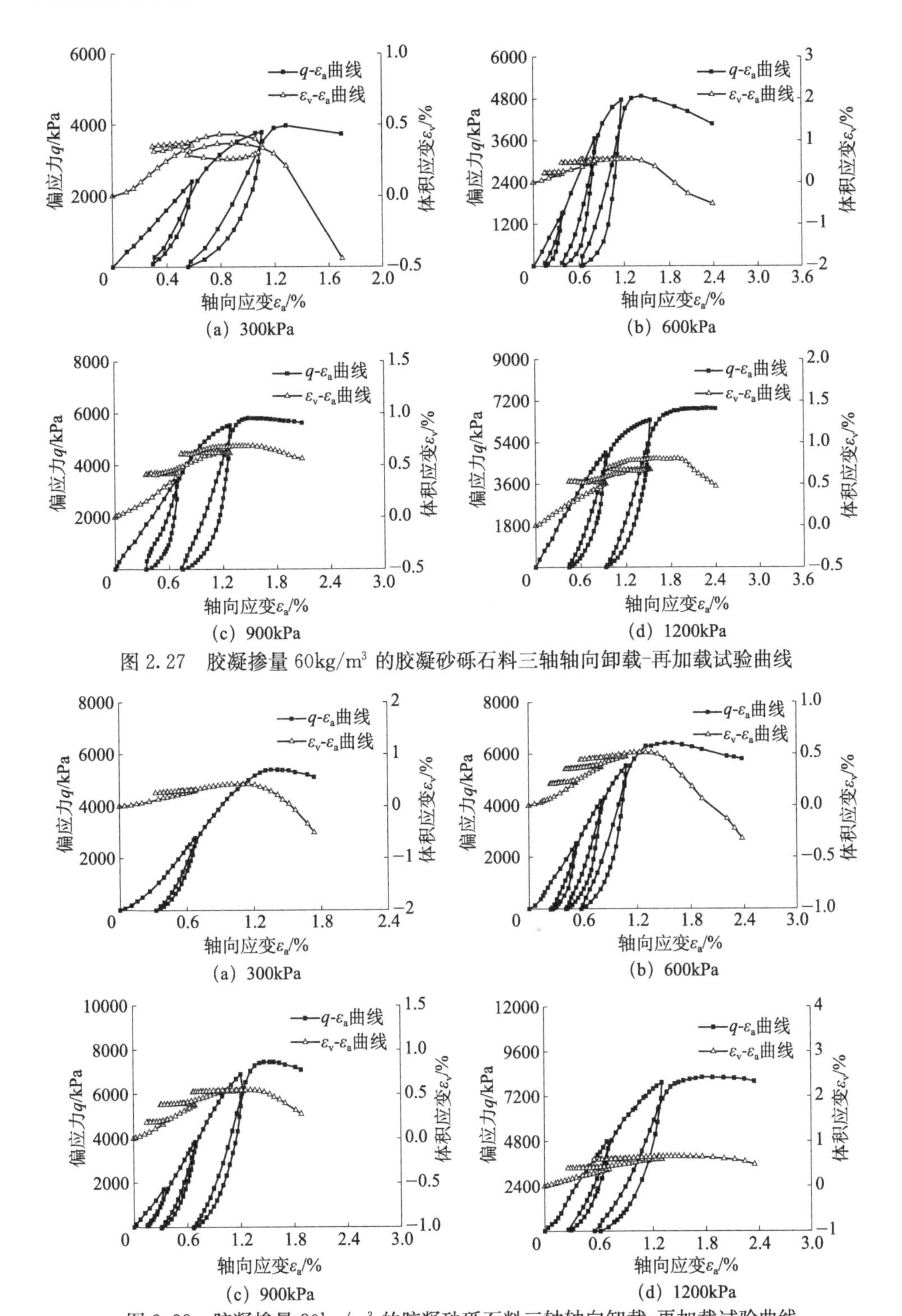

图 2.27　胶凝掺量 60kg/m³ 的胶凝砂砾石料三轴轴向卸载-再加载试验曲线

图 2.28　胶凝掺量 80kg/m³ 的胶凝砂砾石料三轴轴向卸载-再加载试验曲线

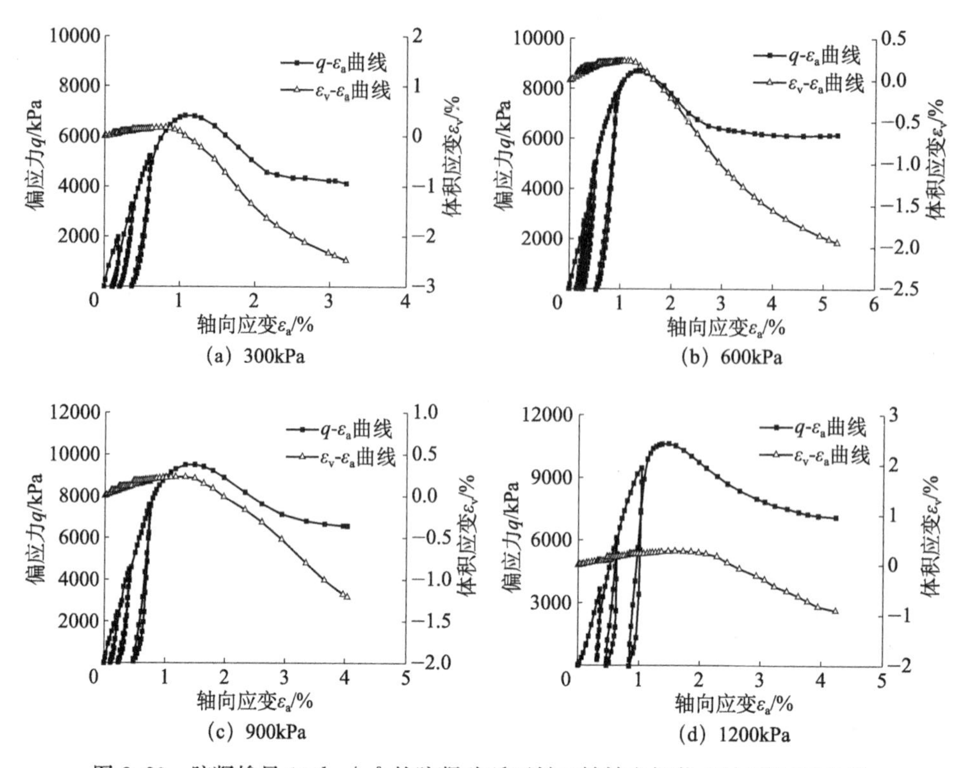

(a) 300kPa　(b) 600kPa

(c) 900kPa　(d) 1200kPa

图 2.29　胶凝掺量 100kg/m³ 的胶凝砂砾石料三轴轴向卸载-再加载试验曲线

3. 骨料干密度的影响

图 2.30～图 2.33 分别为不同骨料干密度 ρ_g 的胶凝砂砾石料（胶凝掺量 80kg/m³）大型三轴排水剪切试验曲线。在图 2.30～图 2.33 中，不同骨料干密度的胶凝砂砾石料试验曲线特征大体相同；骨料干密度的增大，会使初始切线模量和抗剪强度增加，但增量很小；随着骨料干密度的增加，试件密实度增大，试验剪切过程中的剪胀现象较明显。

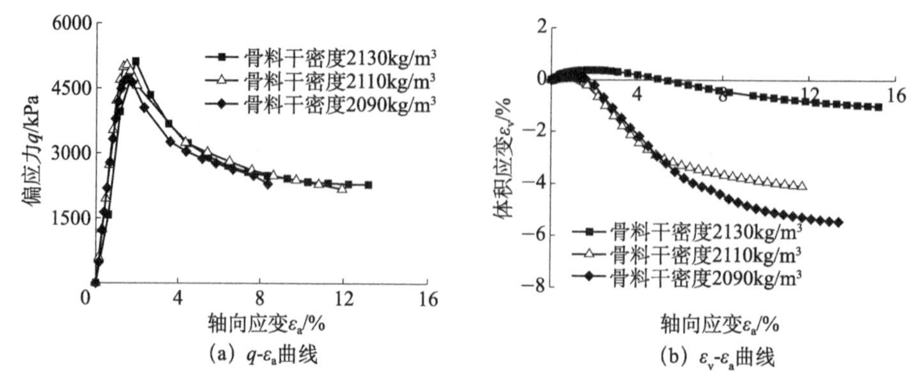

(a) q-ε_a曲线　(b) ε_v-ε_a曲线

图 2.30　围压为 300kPa 的胶凝砂砾石料大型三轴排水剪切试验曲线

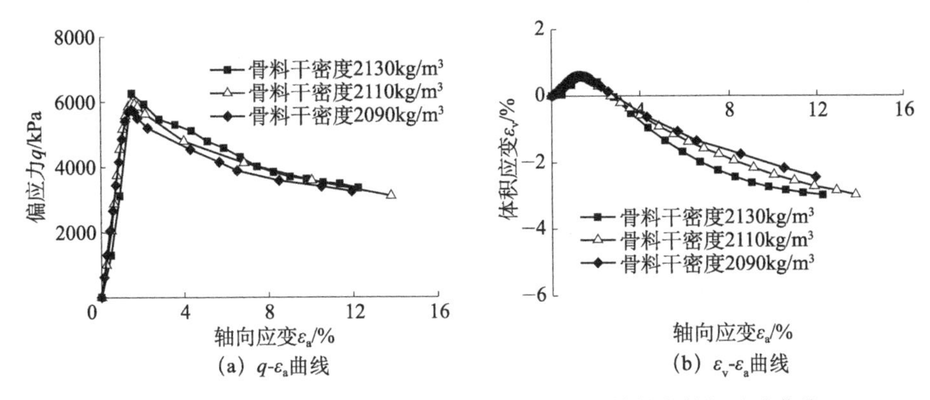

图 2.31　围压为 600kPa 的胶凝砂砾石料大型三轴排水剪切试验曲线

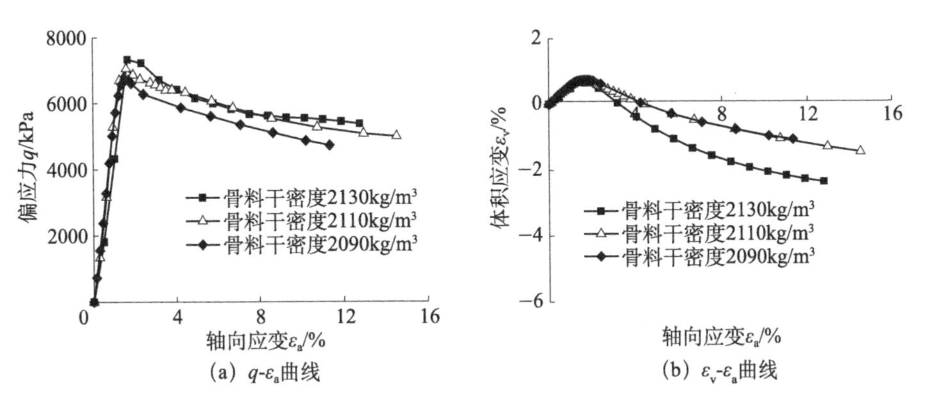

图 2.32　围压为 900kPa 的胶凝砂砾石料大型三轴排水剪切试验曲线

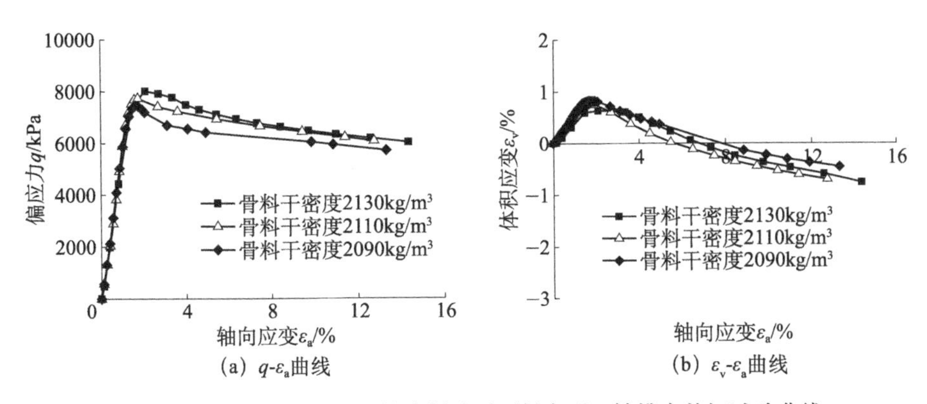

图 2.33　围压为 1200kPa 的胶凝砂砾石料大型三轴排水剪切试验曲线

4. 骨料级配的影响

图 2.34～图 2.37 为不同骨料级配的胶凝砂砾石料大型三轴排水剪切试验曲线。图中级配 2# 粒径 5mm 以下的骨料掺量大于级配 3# 的相应值，且粒径 5mm

以上的骨料掺量均超过70%。骨料级配2[#]与3[#]的胶凝砂砾石料 q-ε_a 曲线与ε_v-ε_a曲线大体上是相同的，表明上述两种骨料级配对胶凝砂砾石料应力-应变特性的影响很小。

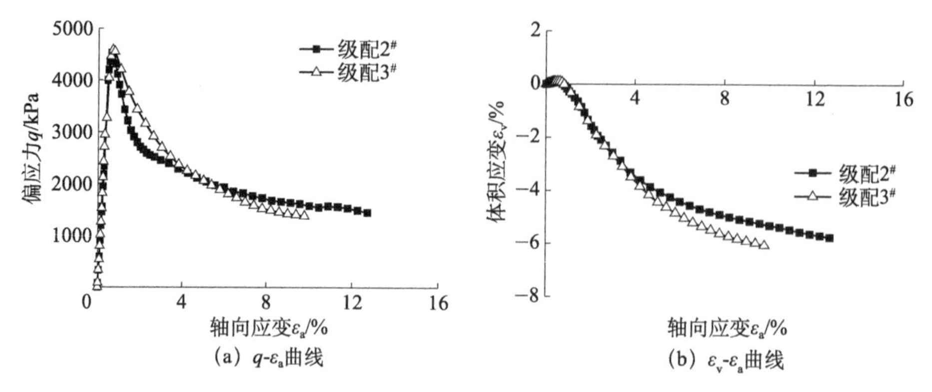

(a) q-ε_a曲线　　(b) ε_v-ε_a曲线

图 2.34　围压为 300kPa 的胶凝砂砾石料大型三轴排水剪切试验曲线

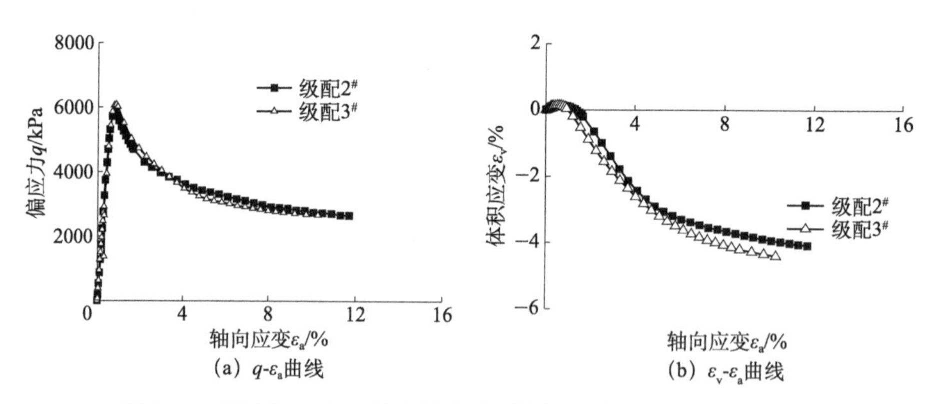

(a) q-ε_a曲线　　(b) ε_v-ε_a曲线

图 2.35　围压为 600kPa 的胶凝砂砾石料大型三轴排水剪切试验曲线

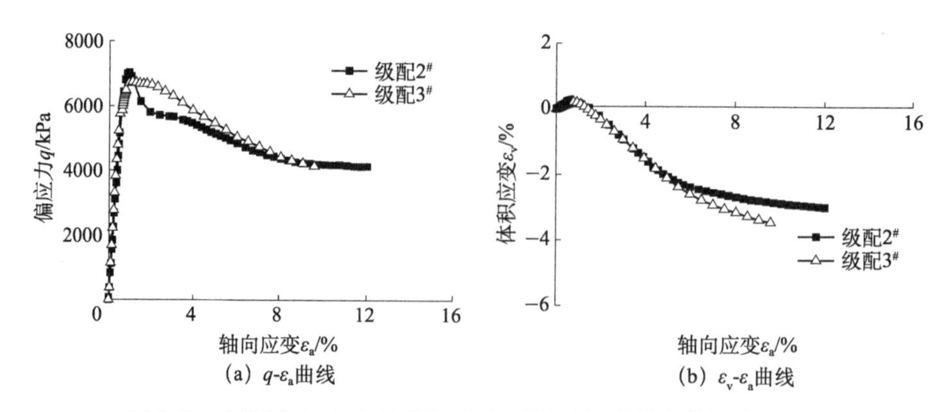

(a) q-ε_a曲线　　(b) ε_v-ε_a曲线

图 2.36　围压为 900kPa 的胶凝砂砾石料大型三轴排水剪切试验曲线

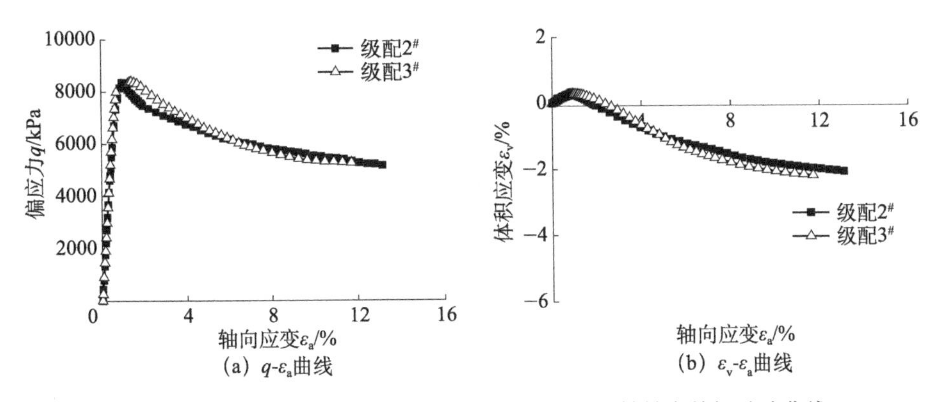

图 2.37　围压为 1200kPa 的胶凝砂砾石料大型三轴排水剪切试验曲线

2.3.3　强度特性

了解强度特性有助于工程人员确定材料或结构是否遭受破坏。对胶凝砂砾石料而言，强度特性是该材料重点关注的特性。本书通过分析不同胶凝掺量、骨料干密度及级配对胶凝砂砾石料峰值强度的影响，揭示胶凝砂砾石料强度特性随材料组分变化的规律。

1. 胶凝掺量的影响

图 2.38 为不同胶凝掺量下胶凝砂砾石料峰值强度 q_f 与围压 σ_3 的关系曲线。从图 2.38 可看出：当胶凝掺量为 20kg/m³ 时，不同围压下胶凝砂砾石料峰值强度在 1500～6000kPa 范围内；随着胶凝掺量的增加，胶凝砂砾石料的胶结性增强，峰值强度显著增大；胶凝掺量 100kg/m³ 的胶凝砂砾石料峰值强度在5000～10000kPa 范围内；当胶凝掺量相同时，胶凝砂砾石料峰值强度随围压的增加而线性增大。这些特征与他人研究成果规律基本一致（图 2.39）。

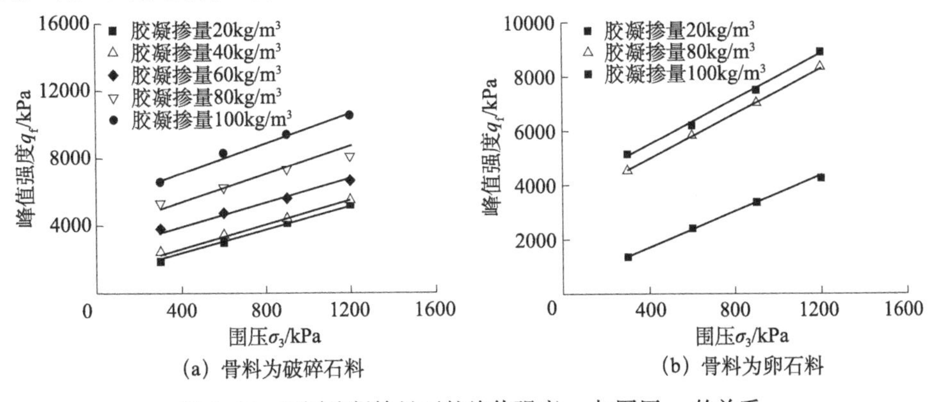

图 2.38　不同胶凝掺量下的峰值强度 q_f 与围压 σ_3 的关系

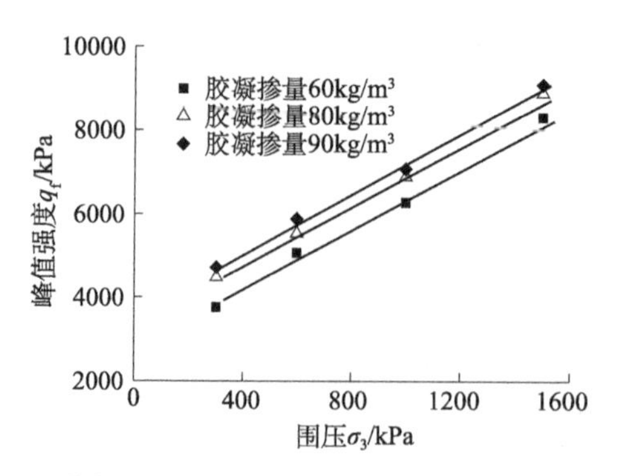

图 2.39　傅华等[22]给出的不同胶凝掺量下峰值强度 q_f 与围压 σ_3 的关系

上述各胶凝掺量的胶凝砂砾石料峰值强度与围压关系均可由下式表示

$$q_f = \frac{2c\cos\varphi}{1-\sin\varphi} + \frac{2\sin\varphi}{1-\sin\varphi}\sigma_3 \tag{2.3}$$

式中，c 为黏聚力，kPa；φ 为内摩擦角，(°)。

依据图 2.38（a）中胶凝砂砾石料峰值强度 q_f 与围压 σ_3 的关系以及式(2.3)，可确定各胶凝掺量的胶凝砂砾石料黏聚力 c 和内摩擦角 φ，见表 2.7。

表 2.7　不同胶凝掺量下的黏聚力 c 和内摩擦角 φ

C_c/(kg/m³)	c/kPa	φ/(°)
20	256.1	40.1
40	405.2	38.6
60	691.9	38.0
80	1031.2	39.2
100	1280.1	40.7

胶凝砂砾石料黏聚力 c 与胶凝掺量 C_c 的关系式为

$$c = H_0 Pa \frac{C_c}{C_{c_0}} \tag{2.4}$$

式中，H_0 为斜率；Pa 为一个标准大气压，取 100kPa；C_{c_0} 为参考胶凝掺量，取 1kg/m³。

图 2.40 给出了不同胶凝掺量的胶凝砂砾石料、高聚物胶凝堆石料以及胶结砂等胶结颗粒料[66-68]黏聚力值。胶凝砂砾石料黏聚力值一般在 200～1600kPa；利用式（2.4）确定的各类胶结颗粒材料黏聚力值与试验结果大致吻合，表明该公式可用于计算胶凝砂砾石料、高聚物胶凝堆石料及胶结砂等众多胶结颗粒料的黏聚力。

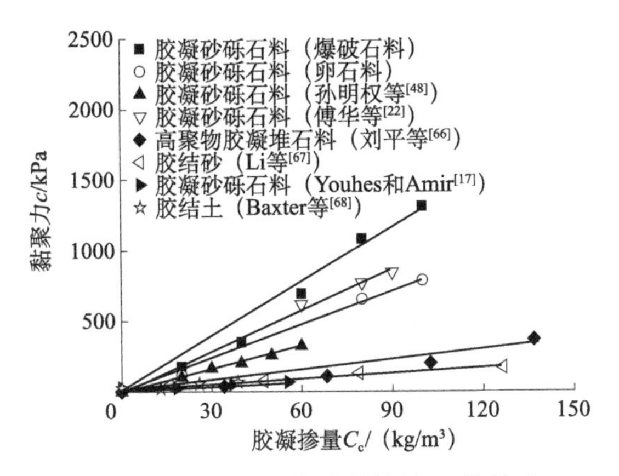

图 2.40　黏聚力 c 与胶凝掺量 C_c 的关系

图 2.41 列出了一些胶结颗粒料内摩擦角值。不同胶凝掺量的胶结颗粒材料内摩擦角 φ 变化较小，一般在 38°～45°；对不同胶凝掺量的胶凝砂砾石料或胶凝堆石料而言，其内摩擦角一般在 40°左右，可直接取其平均值。

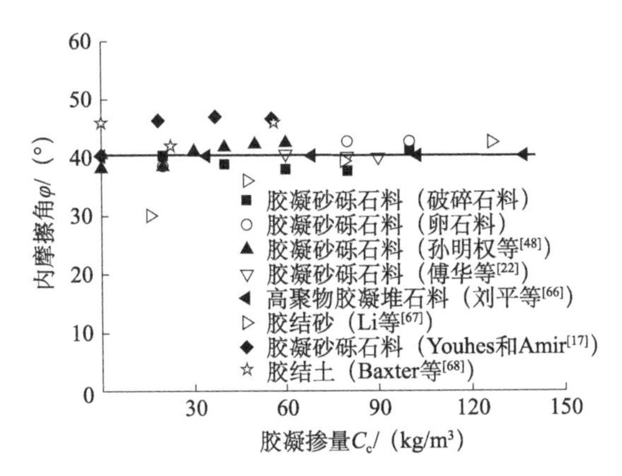

图 2.41　摩擦角 φ 与胶凝掺量 C_c 的关系

引入胶凝掺量这一变量，胶凝砂砾石料强度条件表达式可写成

$$q_f = \frac{2H_0 Pa \dfrac{C_c}{C_{c_0}} \cos\varphi}{1-\sin\varphi} + \frac{2\sin\varphi}{1-\sin\varphi}\sigma_3 \tag{2.5}$$

当 $C_c=0$ 时，胶凝砂砾石料黏聚力为 0，式（2.5）可退化为式（2.6），能用于计算某些堆石料（黏聚力为 0 或接近 0）的峰值强度；随着胶凝掺量 C_c 的增加，黏聚力增大，峰值强度 q_f 值也得到提高；当胶凝掺量 C_c 超过 100kg/m³ 时，峰值强度 q_f 值接近碾压混凝土的相应值。

$$q_f = \frac{2\sin\varphi}{1-\sin\varphi}\sigma_3 \tag{2.6}$$

2. 骨料干密度的影响

图 2.42 为不同骨料干密度的胶凝砂砾石料峰值强度 q_f 与围压 σ_3 的关系曲线。从图 2.42 中可看出：峰值强度 q_f 随骨料干密度 ρ_g 的增加而增大，但小于胶凝掺量引起的增幅；同一骨料干密度 ρ_g 的胶凝砂砾石料峰值强度 q_f 与围压 σ_3 呈线性关系，同样可用由式（2.3）表示。依据式（2.3）与图 2.42 中不同骨料干密度的胶凝砂砾石料峰值强度 q_f 与围压 σ_3 的关系，可得到表 2.8 中的黏聚力与内摩擦角，并可绘制如图 2.43 所示的黏聚力与骨料干密度关系图。

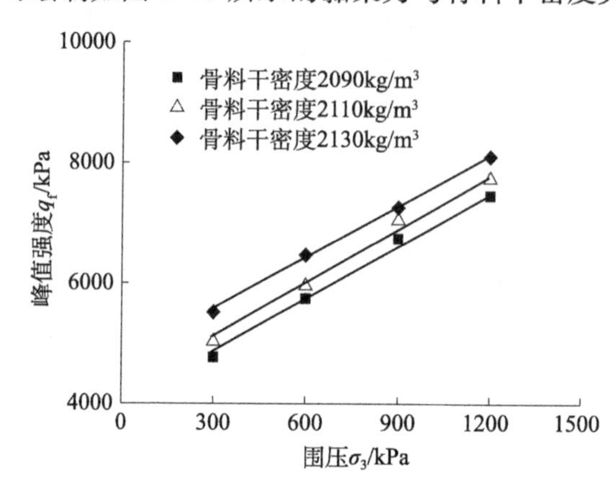

图 2.42　不同骨料干密度条件下的峰值强度 q_f 与围压 σ_3 的关系

表 2.8　不同骨料干密度下的黏聚力 c 与内摩擦角 φ

ρ_g/(kg/m³)	c/kPa	φ/(°)
2090	934.4	39.5
2110	989.2	39.8
2130	1031	40.0

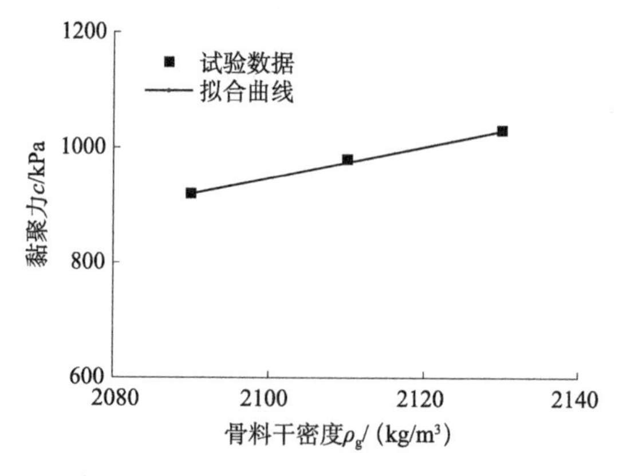

图 2.43　黏聚力 c 与骨料干密度 ρ_g 的关系

在图 2.43 中，随着骨料干密度的增加，胶凝砂砾石料的密实性提高，黏聚力 c 呈线性增加；类似于式（2.4），胶凝砂砾石料黏聚力与骨料干密度的关系式为

$$c = H_g Pa \frac{\rho_g}{\rho_0} \tag{2.7}$$

式中，H_g 为斜率；ρ_0 为参考密度，这里取水密度，即 $1000\mathrm{kg/m^3}$。

表 2.8 中不同骨料干密度下胶凝砂砾石料内摩擦角的平均值约为 39.8°。通过将式（2.7）代入式（2.3）中，可确定考虑骨料干密度影响的强度条件表达式为

$$q_f = \frac{2H_g Pa \dfrac{\rho_g}{\rho_0}\cos\varphi}{1-\sin\varphi} + \frac{2\sin\varphi}{1-\sin\varphi}\sigma_3 \tag{2.8}$$

3. 骨料级配的影响

在图 2.34～图 2.37 中，骨料级配对胶凝砂砾石料峰值强度的影响较小，莫尔-库仑强度理论公式可直接用于反映不同骨料级配的胶凝砂砾石料峰值强度与围压的关系。

4. 考虑材料组分影响的抗剪强度特性

胶凝砂砾石料三轴试验应力-应变曲线为软化曲线，其峰值强度可作为破坏强度。本书考虑胶凝掺量 C_c 与骨料干密度 ρ_g 的影响，建立一种新的胶凝砂砾石料破坏强度表达式，即

$$q_f = \frac{2H_z Pa \dfrac{\rho_g}{\rho_0}\dfrac{C_c}{C_{c_0}}\cos\varphi}{1-\sin\varphi} + \frac{2\sin\varphi}{1-\sin\varphi}\sigma_3 \tag{2.9}$$

式中，H_z 为材料参数，$H_0 = H_z \dfrac{\rho_g}{\rho_0}$，$H_g = H_z \dfrac{C_c}{C_{c_0}}$。当胶凝掺量 C_c 为定值时，式（2.9）可退化为式（2.8），反映不同骨料干密度对胶凝砂砾石料强度特性的影响；当骨料干密度 ρ_g 为一定值时，式（2.9）退化为式（2.5），能用于描述考虑胶凝掺量影响的胶凝砂砾石料强度特性。当胶凝掺量 C_c 接近于 0 时，式（2.9）可反映堆石料的强度特性，而胶凝掺量超过 $100\mathrm{kg/m^3}$ 的胶凝砂砾石料黏聚力 c 与内摩擦角 φ 接近于碾压混凝土的相应值，此时式（2.9）可尝试用于描述碾压混凝土的强度特性。

2.3.4　变形特性

胶凝砂砾石料变形特性是其力学特性研究的重要组成部分。与胶凝掺量相比，胶凝砂砾石料骨料干密度与级配对前文胶凝砂砾石料三轴试验曲线特征的影响很小，因此这里重点分析胶凝掺量对胶凝砂砾石料变形特性的影响。

1. 压硬性

压硬性是指切线模量、回弹模量及体积模量等材料模量随平均应力或围压

增加而增大的特性。图 2.44 给出了不同胶凝掺量的胶凝堆石料初始切线模量 E_i 与围压 σ_3 的关系。从图中可以看出，当胶凝掺量相同时，初始切线模量随围压的增加而增长，但增幅逐渐减小。

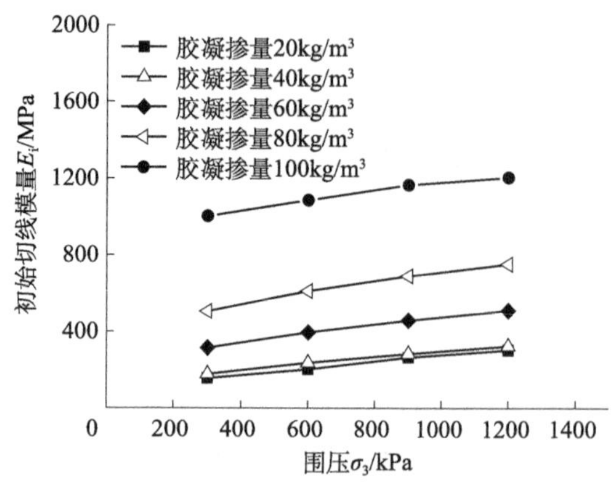

图 2.44　初始切线模量 E_i 与围压 σ_3 的关系

胶凝堆石料初始切线模量与围压的关系一般可表示为

$$E_i = kPa\left(\frac{\sigma_3}{Pa}\right)^n \tag{2.10}$$

式中，k 为材料参数；n 为增幅指数。

当围压为 0 时，式（2.10）中初始模量 E_i 为 0，这与胶凝堆石料或胶凝砂砾石料相应的真实值不符。为此，建议胶凝堆石料初始切线模量与围压的关系采用下式表示

$$E_i = kPa\left(\frac{Pa+\sigma_3}{Pa}\right)^n \tag{2.11}$$

通过式（2.11）与图 2.44 可得到 k 和 n 的值，如表 2.9 所示。

表 2.9　不同胶凝掺量的胶凝砂砾石料的 k、n

C_c/(kg/m³)	k	n
20	656.51	0.60
40	1097.66	0.45
60	1780.00	0.41
80	3150.00	0.31
100	7061.77	0.20

图 2.45 与图 2.46 分别给出了参数 k、n 与 C_c 的关系，从中可看出：当 C_c 接近 0kg/m³ 时，k、n 接近一些普通堆石料的相应结果；随着 C_c 的增大，k 增加，且增幅逐渐增大，而 n 减小，且逐渐趋近于 0。

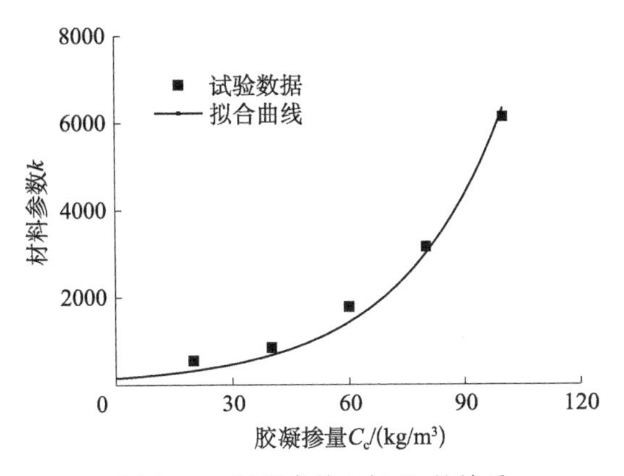

图 2.45　材料参数 k 与 C_c 的关系

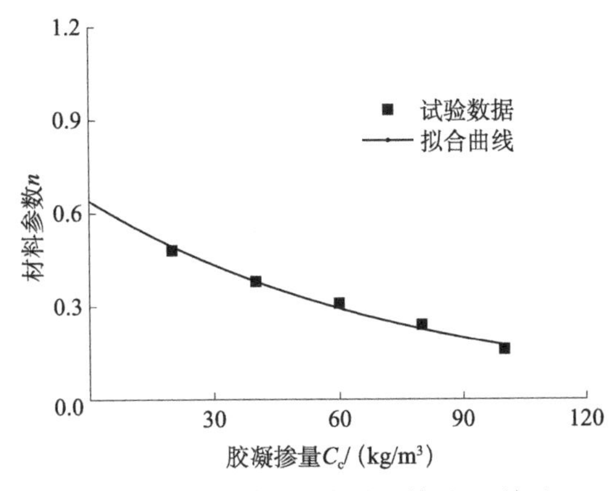

图 2.46　材料参数 n 与胶凝掺量 C_c 关系

参数 k 与胶凝掺量 C_c 的关系可表示为

$$k = k'_0 e^{b'\frac{C_c}{C_{c_0}}} \tag{2.12}$$

式中，k'_0、b'为拟合系数。通过式（2.12）以及图 2.45 中的 k 值，可确定 k'_0、b'分别为 601、0.0295。

参数 n 与胶凝掺量 C_c 的关系曲线可表示为

$$n = n'_0 e^{c'\frac{C_c}{C_{c_0}}} \tag{2.13}$$

式中，n'_0与 c'为拟合系数，与材料种类有关。采用式（2.13）对图 2.46 中参数 n 与 C_c 的关系进行拟合，可确定 n'_0为 0.64，c'为−0.013。

将式（2.12）与式（2.13）代入式（2.11）中，可得出不同胶凝掺量下胶凝砂砾石料的初始切线模量 E_i 的表达式：

$$E_i = k'_0 e^{b'\frac{C_c}{C_{c_0}}} Pa \left(\frac{Pa + \sigma_3}{Pa}\right)^{n'_0 e^{c'\frac{C_c}{C_{c_0}}}} \tag{2.14}$$

式（2.14）同时考虑了围压与胶凝掺量对初始切线模量 E_i 的影响：当胶凝掺量接近 0kg/m³ 时，式（2.14）可尝试用于描述胶凝堆石料初始切线模量与围压的关系；随着胶凝掺量的增加，同一围压对应的初始切线模量 E_i 增大；当胶凝掺量增至 80kg/m³ 时，E_i 值较大，但受围压影响程度低于胶凝掺量 80kg/m³ 以下的胶凝砂砾石料。

为验证式（2.14）的合理性，图 2.47 给出了胶凝掺量 60kg/m³ 且骨料干密度 2130kg/m³ 的胶凝砂砾石料在围压 300kPa、600kPa、900kPa 及 1200kPa 下初始切线模量 E_i 试验值以及式（2.14）得出的相应计算值。从图 2.47 中可看出：依据三轴试验确定的胶凝砂砾石料初始切线模量值与相应的计算值大体相同，表明式（2.14）能很好地用于确定胶凝砂砾石料的初始切线模量。

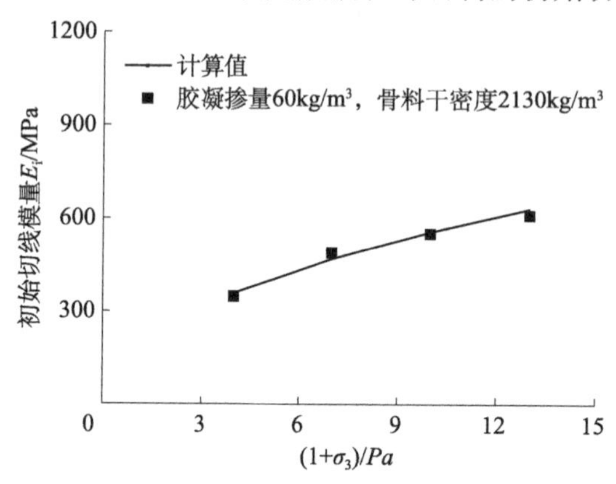

图 2.47　初始切线模量 E_i 的试验验证

回弹模量 E_{ur} 为卸载时应力与应变的比值。由于在卸载-再加载过程中，胶凝砂砾石料应力-应变曲线出现滞回圈，此处以卸载曲线与再加载曲线交点连线的斜率作为回弹模量。图 2.48 给出了不同围压下胶凝砂砾石料回弹模量 E_{ur} 与胶凝掺量 C_c 的关系曲线，从图中可看出：当胶凝掺量相同时，胶凝砂砾石料的回弹模量 E_{ur} 随着围压的增加而增大，但增幅减小；在相同围压下，回弹模量 E_{ur} 随胶凝掺量 C_c 的增加而不断增大。回弹模量与围压的关系可表示为

$$E_{ur}=k_{ur}Pa\left(\frac{Pa+\sigma_3}{Pa}\right)^n \tag{2.15}$$

式中，k_{ur} 为材料参数。

参数 A_{ur} 为材料参数 k_{ur} 与 k 的比值。图 2.49 给出了参数 A_{ur} 和 C_c 的关系。从图 2.49 中可看出：当胶凝掺量接近 0 时，A_{ur} 接近 3.2，这与一般堆石料的相应值接近；随着胶凝掺量的增加，A_{ur} 逐渐减小；当胶凝掺量超过 80kg/m³ 时，A_{ur} 趋于 1，回弹模量与初始切线模量接近。

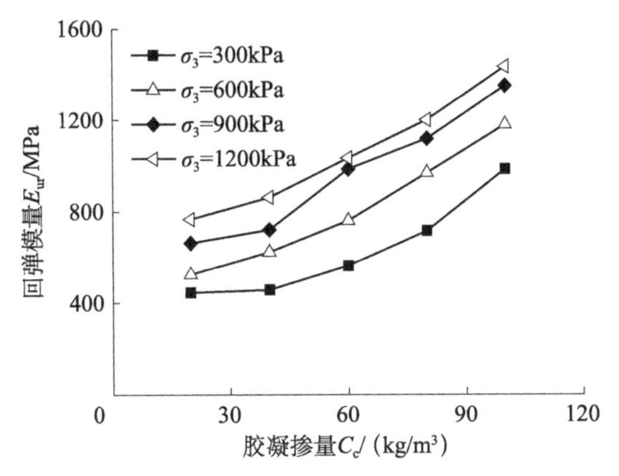

图 2.48　回弹模量 E_{ur}与胶凝掺量 C_c 的关系

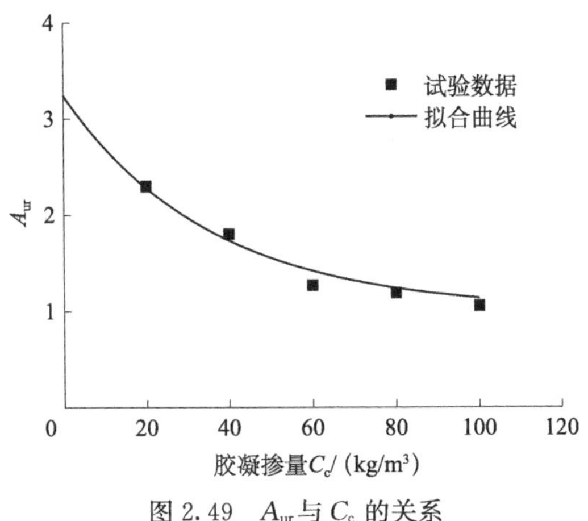

图 2.49　A_{ur}与 C_c 的关系

不同胶凝掺量的胶凝砂砾石料参数 A_{ur}可表示为

$$A_{ur} = A'_0 e^{l' \frac{C_c}{C_{c_0}}} + 1 \tag{2.16}$$

式中，A'_0为材料参数；l'为材料系数。采用式（2.16）对图 2.49 中参数 A_{ur}与胶凝掺量 C_c 的关系进行拟合，可确定系数 A'_0为 2.275，l'为−0.035。

将式（2.16）代入式（2.14）中，可得到考虑胶凝掺量影响的胶凝砂砾石料回弹模量表达式：

$$E_{ur} = E_i A_{ur} = k'_0 e^{b' \frac{C_c}{C_{c_0}}} Pa \left(\frac{Pa + \sigma_3}{Pa} \right)^{n'_0 e^{c' \frac{C_c}{C_{c_0}}}} \left(A'_0 e^{l' \frac{C_c}{C_{c_0}}} + 1 \right) \tag{2.17}$$

通过增减胶凝掺量，式（2.17）还可用于确定堆石料、碾压混凝土等材料的回弹模量。

体积模量一般为平均应力增量与体积应变增量的比值。为了确定胶凝砂砾石

料的弹性体积模量 K，依据胶凝掺量 60kg/m³ 的胶凝砂砾石料等向加卸载试验结果，图 2.50 列出了体积应变 ε_v 与 $\ln(1+p_0/Pa)$ 的关系曲线，其中 p_0 为平均应力。弹性体积应变 ε_v^e 为回弹部分的体积应变，与 $\ln(1+p_0/Pa)$ 的关系可表示为

$$k_t=\frac{\mathrm{d}\varepsilon_v^e}{\mathrm{d}\ln(1+p_0/Pa)} \tag{2.18}$$

则

$$K=\frac{\mathrm{d}p}{\mathrm{d}\varepsilon_v^e}=\frac{p_0+Pa}{k_t} \tag{2.19}$$

式中，k_t 为滞回圈曲线割线斜率。

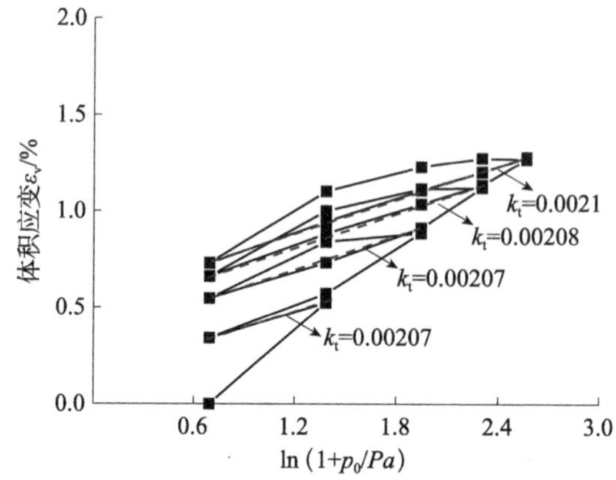

图 2.50　胶凝掺量 60kg/m³ 的胶凝砂砾石料体积应变与 $\ln(1+p_0/Pa)$ 关系

图 2.51 列出了不同胶凝掺量的胶凝砂砾石料弹性体积模量 K 与平均应力 p_0 的关系曲线。当胶凝掺量相同时，体积模量 K 随着平均应力 p_0 的增加而增大；当 p_0 相同时，体积模量 K 随胶凝掺量 C_c 的增加而增大，增幅也逐渐增加。不同胶凝掺量的参数 k_t 可采用式（2.19）对图 2.51 中体积模量 K 与 p_0 的关系拟合确定。

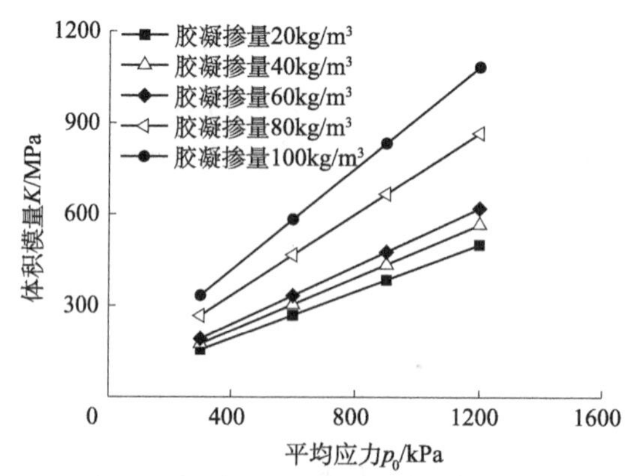

图 2.51　不同胶凝掺量下体积模量 K 与平均应力 p_0 的关系

参数 k_t 与胶凝掺量 C_c 的关系可表示为

$$k_t = k'_t e^{d' \frac{C_c}{C_{c_0}}} \tag{2.20}$$

考虑胶凝掺量影响的胶凝砂砾石料弹性体积模量表达式，即

$$K = \frac{p_0 + Pa}{k'_t e^{d' \frac{C_c}{C_{c_0}}}} \tag{2.21}$$

式中，k'_t与 d' 材料系数，均与胶凝砂砾石料材料组成有关。

当胶凝掺量 C_c 接近于 0kg/m³ 时，式（2.21）中参数 k'_t接近于式（2.20）中的参数 k_t，体积模量 K 最小；随着胶凝掺量 C_c 的增加，k_t 减小，体积模量 K 逐渐增大，符合体积模量 K 随胶凝掺量变化的规律；当胶凝掺量 C_c 超过 100kg/m³ 时，体积模量 K 较大，同一等向应力产生的弹性体积应变较小。

2. 应力-应变非线性特征

图 2.52 为胶凝砂砾石料、堆石料及碾压混凝土的应力-应变关系曲线。当胶凝掺量较低时，峰值点之前的应力-应变曲线具有与堆石料类似的非线性特征，其关系式可采用式（2.22）表示；随着胶凝掺量的增加，峰值点之前的应力-应变曲线非线性逐渐减弱；当胶凝掺量较高时，胶凝砂砾石料应力-应变曲线形式与碾压混凝土类似，由式（2.22）得出的应力-应变预测结果与试验数据存在较大误差。

$$q = \sigma_1 - \sigma_3 = \frac{\varepsilon_a}{a + b\varepsilon_a} \tag{2.22}$$

式中，a、b 为材料参数。

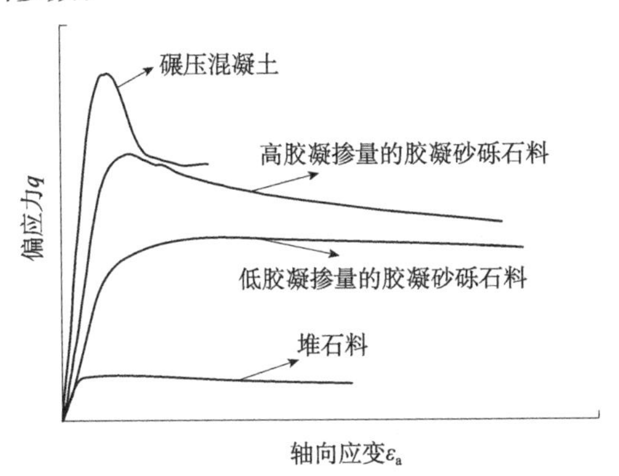

图 2.52　胶凝砂砾石料、堆石料及碾压混凝土的应力-应变关系曲线

何蕴龙等采用 Ottosen 方程表示胶凝砂砾石料应力-应变曲线特征[69,70]。考虑到不同胶凝掺量对应力-应变曲线非线性特征的影响，建议胶凝砂砾石料的应力-应变关系可表示为

$$q = \sigma_1 - \sigma_3 = \frac{\varepsilon_a}{c\varepsilon_a^2 + b\varepsilon_a + a} \tag{2.23}$$

式中，a、b、c 为拟合参数。

式（2.23）与描述混凝土材料应力-应变关系的 Saenz 公式形式类似，当 $c=0$ 时，式（2.23）可退化为普通堆石料常用的应力-应变关系式（2.22）。因此，除适用于不同胶凝掺量的胶凝砂砾石料之外，式（2.23）还可用于反映普通堆石料、碾压混凝土等材料应力-应变曲线非线性特征。

3. 剪胀特性

剪胀性作为胶凝砂砾石料主要的变形特征之一，在构建其本构模型时不应被忽视。图 2.53 给出了堆石料及不同胶凝掺量下胶凝砂砾石料典型体积应变-轴向应变曲线，从图中可看出：不同胶凝掺量的胶凝砂砾石料发生先剪缩后剪胀的现象；当胶凝掺量较高时，胶凝砂砾石料体积应变与轴向应变在剪切初始阶段大体上呈线性关系。

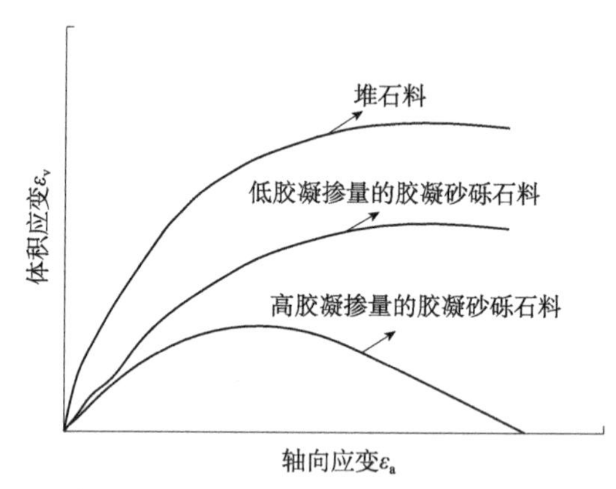

图 2.53　胶凝砂砾石料与堆石料典型体积应变-轴向应变曲线

刘俊林等在胶凝砂砾石料非线性弹性模型研究中直接假定体积应变-轴向应变呈线性关系，未考虑低胶凝掺量的胶凝砂砾石料体积应变-轴向应变曲线明显的非线性特征。虽然蔡新等采用三次多项式能很好地表示胶凝砂砾石料体积应变-轴向应变关系，但该式较为复杂。在“南水”双屈服面弹塑性本构模型[71]中，堆石料的体积应变-轴向应变关系采用常数项为 0 的二次函数式（2.24）表示，该函数能较好地反映材料的先剪缩后剪胀特性，且函数表达式简单，可用于表示胶凝砂砾石料体积应变-轴向应变关系。

$$\varepsilon_v = d\varepsilon_a^2 + f\varepsilon_a \tag{2.24}$$

式中，d、f 为拟合系数。

图 2.54 给出了不同胶凝掺量与围压 σ_3 下的胶凝砂砾石料峰值强度点的轴向应变 ε_{am}、剪胀转折点的轴向应变 ε_{an}，从图中可看出：随着胶凝掺量 C_c 的增加，ε_{am} 由 6%逐渐减至 1%左右；单一胶凝掺量下 ε_{am}、ε_{an} 均随围压的增加而线性增

大，但高胶凝掺量下应变增幅较小；相同胶凝掺量与围压下的 ε_{am} 均大于 ε_{an}，这表明不同围压下各胶凝掺量的胶凝砂砾石料在试件破坏之前便出现剪胀现象；随着胶凝掺量的增加，ε_{an} 逐渐接近于 ε_{am}，表明胶凝掺量的增加可使该材料剪胀转折点更接近其破坏点。

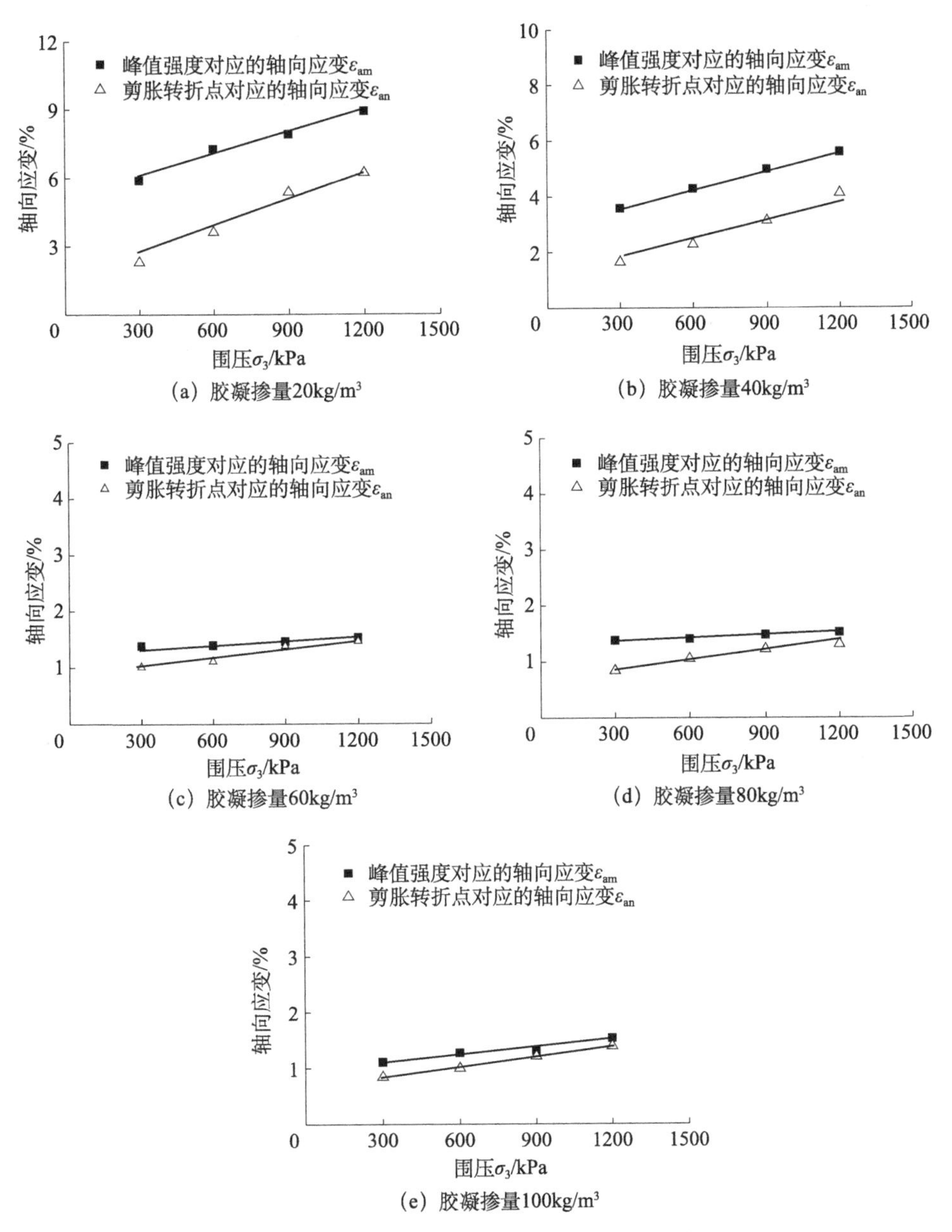

图 2.54　特殊点对应的轴向应变与围压的关系

ε_{am}、ε_{an}与围压σ_3的关系可分别采用下式表示：

$$\varepsilon_{am}=\lambda_0\left(\frac{\sigma_3}{Pa}\right)+d_0 \tag{2.25}$$

$$\varepsilon_{an}=\lambda_1\left(\frac{\sigma_3}{Pa}\right)+d_1 \tag{2.26}$$

式中，λ_0、d_0、λ_1及d_1为材料参数，均与胶凝掺量有关。

采用式（2.25）对图2.54中峰值强度对应的轴向应变值与胶凝掺量的关系进行拟合，可确定参数λ_0与d_0，分别如图2.55与图2.56所示。

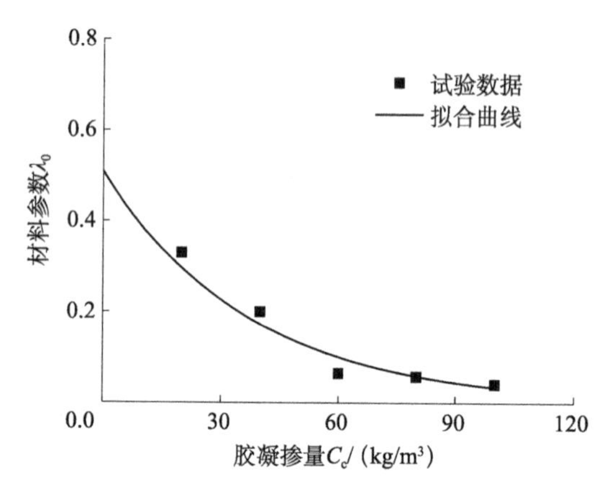

图2.55　材料参数λ_0与胶凝掺量C_c的关系

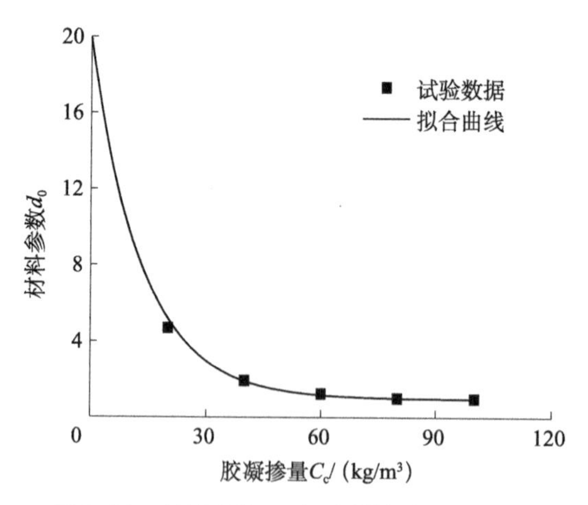

图2.56　材料参数d_0与胶凝掺量C_c的关系

随着胶凝掺量C_c的增加，λ_0减小，且逐渐趋向于0，峰值强度对应的轴向应变ε_{am}受围压的影响也减小，该关系可表示为

$$\lambda_0 = a_0 \mathrm{e}^{-c_0 \frac{C_c}{C_{c_0}}} \tag{2.27}$$

式中，a_0、c_0 为材料系数。

d_0 随 C_c 的增加而减小，且逐渐趋于某一定值，该变化规律可表示为

$$d_0 = l_0 \mathrm{e}^{-m_0 \frac{C_c}{C_{c_0}}} + n_0 \tag{2.28}$$

式中，l_0、m_0 及 n_0 为材料系数。

类似于 λ_0、d_0，ε_{an}中，λ_1、d_1 与胶凝掺量 C_c 的关系可分别表示为

$$\lambda_1 = a_1 \mathrm{e}^{-c_1 \frac{C_c}{C_{c_0}}} \tag{2.29}$$

$$d_1 = l_1 \mathrm{e}^{-m_1 \frac{C_c}{C_{c_0}}} + n_1 \tag{2.30}$$

式中，a_1、c_1、l_1、m_1 及 n_1 为材料系数。

通过将式（2.27）与式（2.28）代入式（2.25），以及式（2.29）与式（2.30）代入式（2.26）中，可分别得到

$$\varepsilon_{am} = a_0 \mathrm{e}^{-\frac{c_0 C_c}{C_{c_0}}} \left(\frac{\sigma_3}{Pa}\right) + l_0 \mathrm{e}^{-\frac{m_0 C_c}{C_{c_0}}} + n_0 \tag{2.31}$$

$$\varepsilon_{an} = a_1 \mathrm{e}^{-\frac{c_1 C_c}{C_{c_0}}} \left(\frac{\sigma_3}{Pa}\right) + l_1 \mathrm{e}^{-\frac{m_1 C_c}{C_{c_0}}} + n_1 \tag{2.32}$$

分别采用式（2.31）及式（2.32）对胶凝掺量 20kg/m^3、40kg/m^3、60kg/m^3、80kg/m^3 及 100kg/m^3 胶凝堆石料大型三轴剪切试验数据进行拟合，拟合系数如表 2.10 所示。

表 2.10　拟合系数列表

a_0	c_0	l_0	m_0	n_0	a_1	c_1	l_1	m_1	n_1
0.0082	0.05	0.198	0.08	0.0095	0.00713	0.028	0.0485	0.05	0.00261

当胶凝掺量接近于 0kg/m^3 时，λ_0 与 d_0 均接近最大值，ε_{am}受围压的影响较大，应力-应变曲线形式接近堆石料的硬化型曲线；当胶凝掺量较高时，ε_{am}受围压的影响小；当胶凝掺量接近于 0kg/m^3 时，λ_1 与 d_1 趋向于最大值，ε_{an}受围压的影响较大，且大于较高胶凝掺量下的 ε_{an}值，表明胶凝掺量越小，剪缩剪胀转折点位置越靠后，胶凝砂砾石料主要表现为剪缩特性；当胶凝掺量较高时，ε_{an}受围压的影响小。

4. 初始切线体积比

初始切线体积比是指胶凝砂砾石料受剪切初始阶段，其体积应变与轴向应变的增量比值，也是胶凝砂砾石料重要的变形特征之一。为了能更好地定量描述这一特征，首先需将胶凝砂砾石料的体积应变与轴向应变关系式（2.24）改写为

$$\varepsilon_v = d(\varepsilon_a - \varepsilon_{an})^2 + \varepsilon_{vn} \tag{2.33}$$

式中，d 为拟合系数；ε_{vn}为峰值体积应变。

式（2.33）能较合理地反映胶凝砂砾石料的剪缩剪胀特性，对其求导得出的切线体积比 μ_t 的表达式为

$$\mu_t = \frac{d\varepsilon_v}{d\varepsilon_a} = 2d(\varepsilon_a - \varepsilon_{an}) \tag{2.34}$$

由于依据三轴剪切试验结果绘制的体积应变-轴向应变关系曲线过原点（0，0），将该点代入式（2.33）得出

$$d = -\frac{\varepsilon_{vn}}{{\varepsilon_{an}}^2} \tag{2.35}$$

将式（2.35）代入式（2.34）中，当 ε_a 为 0 时的胶凝砂砾石初始切线体积比 μ_{t0}表示为

$$\mu_{t0} = \frac{2\varepsilon_{vn}}{\varepsilon_{an}} \tag{2.36}$$

式中，ε_{an}可直接采用式（2.33）确定；ε_{vn}的具体确定过程如下所述。

图 2.57 为不同胶凝掺量的胶凝砂砾石料峰值体积应变与围压的关系。从图 2.57 可看出：当胶凝掺量相同时，峰值体积应变随围压的增加而线性增大，该关系可由下式表示

$$\varepsilon_{vn} = \lambda_2(\sigma_3/Pa) + d_2 \tag{2.37}$$

式中，λ_2为直线斜率；d_2 为截距；λ_2与 d_2 是与胶凝剂掺量有关的无量纲参数。利用式（2.37）对图 2.57 中峰值体积应变与围压关系进行拟合，其拟合系数见表 2.11。

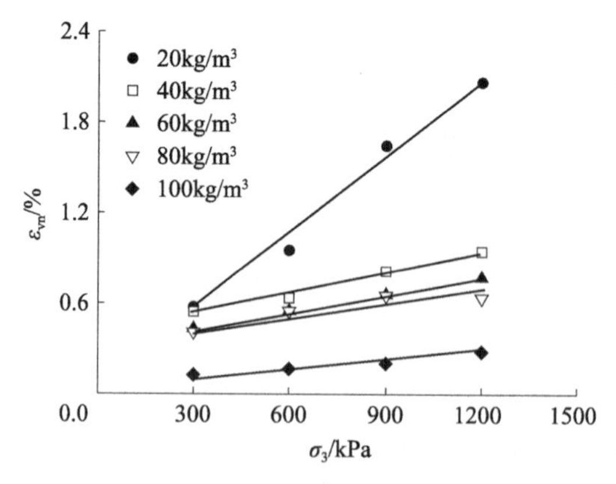

图 2.57　峰值体积应变与围压的关系

表 2.11　不同胶凝掺量的胶凝砂砾石料的 λ_2、d_2

C_c/(kg/m³)	λ_2/%	d_2/%
20	0.96	0.50
40	0.44	0.37
60	0.29	0.26
80	0.24	0.17
100	0.17	0.10

图 2.58 与图 2.59 分别为不同胶凝掺量胶凝砂砾石料的 λ_2 与 d_2。从图 2.58 可看出：随着 C_c 的增加，d_2 逐渐减小；当胶凝掺量 C_c 接近一些碾压混凝土材料的胶凝掺量时，λ_2 接近于 0。

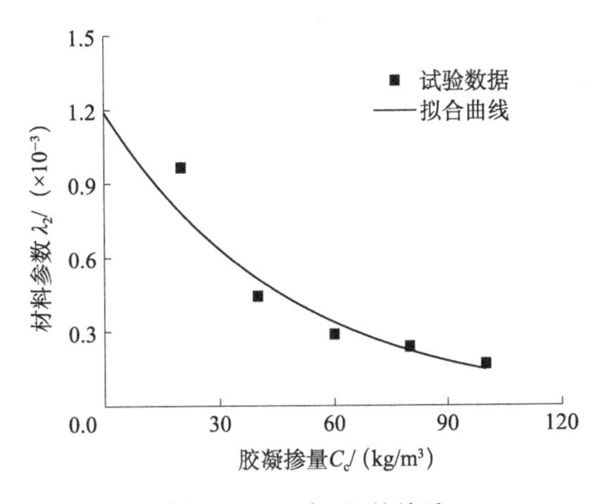

图 2.58　λ_2 与 C_c 的关系

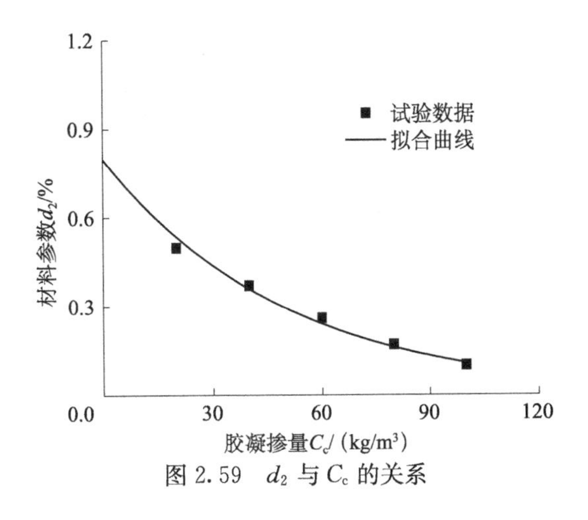

图 2.59　d_2 与 C_c 的关系

依据上述分析，λ_2可表示为

$$\lambda_2 = a_2 e^{-c_2 (C_c/C_{c_0})} \tag{2.38}$$

式中，a_2、c_2为λ_2与C_c关系的拟合系数。

在图2.59中，d_2随着C_c的增加而逐渐减小，且减幅也逐渐减小。该规律可采用下式表示

$$d_2 = l_2 e^{-m_2 (C_c/C_{c_0})} \tag{2.39}$$

式中，l_2、m_2为d_2与C_c关系的拟合系数。

将式（2.38）与式（2.39）代入式（2.37）中，可得到考虑C_c与σ_3影响的ε_{vn}表达式：

$$\varepsilon_{vn} = a_2 e^{-c_2 (C_c/C_{c_0})} (\sigma_3/Pa) + l_2 e^{-m_2 (C_c/C_{c_0})} \tag{2.40}$$

2.4 动三轴试验

为了研究不同胶凝掺量对胶凝砂砾石料动力特性的影响，以及构建合理的胶凝砂砾石料动力本构模型，本次动三轴剪切试验采用胶凝掺量40kg/m³、60kg/m³及80kg/m³的胶凝砂砾石料试件进行。

2.4.1 动三轴试验概述

胶凝砂砾石料动三轴试验试件的材料组成及制备过程与静力三轴试验中的试件相同。试验仪器为南京水利科学研究院的静、动三轴试验仪，其具体试验过程如下：

首先需将制备好的试件吊装至三轴试验仪器，采用静水头法将其饱和；试件侧向与轴向按照固结应力比$K_0=2.0$（$K_0=\sigma_1/\sigma_3$，σ_1为初始轴向应力，σ_3为侧向应力）施加应力进行固结；施加11～13级动荷载，每级动荷载进行3个循环；之后，选择合适的动荷载波形、频幅和振动次数，将放大器、记录仪通道打开，随即施加动荷载，当振动次数达到控制数时，终止试验。

2.4.2 胶凝砂砾石料动力特性

图2.60～图2.62分别给出了不同胶凝掺量（40kg/m³、60kg/m³及80kg/m³）的胶凝砂砾石料在不同围压（300kPa、600kPa、900kPa及1200kPa）下的动三轴试验的动应力-轴向动应变（σ_d-ε_d）曲线。

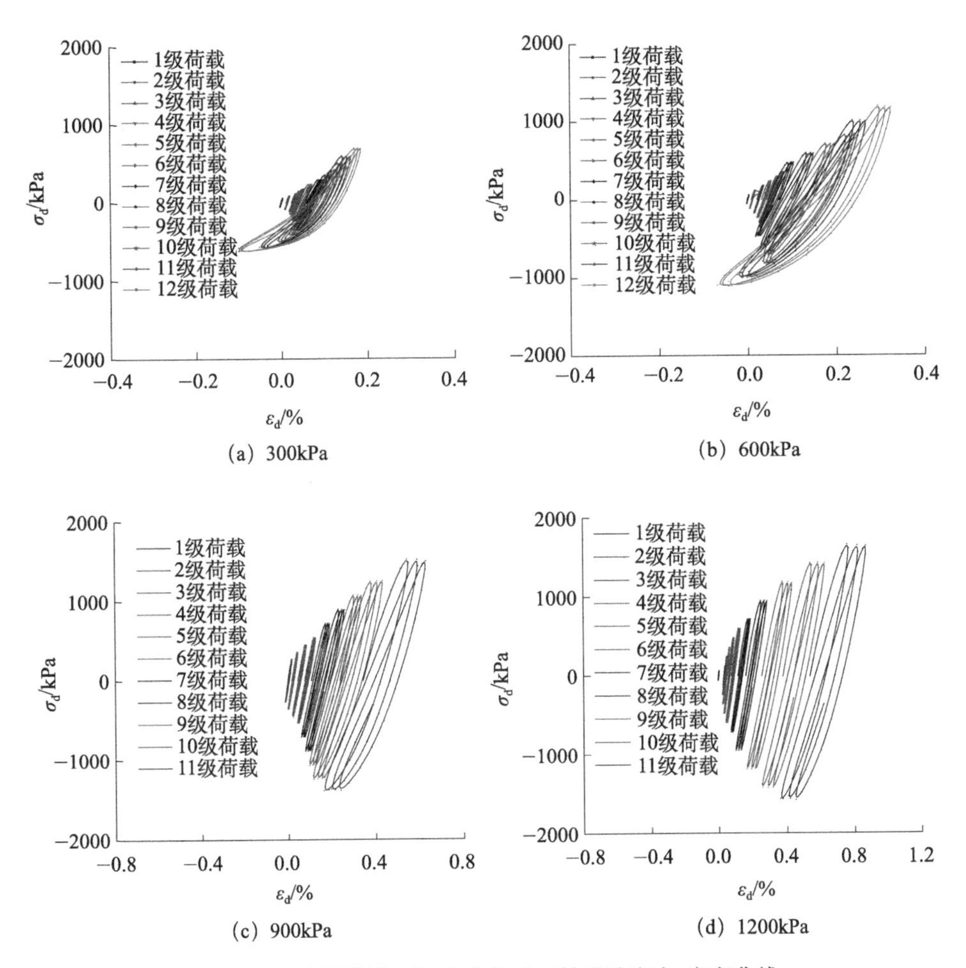

图 2.60　胶凝掺量 40kg/m^3 的动三轴试验应力-应变曲线

从图 2.60～图 2.62 可看出：随着动荷载的增长，滞回圈面积与动应变均增大，滞回圈中心点位置逐渐朝动应变正值方向移动；而随着胶凝掺量的增加，滞回圈中心点的移动距离减小。

主干曲线是通过连接不同级动应力-动应变曲线滞回圈的峰值点形成的，可反映材料滞回圈峰值点的发展趋势，本次胶凝砂砾石料动三轴试验主干曲线采用每级荷载中第 2 次循环的试验数据。图 2.63 给出了胶凝掺量为 40kg/m^3、60kg/m^3 及 80kg/m^3 的胶凝砂砾石料试件在不同围压下的主干曲线。在图 2.63 中：不同胶凝掺量的胶凝砂砾石料动应力-动应变关系具有明显的非线性特征；随着动应变的增加，胶凝砂砾石料的动应力增大，但增幅逐渐变小；同一动应变对应的动应力随着围压（或胶凝掺量）的增加而增大。

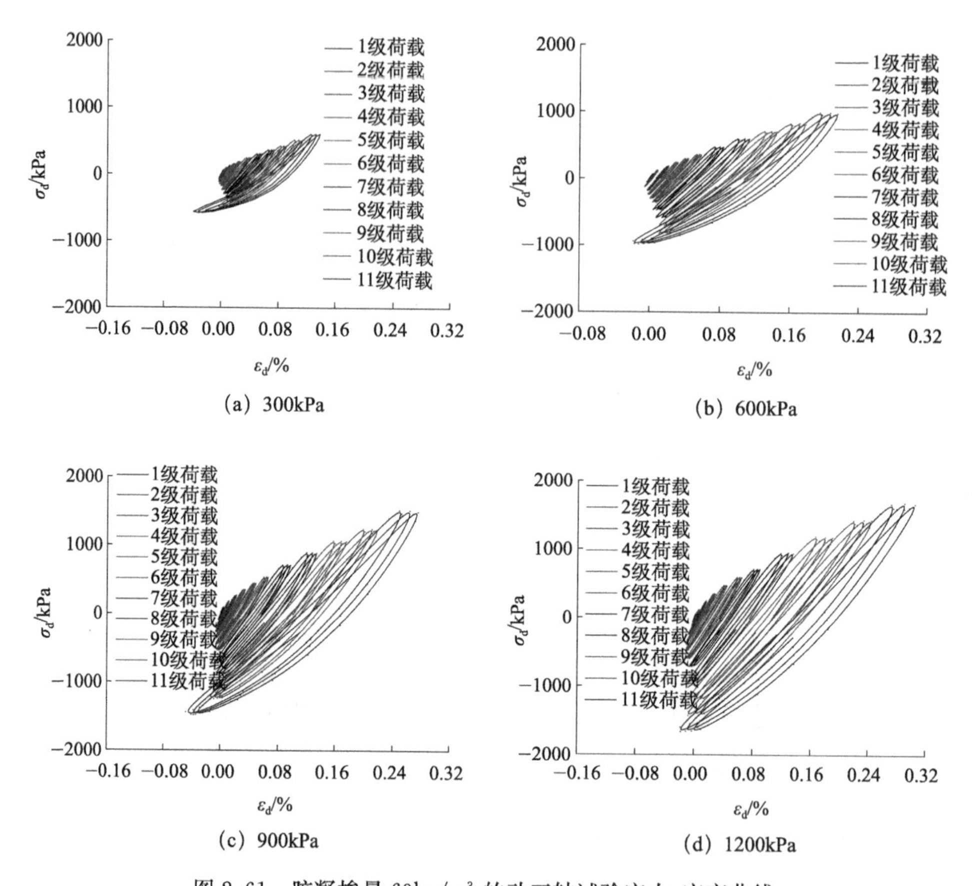

(a) 300kPa

(b) 600kPa

(c) 900kPa

(d) 1200kPa

图 2.61　胶凝掺量 60kg/m³ 的动三轴试验应力-应变曲线

图 2.64 为一周期循环荷载绘制成的滞回圈。依据滞回圈、式（2.41）以及式（2.42）可确定胶凝砂砾石料每荷载级的动弹性模量 E_d 与阻尼比 λ，分别如图 2.65 与图 2.66 所示。

$$E_d = \frac{\sigma_{dmax} - \sigma_{dmin}}{\varepsilon_{dmax} - \varepsilon_{dmin}} \tag{2.41}$$

式中，σ_{dmax}、σ_{dmin}分别为当前荷载级的最大、最小动应力；ε_{dmax}、ε_{dmin}分别为当前荷载级的最大、最小动应变。

$$\lambda = \frac{1}{4\pi} \cdot \frac{A_0}{A_T} \tag{2.42}$$

式中，A_0 为滞回圈面积；A_T 为滞回圈顶点至原点连线与横坐标轴形成直角三角形的面积。

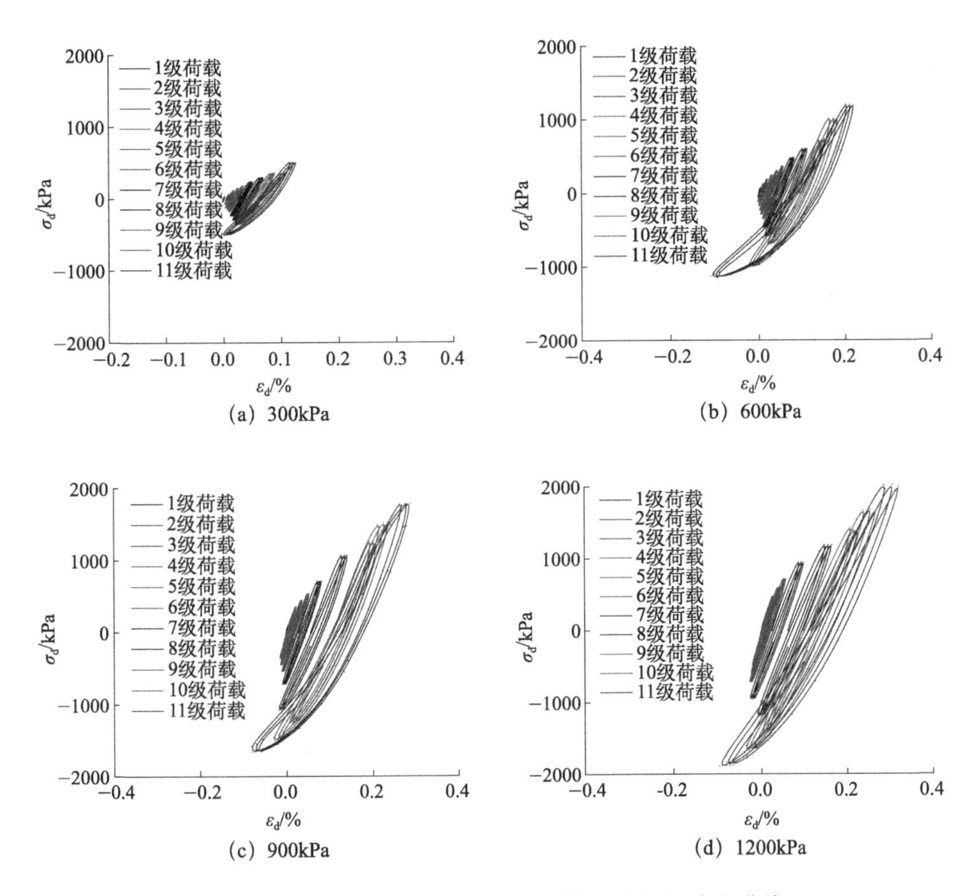

(a) 300kPa　(b) 600kPa　(c) 900kPa　(d) 1200kPa

图 2.62　胶凝掺量 80kg/m³ 的动三轴试验应力-应变曲线

在图 2.65 中，当胶凝掺量相同时，胶凝砂砾石料动弹性模量随动应变的增大而减小，同一动应变对应的胶凝砂砾石料动弹性模量随围压的增加而增大；当围压相同时，胶凝掺量越高，同一动应变对应的动弹性模量越大。从图 2.66 可看出：各胶凝掺量的胶凝砂砾石料在不同围压下阻尼比均随着动应变的增加而增大，最终趋于一定值，即最大阻尼比 λ_{max}，见表 2.12。

表 2.12　胶凝砂砾石料最大阻尼比 λ_{max}

胶凝掺量/(kg/m³)	最大阻尼比 λ_{max}
40	0.135
60	0.115
80	0.093

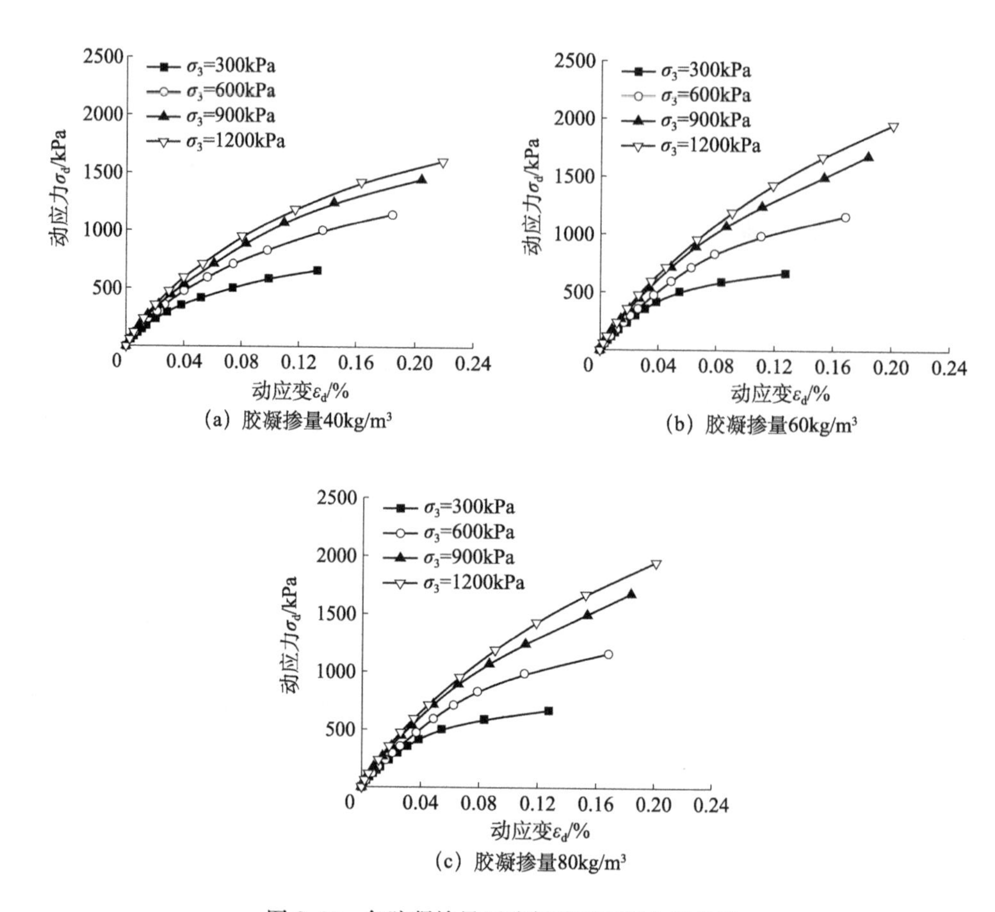

(a) 胶凝掺量40kg/m³

(b) 胶凝掺量60kg/m³

(c) 胶凝掺量80kg/m³

图 2.63　各胶凝掺量下胶凝砂砾石料主干曲线

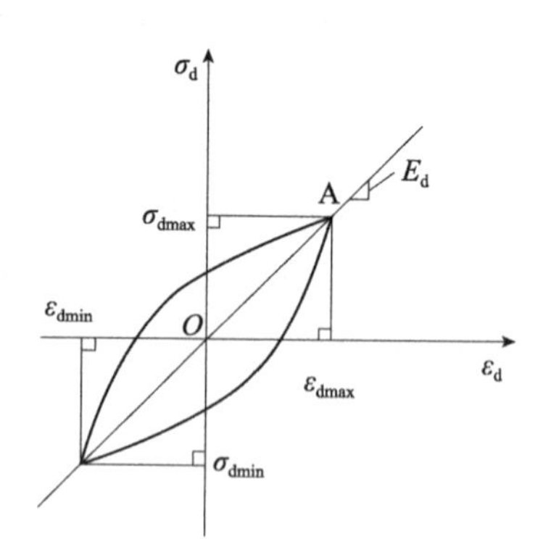

图 2.64　动三轴曲线滞回圈

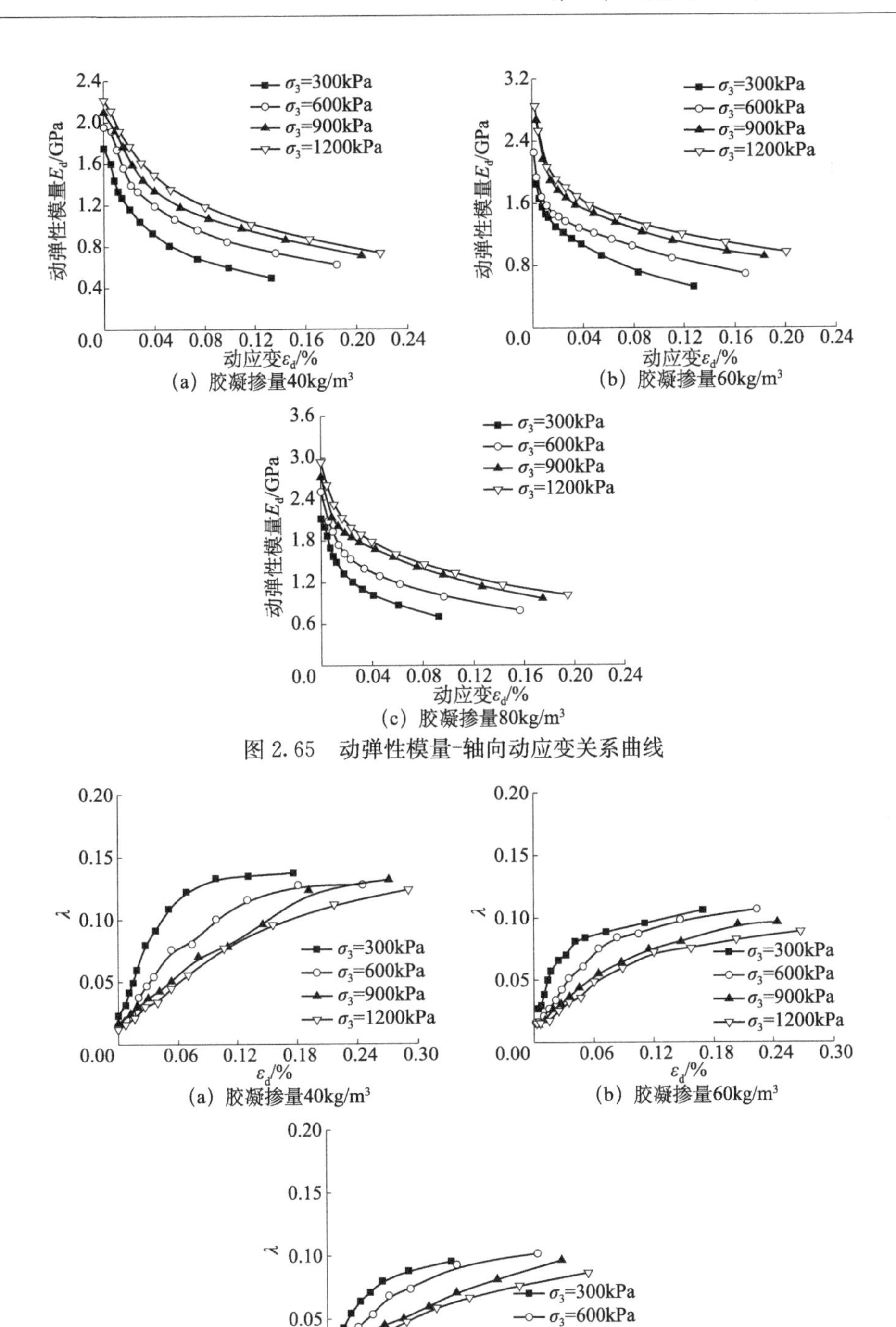

图 2.65　动弹性模量-轴向动应变关系曲线

图 2.66　λ 与 ε_d 的关系曲线

最大动弹性模量 $(E_d)_{max}$是岩土材料动弹性模量重要的控制量之一。图 2.67 给出了胶凝砂砾石料最大动弹性模量 $(E_d)_{max}$与胶凝掺量 C_c 的关系。胶凝砂砾石料最大动弹性模量 $(E_d)_{max}$随围压 σ_3 的增加而增大，但增幅逐渐减小；胶凝掺量越高，胶凝砂砾石料最大动弹性模量 $(E_d)_{max}$越大。

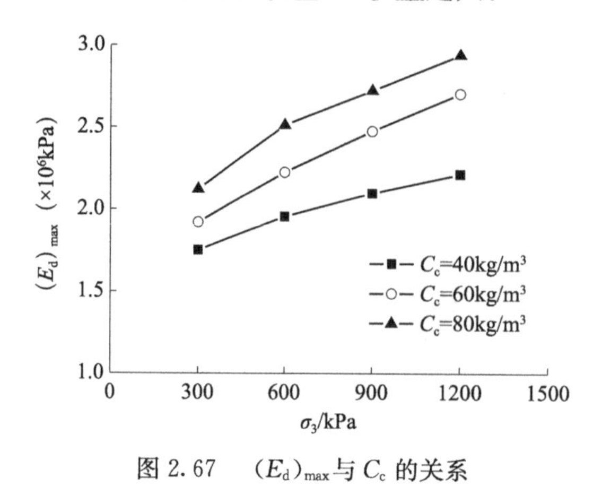

图 2.67 $(E_d)_{max}$与 C_c 的关系

2.5 胶凝砂砾石料蠕变试验

为了探究单向应力状态下胶凝掺量对胶凝砂砾石料蠕变特性的影响，本书分别采用胶凝掺量 40kg/m³、60kg/m³、80kg/m³ 与 100kg/m³ 的胶凝砂砾石料进行单轴蠕变试验。

2.5.1 试验概述

表 2.13 给出了胶凝掺量 40 kg/m³、60 kg/m³、80 kg/m³ 与 100 kg/m³ 的胶凝砂砾石料蠕变试验试件数。此次胶凝砂砾石料蠕变试验的应力水平（试验荷载与破坏强度之比）设定为 0.3，其原材料、级配均与胶凝砂砾石料抗压强度试件相同。

表 2.13 蠕变试验试件数

组号	胶凝掺量/(kg/m³)	蠕变试件数
1	40	4
2	60	4
3	80	4
4	100	4

胶凝砂砾石料蠕变试验的圆柱体试件直径 200mm、高 600mm。考虑到胶凝砂砾石料表面不够平整，圆柱体试件上、下部各浇筑 4cm 高强度水泥砂浆，而胶凝砂砾石料分 4 层浇筑，每层厚度为 13cm，并利用振捣棒捣实。应变计应保证处于如图 2.68 所示的试件中心，且垂直于底面。当试件浇筑 2～3d 后，可拆除模具，拆模后的试件见图 2.69。为了研究荷载对胶凝砂砾石料蠕变的影响，应排除环境温度、湿度等其他影响因素的干扰，在试件表面涂刷如图 2.70 所示的沥青漆；待试件表面沥青漆干燥后，再涂刷如图 2.71 所示的石蜡、松香（比例 3∶1）混合物；之后置于标准养护室中养护 28d。本次胶凝砂砾石料蠕变试验均在南京水利科学研究院弹簧式压缩蠕变仪上完成。

图 2.68 浇筑现场图

图 2.69 拆模后的试件

图 2.70 表面涂刷沥青漆后的试件

图 2.71 涂刷石蜡、松香混合物的试件

2.5.2 单轴蠕变试验

胶凝砂砾石料单轴蠕变试验的具体过程如下所述。

1. 蠕变试件上架

蠕变试件为圆柱体，上架时试件两端各放置一个圆盘并在其中心放置钢珠保证试件处于轴心受压状态。试件在徐变仪上的位置及固定方式如图 2.72 所示。

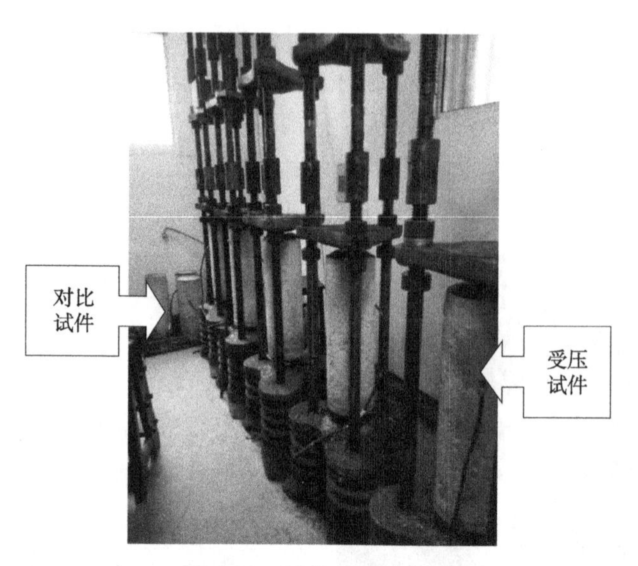

图 2.72　试件上架示意图

2. 预压

预压在于确定圆柱体试件的弹性模量。一般情况下，预压方法是用千斤顶缓慢施加压力进行预压加载，最大预压应力约为试件破坏强度的 0.3 倍。荷载通过力传感器和动态采集仪实时测量。反复预压，直至相邻两次变形值相差不超过 0.003mm 为止，否则应继续预压，直至相邻变形差达到要求。

3. 加载

用千斤顶缓慢施加压力，直至荷载达到试件破坏强度的 0.3 倍，然后保持荷载不变。

4. 记录数据

遵循先密后疏的原则进行应变观测，并记录相应数据。

2.5.3　结果分析

图 2.73 与图 2.74 分别给出了不同胶凝掺量的胶凝砂砾石料试件的蠕变度和蠕变度（蠕变度除以试件的荷载，单位为 $\mu\varepsilon$/MPa）。从图 2.73 可看出：类似于碾压混凝土材料，在同一应力水平下，同一时间对应的胶凝砂砾石料蠕变度随胶凝掺量的增加而增大；胶凝砂砾石料在试验初期的蠕变度随胶凝掺量的增加

明显增加，但增幅较小，且逐渐趋于某一定值。在图 2.74 中，胶凝砂砾石料的蠕变度曲线基本相同，表明在同一应力水平下，胶凝砂砾石料单位荷载产生的蠕变效应基本一致。

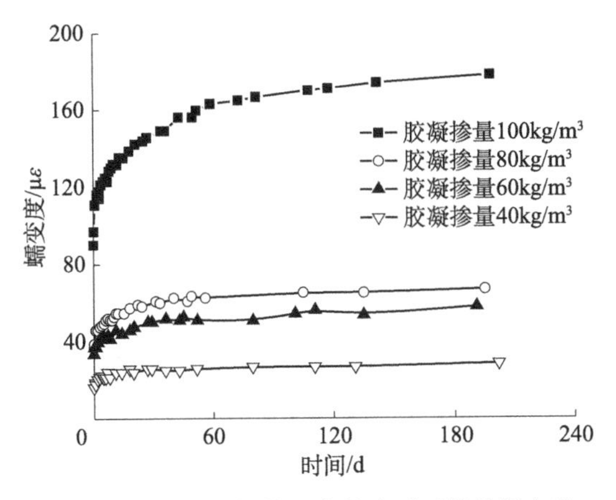

图 2.73　不同胶凝掺量胶凝砂砾石料的蠕变度

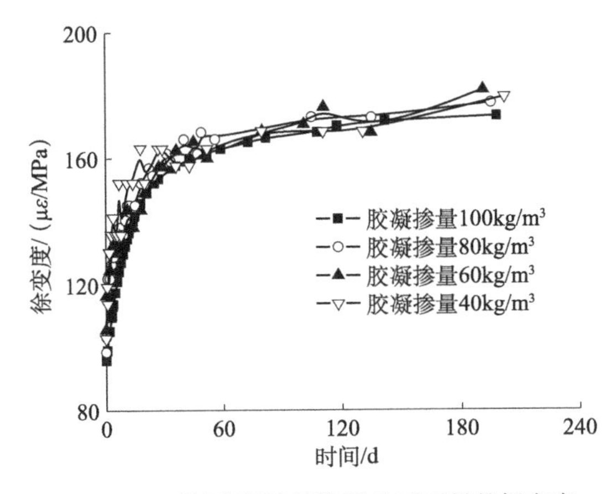

图 2.74　不同胶凝掺量胶凝砂砾石料的蠕变度

2.6　胶凝砂砾石料热力学特性试验

胶凝砂砾石料的胶凝掺量低于碾压混凝土或混凝土等材料，其绝热温升也低于混凝土，产生的温度应力也较小，因此，一些胶凝砂砾石低坝可不考虑它的温控问题。然而，对胶凝砂砾石中、高坝而言，其浇筑块较大、施工速度快的特点，使坝体内产生不应被忽视的水化热以及温度应力。目前已有一些学者对胶凝砂砾石坝进行温度应力数值模拟，但采用的热力学参数一般直接采用碾压混凝土参数，很难真实反映胶凝砂砾石坝温度场与应力场特征。热力学特性试验结果一般是构建材料绝热温升模型的主要依据，也是大坝温度场与应力场仿真计算的基础。本书通过设计并开展多种材料组分（如胶凝掺量、粉煤灰、水胶比等）的胶凝砂砾石热力学特性试验，探索胶凝砂砾石料绝热温升曲线随时间变化的规律，为构建胶凝砂砾石绝热温升模型提供丰富的试验数据。

2.6.1 试验概述

在本次胶凝砂砾石料绝热温升试验中，试件胶凝掺量分别设定为 40kg/m^3、60kg/m^3、80kg/m^3、100kg/m^3、120kg/m^3 及 140kg/m^3，其中粉煤灰占 50%，用于分析不同胶凝掺量对胶凝砂砾石料热力学特性的影响。

并开展了粉煤灰掺量分别为 30kg/m^3、70kg/m^3，水泥掺量均为 50kg/m^3 的两组胶凝砂砾石料绝热温升试验，旨在探究不同粉煤灰掺量对胶凝砂砾石料热力学特性的影响。

还开展了胶凝掺量为 100 kg/m^3，水胶比分别为 0.8、1.2 的两组胶凝砂砾石料绝热温升试验，以此试验结果研究胶凝砂砾石料热力学特性随水胶比的变化规律。

以上试验试件密度为 2360kg/m^3，它的原材料包括 P.O.42.5 普通硅酸盐水泥、南京市场上的粉煤灰、南京六合区的天然砂砾石料。胶凝砂砾石料试验分组及砂砾石级配分别见表 2.14 与表 2.15。

表 2.14　试验分组

序号	胶凝掺量		水胶比	骨料	
	水泥/(kg/m^3)	粉煤灰/(kg/m^3)		砂率	砾石占比
1	20	20	1.0	0.25	0.75
2	30	30	1.0	0.25	0.75
3	40	40	1.0	0.25	0.75
4	50	50	0.7	0.25	0.75
5	50	50	1.0	0.25	0.75
6	50	50	1.3	0.25	0.75
7	50	40	1.0	0.25	0.75
8	50	70	1.0	0.25	0.75
9	60	60	1.0	0.25	0.75
10	70	70	1.0	0.25	0.75

表 2.15　砂砾石级配

粒径/mm	20～40	10～20	5～10	1～5	1 以下
级配/%	35.9	22.5	16.6	8.8	16.2

本次胶凝砂砾石料绝热温升试验由热温升测定仪测定，该仪器由绝热养护箱与控制记录仪两部分组成，其中绝热养护箱需保证胶凝材料水化产生的热量不与外界发生热交换，其温度与试件中心温度差值不大于±0.1℃。试验温度为5～80℃，温度读数精度 0.1℃。

胶凝砂砾石绝热温升试验的具体过程如下。

(1) 在开展胶凝砂砾石绝热温升试验之前，需检查温度跟踪精度是否满足±0.1℃，在容器内盛入比室温高 25～30℃的水，至上部开口 2cm 处；将容器放入绝热养护箱内，然后开始试验。若仪器工作正常，72h 或更长时间的水温应保持恒定（跟踪精度±0.1℃以内）；若水温值不能保持恒定，应按仪器使用说明书规定，对其进行调整；重复上述试验，直至满足要求。

(2) 在试验前 24h，应依据胶凝砂砾石料配合比称取粗骨料和砂子搅拌至均匀，分批加入适量的水进行拌和；将拌和好的胶凝砂砾石料（图 2.75）分两层装入容器中，在振动台进行振捣；最后在容器中心埋入一根紫铜测温管，密封容器。测温管中盛入少许变压器油，试件容器送入养护箱。试验过程如图 2.76 所示。

图 2.75　胶凝砂砾石拌和料

(3) 当试验开始时，控制绝热室温度与试件中心温度差值在±0.1℃之内，每 0.5h 记录 1 次试件中心温度，待试件养护 24h 后每 1h 记录 1 次，养护 7d 后可 3～6h 记录 1 次，24d 后试验结束。

(a) 胶凝砂砾石料振捣

(b) 插入紫铜测温管

(c) 试件容器入绝热室

(d) 数据读取

图 2.76　试件制备过程

2.6.2　试验结果分析

图 2.77 给出了不同胶凝掺量的胶凝砂砾石料绝热温升曲线，从图 2.77 中可看出：水泥水化放热使得胶凝砂砾石料温度不断升高；当养护龄期相同时，随着胶凝掺量的增加，试件绝热温升值逐渐增大；胶凝砂砾石料水化反应主要集中在前 5d，胶凝掺量越高，水化速率越快，水化反应终止时间延长，20d 后绝热温升值维持在一个稳定值。图 2.78 为胶凝砂砾石料绝热温升终值随胶凝掺量变化图，从中可看出：胶凝砂砾石料由胶凝掺量 40kg/m^3 增至胶凝掺量 140kg/m^3 后，其绝热温升终值呈线性上升的趋势，从 6.14℃上升至 23.55℃，满足如下关系式：

$$\theta_0 = \theta_c\left(0.172\frac{C_c}{C_{c_0}} - 1.399\right) \tag{2.43}$$

式中，θ_0 为绝热温升终值,℃；θ_c 为参考值，取 1℃。

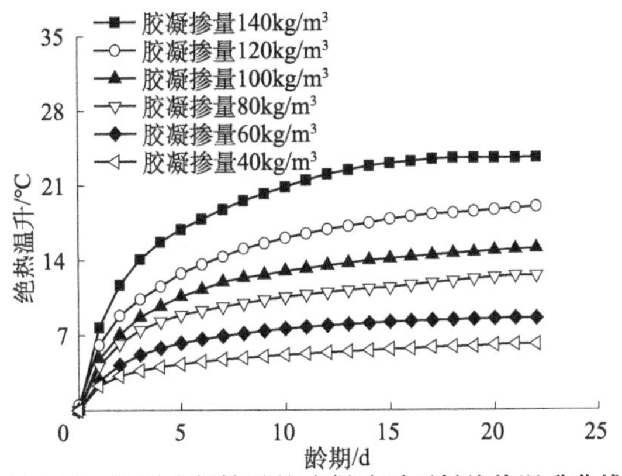

图 2.77　不同胶凝掺量的胶凝砂砾石料绝热温升曲线

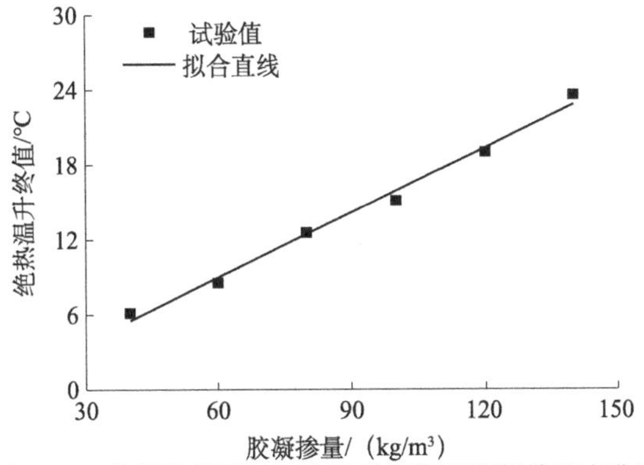

图 2.78　胶凝砂砾石料绝热温升终值随胶凝掺量变化图

图 2.79 给出了不同粉煤灰掺量的胶凝砂砾石料绝热温升历程曲线。在图 2.79 中，掺入粉煤灰可使胶凝砂砾石料前期的水化热反应速率放缓，但后期的反应速率明显增加；当粉煤灰掺量增多时，后期水化热终值相对较高，这也说明除能延迟水化反应之外，粉煤灰也能释放一定热量。

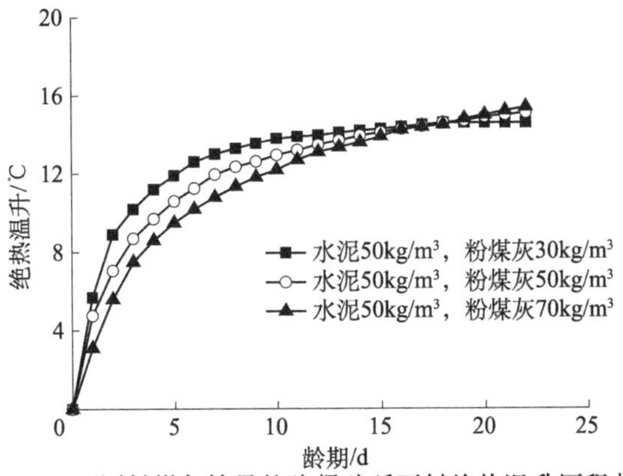

图 2.79　不同粉煤灰掺量的胶凝砂砾石料绝热温升历程曲线

图 2.80 给出了不同水胶比的胶凝砂砾石料绝热温升历程曲线，从图中可以看出：水胶比对水化反应影响明显，水胶比达到 1.2 时，8d 后的水化反应基本完成，而水胶比为 0.8 时，水化反应一直在发生；当水胶比较低时，绝热温升终值也略低，造成上述现象的主要原因可能是水化反应的不充分。

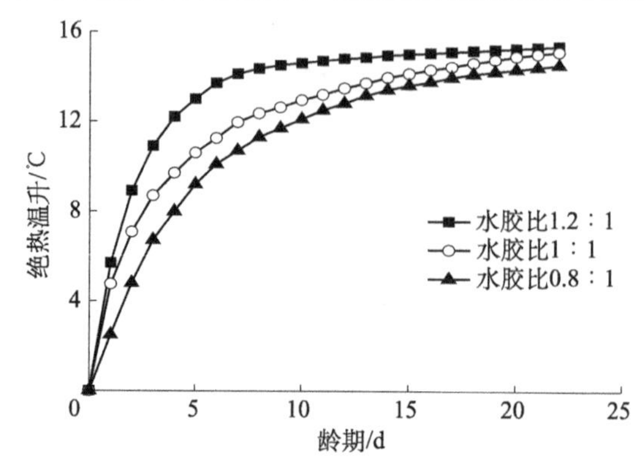

图 2.80　不同水胶比的胶凝砂砾石料绝热温升历程曲线

2.7　小　　结

本章设计并开展了不同胶凝掺量的胶凝砂砾石料抗压、抗折强度试验，分析了其抗压强度随胶凝掺量变化的规律，揭示了胶凝砂砾石料抗压强度与抗折强度之间的关系。

本章设计并开展了不同胶凝掺量、骨料干密度及骨料级配条件下的胶凝砂砾石料常规三轴剪切试验、三轴等向加卸载以及三轴轴向卸载-再加载试验，分析了胶凝砂砾石料应力-应变试验曲线随围压、胶凝掺量、骨料干密度或骨料级配变化的规律，建立了坝料峰值强度、压硬性、剪缩剪胀性等力学特性的特征量与胶凝掺量、骨料干密度以及围压的关系表达式。

本章进行了不同胶凝掺量、骨料干密度及骨料级配条件下的胶凝堆石料动三轴试验研究，分析了不同胶凝掺量下该材料应力-应变关系的滞回曲线特征，揭示了围压、胶凝掺量对胶凝堆石料动弹性模量和阻尼比的影响规律。

本章进行了 4 组不同胶凝掺量的胶凝砂砾石料单轴压缩蠕变试验，揭示了不同掺量的胶凝砂砾石料蠕变发展规律。

本章设计并完成了不同胶凝掺量、粉煤灰、水胶比的胶凝砂砾石料热力学特性试验，探索了胶凝砂砾石料绝热温升结果随时间的变化关系，以及胶凝掺量、粉煤灰、水胶比对该关系的影响。

第3章　胶凝砂砾石料本构模型

胶凝砂砾石料本构关系模型的合理构建是大坝结构应力、变形工作性态准确预测的重要前提，一直是胶凝砂砾石坝研究人员关注的热点。本章结合胶凝砂砾石料静力、动力、蠕变以及热力学试验研究成果，分别构建适用于胶凝砂砾石料的静力本构模型、动力本构模型、蠕变本构模型及热力学模型，为胶凝砂砾石坝结构设计提供理论基础。

3.1　胶凝砂砾石料力学特性总结

尽可能全面反映胶凝砂砾石料的力学特性，是构建胶凝砂砾石料本构新模型最基本的要求。依据现有的相关研究成果，胶凝砂砾石料的力学特性总结如下。

（1）不同胶凝掺量的胶凝砂砾石料施加一定荷载后会发生塑性变形；胶凝砂砾石料初始屈服位置可直接通过其三轴加卸载试验曲线确定。

（2）胶凝砂砾石料的压硬性主要表现为初始模量、体积模量及回弹模量随围压的增加而增大，其强度特性表现为峰值强度随围压的增加而线性增大。

（3）低胶凝掺量的胶凝砂砾石料应力-应变曲线形式近似于应变硬化型，较高胶凝掺量下应力-应变曲线为应变软化型曲线。当应力达到峰值强度时，胶凝砂砾石料破坏，之后发生应变软化现象，强度明显降低。

（4）胶凝砂砾石料剪切时会出现先剪缩后剪胀现象，且随着胶凝掺量的增加或围压的减小，剪胀现象更加明显。

（5）对强度、刚度特性而言，胶凝砂砾石料的胶凝掺量影响较大，骨料干密度影响次之，骨料级配影响最小。

(6) 胶凝砂砾石料动弹性模量随动应变的增大而衰减，其衰减速度随着动应变的增大而减缓；在相同动应变水平及围压下，胶凝掺量较高的胶凝砂砾石料动弹性模量较大，胶凝砂砾石料阻尼比随着动应变的增加而增大，但随围压或胶凝掺量的增大而减小。

(7) 不同胶凝掺量的胶凝砂砾石料均存在一定的蠕变特性，随胶凝掺量的降低，长期变形减小。

(8) 绝热温升反应速率随胶凝掺量、水胶比的增加而加快，随粉煤灰掺量的增加而减缓。

3.2 胶凝砂砾石料非线性弹性本构模型

3.2.1 非线性弹性本构模型概述

岩土材料计算时采用的最简单本构模型是线弹性模型，应力-应变关系符合广义胡克定律，其刚度矩阵可写成

$$[D]=\frac{E_t(1-\nu_t)}{(1+\nu_t)(1-2\nu_t)}\begin{bmatrix} 1 & \frac{\nu_t}{1-\nu_t} & \frac{\nu_t}{1-\nu_t} & 0 & 0 & 0 \\ \frac{\nu_t}{1-\nu_t} & 1 & \frac{\nu_t}{1-\nu_t} & 0 & 0 & 0 \\ \frac{\nu_t}{1-\nu_t} & \frac{\nu_t}{1-\nu_t} & 1 & 0 & 0 & 0 \\ 0 & 0 & 0 & \frac{1-2\nu_t}{2(1-\nu_t)} & 0 & 0 \\ 0 & 0 & 0 & 0 & \frac{1-2\nu_t}{2(1-\nu_t)} & 0 \\ 0 & 0 & 0 & 0 & 0 & \frac{1-2\nu_t}{2(1-\nu_t)} \end{bmatrix} \tag{3.1}$$

式中只含切线弹性模量 E_t 和泊松比 ν_t 两个参数，能直接通过试验参数确定，也可用剪切模量 G_t 和体积模量 K_t 表示。剪切模量 G_t 为剪应力和相应剪应变之比，体积模量 K_t 为球应力与体积应变之比，与 E_t 和 ν 的关系分别为

$$G_t=\frac{E_t}{2(1+\nu_t)} \tag{3.2}$$

$$K_t=\frac{E_t}{3(1-2\nu_t)} \tag{3.3}$$

参数 E_t、ν_t、G_t、K_t 中只有两个独立参数，仅需确定其中两个，便可推出另外两个。

弹性非线性模型也是根据广义胡克定律建立刚度矩阵［D］，与线弹性本构不同的是，将刚度矩阵［D］中的 E_t、ν_t 或 G_t、K_t 看作随应力状态而改变的变量。当胶凝砂砾石料处于某一应力状态｛σ｝时，可用该应力状态下的弹性常数形成刚度矩阵［D］或其逆矩阵［C］。因此，如何确定随应力状态变化的 E_t、ν_t 或 G_t、K_t 是建立非线性弹性本构模型的核心问题。

3.2.2　非线性模型

1. 邓肯-张 E-υ 模型

邓肯-张 E-υ 模型是一种经典的非线性弹性模型，其切线模量 E_t 可由常规三轴试验的偏应力与轴向应变关系曲线确定，泊松比 ν_t 可由轴向应变与侧向应变的关系曲线确定。

1）切线模量 E_t

Kondner 等发现，在荷载作用时，应力-应变关系曲线可用双曲线来拟合，对于某一小主应力 σ_3 而言，可由式（3.4）表示

$$q=\sigma_1-\sigma_3=\frac{\varepsilon_a}{a+b\varepsilon_a} \tag{3.4}$$

式（3.4）也可写成

$$\frac{\varepsilon_a}{q}=a+b\varepsilon_a \tag{3.5}$$

若以 $\frac{\varepsilon_a}{q}$ 为纵坐标，ε_a 为横坐标，构成新坐标系，则双曲线转换成直线，其斜率为 b，截距为 a。

在常规三轴压缩试验中，由于 $d\sigma_2=d\sigma_3=0$，切线模量 E_t 为

$$E_t=\frac{dq}{d\varepsilon_a}=\frac{a}{(a+b\varepsilon_a)^2} \tag{3.6}$$

由式（3.4）得

$$\varepsilon_a=\frac{a}{\frac{1}{q}-b} \tag{3.7}$$

代入式（3.7），得

$$E_t=\frac{1}{a}(1-bq)^2 \tag{3.8}$$

由式（3.5）可见，当 $\varepsilon_a\to 0$ 时，

$$a=\left(\frac{\varepsilon_a}{q}\right)_{\varepsilon_a\to 0} \tag{3.9}$$

而$\left(\frac{q}{\varepsilon_a}\right)_{\varepsilon_a \to 0}$是曲线 q-ε_a 的初始切线斜率，其意义为初始切线模量 E_i，因此，

$$a = \frac{1}{E_i} \tag{3.10}$$

表示 a 是初始切线模量的倒数。一些堆石料试验表明，E_i 随 σ_3 变化，一般可由式（2.10）表示。若在双对数纸上点绘 $\lg\left(\frac{E_i}{Pa}\right)$与 $\lg\left(\frac{\sigma_3}{Pa}\right)$的关系，近似为一直线。直线的截距为 $\lg k$，斜率为 n。

当 $\varepsilon_a \to \infty$时

$$b = \frac{1}{(q)_{\varepsilon_a \to \infty}} = \frac{1}{q_{ult}} \tag{3.11}$$

其中，q_{ult}为极限偏应力，即 q 的渐近值。实际上，轴向应变 ε_a 不可能趋于无穷大，在达到一定值后，试件便破坏，此时应力可称为破坏强度 q_f，它总小于 q_{ult}，令

$$R_f = \frac{q_f}{q_{ult}} \tag{3.12}$$

式中，R_f 为破坏比。将式（3.10）与式（3.11）、式（3.12）代入式（3.8），并利用式（3.12），得

$$E_t = E_i \left(1 - \frac{R_f q}{q_f}\right)^2 \tag{3.13}$$

令

$$s = \frac{q}{q_f} \tag{3.14}$$

式中，s 为应力水平，它反映了强度发挥程度。式（3.13）可改写成

$$E_t = E_i(1 - R_f s)^2 \tag{3.15}$$

材料的破坏强度 q_f 与围压 σ_3 有关，可表示为

$$q_f = \frac{2c\cos\varphi + 2\sigma_3 \sin\varphi}{1 - \sin\varphi} \tag{3.16}$$

式中，c 为黏聚力；φ 为摩擦角。

将式（3.16）和式（2.10）代入式（3.13），得

$$E_t = \left[1 - \frac{R_f q(1 - \sin\varphi)}{2c\cos\varphi + 2\sigma_3 \sin\varphi}\right]^2 kPa \left(\frac{\sigma_3}{Pa}\right)^n \tag{3.17}$$

式（3.17）表示，E_t 随应力水平的增加而降低，随着围压增加而增大。式中包含 5 个参数，c、φ 为强度指标，另外，k、n 和 R_f 的确定方法在推导中已作说明，其中 R_f 在不同围压 σ_3 下差异较大，在本模型中，直接取平均值。

2）回弹模量 E_{ur}

对于卸荷和再加荷的情况，试验表明，其应力-应变关系曲线与加荷是不一

样的，应由回弹试验测定弹性模量。对于一些松散颗粒材料，在其卸载-再加载过程中出现的滞回圈，近似假定它们为一直线，其斜率为回弹模量 E_{ur}。试件在不同应力水平条件下卸荷，回弹模量略有不同。邓肯等认为可忽略这种差异，假定 E_{ur} 不随 q 变化，但对于不同的围压，可测出显著不同的 E_{ur}。在双对数纸上，点绘 lg（E_{ur}/Pa）与 $\lg\left(\frac{\sigma_3}{Pa}\right)$ 的关系曲线可确定一直线，其截距为 $\lg k_{ur}$，斜率为 n。因此，回弹模量可由下式表示

$$E_{ur} = k_{ur} Pa \left(\frac{\sigma_3}{Pa}\right)^n \tag{3.18}$$

一般而言，n 与加载时相应值基本一致，而 $k_{ur}=$（1.2～3.0）k。对于密砂和硬黏土，$k_{ur}=1.2k$；对于松砂和软土，$k_{ur}=3.0k$；一般土，介于其间。

3）切线泊松比 ν_t

结合三轴试验测得的 ε_v 与 ε_a 的关系曲线，利用式（3.19）可由体积应变推求出侧向应变 ε_r。普通三轴仪竖向加载，侧向为膨胀应变，故 ε_r 为负值。点绘 ε_a 与 $-\varepsilon_r$ 关系曲线。邓肯也用双曲线来拟合，与式（3.4）相似将有

$$\varepsilon_a = \frac{-\varepsilon_r}{f'_1 + D'(-\varepsilon_r)} \tag{3.19}$$

为了反映 $-\frac{\varepsilon_r}{\varepsilon_a}$ 与 $-\varepsilon_r$ 的直线关系，式（3.19）可改写为

$$-\frac{\varepsilon_r}{\varepsilon_a} = f'_1 - D'\varepsilon_r \tag{3.20}$$

式中，f'_1 为截距；D' 为斜率。

由式（3.19）可得

$$-\varepsilon_r = \frac{f'_1 \varepsilon_a}{1 - D'\varepsilon_a} \tag{3.21}$$

则

$$\nu_t = \frac{-\Delta\varepsilon_r}{\Delta\varepsilon_a} = \frac{\partial(-\varepsilon_r)}{\partial\varepsilon_a} \tag{3.22}$$

将式（3.21）代入式（3.22），并利用式（3.7）把 ε_a 用应力代替可得

$$\nu_t = \frac{f'_1}{\left\{1 - \frac{D'q}{kPa\left(\frac{\sigma_3}{Pa}\right)^n \left[1 - \frac{R_f q(1-\sin\varphi)}{2c\cos\varphi + 2\sigma_3 \sin\varphi}\right]}\right\}^2} \tag{3.23}$$

当 $-\varepsilon_r \to \infty$ 时，$D' = \frac{1}{\varepsilon_a}$；当 $-\varepsilon_r \to 0$ 时，

$$f'_1 = \nu_i \tag{3.24}$$

式中，ν_i 为初始泊松比。

初始泊松比 ν_i 与围压有关，可表示为

$$\nu_i = f'_1 = G' - F'\lg\left(\frac{\sigma_3}{Pa}\right) \tag{3.25}$$

式中，G'、F'为试验常数。

泊松比 ν_t 为

$$\nu_t = \frac{G' - F'\lg\left(\frac{\sigma_3}{Pa}\right)}{\left\{1 - \frac{qD'}{E_i\left[1 - R_f\frac{q(1-\sin\varphi)}{2c\cos\varphi + 2\sigma_3\sin\varphi}\right]}\right\}^2} \tag{3.26}$$

式（3.26）算得的泊松比 ν_t 有时可能大于 0.5，试验测得的泊松比也有可能超过 0.5。这是由于土体存在剪胀性。然而，在有限元计算中，泊松比若大于或等于 0.5，劲度矩阵就出现异常。因此，实际计算中，当 $\nu_t > 0.49$ 时，令 $\nu_t = 0.49$。综上所述，邓肯-张模型包含 8 个参数，分别为 k、n、R_f、c、φ、G'、D'、F'，可通过常规三轴试验确定。

2. 考虑拉伸特性影响的非线性模型

1）切线模量

结合第 2 章中胶凝砂砾石料三轴试验以及孙明权教授给出的三轴试验成果，武颖利发现，采用指数函数可较好反映胶凝砂砾料破坏强度 q_f 与围压 σ_3 的关系，即

$$q_f = a_f Pa\,e^{b_f\frac{\sigma_3}{Pa}} \tag{3.27}$$

式中，a_f、b_f 为拟合系数；当围压为 0 时，破坏强度 q_f 为 a_f 与 Pa 的乘积。

假设应力水平 s 同切线模量与初始模量之比 E_t/E_i 的关系可采用三次函数曲线表示，即

$$\frac{E_t}{E_i} = c_f \cdot s^3 + d_f \cdot s^2 + f_f \cdot s + 1 \tag{3.28}$$

式中，c_f、d_f、f_f 为拟合参数。

令 $s = \frac{q}{q_f}$，式（3.27）以及式（2.11）代入式（3.28），得

$$E_t = \left[c_f \cdot \left(\frac{q}{a_f Pa\,e^{b_f\frac{\sigma_3}{Pa}}}\right)^3 + d_f \cdot \left(\frac{q}{a_f Pa\,e^{b_f\frac{\sigma_3}{Pa}}}\right)^2 + f_f \cdot \left(\frac{q}{a_f Pa\,e^{b_f\frac{\sigma_3}{Pa}}}\right) + 1\right] kPa\left(\frac{\sigma_3 + Pa}{Pa}\right)^n \tag{3.29}$$

根据第 2 章抗压与抗折试验结果，胶凝砂砾石料拉压强度比在 1∶8 左右，故在考虑胶凝砂砾石料拉伸的本构关系模型时，将抗拉强度取抗压强度的 1/8，作为控制参数。

类比三轴压缩试验的形式，试件在初始状态受到三个方向、大小相等的的拉应力，即 $\sigma_1=\sigma_2=\sigma_3=-\sigma$，之后保持其中两个方向主应力不变，另一方向主应力从 $-\sigma$ 逐步减小到破坏应力值 $-\sigma_f$，使试件破坏；此时，第一主应力 σ_1 作为围压，而第三主应力 σ_3 作为轴压，故在拉伸阶段切线弹模表述时，以 σ_1 为围压进行描述。综上，在未有更多试验资料支持的条件下，假定拉伸阶段与压缩阶段的围压对破坏强度的影响规律一致，其拉伸强度 q_b 为抗压破坏强度 q_f 的 1/8，则有

$$q_b=\frac{1}{8}a_fPa\,e^{b_f\frac{-\sigma_1}{Pa}} \tag{3.30}$$

式中参数与压缩阶段参数意义相同。

由于弹性模量表达式是连续函数，故认为胶凝砂砾石料在压缩阶段和拉伸阶段的初始弹性模量值应相等，假定拉伸阶段切线弹性模量变化规律与压缩阶段一致，则拉伸阶段初始弹性模量 E_{bi} 与围压的关系可表示为

$$E_{bi}=kPa\left(\frac{-\sigma_1+Pa}{Pa}\right)^n \tag{3.31}$$

借鉴压缩阶段的切线弹模表达式形式，拉伸阶段的切线弹模 E_{bt} 的表达式可表示为

$$E_{bt}=(c_f\cdot s^3+d_f\cdot s^2+f_f\cdot s+1)\cdot E_{bi} \tag{3.32}$$

令 $s=\dfrac{q}{q_f}$，式（3.30）以及式（3.31）代入式（3.32），得

$$E_{bt}=\begin{bmatrix} c_f\cdot\left(\dfrac{8q}{a_fPa\,e^{b_f\frac{-\sigma_1}{Pa}}}\right)^3+d_f\cdot\left(\dfrac{8q}{a_fPa\,e^{b_f\frac{-\sigma_1}{Pa}}}\right)^2 \\ +f_f\cdot\left(\dfrac{8q}{a_fPa\,e^{b_f\frac{-\sigma_1}{Pa}}}\right)+1 \end{bmatrix}kPa\left(\frac{-\sigma_1+Pa}{Pa}\right)^n \tag{3.33}$$

当 $\sigma_3\geqslant 0$ 时，胶凝砂砾石料处于三向受压，切线弹模按压缩阶段切线弹模表达式计算；当 $\sigma_1\leqslant 0$ 时，材料为三向受拉，其切线弹模通过拉伸阶段切线弹模表达式进行计算；当 $\sigma_1>0$，$\sigma_3<0$ 时，胶凝砂砾石料主应力有正有负，为复杂应力状态，在此对该状态做如下讨论。

当 $-\sigma_3\leqslant\sigma_1$ 时，令 $\sigma_3=0$，应力状态为无围压状态下的压缩状态。此时，破坏强度与初始切线弹模分别为

$$q_f=a_fPa \tag{3.34}$$

$$E_i=kPa \tag{3.35}$$

切线弹模 E_t 可表示为

$$E_t=\left[c_f\cdot\left(\frac{\sigma_1}{a_fPa}\right)^3+d_f\cdot\left(\frac{\sigma_1}{a_fPa}\right)^2+f_f\cdot\left(\frac{\sigma_1}{a_fPa}\right)+1\right]kPa \tag{3.36}$$

当 $-\sigma_3\geqslant\sigma_1$ 时，此时令 $\sigma_1=0$，应力状态为无围压作用下的拉伸状态。此

时，破坏强度与初始切线弹模分别为

$$q_b = \frac{1}{8}a_f Pa \tag{3.37}$$

$$E_i = kPa \tag{3.38}$$

切线弹模 E_{bt} 可表示为

$$E_{bt} = \left[c_f \cdot \left(\frac{8(-\sigma_3)}{a_f Pa}\right)^3 + d_f \cdot \left(\frac{8(-\sigma_3)}{a_f Pa}\right)^2 + f_f \cdot \left(\frac{8(-\sigma_3)}{a_f Pa}\right) + 1\right]kPa \tag{3.39}$$

当所有应力为 0 时，得到 $E_t = E_{bt} = kPa$，表示在无应力状态下，材料弹性模量仅与其材料性质有关，是一定值，为该材料无任何外力作用下的初始切线弹模，也符合正常物理规律。

2）泊松比

假设胶凝砂砾石料切线泊松比与应力状态的关系可采用邓肯-张本构模型中的切线泊松比表达式表示。对土体和堆石料而言，围压必大于零，否则无法满足稳定，但对胶凝砂砾石料，其围压可正可负，其初始泊松比 ν_i 与围压之间的关系可由下式表示

$$\nu_i = G_f - F_f \lg\left(\frac{\sigma_3 + Pa}{Pa}\right) \tag{3.40}$$

式中，G_f、F_f 为试验常数。

当 $\sigma_3 = 0$ 时，$\nu_i = G_f$，G_f 表示围压为 0 时胶凝砂砾石料初始泊松比。假定切线泊松比随应力水平线性变化，切线泊松比 ν_t 表达式为

$$\nu_t = \nu_i + (\nu_{tf} - \nu_i)s \tag{3.41}$$

式中，ν_{tf} 为破坏时泊松比，一般取 0.49。

将式（3.40）代入式（3.41），胶凝砂砾石料切线弹模表达式为

$$\nu_t = G_f - F_f \lg\left(\frac{\sigma_3 + Pa}{Pa}\right) + \left[\nu_{tf} - G_f + F_f \lg\left(\frac{\sigma_3 + Pa}{Pa}\right)\right]s \tag{3.42}$$

假设胶凝砂砾石料拉伸阶段泊松比变化规律与压缩阶段一致，拉伸阶段围压为负，围压为 σ_1，令 $\sigma_3 = -\sigma_1$，初始切线泊松比 ν_i 表达式为

$$\nu_i = G_f - F_f \lg\left(\frac{-\sigma_1 + Pa}{Pa}\right) \tag{3.43}$$

当未有更多试验资料时，假设 $\nu_i - \lg[(\sigma_3 + Pa)/Pa]$ 曲线无论受拉或受压，围压对初始泊松比的影响规律一致。当围压为零时，胶凝砂砾石料初始泊松比为定值 G_f，这也符合一般物理规律。

胶凝砂砾石料在拉伸阶段的切线泊松比随应力水平变化的规律与压缩阶段一致，即满足式（3.43）。类似于压缩阶段切线泊松比表达式，胶凝砂砾石料拉

伸时的切线泊松比 ν_t 可由下式表示

$$\nu_t = G_f - F_f \cdot \lg\left(\frac{-\sigma_1 + Pa}{Pa}\right) + \left[\nu_{tb} - G_f + F_f \cdot \lg\left(\frac{-\sigma_1 + Pa}{Pa}\right)\right] \cdot s \tag{3.44}$$

式中，ν_{tb}为胶凝砂砾石料在拉伸阶段破坏时的切线泊松比，此处也取 0.49。

当试件处于 $\sigma_1 > 0$ 且 $\sigma_3 < 0$ 状态时，胶凝砂砾石料处于复杂应力状态，可按处理切线弹模的方式来进行，具体分两种情况进行讨论。

当 $-\sigma_3 < \sigma_1$ 时，令 $\sigma_3 = 0$，将该复杂应力状态转化为无围压作用的受压状态，初始切线泊松比的表达式为

$$\nu_i = G_f \tag{3.45}$$

切线泊松比的表达式为

$$\nu_t = G_f + (\nu_{tf} - G_f)s \tag{3.46}$$

当 $-\sigma_3 > \sigma_1$ 时，令 $\sigma_1 = 0$，将该复杂应力状态转化为无围压作用的拉伸状态，初始切线泊松比的表达式与压缩阶段相同。切线泊松比的表达式为

$$\nu_t = G_f + (\nu_{tb} - G_f)s \tag{3.47}$$

3. 修正邓肯-张本构模型

1）切线模量与回弹模量

（1）切线弹性模量。

在分析胶凝砂砾石料应力-应变非线性特征时，式（2.23）被用于表示其应力-应变关系。根据$\frac{dq}{d\varepsilon_a}$，可确定胶凝砂砾石料切线模量 E_t 为

$$E_t = \frac{dq}{d\varepsilon_a} = \frac{a - c \cdot \varepsilon_a^2}{a + b \cdot \varepsilon_a + c \cdot \varepsilon_a^2} \tag{3.48}$$

当 $\varepsilon_a \to 0$ 时，$E_t = E_i$，则

$$a = \frac{1}{E_i} \tag{3.49}$$

式中，a 是初始切线模量 E_i 的倒数。

对胶凝砂砾石料而言，其 E_i 随 σ_3 变化，在双对数纸上点绘 $\lg\left(\frac{E_i}{Pa}\right)$ 与 $\lg\left(\frac{\sigma_3 + Pa}{Pa}\right)$，其关系近似为直线，其截距为 $\lg k$，斜率为 n，则有

$$\lg\frac{E_i}{Pa} = \lg k + n\lg\frac{\sigma_3 + Pa}{Pa} \tag{3.50}$$

可得

$$E_i = kPa\left(\frac{\sigma_3 + Pa}{Pa}\right)^n \tag{3.51}$$

式中，kPa 为参数k 与 Pa 的乘积，表示无侧向围压时的胶凝砂砾石料初始切线模量；n 为材料参数。

当$\varepsilon_a=\varepsilon_{am}$时，$E_t=0$，依据式（3.48）可确定

$$c=\frac{a}{\varepsilon_{am}^2} \tag{3.52}$$

式中，ε_{am}为破坏强度对应的轴向应变。

当$q=q_f$时，得

$$b=\frac{1}{q_f}-\frac{2}{\varepsilon_{am}E_i} \tag{3.53}$$

式中，q_f 为破坏强度，可由式（2.3）表示。

轴向应变ε_a 可表示为

$$\varepsilon_a=\frac{1}{2sq_f}E_i\varepsilon_{am}^2\left\{\left[(1-s)+\frac{2sq_f}{E_i\varepsilon_{am}}\right]-\sqrt{(1-s)^2+\frac{4sq_f(1-s)}{E_i\varepsilon_{am}}}\right\} \tag{3.54}$$

式中，s 为应力水平。

将式（3.49）、式（3.52）及式（3.53）代入式（3.48）可得出

$$E_t=\frac{dq}{d\varepsilon_a}=\frac{\frac{1}{E_i}-\frac{1}{\varepsilon_{am}{}^2E_i}\varepsilon_a}{\frac{1}{E_i}+\left(\frac{1}{q_f}-\frac{2}{\varepsilon_{am}E_i}\right)\varepsilon_a+\frac{1}{\varepsilon_{am}^2E_i}\varepsilon_a^2} \tag{3.55}$$

其中，ε_a 可用式（3.54）表示。

（2）回弹模量。

由于胶凝砂砾石料应力-应变曲线在卸载-再加载过程中出现滞回圈，故用滞回圈两交点连线的斜率作为卸载回弹模量。在双对数纸上，点绘lg（E_{ur}/Pa）与 $\lg\left(\frac{\sigma_3+Pa}{Pa}\right)$的关系曲线可确定一直线，其截距为 $\lg k_{ur}$，斜率为 n。因此，回弹模量可由式（2.15）表示。

2）切线泊松比

体积应变与轴向应变关系式（2.24）可改写为

$$\varepsilon_v=d(\varepsilon_a-\varepsilon_{an})^2+\varepsilon_{vn} \tag{3.56}$$

式中，d 为拟合系数；ε_{vn}可由下式表示

$$\varepsilon_{vn}=\lambda_2\left(\frac{\sigma_3}{Pa}\right)+d_2 \tag{3.57}$$

这里，λ_2 为斜率；d_2 为截距。

对式（3.56）求导，可得出

$$\mu_t=\frac{d\varepsilon_v}{d\varepsilon_a}=2d(\varepsilon_a-\varepsilon_{an}) \tag{3.58}$$

式中，μ_t 为切线体积比，且与切线泊松比 ν_t 的关系为

$$\mu_t = 1 - 2\nu_t \tag{3.59}$$

由于体积应变-轴向应变关系曲线经过原点，可将原点（0，0）代入式（3.56）得出

$$d = -\frac{\varepsilon_{vn}}{\varepsilon_{an}^2} \tag{3.60}$$

将式（3.57）、式（3.60）代入式（3.56），得出的 μ_t 具体函数式如下：

$$\mu_t = \frac{2\varepsilon_{vn}}{\varepsilon_{an}^2}\left(\frac{1}{2sq_f}E_i\varepsilon_{am}^2\left\{\left[(1-s)+\frac{2sq_f}{E_i\varepsilon_{am}}\right]-\sqrt{(1-s)^2+\frac{4sq_f(1-s)}{E_i\varepsilon_{am}}}\right\}-\varepsilon_{an}\right) \tag{3.61}$$

则切线泊松比 ν_t 为

$$\nu_t = \frac{1}{2}+\frac{\varepsilon_{vn}}{\varepsilon_{an}^2}\left(\frac{1}{2sq_f}E_i\varepsilon_{am}^2\left\{\left[(1-s)+\frac{2sq_f}{E_i\varepsilon_{am}}\right]-\sqrt{(1-s)^2+\frac{4sq_f(1-s)}{E_i\varepsilon_{am}}}\right\}-\varepsilon_{an}\right) \tag{3.62}$$

3）参数确定

胶凝砂砾石料修正邓肯-张非线性模型的参数共计10个，分别为 k、n、ε_{am}、c、φ、λ_1、d_1、λ_2、d_2、k_{ur}。

胶凝砂砾石料常规三轴剪切试验峰值强度与围压的关系可由式（2.4）表示，其斜率为$\frac{2\sin\varphi}{1-\sin\varphi}$，截距为$\frac{2c\cos\varphi}{1-\sin\varphi}$，可确定黏聚力 c 和内摩擦角 φ。

依据胶凝砂砾石料三轴剪切试验数据得出的初始弹性切线模量 E_i，在双对数纸上点绘出$\frac{E_i}{Pa}$-$\frac{\sigma_3+Pa}{Pa}$关系曲线，可由式（2.12）表示，其中截距为 $\lg k$，斜率为 n。参数 k_{ur}可由式（2.15）确定。

ε_{am}、ε_{an}分别为峰值强度、剪缩剪胀转折点对应的轴向应变值。当胶凝掺量较高时，ε_{am}受围压 σ_3 的影响较小，可取不同围压对应的平均值；ε_{an}随 σ_3 的变化较为明显，利用式（2.26）对 ε_{an}与围压 σ_3 的关系进行拟合，可得出参数 λ_1 及 d_1。

点绘出峰值体变 ε_{vn}与围压 σ_3 之间的关系曲线，见图3.1。利用式（3.51）对 ε_{vn}与围压 σ_3 的关系进行拟合，可得到其斜率 λ_2 及纵轴截距 d_2。

4）模型验证

图3.2为胶凝砂砾石料三轴试验仿真的有限元计算模型，模型直径为30cm，高为70cm，底部固定，侧向施加围压，顶部施加加载速度2mm/min的轴向位移。胶凝掺量80kg/m^{3}的胶凝砂砾石料本构模型参数见表3.1。计算模型分别进行300kPa、600kPa、900kPa及1200kPa围压模拟。

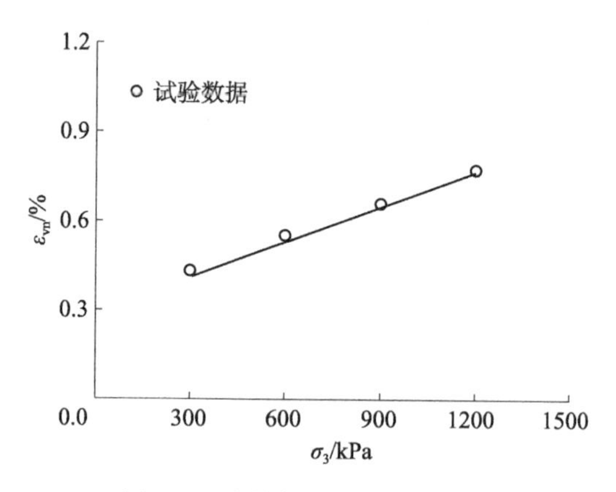

图 3.1　峰值体变与围压的关系

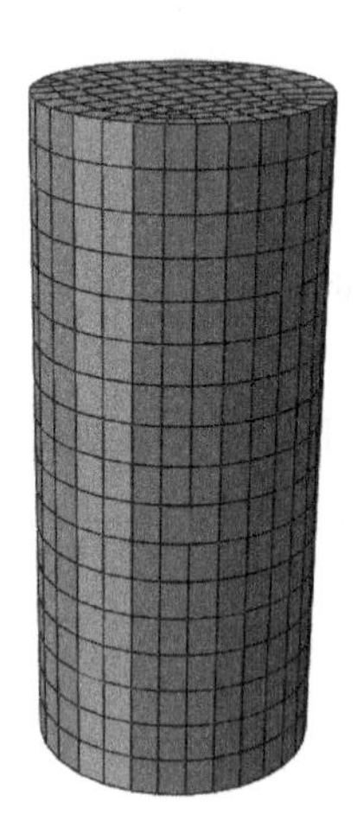

图 3.2　计算模型

表 3.1　模型参数

ρ/(kg/m^3)	k	n	φ/(°)	c/kPa	k_{ur}	ε_{am}/%	λ_1/（$\times10^{-3}$）	d_1/%	λ_2/（$\times10^{-3}$）	d_2/%
2290	3584	0.39	37.7	1082	5376	1.42	0.33	0.88	0.25	0.4

图 3.3 给出了试件计算值与相应的试验数据对比图，从中可看出：计算结果与试验值吻合度较高，表明新建立的非线性修正邓肯-张模型能较好地预测胶凝砂砾石料的应力变形结果。

5）模型评价

通过分析，胶凝砂砾石料非线性修正邓肯-张模型具有以下优点：

①不同应力状态下 E_t、ν_t 的变化能反映胶凝砂砾石料的非线性变形特性；

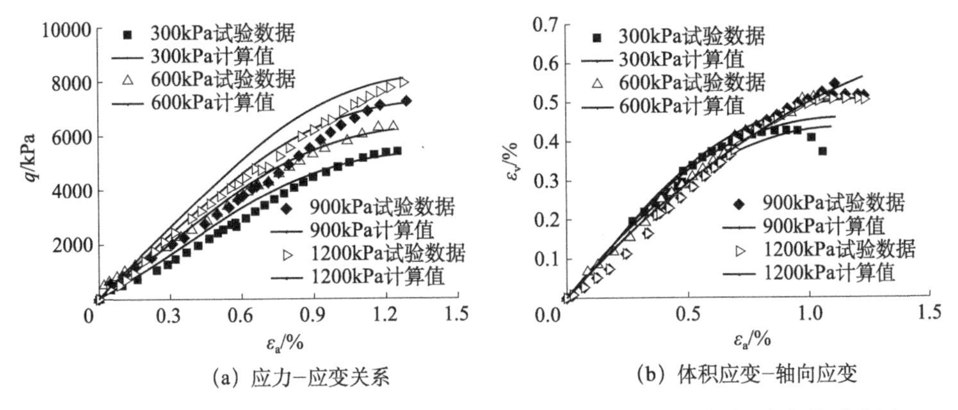

(a) 应力-应变关系　　(b) 体积应变-轴向应变

图 3.3　胶凝掺量 $80kg/m^3$ 的胶凝砂砾石料（骨料为破碎料）应力-应变关系验证

②可反映剪切变形随应力水平的增加而增大的规律；③可将回弹模量与加载模量区别开；④由于模型用于增量法的有限元计算，能反映应力路径对变形的影响。

胶凝砂砾石料非线性修正邓肯-张模型也存在一些不足：

①不能反映剪胀特性；②不能反映软化特性；③未提出卸载时的泊松比，仍不能全面说明加载与卸载状态的变形差异。

综上所述，胶凝砂砾石料修正邓肯-张本构模型是参照邓肯-张本构模型的构建思路建立的一种新模型，同样具备了邓肯-张模型简单且参数确定、方便等特点，可应用于一些精度要求较低的胶凝砂砾石坝结构计算。

3.3　胶凝砂砾石料弹塑性本构模型

3.3.1　弹塑性本构基本理论

胶凝砂砾石料本质上是一种典型的弹塑性材料，其力学特性的描述更宜采用弹塑性本构模型。

1. 经典弹塑性本构模型

弹塑性理论一般把岩土材料的总应变及其增量分为弹性变形与塑性变形，即

$$\varepsilon = \varepsilon^{e} + \varepsilon^{p} \tag{3.63}$$

$$d\varepsilon = d\varepsilon^{e} + d\varepsilon^{p} \tag{3.64}$$

弹性刚度矩阵为应力增量 $d\sigma$ 与弹性应变增量 $d\varepsilon^e$ 的比值，可由下式表示

$$d\sigma = D^e d\varepsilon^e \tag{3.65}$$

式中，D^e 为弹性刚度矩阵。

塑性变形 $d\varepsilon^p$ 由塑性理论确定，经典塑性理论一般包括屈服准则、硬化规律、加卸载准则与流动法则。

经典弹塑性本构模型的刚度矩阵具体表达式为

$$D^{ep} = D^e - \frac{D^e\left(\frac{\partial g}{\partial \sigma}\right)\left(\frac{\partial f}{\partial \sigma}\right)^T D^e}{A + \left(\frac{\partial f}{\partial \sigma}\right)^T D^e \frac{\partial g}{\partial \sigma}} \tag{3.66}$$

式中，D^e 为弹性刚度矩阵；A 为塑性模量，表达式为

$$A = -\frac{\partial f}{\partial H}\left\{\frac{\partial H}{\partial \varepsilon^p}\right\}^T\left\{\frac{\partial g}{\partial \sigma}\right\} \tag{3.67}$$

这里，f 为屈服函数；H 为硬化函数；g 为塑性势函数。

硬化材料，$A>0$；理想弹塑性材料，$A=0$；软化材料，$A<0$。采用相关联流动法则时，D^{ep}为正定（硬化）或半正定（理想弹塑性）对称矩阵。

柔度矩阵 C^{ep}为

$$C^{ep} = C^e + \frac{\left\{\frac{\partial f}{\partial \sigma}\right\}^T\left\{\frac{\partial g}{\partial \sigma}\right\}}{A} \tag{3.68}$$

式中，C^e 为弹性柔度矩阵。

弹塑性刚度矩阵 D^{ep}与弹塑性柔度矩阵 C^{ep}关系为

$$D^{ep} = {C^{ep}}^{-1} \tag{3.69}$$

基于经典弹塑性理论的代表性模型有剑桥模型及其修正模型、Lade-Ducan 模型、清华模型等。

2. 广义塑性位势理论

广义塑性位势理论是直接从数学原理出发建立本构模型的，为研究岩土材料本构模型提供了新的思路[72-74]。基于广义塑性位势理论的本构模型存在一些基本特征，例如，塑性应变增量分量不成比例，塑性势面与屈服面相对应，允许应力主轴旋转等，避开了传统塑性理论的一些假设。

基于广义塑性位势理论的弹塑性本构模型矩阵为

$$D^{ep} = D^e - D^e\left\{\frac{\partial g_n}{\partial \sigma}\right\}_{6\times 3}\left[\alpha_{kn}\right]^{-1}_{3\times 3}\left\{\frac{\partial f_k}{\partial \sigma}\right\}^T_{3\times 6} D^e \quad (k=1,2,3;n=1,2,3) \tag{3.70}$$

其中，

$$a_{kn} = \left\{\frac{\partial f_k}{\partial \sigma}\right\}^{\mathrm{T}} [D^{\mathrm{e}}] \left\{\frac{\partial g_n}{\partial \sigma}\right\} + \delta_{kn} A_k \tag{3.71}$$

$$\delta_{kn} = \begin{cases} 1, & k = n \\ 0, & k \neq n \end{cases} \tag{3.72}$$

$$A_k = \frac{\partial f_k}{\partial H_k} \left\{\frac{\partial H_k}{\partial \varepsilon_k^{\mathrm{p}}}\right\}^{\mathrm{T}} \left\{\frac{\partial g_n}{\partial \sigma}\right\} \tag{3.73}$$

式中，f_k（$k=1$，2，3）为屈服函数；g_n（$n=1$，2，3）为塑性势函数；A_k（$k=1$，2，3）为各屈服函数对应的塑性模量；H_k（$k=1$，2，3）为硬化参数。

式（3.70）既可用于三屈服面，也可用于双屈服面和单屈服面。在单屈服面情况下，式（3.70）为

$$D^{\mathrm{ep}} = D^{\mathrm{e}} - \frac{D^{\mathrm{e}} \left\{\frac{\partial g_1}{\partial \sigma}\right\} \left\{\frac{\partial f_1}{\partial \sigma}\right\}^{\mathrm{T}} D^{\mathrm{e}}}{\left\{\frac{\partial f_1}{\partial \sigma}\right\}^{\mathrm{T}} D^{\mathrm{e}} \left\{\frac{\partial g_1}{\partial \sigma}\right\} + \frac{\partial f_1}{\partial H_1} \left\{\frac{\partial H_1}{\partial \varepsilon_1^{\mathrm{p}}}\right\}^{\mathrm{T}} \left\{\frac{\partial g_1}{\partial \sigma}\right\}} \tag{3.74}$$

式（3.74）即为传统塑性力学中的弹塑性刚度矩阵。

基于广义塑性位势理论的弹塑性刚度矩阵还可由柔度矩阵 C^{ep} 求逆得到，柔度矩阵 C^{ep}（三屈服面）为

$$C^{\mathrm{ep}} = C^{\mathrm{e}} + \frac{1}{A_1}\left\{\frac{\partial g_1}{\partial \sigma}\right\}\left\{\frac{\partial f_1}{\partial \sigma}\right\}^{\mathrm{T}} + \frac{1}{A_2}\left\{\frac{\partial g_2}{\partial \sigma}\right\}\left\{\frac{\partial f_2}{\partial \sigma}\right\}^{\mathrm{T}} + \frac{1}{A_3}\left\{\frac{\partial g_3}{\partial \sigma}\right\}\left\{\frac{\partial f_3}{\partial \sigma}\right\}^{\mathrm{T}} \tag{3.75}$$

依据广义塑性位势理论构建的岩土材料常用的弹塑性本构模型包括“南水”双屈服面模型、殷宗泽双屈服面模型、简化的广义位势理论弹塑性本构模型以及“后勤工程学院”模型等。

3. 广义塑性力学模型

广义塑性力学模型的弹塑性刚度矩阵 D^{ep} 可由下式表示[75-77]

$$D^{\mathrm{ep}} = D^{\mathrm{e}} - \frac{D^{\mathrm{e}} : n_{\mathrm{g}} : n_{\mathrm{f}}^{\mathrm{T}} : D^{\mathrm{e}}}{A + n_{\mathrm{f}}^{\mathrm{T}} : D^{\mathrm{e}} : n_{\mathrm{g}}} \tag{3.76}$$

式中，D^{e} 为弹性刚度矩阵；n_{g} 为塑性流动方向张量，$n_{\mathrm{g}} = \frac{\partial g/\partial \sigma}{\|\partial g/\partial \sigma\|}$；$n_{\mathrm{f}}$ 为加载方向张量，$n_{\mathrm{f}} = \frac{\partial f/\partial \sigma}{\|\partial f/\partial \sigma\|}$；$A$ 为塑性模量，具体表达式为

$$A = -\frac{1}{\|\partial f/\partial \sigma\|} \frac{\partial f}{\partial H} \frac{\partial H}{\partial \varepsilon^{\mathrm{p}}} : n_{\mathrm{g}} \tag{3.77}$$

在 p-q 平面内，加载塑性流动方向矢量 n_{g} 为

$$n_{\mathrm{g}} = \begin{Bmatrix} n_{\mathrm{gv}} \\ n_{\mathrm{gs}} \end{Bmatrix} \tag{3.78}$$

式中，n_{gv}、n_{gs}均为 n_g 的分量，$n_{gv}=\dfrac{d_g}{\sqrt{1+d_g^2}}$，$n_{gs}=\dfrac{1}{\sqrt{1+d_g^2}}$，这里，剪胀比 d_g 的表达式可根据具体材料性质确定。

加载方向矢量 n_f 通常采取与塑性流动方向矢量 n_g 相同的形式，即

$$n_f=\begin{Bmatrix} n_{fv} \\ n_{fs} \end{Bmatrix} \tag{3.79}$$

式中，n_{fv}、n_{fs}均为 n_f 的分量，$n_{fv}=\dfrac{d_f}{\sqrt{1+d_f^2}}$，$n_{fs}=\dfrac{1}{\sqrt{1+d_f^2}}$，这里，$d_f$ 与 d_g 类似。若 $d_g=d_f$，广义弹塑性本构模型的流动法则为相关联流动法则，模型刚度矩阵对称。

广义弹塑性本构模型的柔度形式如下：

$$\mathrm{d}\varepsilon=C^{ep}:\mathrm{d}\sigma=\left(C^{e}+\frac{1}{A}n_g\otimes n_f^{T}\right):\mathrm{d}\sigma \tag{3.80}$$

式中，C^{ep}为弹塑性柔度矩阵。

根据式（3.80）可得体积应变增量 $\mathrm{d}\varepsilon_v$、剪切应变增量 $\mathrm{d}\varepsilon_s$、平均应力增量 $\mathrm{d}p$、剪切应力增量 $\mathrm{d}q$ 的关系为

$$\begin{cases} \mathrm{d}\varepsilon_v=\dfrac{1}{K}\mathrm{d}p+\dfrac{1}{A}n_{gv}n_{fv}\mathrm{d}p+\dfrac{1}{A}n_{gv}n_{fs}\mathrm{d}q \\ \mathrm{d}\varepsilon_s=\dfrac{1}{3G}\mathrm{d}q+\dfrac{1}{A}n_{gs}n_{fv}\mathrm{d}p+\dfrac{1}{A}n_{gs}n_{fs}\mathrm{d}q \end{cases} \tag{3.81}$$

式中，K、G 分别为弹性体积模量和弹性剪切模量。

上述广义弹塑性本构模型中未直接引入塑性势函数、屈服函数及硬化方程的概念，而是通过塑性流动方向张量 n_g、加卸载方向张量 n_f 及塑性模量 A 构成的。

4. 常用弹塑性本构模型适用性分析

岩土材料常用的弹塑性本构模型有剑桥模型及其修正模型、Lade-Ducan 模型、殷宗泽双屈服面模型、清华模型、“南水”模型、P-Z 广义弹塑性本构模型等。剑桥模型及其修正模型仅能反映材料的剪缩性，Lade-Ducan 模型仅可考虑剪胀特性的影响，而殷宗泽双屈服面模型、清华模型及“南水”模型等可描述材料的先剪缩后剪胀现象，但是否能合理反映胶凝砂砾石料剪缩与剪胀行为，有待进一步分析；剑桥模型及其修正模型、Lade-Ducan 模型、殷宗泽双屈服面模型、清华模型及“南水”模型等常用弹塑性本构模型对胶凝掺量较高的胶凝砂砾石料应力-应变曲线的非线性特征描述同样存在一些不足，影响着不同胶凝掺量、骨料掺量及级配条件下胶凝砂砾石料应力、变形预测结果的准确性。此外，Lade-Ducan 模型、清华模型及 P-Z 广义弹塑性本构模型等存在数学表达式

较复杂、参数较多且确定方法较烦琐、试验成本较高等问题。在岩土材料弹塑性本构理论与方法中，广义塑性位势理论认为部分屈服仅引起相应的塑性应变增加。对胶凝砂砾石料而言，可基于广义塑性位势理论，采用剪切屈服函数以及体积屈服函数，建立胶凝砂砾石料双屈服面弹塑性本构模型。

3.3.2　弹塑性本构模型

结合常用岩土材料弹塑性本构模型对胶凝砂砾石料力学特性的适用性分析结果以及胶凝砂砾石料本构建模要点的归纳总结，本书在广义塑性位势理论框架下，依据试验成果分别推演出考虑胶凝掺量与骨料干密度影响的胶凝砂砾石料剪切屈服函数、体积屈服函数及加卸载准则，以及可反映胶凝砂砾石料硬化规律的塑性系数，建立胶凝砂砾石料弹塑性本构模型。

1. 基本假定

胶凝砂砾石料弹塑性本构模型的基本假定包括：

①不考虑胶凝砂砾石料应变软化特性的影响；②塑性应变与应力状态存在唯一性关系；③塑性体应变与塑性剪应变的等值面分别为体积屈服面与剪切屈服面；④采用等价应力理论描述硬化规律，屈服面只作为加卸载的判别标准；⑤流动法则为相关联流动法则。

2. 弹性参数

胶凝砂砾石料弹塑性本构模型的弹性刚度矩阵采用式（3.1）表示。弹性切线模量 E 直接采用式（2.17）中的回弹模量 E_{ur}，其中参数 E_i、n 以及 k_{ur} 可由胶凝砂砾石料三轴轴向加卸载试验结果确定；泊松比 ν 可通过式（3.3）求得，其中弹性体积模量 K 包含的参数 k_t 可由三轴等向加卸载试验结果及式（2.18）确定。

3. 屈服函数

屈服函数作为描述岩土材料塑性变形特征的数学表达式，其构造方法一般可分为以下几种。

（1）应力剪胀关系法。

应力剪胀关系法的第一种处理方式是对能量方程推导的应力剪胀方程进行积分，得出塑性势函数，通过假定屈服函数与塑性势函数相同，确定屈服函数。代表弹塑性本构模型，包括剑桥模型、修正剑桥模型等。

剑桥模型的应力剪胀关系式为

$$\frac{d\varepsilon_v^p}{d\varepsilon_s^p}=M-\frac{q}{p} \tag{3.82}$$

式中，M 为 p-q 平面破坏线的斜率。

对式（3.82）进行积分，得到的塑性势函数与屈服函数可表示为

$$f = g = \frac{q}{p} + M\ln\frac{p}{p_0} \tag{3.83}$$

式中，p_0 为等向加卸载中的固结应力，表示屈服面与 p 轴交点的横坐标。

在修正剑桥模型中，材料应力剪胀关系式为

$$\frac{d\varepsilon_v^p}{d\varepsilon_s^p} = \frac{M^2 - (q/p)^2}{2(q/p)} \tag{3.84}$$

对式（3.84）进行积分，得到的塑性势函数与屈服函数均可由下式表示

$$f = g = M^2 p + \frac{q^2}{p^2} - M^2 p_0 = 0 \tag{3.85}$$

应力剪胀关系法的另一种处理方式是直接在弹塑性刚度矩阵中引入应力剪胀方程，无须专门确定屈服函数，如广义塑性力学模型。

（2）热力学方法。

热力学方法是通过自由能函数与耗散增量函数建立屈服函数，使之满足热力学第一、第二定律的方法，可与应力剪胀关系法结合使用，例如，剑桥模型及其修正模型中的应力剪胀关系式通过自由能函数与耗散增量函数推导出。

（3）等塑性应变法。

等塑性应变法主要分为两种：一种是通过不同应力路径三轴试验得到应力-塑性应变关系曲线，其中塑性应变由总应变减去弹性应变得到，取相同塑性应变的应力状态点，将其绘制于 p-q 应力坐标系，得到塑性应变等值面，即以该塑性应变为硬化参数的屈服面，“后勤工程学院”模型便是采用上述方法建立的；另一种是分别建立总应变、弹性应变与应力的函数关系式，再根据塑性应变为总应变减去弹性应变的结果，得出塑性应变与应力的函数关系，从而确定屈服函数。剪胀土与非剪胀土的弹塑性本构模型便是采用这一方法确定其剪切屈服面的。

（4）破坏函数类比法。

破坏函数类比法直接假定屈服面为破坏面。Zienkewicz-Pande 准则、Hoek-Brown 条件、D-P 准则、莫尔-库仑准则以及 Lade-Ducan 模型的屈服函数等是利用此类方法的代表。

（5）经验法。

经验法指在岩土材料力学特性基础上，通过修正其他几类方法构造出的屈服函数确定新屈服面的方法。由于土、堆石料等材料弹塑性本构模型中的屈服面形状一般为抛物线或椭圆形，“南水”模型中屈服函数 f_1、f_2 以及相对应的塑性势函数 g_1、g_2 可分别表示为

$$\left.\begin{aligned} f_1 = g_1 = \frac{q^s}{p} \\ f_2 = g_2 = p^2 + r^2 q^2 \end{aligned}\right\} \tag{3.86}$$

式中，r、s 为屈服面参数，堆石料一般取 2；$p=\frac{1}{3}$（$\sigma_1+\sigma_2+\sigma_3$）为平均应力；$q=\frac{1}{\sqrt{2}}\sqrt{(\sigma_1-\sigma_2)^2+(\sigma_2-\sigma_3)^2+(\sigma_1-\sigma_3)^2}$ 为广义剪应力。

殷宗泽双屈服面弹塑性本构模型是采用经验法确定其剪切屈服面 f_1 与体积屈服面 f_2 的，其具体表达式如下：

$$f_1 = g_1 = \frac{a_z q}{G_i}\sqrt{\frac{q}{M_1(p+p_r)-q}} = \varepsilon_s^p \tag{3.87}$$

$$f_2 = g_2 = p + \frac{q^2}{M_1^2(p+p_r)} = p_0 \tag{3.88}$$

式中，a_z 为材料参数；M_1 为经验参数，一般取（1.0～1.5）M；p_0 为硬化参量；$p_r=c\cot\varphi$。

在上述几种屈服函数构造方法中，应力剪胀关系法假定剪胀比与应力比一一对应，可反映塑性势函数与应力剪胀关系式之间的等价关系，具有明确的理论支撑；热力学方法的理论较为完善，满足热力学定律，难点在于如何寻求合适的能量函数；等塑性应变法的第一种方法是通过试验结果拟合屈服面，精度略低，第二种方法物理意义明确，推导过程简单，且精度较高；破坏函数类比法较为方便，但利用破坏函数直接表示岩土材料的屈服面可能不符合真实情况[78]；经验法适用性较强，但过于依赖材料的力学特性试验结果。上述屈服函数的构建方法各自存在一些不足，用于构造胶凝砂砾石料屈服函数的方法应依据其力学行为特征确定。

依据胶凝砂砾石料的塑性变形特征，这里采用上述较合适的构造方法，建立胶凝砂砾石料剪切屈服与体积屈服函数。

1）剪切屈服面

类似于堆石料等松散颗粒材料，低荷载作用下低胶凝掺量的胶凝砂砾石料会产生塑性变形，此时初始屈服点位置较为模糊。随着胶凝掺量的增加，初始屈服点更明显，可直接根据三轴试验曲线标定。通过常用的屈服函数，一般仅能反映单一胶凝掺量胶凝砂砾石料的塑性变形特征，而根据等塑性应变法构造的屈服函数，可反映不同胶凝掺量的胶凝砂砾石料剪切塑性变形特征。因此，这里根据胶凝砂砾石料三轴试验结果，分别建立胶凝砂砾石料总应变、弹性应变与应力的函数关系式，之后以总应变减去弹性应变得到塑性应变，构造出胶凝砂砾石料的剪切屈服函数。该屈服函数是在 p-q 坐标系上建立的，其具体推导过程如下所述。

由于新模型的塑性应变与应力状态存在唯一性关系，所以塑性剪应变 ε_s^p 可表示为

$$\varepsilon_s^p = \varepsilon_s - \varepsilon_s^e \tag{3.89}$$

式中，ε_s、ε_s^e 分别为剪应变、弹性剪应变。

式（3.89）中的剪应变 ε_s 一般由下式表示

$$\varepsilon_s = \frac{\sqrt{2}}{3}\sqrt{(\varepsilon_1 - \varepsilon_2)^2 + (\varepsilon_1 - \varepsilon_3)^2 + (\varepsilon_2 - \varepsilon_3)^2} \tag{3.90}$$

对于常规三轴试验而言，

$$\varepsilon_s = \varepsilon_a - \frac{\varepsilon_v}{3} \tag{3.91}$$

式中，ε_v 为体积应变，$\varepsilon_v = \varepsilon_1 + 2\varepsilon_3$；$\varepsilon_a$ 为轴向应变。

借鉴第 2 章中胶凝砂砾石料常规三轴试验应力-应变关系式（2.23），剪应力 q 与剪应变 ε_s 的关系可表示为

$$q = \frac{\varepsilon_s}{c_1'\varepsilon_s^2 + b_1'\varepsilon_s + a_1'} \tag{3.92}$$

式中，a_1'、b_1' 及 c_1' 为材料参数。

对式（3.92）求导可得出

$$\frac{dq}{d\varepsilon_s} = \frac{a_1' - c_1'\varepsilon_s^2}{(c_1'\varepsilon_s^2 + b_1'\varepsilon_s + a_1')^2} \tag{3.93}$$

当 $\varepsilon_s \to 0$ 时，$\frac{dq}{d\varepsilon_s} = 3G_i$，则

$$a_1' = \frac{1}{3G_i} \tag{3.94}$$

当 ε_s 不等于 0 时，根据 $\frac{dq}{d\varepsilon_s} = 0$，得到

$$c_1' = \frac{a_1}{\varepsilon_{sm}^2} \tag{3.95}$$

当 $q = q_f$ 与 $\varepsilon_s = \varepsilon_{sm}$ 时，得

$$b_1' = \frac{1}{q_f} - \frac{2}{3\varepsilon_{sm}G_i} \tag{3.96}$$

将 a_1'、b_1' 及 c_1' 代入式（3.93）可得

$$\frac{dq}{d\varepsilon_s} = \frac{\frac{1}{3G_i} - \frac{1}{3\varepsilon_{sm}^2 G_i}\varepsilon_s^2}{\left[\frac{1}{G_i} + \left(\frac{1}{q_f} - \frac{2}{3\varepsilon_{sm}G_i}\right)\varepsilon_s + \frac{1}{3\varepsilon_{sm}^2 G_i}\varepsilon_s^2\right]^2} \tag{3.97}$$

其中，

$$\varepsilon_s = \frac{3}{2q}G_i\varepsilon_{sm}^2\left\{\left[\left(1-\frac{q}{q_f}\right)+\frac{2q}{3G_i\varepsilon_{sm}}\right]-\sqrt{\left(1-\frac{q}{q_f}\right)^2+\frac{4q\left(1-\frac{q}{q_f}\right)}{3G_i\varepsilon_{sm}}}\right\} \quad (3.98)$$

式中，q_f 为破坏强度；G_i 为初始剪切模量，$3G_i$ 为 q-ε_s 关系曲线初始斜率；ε_{sm} 为峰值剪应力对应的剪应变。

在式（3.98）中，峰值剪应力 q_f 建议采用：

$$q_f = M(p + p_r) \quad (3.99)$$

式中，M 为 q_f-p 线的斜率，$M=\frac{6\sin\varphi}{3-\sin\varphi}$；$p_r$ 为该线在横轴上的截距，$p_r=c\cot\varphi$。

胶凝砂砾石料初始剪切模量 G_i 可表示为

$$G_i = G_0 Pa\left(\frac{p+Pa}{Pa}\right)^n \quad (3.100)$$

式中，G_0 为材料参数，它与 Pa 的乘积为 p 等于 0 的初始模量；n 为剪切增量指数。依据殷宗泽等对围压 σ_3 为定值与平均应力 p 为定值的三轴试验剪应力 q-剪应变 ε_s 曲线关系的解释，假定 G_0 等于 $k/2$。

峰值剪应力对应的剪应变 ε_{sm} 可由下式表示

$$\varepsilon_{sm} = \frac{2}{3}\varepsilon_{am} \quad (3.101)$$

式中，ε_{am} 为峰值强度对应的轴向应变，可由式（2.25）表示，为简化计算，峰值剪应力对应的剪应变 ε_{sm} 可直接取不同围压下胶凝砂砾石料常规三轴试验得出 $\frac{2}{3}\varepsilon_{am}$ 的平均值。

式（3.89）中的弹性剪切应变 ε_s^e 由下式表示

$$\varepsilon_s^e = \frac{q}{3G_{ur}} \quad (3.102)$$

式中，G_{ur} 为卸载剪切模量，即弹性剪切模量，由下式表示

$$G_{ur} = K_b G_i \quad (3.103)$$

这里，K_b 表示卸载剪切模量与初始剪切模量的比值。

将式（3.98）、式（3.102）以及式（3.103）代入式（3.89）中，可得到塑性剪应变 ε_s^p 的表达式如下：

$$\begin{aligned}\varepsilon_s^p &= \varepsilon_s - \varepsilon_s^e \\ &= \frac{3}{2q}G_i\varepsilon_{sm}^2\left\{\left[\left(1-\frac{q}{q_f}\right)+\frac{2q}{3G_i\varepsilon_{sm}}\right]-\sqrt{\left(1-\frac{q}{q_f}\right)^2+\frac{4q\left(1-\frac{q}{q_f}\right)}{3G_i\varepsilon_{sm}}}\right\}-\frac{q}{3K_bG_i}\end{aligned} \quad (3.104)$$

以塑性剪应变 ε_s^p 为硬化参数，剪切屈服函数 f_1 如下：

$$f_1=\frac{3}{2q}G_i\varepsilon_{sm}^2\left\{\left[\left(1-\frac{q}{q_f}\right)+\frac{2q}{3G_i\varepsilon_{sm}}\right]-\sqrt{\left(1-\frac{q}{q_f}\right)^2+\frac{4q\left(1-\frac{q}{q_f}\right)}{3G_i\varepsilon_{sm}}}\right\}\frac{q}{3K_bG_i}-\varepsilon_s^p=0 \tag{3.105}$$

当 $\varepsilon_s^p=0$ 时，式（3.105）为初始剪切屈服函数，其表达式如下：

$$f_1=\frac{3}{2q}G_i\varepsilon_{sm}^2\left\{\left[\left(1-\frac{q}{q_f}\right)+\frac{2q}{3G_i\varepsilon_{sm}}\right]-\sqrt{\left(1-\frac{q}{q_f}\right)^2+\frac{4q\left(1-\frac{q}{q_f}\right)}{3G_i\varepsilon_{sm}}}\right\}\frac{q}{3K_bG_i}=0 \tag{3.106}$$

依据胶凝掺量 20kg/m³、100kg/m³ 在围压 300kPa、600kPa、900kPa 以及 1200kPa 下的三轴轴向卸载-再加载试验整理的结果，在 p-q 坐标系中描绘等塑性剪切变形对应的平均应力 p 与剪切应力 q 值，采用式（3.105）对其进行数学拟合，可得到式中未知量。当 $\varepsilon_s^p=0$ 时，特定围压下式（3.106）中的初始屈服时对应的平均应力 p 与剪切应力 q 值便可确定。

依据上述方法可得出：当围压分别为 300kPa、600kPa、900kPa 以及 1200kPa 时，胶凝掺量 20kg/m³ 的胶凝砂砾石料发生初始剪切屈服时对应的剪应力 q 值小于 200kPa，对应的应力水平低于 0.1；胶凝掺量 100kg/m³ 的胶凝砂砾石料在围压 300kPa、600kPa、900kPa 以及 1200kPa 时的初始剪切屈服应力状态点的 q 值分别为 1400kPa、1812kPa、2221kPa 及 2560kPa，平均应力 p 值分别为 700kPa、1200kPa、2221kPa 及 2560kPa，应力水平约为 0.23。因此，当胶凝掺量较低时，胶凝砂砾石料剪切初始阶段发生屈服，出现塑性剪切变形；胶凝掺量较高的胶凝砂砾石料弹性阶段明显，且需在一定荷载作用下才出现剪切屈服。

2）体积屈服面

修正剑桥模型、殷宗泽双屈服面模型、清华模型等弹塑性本构模型在 p-q 坐标系内的屈服轨迹均为椭圆屈服轨迹，可反映材料压缩时的屈服特征，其中修正剑桥模型的屈服函数是依据应力剪胀关系式法确定的，结构简单、参数确定方便。

依据胶凝砂砾石料的塑性体积变形特征，对剑桥模型的屈服函数进行修正，得出胶凝砂砾石料的体积屈服函数，其具体表达式如下：

$$f_2=p+\frac{q^2}{M_1^2(p+p_r)}-p_0(\varepsilon_v^p)=0 \tag{3.107}$$

式中，M_1 为与 M 有关的参数；$p_0(\varepsilon_v^p)$ 为等向固结应力。

依据胶凝砂砾石料三轴等向加卸载压缩试验结果，固结应力与塑性体积应变关系可由下式表示

$$p_0(\varepsilon_v^p) = p_{c0}e^{\frac{\varepsilon_v^p}{k'}} \tag{3.108}$$

式中，k'为塑性体积总应变与 $\ln\left(\frac{p_0}{p_{c0}}\right)$的比值；$p_{c0}$为等向加载开始发生塑性体积应变时对应的固结应力。

将式（3.108）代入式（3.107）可得到胶凝砂砾石料体积屈服函数如下：

$$f_2 = p + \frac{q^2}{M_1^2(p+p_r)} - p_{c0}e^{\frac{\varepsilon_v^p}{k'}} = 0 \tag{3.109}$$

式中，M_1、P_r 均与黏聚力 c、摩擦系数 φ 有关，可反映胶凝砂砾石料的胶结性。利用体积屈服函数式（3.109）对胶凝砂砾石料试验结果进行拟合，可得出不同胶凝掺量胶凝砂砾石料参数 M_1 为 $1.3M$。

为了验证上述胶凝砂砾石料体积屈服函数的合理性，图 3.4 给出了采用胶凝掺量 20kg/m³ 与 100kg/m³ 的胶凝砂砾石料三轴试验数据对式（3.109）的验证结果。从图 3.4 中可看出：胶凝掺量 20kg/m³ 与 100kg/m³ 的胶凝砂砾石料在不同塑性体积应变条件下的体积屈服函数计算值与试验数据基本吻合；在相同应力条件下，胶凝掺量 20kg/m³ 的胶凝砂砾石料塑性体积应变值大于胶凝掺量 100kg/m³ 的计算结果，表明胶凝掺量较低的胶凝砂砾石料在等向加载条件下易发生较明显的塑性体积变形，塑性变形特征与堆石料等松散颗粒材料较接近；胶凝掺量 100kg/m³ 的胶凝砂砾石料平均应力 p 为 2500kPa 且剪应力 q 为 0 时的塑性体积应变仅为 0.1%，表明胶凝掺量 100kg/m³ 的胶凝砂砾石料在低于 2500kPa 等向荷载作用下的塑性变形很小。

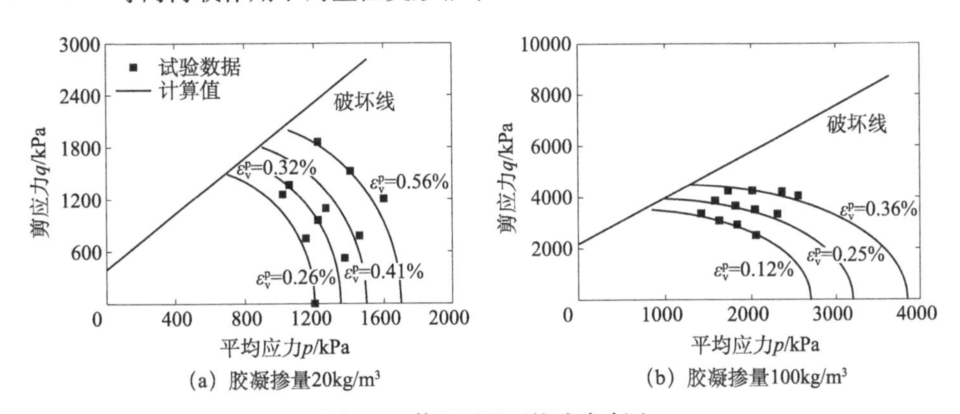

(a) 胶凝掺量20kg/m³　　(b) 胶凝掺量100kg/m³

图 3.4　体积屈服面的试验验证

当 $\varepsilon_v^p=0$ 时，式（3.109）为初始体积屈服函数，其具体表达式如下：

$$f_2 = p + \frac{q^2}{\left(\frac{7.8\sin\varphi}{3-\sin\varphi}\right)^2(p + c\cot\varphi)} + p_{c0} = 0 \tag{3.110}$$

3）屈服面的力学解释

图 3.5 为剪切屈服面 f_1 与体积屈服面 f_2 的轨迹示意图。从图 3.5 可看出，屈服面 f_1 与 f_2 把 p-q 平面分为四个区域：B_0 为弹性区域，B_1 为塑性区，与剪切屈服有关；B_2 为塑性区，与体积屈服有关；在 B_3 区中剪切与体积两种塑性变形同时存在。若剪应力 q 不变而降低平均应力 p，则应力状态点落入 B_1 区，此时主要发生塑性剪应变；若仅增加 p，则落入 B_2 区，主要发生塑性体积应变；若 p 保持不变而增加 q，或同时增加 p 和 q，此时应力状态处于 B_3 内，胶凝砂砾石料同时产生塑性体积应变与剪应变。

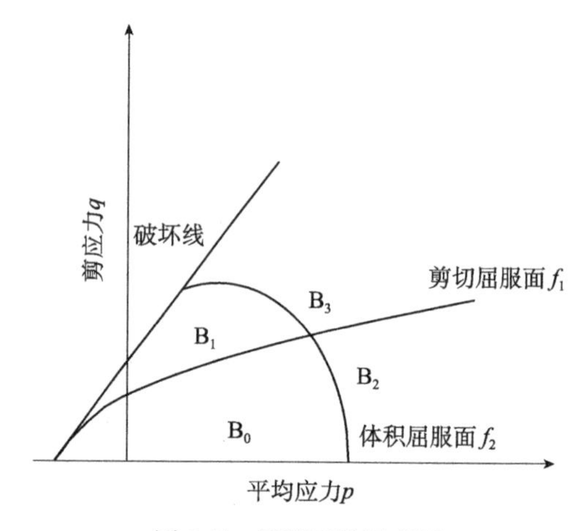

图 3.5　屈服面的示意图

4. 塑性势函数与流动法则

模型的流动法则采用相关联流动法则，假定塑性势函数 g_1、g_2 分别与剪切屈服函数 f_1、体积屈服函数 f_2 相同。

5. 硬化规律

岩土材料硬化规律表达式的确定方法一般包括如下几种。

（1）根据试验结果直接确定材料的硬化方程，代表性模型包括剑桥模型、清华模型或 Lade-Ducan 模型等。

（2）根据材料力学特征，修正常用模型中的硬化函数或假定一硬化函数，其参数根据试验结果确定，代表性模型如 P-Z 广义弹塑性本构模型。

（3）利用应变增量表达式确定材料的塑性系数，如“南水”模型等。

在上述硬化规律确定方法中，第（1）种是直接根据试验结果确定硬化函数表达式，式（3.109）已采用该方法反映胶凝砂砾石料的硬化规律，但 $p_0(\varepsilon_v^p)$ 的确定较为不便；第（2）种方法需要依据力学特性确定硬化函数表达式，其参数根据试验结果确定，但由于不同胶凝掺量下试验数据确定的硬化函数表达式可能差异较大，采用这一方法构造不同胶凝掺量、骨料干密度等因素影响的统一硬化方程会增加参数个数，确定过程也更加复杂；第（3）种方法主要是借鉴“南水”模型硬化规律的表现形式，根据三轴试验数据，得出切线模量函数 E_t 与切线体积比函数 μ_t，再确定考虑胶凝掺量、骨料干密度等因素影响的胶凝砂砾石料塑性系数。本次新构建的胶凝砂砾石料弹塑性本构模型采用第（3）种方法推导。

胶凝砂砾石料总应变增量可分为弹性应变部分以及剪切屈服面与体积屈服面的屈服引起的塑性应变部分，其表达式可由下式表示

$$d\varepsilon = C^{e}\{d\sigma\} + K_1 df_1 \frac{\partial g_1}{\partial \sigma_{ij}} + K_2 df_2 \frac{\partial g_2}{\partial \sigma_{ij}} \tag{3.111}$$

式中，C^e 为弹性柔度矩阵；K_1 与 K_2 分别为剪切屈服函数 f_1 与体积屈服函数 f_2 对应的塑性系数，均为非负数，作为加卸载的判别标准；g_1 与 g_2 分别为剪切屈服面与体积屈服面对应的塑性势函数。当式（3.111）中 K_1 或 K_2 为 0 时，能反映胶凝砂砾石料卸载或局部塑性加载的应力状态。

在常规三轴剪切试验中，由于 σ_3 恒定，剪应力 $q=\sigma_1-\sigma_3$，体积应变 $\varepsilon_v=\varepsilon_1+2\varepsilon_3$，代入式（3.111）中，解方程可得

$$\begin{cases} K_1 = \dfrac{\dfrac{R_2\mu_t}{E_t} - \dfrac{R_4}{E_t} - \dfrac{R_2}{3K} + \dfrac{R_4}{E}}{R_1R_2R_3 - R_1^2R_4} \\ K_2 = \dfrac{\dfrac{R_1\mu_t}{E_t} - \dfrac{R_3}{E_t} - \dfrac{R_1}{3K} + \dfrac{R_3}{E}}{R_1R_2R_4 - R_2^2R_3} \end{cases} \tag{3.112}$$

式中，$R_1=\dfrac{\partial f_1}{\partial \sigma_1}$；$R_2=\dfrac{\partial f_2}{\partial \sigma_1}$；$R_3=\dfrac{\partial f_1}{\partial p}$；$R_4=\dfrac{\partial f_2}{\partial p}$；$K$ 为弹性体积模量；E 为弹性切线模量；$E_t=d\sigma_1/d\varepsilon_1=dq/d\varepsilon_a$ 为切线模量函数；$\mu_t=d\varepsilon_v/d\varepsilon_a$ 为切线体积比函数（$\mu_t=1-2\nu_t$，ν_t 为泊松比函数）。切线模量函数 E_t 与切线体积比函数 μ_t 的确定过程与胶凝砂砾石料修正邓肯-张模型相应函数的确定相同。

6. 弹塑性刚度矩阵

胶凝砂砾石料弹塑性本构模型的屈服面采用剪切屈服面与体积屈服面，其弹塑性柔度矩阵 C^{ep} 可由下式表示

$$C^{ep} = C^{e} + K_1 \left\{\frac{\partial g_1}{\partial \sigma}\right\}\left\{\frac{\partial f_1}{\partial \sigma}\right\}^{T} + K_2 \left\{\frac{\partial g_2}{\partial \sigma}\right\}\left\{\frac{\partial f_2}{\partial \sigma}\right\}^{T} \tag{3.113}$$

基于广义塑性位势理论的弹塑性刚度矩阵 D^{ep} 可由柔度矩阵 C^{ep} 求逆得到。

7. 加卸载准则

胶凝砂砾石料弹塑性本构模型的加卸载准则为：当 $f_1 > f_{1max}$ 且 $f_2 > f_{2max}$

时，$K_1>0$ 和 $K_2>0$，为全加载；当 $f_1\leqslant f_{1\max}$ 且 $f_2\leqslant f_{2\max}$ 时，$K_1=0$ 和 $K_2=0$，为全卸载；当 $f_1\leqslant f_{1\max}$ 或 $f_2\leqslant f_{2\max}$ 时，$K_1=0$ 或 $K_2=0$，为部分加载。在上述加卸载准则中：$f_{1\max}$ 为剪切屈服函数 f_1 历史上的最大值；$f_{2\max}$ 为体积屈服函数 f_2 历史上的最大值。

8. 模型参数

（1）参数 c、φ。

黏聚力 c 和内摩擦角 φ 是莫尔-库仑准则的两个重要强度指标参数。在胶凝砂砾石料弹塑性本构模型中，以直线拟合峰值剪应力 q_f 与平均应力 p 的关系曲线，斜率为 M，横轴截距为 p_r。参数 c、φ 可根据 $M=\dfrac{6\sin\varphi}{3-\sin\varphi}$，$p_r=c\cot\varphi$ 确定。

（2）参数 k、n、k_{ur}。

参数 k、n、k_{ur} 为描述胶凝砂砾石料初始模量、回弹模量的重要参数。参数 k、n 可根据初始模量 E_i 与围压 σ_3 的关系式拟合确定，k_{ur} 可直接取不同围压下回弹模量 E_{ur} 与初始模量 E_i 比值的平均值。

（3）参数 λ_0、d_0。

参数 λ_0 指峰值强度对应的轴向应变随围压变化的幅度，d_0 是围压为一个标准大气压时峰值强度对应的轴向应变。在式（2.25）中，参数 λ_0、d_0 分别为直线斜率与纵轴截距，其具体数值可通过该式对 ε_{am}-(σ_3/Pa) 关系曲线拟合得到。

（4）参数 λ_1、d_1、λ_2、d_2。

参数 λ_1 指峰值体积应变对应的轴向应变随围压变化的幅度，d_1 是围压为一个标准大气压时，峰值体积应变对应的轴向应变。参数 λ_1 为式（2.26）中的直线斜率，d_1 为纵轴截距，其具体数值可通过该式对 ε_{an}-(σ_3/Pa) 关系曲线拟合得到。

参数 λ_2 指峰值体积应变随围压变化的幅度，d_2 是围压为一个标准大气压时的峰值体积应变。参数 λ_2、d_2 分别为 ε_{nv}-(σ_3/Pa) 直线关系式（2.37）的斜率与纵轴截距。

（5）参数 k_t。

参数 k_t 为体积模量系数，可通过式（2.18）对固结应力与体积应变关系曲线进行拟合确定。

特定材料组分掺量下胶凝砂砾石料弹塑性本构模型的材料参数共计 12 个，包括 k_t、k_{ur}、k、n、φ、c、λ_0、d_0、λ_1、d_1、λ_2、d_2，物理意义明确，仅需依据胶凝砂砾石料三轴剪切试验、三轴轴向卸载-加卸载试验及三轴等向加卸载试验结果确定。

9. 弹塑性本构模型的三轴试验验证

为了验证胶凝砂砾石料弹塑性本构模型，本书采用有限元软件 ABAQUS 自带的 UMAT 子程序对胶凝砂砾石料弹塑性本构模型进行二次开发，比较分析数值计算结果与三轴试验数据。

1）UMAT 子程序

胶凝砂砾石料弹塑性本构模型采用有限元软件 ABAQUS 的用户材料子程序（亦称 UMAT 子程序）进行二次开发。该子程序的编制应注意以下几个问题。

（1）开头必须定义相应变量，具体详见 ABAQUS 用户说明。

（2）在子程序中模型参数数组 Props 设定为 13 个分量，即弹塑性本构模型中的 12 个参数，分别为 k_t、A_{ur}、k、n、φ、c、λ_0、d_0、λ_1、d_1、λ_2、d_2，以及大气压 Pa。

（3）为判定胶凝砂砾石料是否屈服，利用 Fortran 逻辑语句判断单元的应力状态，以状态变量数组 Statev 记录历史上的最大屈服函数 $f_{1\max}$、$f_{2\max}$，判断材料是否屈服。

（4）调用内置子程序 Sprinc 读取当前应力分量。

（5）将全荷载分为若干级微小增量，利用各级荷载下应力对应的雅可比（Jacobian）矩阵更新应力分量。

应力更新是弹塑性本构模型二次开发的 UMAT 子程序的主要功能之一。胶凝砂砾石料弹塑性本构模型的应力更新过程包括弹性预测、屈服条件的判断、应力修正计算、应力更新以及弹塑性矩阵计算[79]。

（1）弹性预测。

在第 n 步的应力 σ_n 已知情况下，弹性预测试应力可采用下式表示：

$$\sigma_{n+1}^{\text{trial}} = \sigma_n + D^{\text{e}} \Delta \varepsilon_{n+1} \tag{3.114}$$

式中，D^{e} 为弹性刚度矩阵；$\Delta\varepsilon_{n+1}$ 为第 $n+1$ 步的应变增量。

（2）屈服条件的判断。

对于胶凝砂砾石料弹塑性本构模型而言，当弹性预测试应力 $\sigma_{n+1}^{\text{trial}}$ 使得屈服函数均不满足 $f_i^{\text{trial}} > f_{i,\max}$ 时，应力处于弹性状态，无须修正，直接进行下一步计算；反之，至少一个屈服面被激活，需进行应力修正。

（3）修正应力计算。

当应力 $\sigma_{n+1}^{\text{trial}}$ 使得 f_i^{tral}（$\sigma_{n+1}^{\text{tral}}$）$> f_i(\sigma_n)$ 时，应力需修正。假定各屈服面的弹性应力比例因子 r_i 可由下式表示

$$r_i = \frac{f_i(\sigma_n)}{f_i(\sigma_n) - f_i^{\text{tral}}(\sigma_{n+1}^{\text{tral}})} \tag{3.115}$$

式中，$f_i(\sigma_n)$ 为第 n 步对应的屈服函数值，若 σ_n 在屈服面上，则为 0，反之小于 0；$f_i^{\text{tral}}(\sigma_{n+1}^{\text{tral}})$ 为应力 $\sigma_{n+1}^{\text{trial}}$ 对应的屈服函数值；$i=1$，2 分别对应胶凝砂砾石料弹塑性本构模型的剪切屈服面与体积屈服面。

为提高计算精度，弹性应力比例因子 r_i 可按下式计算：

$$r_i^{k+1} = r_i^k - \frac{f(\sigma_n + r_i^k \Delta\sigma)}{f_i(\sigma_n + r_i^k \Delta\sigma) - f_i(\sigma_n + r_i^{k-1} \Delta\sigma)} \tag{3.116}$$

式中，$\Delta\sigma$ 为应力增量；$r_i^0=0$，$r_i^1=1$。当 r_i^{k+1} 与 r_i^k 的差值小于允许值时，计算可停止。

令 $\alpha=r_i^{k+1}$，应力增量 $\alpha\Delta\sigma_{n+1}^{\text{tral}}$ 为弹性分量，应力增量 $(1-\alpha)\Delta\sigma_{n+1}^{\text{tral}}$ 为塑性分量。修正应力 $\Delta\sigma_0$ 仅依据塑性阶段计算，其具体表达式如下：

$$\Delta\sigma_0 = (1-\alpha)\Delta\sigma_{n+1}^{\text{tral}} - D^{\text{ep}}(1-\alpha)\Delta\varepsilon = (1-\alpha)(\Delta\sigma_{n+1}^{\text{tral}} - D^{\text{ep}}\Delta\varepsilon) \tag{3.117}$$

依据式（3.114）与式（3.117）可得

$$\Delta\sigma_{n+1} = \Delta\sigma_{n+1}^{\text{tral}} - \Delta\sigma_0 = \alpha\Delta\sigma_{n+1}^{\text{tral}} + D^{\text{ep}}(1-\alpha)\Delta\varepsilon = [D^{\text{e}} - (1-\alpha)D^{\text{p}}]\Delta\varepsilon \tag{3.118}$$

式中，$\Delta\varepsilon$ 为应变增量；α 为修正系数；D^{ep} 为弹塑性矩阵；D^{p} 为塑性矩阵，当胶凝砂砾石料弹塑性本构模型单一屈服时，另一个屈服面的塑性系数为 0。

在式（3.118）求解第 $n+1$ 级应力增量时，应力-应变矩阵相当于在弹塑性矩阵 D^{ep} 计算中将塑性部分乘以 $1-\alpha$。当应力 $\sigma_{n+1}^{\text{trial}}$ 使得 $f_1^{\text{trial}} > f_{1\max}$ 且 $f_2^{\text{trial}} > f_{2\max}$ 时，修正系数 α 可直接取 $(r_1^{k+1}+r_2^{k+1})/2$。

（4）应力更新。

为了增加计算精度，第 $n+1$ 级应力 σ_{n+1} 的计算公式如下：

$$\sigma_{n+1} = \sigma_n + (1+\alpha)\Delta\sigma_{n+1}/2 \tag{3.119}$$

根据 σ_{n+1} 再计算 α，当单一屈服被激活时，$\alpha=r_i^{k+1}$；当两个屈服面同时被激活时，$\alpha=(r_1^{k+1}+r_2^{k+1})/2$。由式（3.119）得出的应力值计算本级的弹塑性矩阵 D^{ep}，对于出现应力穿越屈服面的情况，分别用相应的塑性比例因子 $1-\alpha$ 进行矩阵的修正。

（5）弹塑性矩阵计算。根据更新后应力 σ_{n+1} 和式（3.114）计算第 $n+1$ 级弹塑性矩阵 D^{ep}。

（6）重复上述过程，直至荷载施加完成。

2）弹塑性本构模型子程序的验证

（1）试验验证一：考虑胶凝掺量影响的胶凝砂砾石料三轴试验。

为了论证胶凝砂砾石料弹塑性本构模型是否可用于预测普通堆石料及碾压混凝土的应力变形结果，本书采用胶凝掺量分别为 20kg/m³（接近于 0）、60kg/m³ 与 100kg/m³（接近于碾压混凝土的胶凝掺量）的胶凝砂砾石料三轴试验结果与模型计算值进行比较，胶凝砂砾石料三轴试验有限元计算模型见图 3.2，模型参数同样见表 3.2。

表 3.2 试验验证一的模型参数

胶凝掺量 /(kg/m³)	k	n	φ /(°)	c /kPa	A_{ur}	λ_0 /%	d_0 /%	λ_1 /(×10⁻³)	d_1 /%	λ_2 /(×10⁻³)	d_2 /%	k_t /%
20	660	0.48	38.3	174.4	2	0.32	4.7	4.5	1.0	0.96	0.50	0.26
60	1780	0.32	39.3	692	1.30	0.065	1.22	0.62	0.67	0.29	0.26	0.21
100	7661	0.17	40.4	1312	1.08	0.041	0.96	0.15	0.65	0.09	0.10	0.12

图3.6、图3.7及图3.8分别为胶凝掺量20kg/m³、胶凝掺量60kg/m³及胶凝掺量100kg/m³的胶凝砂砾石料大型三轴剪切试验验证结果。基于胶凝砂砾石料弹塑性本构模型得出，胶凝掺量20kg/m³的胶凝砂砾石料三轴试验应力-应变关系曲线形式与堆石料硬化型曲线类似；当围压为1200kPa时，胶凝掺量60kg/m³的胶凝砂砾石料峰值点附近的应力值略大于试验数据，其主要原因是，高围压下胶凝砂砾石料弹塑性本构模型中强度条件表达式得出的计算结果略大于试验值；胶凝掺量20kg/m³、60kg/m³及100kg/m³的胶凝砂砾石料应力、变形预测结果与试验数据基本吻合，表明胶凝砂砾石料弹塑性本构模型中E_t可反映不同胶凝掺量下胶凝砂砾石料压硬性、应力-应变曲线非线性特征。胶凝掺量20kg/m³的胶凝砂砾石料体积应变-轴向应变关系曲线形式与堆石料类似；围压为600kPa、900kPa及1200kPa的胶凝掺量20kg/m³、60kg/m³，以及围压为300kPa、600kPa、900kPa及1200kPa时的胶凝掺量100kg/m³体积应变-轴向应变预测曲线与试验数据基本吻合，表明胶凝砂砾石料弹塑性本构模型中切线体积比μ_t能较准确地反映较高围压及胶凝掺量下胶凝砂砾石料的剪缩与剪胀特性；由于围压300kPa的胶凝砂砾石料骨料颗粒易发生滑移、翻转或跨越，其先剪缩后剪胀现象与较高围压时略有不同；低围压下峰值点之前的体积应变-轴向应变预测曲线与试验数据大体吻合，表明较低围压下μ_t能较为准确地反映胶凝掺量较低的胶凝砂砾石料剪缩性。

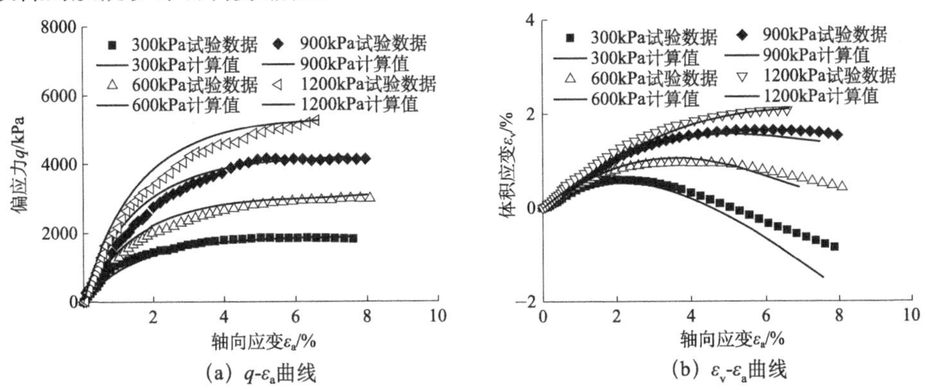

图3.6 胶凝掺量20kg/m³的胶凝砂砾石料大型三轴剪切试验验证

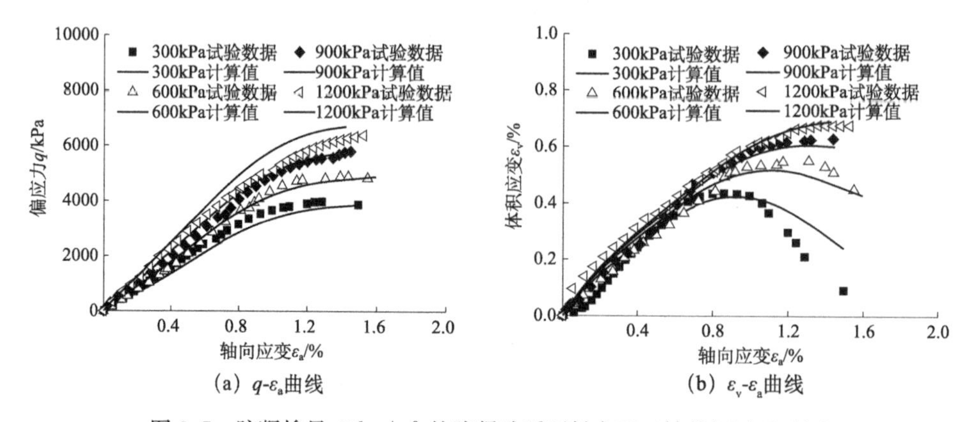

(a) q-ε_a曲线　　(b) ε_v-ε_a曲线

图 3.7　胶凝掺量 60kg/m³ 的胶凝砂砾石料大型三轴剪切试验验证

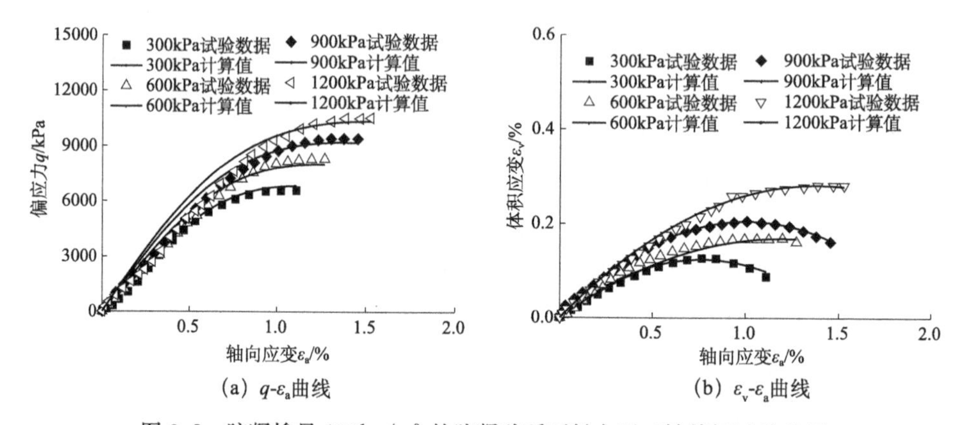

(a) q-ε_a曲线　　(b) ε_v-ε_a曲线

图 3.8　胶凝掺量 100kg/m³ 的胶凝砂砾石料大型三轴剪切试验验证

(2) 试验验证二：考虑加卸载路径影响的胶凝砂砾石料三轴试验。

为了验证胶凝砂砾石料弹塑性本构模型是否可用于预测三轴轴向加卸载路径下的应力-应变结果，本书采用胶凝掺量 80kg/m³ 的胶凝砂砾石料进行胶凝砂砾石料的三轴轴向卸载-再加载试验验证，模型参数见表 3.3。

表 3.3　试验验证二的模型参数

胶凝掺量 /(kg/m³)	k	n	φ/(°)	c /kPa	K_b	λ_0 /%	d_0 /%	λ_1 /(×10⁻³)	d_1 /%	λ_2 /(×10⁻³)	d_2 /%	k_t /%
80	3150	0.26	39.2	1082	1.2	0.058	0.99	0.33	0.88	0.24	0.17	0.15

图 3.9 给出了胶凝掺量 80kg/m³ 的胶凝砂砾石料三轴轴向卸载-再加载试验验证结果。基于胶凝砂砾石料弹塑性本构模型得出的应力-应变曲线，其加载部分与试验结果基本吻合，表明该模型能合理计算出胶凝砂砾石料加载阶段的应

力、变形；由于新构建的胶凝砂砾石料弹塑性本构模型假定特定围压下卸载曲线近似于直线，其斜率由回弹模量 E_e 表示，利用该模型模拟胶凝砂砾石料卸载状态得出高围压条件下的计算结果与试验结果存在一定差异，而围压较低时的计算值与试验结果较为接近，表明胶凝砂砾石料弹塑性本构模型大体上反映了材料的加卸载路径试验结果；将试验数据点 1、2、3 及 4 的应力结果代入初始剪切屈服函数式 f_1 或塑性系数 K_1 中，其结果均大于 0，表明上述各点均处于塑性状态。

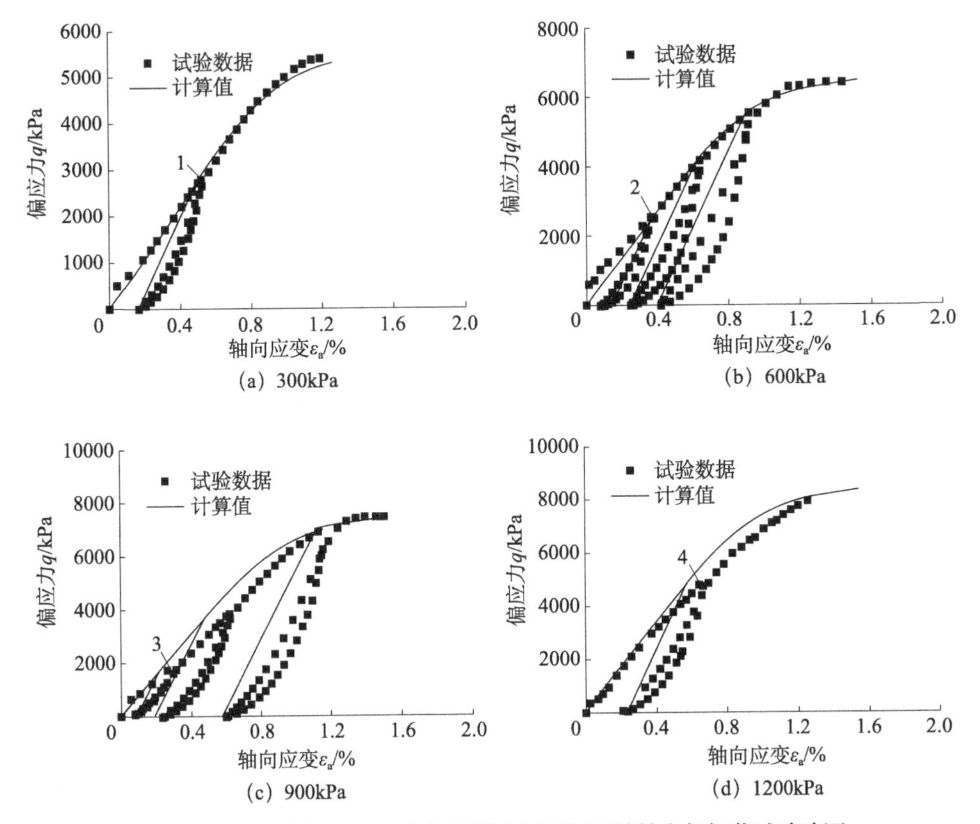

图 3.9　胶凝掺量 80kg/m³ 的胶凝砂砾石料三轴轴向加卸载试验验证

（3）试验验证三：考虑不同材料种类影响的胶凝砂砾石料三轴试验。

为了验证胶凝砂砾石料弹塑性本构模型是否适用于不同种类的胶凝砂砾石料应力-应变预测，本书以胶凝掺量 80kg/m³ 的胶凝砂砾石料（卵石料）的三轴剪切试验结果验证胶凝砂砾石料弹塑性本构模型的计算结果。进行胶凝掺量 80kg/m³ 的胶凝砂砾石料（卵石料）三轴剪切试验，材料参数如表 3.4 所示。表 3.4 中 K_t 与 k 直接采用胶凝掺量 80kg/m³ 胶凝砂砾石料（卵石料）的参数值。

表 3.4 试验验证三的模型参数

胶凝掺量 /(kg/m³)	k	n	φ /(°)	c /kPa	A_{ur}	λ_0 /%	d_0 /%	λ_1 /(×10⁻³)	d_1 /%	λ_2 /(×10⁻³)	d_2 /%	k_t /%
80	3604	0.47	42.8	707	1.2	0.058	0.95	0.382	0.47	0.177	0.03	0.15

图 3.10 为胶凝掺量 80kg/m³ 的胶凝砂砾石料（卵石料）的大型三轴剪切试验验证。从图 3.10 可看出：①与胶凝砂砾石料（破碎石料）类似，胶凝砂砾石料（卵石料）在围压 300kPa 下的骨料颗粒也易发生滑移、翻转，剪胀性有别于较高围压下的胶凝砂砾石料，仅在峰值点之前的体积应变-轴向应变预测曲线与试验数据基本吻合；②除此之外，其他预测结果与相应的试验数据基本吻合，表明胶凝砂砾石料弹塑性本构模型可用于反映胶凝砂砾石料（卵石料）的力学特性。

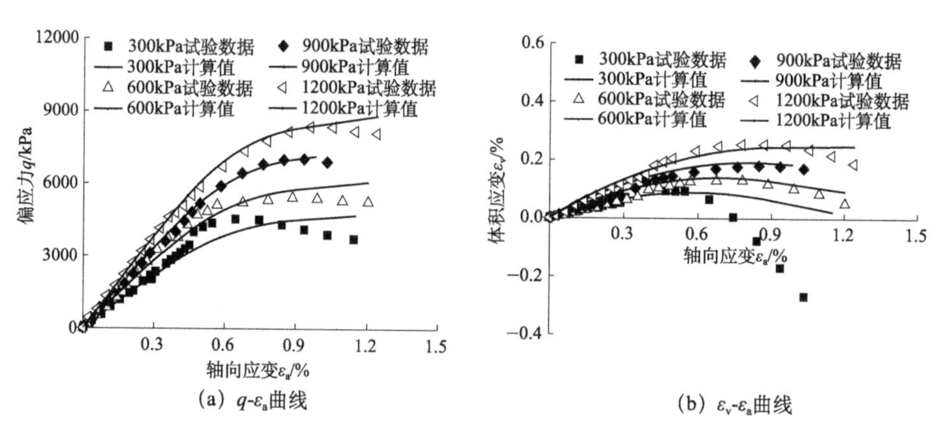

图 3.10 胶凝掺量 80kg/m³ 胶凝砂砾石料（卵石料）大型三轴试验验证

(4) 试验验证四：考虑不同骨料影响的胶凝砂砾石料三轴试验。

为了验证胶凝砂砾石料弹塑性本构模型是否可合理预测考虑不同骨料干密度下的胶凝砂砾石料的应力、变形，这里以骨料干密度 2110kg/m³ 且胶凝掺量 60kg/m³ 的胶凝砂砾石料三轴试验结果验证胶凝砂砾石料弹塑性本构模型的计算结果，材料参数如表 3.5 所示。

表 3.5 试验验证四的材料参数值

胶凝掺量 /(kg/m³)	k	n	φ /(°)	c /kPa	A_{ur}	λ_0 /%	d_0 /%	λ_1 /(×10⁻³)	d_1 /%	λ_2 /(×10⁻³)	d_2 /%	k_t /%
60	1780	0.42	39.0	685	1.30	0.065	1.22	0.62	0.67	0.288	0.26	0.21

图3.11给出了骨料干密度2110kg/m³且胶凝掺量60kg/m³的胶凝砂砾石料大型三轴剪切试验的验证结果。在围压1200kPa下，胶凝砂砾石料峰值强度附近的曲线略大于试验数据，主要是由胶凝砂砾石料强度条件拟合关系式（2.10）的计算值略大于试验峰值强度值引起的；由于胶凝砂砾石料（卵石骨料）在围压300kPa下的骨料颗粒也易发生滑移、翻转，剪缩剪胀性有别于较高围压的胶凝砂砾石料，因此仅在峰值点之前的体积应变-轴向应变预测曲线与试验数据基本吻合；其他围压下胶凝砂砾石料的应力、变形预测结果与试验数据基本吻合。因此，可认为胶凝砂砾石料弹塑性本构模型也能用于不同骨料干密度的胶凝砂砾石料应力、变形预测。

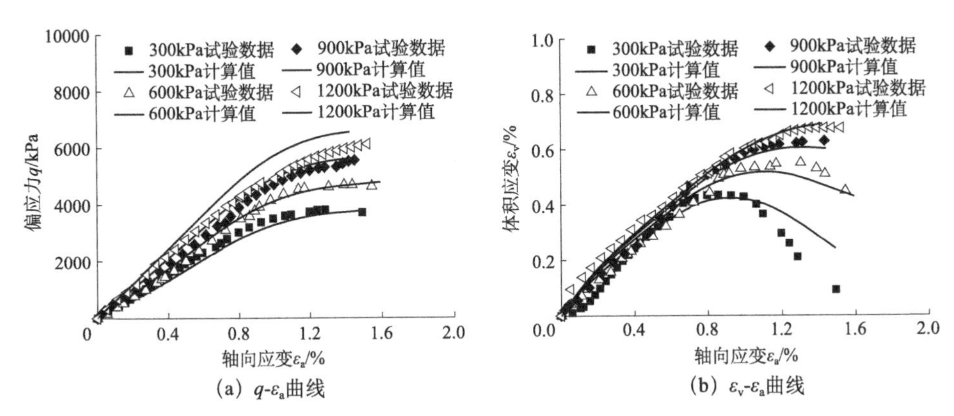

图3.11　骨料干密度2110kg/m³且胶凝掺量60kg/m³的胶凝砂砾石料大型三轴剪切试验验证

10. 离心模型试验

离心模型试验是工程界研究结构工作性态的重要手段。因试验准备工作烦琐、成本较高以及其他一些不可控因素，胶凝砂砾石坝模型试验很少有人开展，得到的研究成果较少。为此，本书基于土工离心模型试验基本原理与相似理论，以40.6m高的胶凝砂砾石坝为工程原型，结合土工离心模型试验经验、胶凝砂砾石坝结构及筑坝材料特征，设计并开展了胶凝砂砾石坝离心模型试验，得出了坝体位移、面板挠度随离心加速度与蓄水深度增加而变大等规律。为了验证胶凝砂砾石料弹塑性本构模型在胶凝砂砾石坝数值模拟中的应用效果，本书基于胶凝砂砾石料弹塑性本构模型对离心试验过程开展数值模拟，对比分析大坝数值计算结果与相应离心试验的结果。

1）离心模型试验基本原理与相似理论

离心模型试验是通过离心机快速转动提供高重力场的，根据模型和原型的比例关系，选择相应的重力场，在模型和原型材料相同的条件下，使模型内部应力状态和原型一致；离心机上同时装备数据采集系统；在试验过程中，测试信号先由放大器放大，再经过多通道切换开关对放大的信号进行滤波、整形等处理，送入前级机转换成数字信号，再由急流环送入微机系统；通过磁性阀控制向模型上游的注水，用以模拟大坝蓄水过程。

依据虚位移与有效应力原理，离心模型位移变分方程式为

$$\begin{aligned}&\int_{V_m}(\sigma'_{ij})_m\delta(\varepsilon_{ij})_m\mathrm{d}V_m+\int_{V_m}(\gamma_w)_m(H_m-Z_m)\delta(\varepsilon_{ij})_m\mathrm{d}V_m\\&=\int_{V_m}(F_i)_m\delta(u_i)_m\mathrm{d}V_m+\int_{S_m}(T_i)_m\delta(u_i)_m\mathrm{d}S_m\quad(i,j=1,2,3)\end{aligned}\tag{3.120}$$

式中，$(\sigma'_{ij})_m$ 为有效应力张量；$(\varepsilon_{ij})_m$ 为应变张量；$(\gamma_w)_m$ 为水的重度；H_m 为模型中的水头；Z_m 为研究位置的高度；$(F_i)_m$ 和 $(T_i)_m$ 分别为作用的体积力和面力；$\delta(u_i)_m$ 为任意微小虚位移。

离心试验模型的体积力等价于其重度，即 $(F_i)_m=\gamma_m$；面力等价于水荷载作用，即 $(T_i)=(\gamma_w)_mH_m$，代入式（3.120），得到

$$\begin{aligned}&\int_{V_m}(\sigma'_{ij})_m\delta(\varepsilon_{ij})_m\mathrm{d}V_m+\int_{V_m}(\gamma_w)_m(H_m-Z_m)\delta(\varepsilon_{ij})_m\mathrm{d}V_m\\&=\int_{V_m}\gamma_m\delta(u_i)_m\mathrm{d}V_m+\int_{S_m}(\gamma_w)_mH_m\delta(u_i)_m\mathrm{d}S_m\end{aligned}\tag{3.121}$$

分别用 C_σ、C_ε、C_l、C_γ 表示原型与离心模型的相应应力、应变、几何尺寸（位移）和重度的相似常数，代入式（3.121），可得到

$$\begin{aligned}&C_\sigma C_\varepsilon C_l^3\int_{V_m}(\sigma'_{ij})_m\delta(\varepsilon_{ij})_m\mathrm{d}V_m+C_\sigma C_\varepsilon C_l^4\int_{V_m}(\gamma_w)_m(H_m-Z_m)\delta(\varepsilon_{ij})_m\mathrm{d}V_m\\&=C_\gamma C_l^4\int_{V_m}\gamma_m\delta(u_i)_m\mathrm{d}V_m+C_\gamma C_l^4\int_{S_m}(\gamma_w)_mH_m\delta(u_i)_m\mathrm{d}S_m\end{aligned}\tag{3.122}$$

相似常数满足一定比例关系可使模型与原型相似，其比例关系如下式：

$$C_\varepsilon=1;\ \frac{C_\sigma}{C_\gamma C_l}=1\tag{3.123}$$

当离心模型加速到一定转速时，其离心加速度为重力加速度的 n 倍，模型和水受到的离心力达到在正常重力加速度的 n 倍，相当于模型与水密度提高了 n 倍，若模型跟原型的尺寸缩小 n 倍，则 $C_\gamma C_l=1$，代入式（3.123），可得

$$C_\varepsilon=1;\ C_\sigma=1;\ C_l=1/n\tag{3.124}$$

将试验模型按设计离心加速度进行同比例缩放，且加载条件与原型相同，可使离心模型达到与原型相同的应力变形状态。

模型与原型主要物理量关系如表 3.6 所示。

表 3.6　模型与原型主要物理量关系

分项内容	物理量	量纲	模型与原型之比
几何尺寸	长度 l	L	1∶n
材料性质	密度 ρ	ML^{-3}	1∶1
	黏聚力 c	$ML^{-1}T^{-2}$	1∶1
	内摩擦角 φ	1	1∶1
	模量 E	$ML^{-1}T^{-2}$	1∶1
外部条件	加速度 a	LT^{-2}	n∶1
	集中力 F	MLT^{-2}	1∶n^2
	均布荷载 q	$ML^{-1}T^{-2}$	1∶1
	力矩 M	ML^2T^{-2}	1∶n^3
性状反应	应力 σ	$ML^{-1}T^{-2}$	1∶1
	应变 ε	1	1∶1
	位移 s	L	1∶n
	时间 t	T	1∶n^2

2）试验原型与大坝试验模型

目前的胶凝砂砾石坝或围堰工程坝高大多在 50m 以下，上下游边坡坡比基本相同且一般为 1∶0.5～1∶0.8。因此，本书采用坝高 40.6m（常见坝高），上、下游边坡坡比均为 1∶0.6（常用坝坡），坝顶宽为 6.1m 的胶凝砂砾石坝作为原型，研究胶凝砂砾石坝在竣工期与整个蓄水过程的工作性态。

本试验采用净空尺寸 1100 mm（长）×400 mm（宽）×650 mm（高）的大型平面应变模型箱。考虑模型箱的大小，模型坝段宽设计为 400mm，坝高设计为 625.00mm，坝顶宽为 93.75mm，坝底宽为 843.75mm，模型坝高与原型坝高的相似比为 1∶65，模型上下游边坡坡比与原型相同，均为 1∶0.6。

3）试验材料

胶凝砂砾石坝离心模型试验所采用的胶凝砂砾石料为第 2 章中胶凝掺量 $80kg/m^3$ 的砂砾石级配 2# 的胶凝砂砾石料。

4）模型制备

因胶凝砂砾石料与传统土工离心试验模型所采用的岩土材料的材料组成、力学特性等存在一定差异，制备胶凝砂砾石坝离心试验模型时需特别注意以下几点：为保证模型的胶凝砂砾石料填筑均匀密实，设定每层填料厚度为一定值 45mm，具体见图 3.12，计算出每层填料方量，采用人工重锤击实；模型填筑之前，需在模型箱两端逐层放置实心木模，以便于控制该模型的坝坡尺寸；制备好的模型需进行养护，养护龄期为 28d。

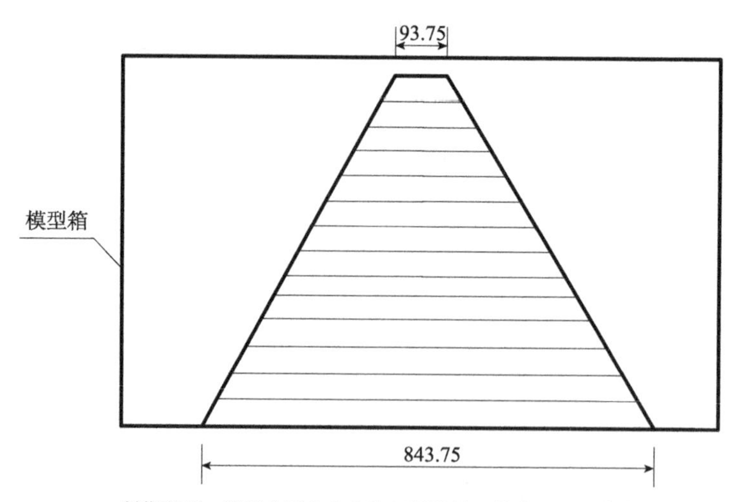

图 3.12　模型分层加工制作示意图（单位：mm）

胶凝砂砾石坝模型的具体制作过程包括：选择适合离心试验模型的模型箱；在模型箱内部两端放入已制好的木模，将算好方量的拌和料（图 3.13（a））倒入木模中间区域，并用木槌振捣压实，如图 3.13（b）所示；采用上述方法逐层进行填筑，直至胶凝砂砾石坝达设计坝高；由于浇筑时的胶凝砂砾石料胶结性较差，木模具宜在模型养护 7d 左右拆除，如图 3.13（c）所示；养护 28d 后，胶凝砂砾石坝模型制备完成；离心模型试验前，在胶凝砂砾石坝靠近有机玻璃坝身标定测点，如图 3.13（d）所示。

5）防渗面板的选择

原型坝的混凝土面板厚度为 35cm，按相似比缩放会导致模型的面板厚度极小，成型困难且测量不便，须寻求它的替代材料。胶凝砂砾石坝模型的面板材料采用铝板代替混凝土。

因铝板和混凝土弹性模量不同，按抗弯刚度等效计算铝板的厚度。

设原型的混凝土面板厚为 D，弹性模量为 E_c，根据相似准则，模型中若采用混凝土面板，保持弹性模量不变，面板厚度 d_c 为

$$d_c = \frac{1}{n}D \tag{3.125}$$

式中，n 为相似比。

若以铝板代替混凝土面板，应保持两者抗弯刚度一致，从而确定铝板厚度。当上述两类面板的抗弯刚度相等时，即

$$E_{Al}I_{Al} = E_c I_c \tag{3.126}$$

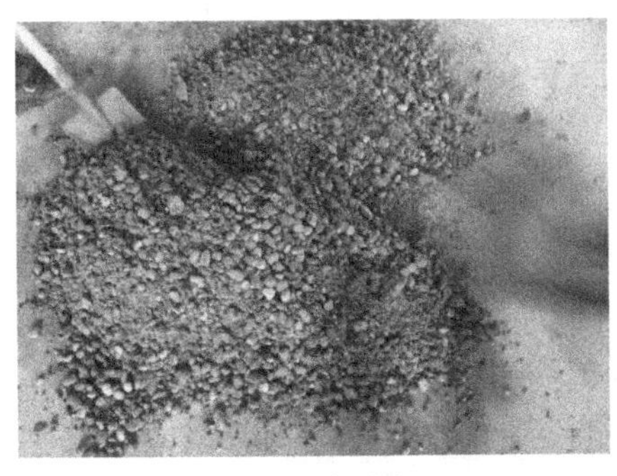

(a) 材料拌和

(b) 分层筑坝

(c) 坝体表面磨平

(d) 坝体画线

图 3.13　胶凝砂砾石坝离心试验的模型制备过程

其中，

$$I_{\mathrm{Al}}=\frac{1}{12}B(d_{\mathrm{Al}})^3;\ I_{\mathrm{c}}=\frac{1}{12}B(d_{\mathrm{c}})^3 \tag{3.127}$$

根据式（3.126）与式（3.127）可得

$$d_{\mathrm{Al}}=\sqrt[3]{\frac{E_{\mathrm{c}}}{E_{\mathrm{Al}}}}\times\frac{D}{n} \tag{3.128}$$

式中，B 为模型的宽度；E_{Al} 为铝板弹性模量；I_{Al} 为铝板惯性矩；d_{Al} 为铝板厚度；I_{c} 为混凝土惯性矩。

将原型混凝土面板厚度 30cm，弹性模量为 36GPa 以及文中离心模型试验所采用铝板的弹性模量 71GPa 代入式（3.128），可得出铝板厚度为 3.2mm。根据试验模型上游坝坡坡面尺寸可确定，采用的铝板长 75cm，宽 13.3cm，共计 3 块。由于胶凝砂砾石坝试验模型上游面较为粗糙，铝板与坝体之间应放入一层棉垫。

6）蓄水模拟设计

当胶凝砂砾石坝离心模型试验测定蓄水期坝体的位移变化时，因作为防渗面板的 3 块铝板之间无止水，直接在模型上游蓄水会发生渗水，无法模拟大坝的蓄水过程。为此，本次试验在模型上游坡面的铝板上设置一由塑料透明薄膜制成的宽松水袋，以便能观测大坝的蓄水高度。

7）离心试验仪器

本次胶凝砂砾石坝离心模型试验的仪器采用南京水利科学研究院 400gt 大型土工离心机（图 3.14）及其数据采集系统。

图 3.14　南京水利科学研究院 400gt 大型土工离心机

8）胶凝砂砾石坝离心模型试验测试要求及过程

坝体横剖面上布设粒子图像测速（particle image velocimetry，PIV）测点，坝顶至坝高 40cm 范围内的测点设置为由坝顶中间向下与两侧隔 2cm 处；坝高 40cm 以下，测点按水平与垂直方向每隔 4cm 布置，测点用黑色油漆标定，如图 3.13（d）所示。通过对断面的整个测试过程进行扫描分析，可得到坝体内部的位移发展趋势。

本次离心模型试验在模型坝顶处与模型高 42cm 的下游坡面处的 2 个坝体测点安装激光位移传感器。胶凝砂砾石坝的防渗面板的变形情况满足平面应变条件，在 9/10 坝高处（测点一）、13/20 坝高处（测点二）、9/20 坝高处（测点三）、1/5 坝高处（测点四）的面板布置应变片。该应变片应挑选阻值相同、应变灵敏系数相同的箔式应变片，其粘贴时应在清洁、干燥的环境中进行，并做防潮处理。

9）模拟过程

开启离心模型试验机，使其加速度达到 65g。模型模拟蓄水的运行时间为 $t_m = t_p/n^2$（t_m为模型运行时间，t_p 为原型实际时间）。试验原型坝计划蓄水 45d，则 t_m=920s。竣工期模拟结束后，保持模型运行的加速度 65g 开始蓄水，当模型达到水位 32cm，稳定 300s；第二次蓄水至 38cm，稳定 300s；最后一次蓄水至48cm，继续稳定300s，结束试验。

10）试验结果分析

图3.15为坝体横剖面PIV测点在竣工期及蓄水期下的试验结果。由于胶凝砂砾石坝离心模型试验模拟采用一次加载，竣工期坝体位移值由坝底至坝顶处逐渐增大，最大值位于坝顶区域，坝体上部的位移方向主要由坝顶指向坝底，下部的位移方向由中间指向两侧；当坝体上游蓄水高度较小时，坝体仅坝踵位置的位移指向下游；当坝体上游蓄水高度逐渐增加时，坝体上游侧的中上部分位移由竖直向下或指向上游逐渐指向下游方向。

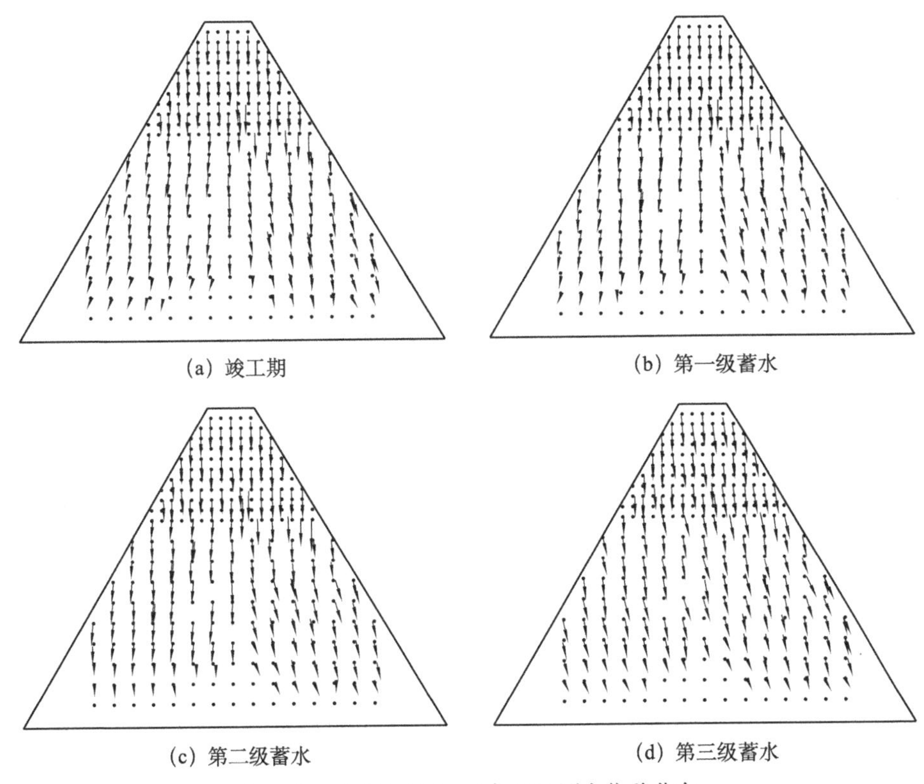

图3.15　不同工况下坝身PIV测点位移分布

图3.16（a）为胶凝砂砾石坝的离心模型试验坝顶测点位移与时间的关系曲线。在图3.16（a）中，随着加速度增加，坝顶测点位移值明显增大；在加速度达65g的蓄水阶段，随着上游面水深增加，胶凝砂砾石坝顶水平位移与沉降增加，但增幅远小于加速度增加时的相应值。图3.16（b）给出了胶凝砂砾石坝离心模型试验下游坡面沉降测点位移与时间的关系。在离心试验开始1000s之内，随着加速度增加，下游坡测点位移增大；在加速度达65g的蓄水阶段，随着上游面水深增加，下游坡测点位移也增加，但增幅小于加速度增加时的相应结果。

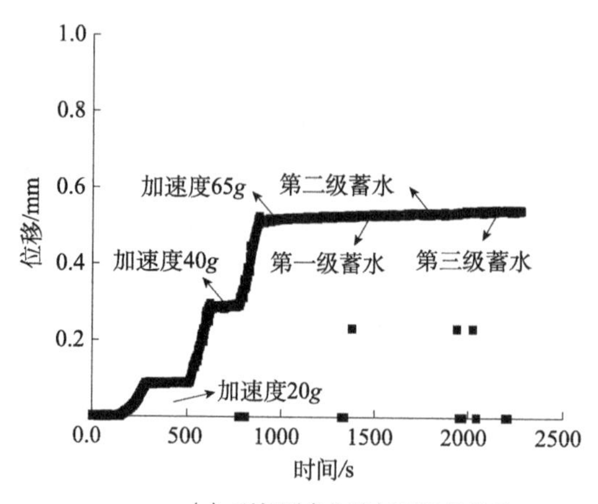

(a) 顶部测点位移与时间的关系

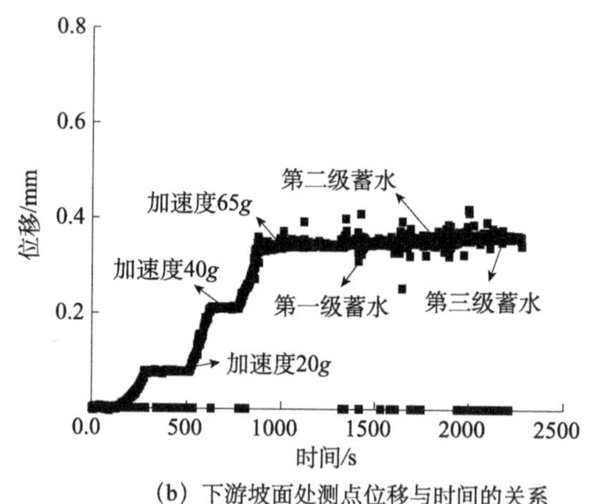

(b) 下游坡面处测点位移与时间的关系

图 3.16 胶凝砂砾石坝的离心模型试验测点位移与时间的关系曲线

选取图 3.16 (a)、(b) 中竣工期、第一级蓄水、第二级蓄水及第三级蓄水时的测点位移值，通过离心模型试验的物理量相似规律可得到表 3.7 列出的原型结果。竣工期和蓄水期胶凝砂砾石坝的面板挠度测点也见于表 3.7。在表 3.7 中，各工况下的坝顶处沉降值均大于下游坡面测点处沉降值；40.6m 的胶凝砂砾石坝的面板挠度不超过 2cm；随着坝高增加，各测点的面板挠度明显增加；随着蓄水深度增加，各测点的面板挠度也明显增加。

表 3.7 竣工期与蓄水期的胶凝砂砾石坝换算原型变形结果

工况	挠度/cm				坝顶沉降/cm	下游坡面测点沉降/cm
	测点一	测点二	测点三	测点四		
竣工期	1.68	1.33	0.65	0.069	3.36	2.29
第一级蓄水	1.74	1.36	0.75	0.18	3.43	2.33

续表

工况	挠度/cm				坝顶沉降/cm	下游坡面测点沉降/cm
	测点一	测点二	测点三	测点四		
第二级蓄水	1.82	1.42	0.80	0.23	3.46	2.35
第三级蓄水	1.98	1.65	0.89	0.34	3.54	2.40

11）离心模型试验与数值计算对比分析

（1）计算模型。

胶凝砂砾石坝离心模型试验原型验证的计算模型坝高 40.6m，坝顶宽度 6.1m，坝体断面为上、下游对称的梯形断面，坝坡均为 1∶0.6。为了适应胶凝砂砾石坝离心模型试验条件，假设坝体基础为刚性地基；模型顺河向为 X 轴，向下游为正；模型竖向为 Z 轴，向上为正。坝体上游设混凝土面板作为坝体的防渗体系，混凝土面板厚度为 0.3m，面板与坝体间不设过渡层；计算中面板与坝体设置接触面模拟面板和胶凝砂砾石坝体相互作用。模型底部设置三向约束，模型四周设置法向约束。胶凝砂砾石坝有限元计算模型具体见图 3.17。考虑到离心试验模型无法模拟分级加载，本次计算时的坝体施工采用整体填筑方式。上游蓄水分三级进行，蓄水深度分别为 25.6m、30.4m 以及 38.4m，下游水位均为 0。这是由于离心模型试验测点的数据需乘 65，可使其误差放大。

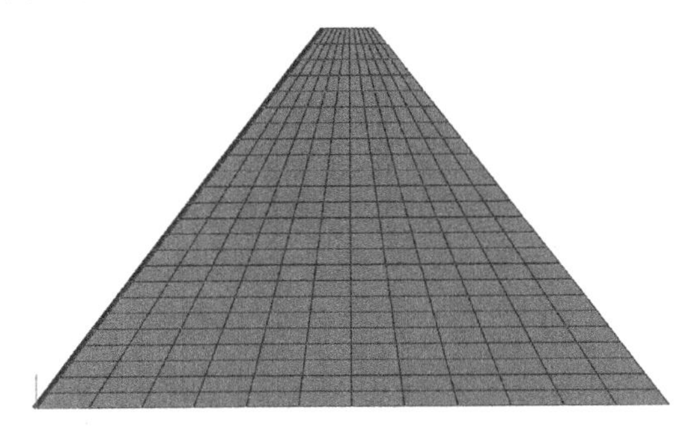

图 3.17　有限元计算模型

（2）本构模型及材料参数的选用。

胶凝砂砾石坝坝体材料与离心试验模型材料相同，均为胶凝掺量 80kg/m³ 的胶凝砂砾石料，其本构模型采用第 3 章中提出的胶凝砂砾石料弹塑性本构模型，具体模型参数见表 3.8。混凝土面板采用线弹性本构模型进行模拟，混凝土材料参数为 $\rho=2450\text{kg/m}^3$、$E=36\text{GPa}$、$\mu=0.167$。

表 3.8　胶凝砂砾石坝料弹塑性模型参数

ρ/(kg/m³)	k_t	k	n	φ/(°)	c/kPa	E_{0ur}	λ_0/%	d_0/%	λ_1/(×10⁻³)	d_1/%	λ_2/(×10⁻³)	d_2/%
2320	0.15	3604	0.47	42.8	707	7600	0.058	0.95	0.382	0.47	0.177	0.03

(3) 数值计算结果及分析。

表 3.9 给出了胶凝砂砾石坝离心试验结果与数值计算值。坝高 40.6m 的胶凝砂砾石坝最大沉降约为 3.5cm，面板挠度不超过 2cm；采用数值分析的方法模拟离心模型试验的全过程，得到的计算结果与试验结果非常接近，验证了胶凝砂砾石料弹塑性本构模型的合理有效性；试验得到的数值与计算结果略有不同，这是由于离心模型试验测点的数据需乘 62，可使其误差放大。

表 3.9　数值计算与试验结果对比

方法	工况	挠度/cm				坝顶沉降/cm	下游坡测点沉降/cm
		测点一	测点二	测点三	测点四		
离心模型试验	竣工期	1.68	1.33	0.65	0.069	3.36	2.29
	蓄水一	1.74	1.36	0.75	0.18	3.43	2.33
	蓄水二	1.82	1.42	0.80	0.23	3.46	2.35
	蓄水三	1.98	1.65	0.89	0.34	3.54	2.40
数值计算	竣工期	1.66	1.32	0.62	0.052	3.38	2.53
	蓄水一	1.72	1.33	0.70	0.15	3.41	2.54
	蓄水二	1.78	1.37	0.79	0.21	3.43	2.56
	蓄水三	1.96	1.6	0.84	0.31	3.52	2.57

3.3.3 胶凝砂砾石料弹塑性本构模型的可拓展性

胶凝砂砾石坝是综合碾压混凝土坝和混凝土面板堆石坝优点发展起来的一种新坝型，其坝料的材料组分表明，此材料是一种处于堆石料与碾压混凝土之间的过渡材料。胶凝砂砾石料弹塑性本构模型考虑了胶凝掺量的影响，该掺量的调整理论上可使胶凝砂砾石料弹塑性模型拓展用于描述堆石料、碾压混凝土的力学特性。为反映胶凝砂砾石料弹塑性本构模型的可拓展性，这里专门定性分析了其屈服函数、塑性势函数、硬化规律、加卸载准则随胶凝掺量调整的变化规律。

(1) 屈服函数与塑性势函数。

胶凝砂砾石料弹塑性本构模型采用相关联流动法则，即认定屈服函数与塑性势函数相同。当胶凝掺量为 0 时，胶凝砂砾石料弹塑性本构模型在 p-q 坐标系上的剪切屈服函数为抛物线型曲线，体积屈服函数为椭圆型曲线，且双屈服面函数仅作为加卸载的判别标准；而堆石坝结构计算时采用的“南水”模型剪切屈服函数与体积屈服函数分别为抛物线型曲线与椭圆型曲线，也仅作为加卸载的判别标准。当胶凝掺量增至碾压混凝土材料常用的胶凝掺量时，胶凝砂砾石料弹塑性本构模型的体积屈服函数可不考虑，此时的胶凝砂砾石料弹塑性本构模型可认为仅有一个屈服面；而碾压混凝土采用的 D-P 本构模型[75]同样仅有一个屈服面，且屈服函数的形式与胶凝砂砾石料弹塑性本构模型类似。

(2) 硬化规律。

胶凝砂砾石料弹塑性本构模型的硬化规律是通过塑性系数反映的。当胶凝掺量为 0 时，用于推导塑性系数包含的切线模量函数 E_t 的应力-应变关系式 (2.23) 可退化为堆石料常用的应力-应变关系式 (2.22)，切线体积比函数 μ_t 是依据表示体积应变-轴向应变关系的二次多项式 (2.24) 推导的，因此其塑性系数与“南水”模型的塑性系数相同。当胶凝掺量接近碾压混凝土时，胶凝砂砾石料弹塑性本构模型仅有一塑性系数，其反映的硬化规律与 D-P 模型的硬化规律相似。

(3) 加卸载准则。

当胶凝掺量为 0 时，胶凝砂砾石料弹塑性本构模型的加卸载准则与“南水”模型相同。当胶凝掺量接近碾压混凝土时，胶凝砂砾石料弹塑性本构模型的加卸载准则为：当剪切屈服函数 $f_1 > f_{1max}$ 时，$K_1 > 0$，为加载；当 $f_1 \leqslant f_{1max}$ 时，$K_1 = 0$，为卸载，该加卸载准则反映的材料加卸载变形特征与 D-P 模型类似。

综上所述，当胶凝砂砾石料的胶凝掺量减小至 0 时，胶凝砂砾石料弹塑性本构模型的屈服函数、硬化规律以及加卸载准则与“南水”模型基本相同；当胶凝掺量接近碾压混凝土时，胶凝砂砾石料弹塑性本构模型的屈服函数、硬化规律以及加卸载准则的表达形式也与 D-P 模型接近，表明胶凝砂砾石料弹塑性本构模型可拓展用于描述堆石料或碾压混凝土材料的力学特性。

3.4　胶凝砂砾石料动力本构模型

胶凝砂砾石坝动力性能是其工作性态研究的重要内容之一。目前胶凝砂砾石坝动力数值计算大多直接采用线弹性本构模型，其计算结果与坝体真实应力值差异较大，有必要依据胶凝砂砾石料动力特性试验结果，开发出一种适用于胶凝砂砾石料的动力本构模型。研究胶凝砂砾石料动力特性时，将其视为黏弹性体，结合其动三轴试验结果，并依据已有非线性动力本构模型的构建思路，推演出胶凝砂砾石料动弹性模量、阻尼比以及残余变形表达式，从而建立合理的胶凝砂砾石料动力本构模型。

3.4.1　动弹性模量

最大动模量 $(E_d)_{max}$ 一般被认为是岩土材料动模量的重要控制因素。胶凝砂砾石料最大动弹性模量 $(E_d)_{max}$ 受围压 σ_3 影响较大。对胶凝砂砾石料等胶结性材料而言，其围压可能为零甚至为负。因此，这里采用如图 3.18 所示的 lg［$(E_d)_{max}/Pa$］和 lg［$(\sigma_3+Pa)/Pa$］关系曲线反映胶凝砂砾石料最大动弹性模量与围压的关系，Pa 为标准大气压力。在图 3.18 中，3 种胶凝掺量的胶凝砂砾石料 lg［$(E_d)_{max}/Pa$］与 lg［$(\sigma_3+Pa)/Pa$］基本呈线性关系，可采用直线方程表示，即

$$\lg\left(\frac{(E_d)_{max}}{Pa}\right)=n\lg\left(\frac{\sigma_3+Pa}{Pa}\right)+\lg k_d \tag{3.129}$$

式中，$\lg k_d$ 和 n 分别该直线的截距与斜率。则

$$(E_d)_{max}=k_d Pa\left(\frac{\sigma_3+Pa}{Pa}\right)^n \tag{3.130}$$

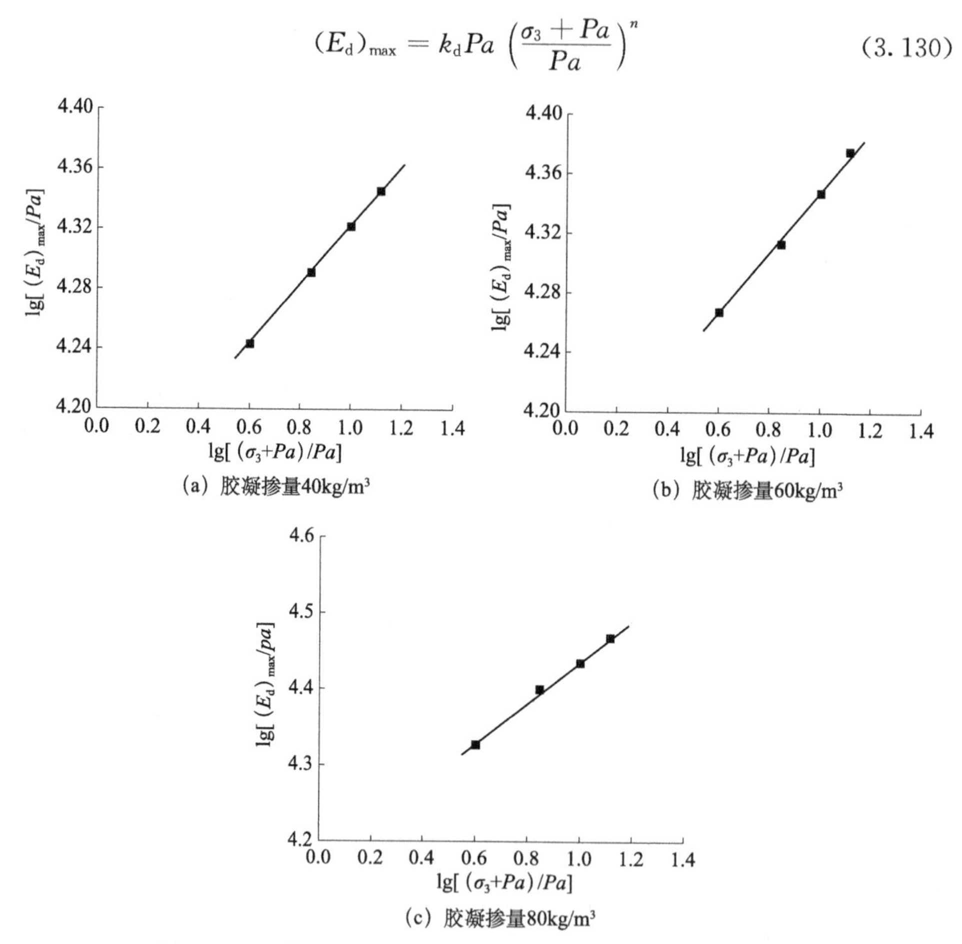

图 3.18 lg［$(E_d)_{max}/Pa$］和 lg［$(\sigma_3+Pa)/Pa$］关系曲线

为了研究胶凝砂砾石料动弹性模量、最大动弹性模量以及动应变之间的关系，这里引入归一化动应变 $\bar{\varepsilon}_d=\varepsilon_d\left(\frac{\sigma_3+Pa}{Pa}\right)^{n-1}$。图 3.19 为胶凝砂砾石料在不同围压下的 $(E_d)_{max}/E_d$ 和 $\bar{\varepsilon}_d$ 关系曲线。

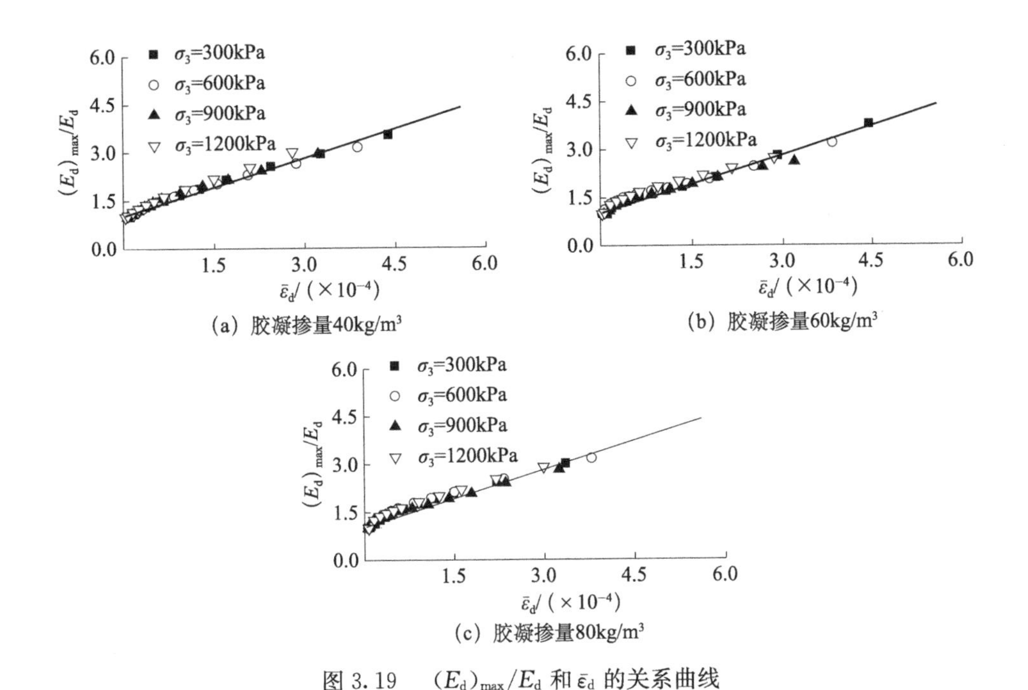

(a) 胶凝掺量40kg/m³

(b) 胶凝掺量60kg/m³

(c) 胶凝掺量80kg/m³

图 3.19　$(E_d)_{max}/E_d$ 和 $\bar{\varepsilon}_d$ 的关系曲线

从图 3.19 可看出：胶凝砂砾石料在各围压下的 $(E_d)_{max}/E_d$ 和 $\bar{\varepsilon}_d$ 关系曲线可采用直线表示，即

$$(E_d)_{max}/E_d = a_d\bar{\varepsilon}_d + b_d \tag{3.131}$$

式中，a_d 为直线斜率；b_d 为直线与坐标轴的截距，由于直线过 (0，1) 点，故 $b_d=1$。

综合式 (3.130) 与式 (3.131)，可得出胶凝砂砾石料动弹性模量具体表达式如下：

$$E_d = \frac{k_d}{a_d \cdot \varepsilon_d \left(\frac{\sigma_3 + Pa}{Pa}\right)^{n-1}} \cdot Pa \left(\frac{\sigma_3 + Pa}{Pa}\right)^n \tag{3.132}$$

式中，a_d，k_d，n 均为试验拟合参数；E_d 为动弹性模量；ε_d 为动应变。

动力分析时的模量一般采用动剪切模量，其与动弹性模量之间关系如下：

$$G_d = \frac{E_d}{2(1+\nu_d)} \tag{3.133}$$

而动剪应变 γ_d 与动应变 ε_d 可由下式表示

$$\gamma_d = (1+\nu_d)\varepsilon_d \tag{3.134}$$

式 (3.133) 和式 (3.134) 中的 ν_d 为动泊松比，参考混凝土的泊松比，这里 ν_d 直接取 0.2。

将式 (3.132)、式 (3.134) 代入式 (3.133)，得到胶凝砂砾石料动剪切模量表达式：

$$G_{\mathrm{d}}=\frac{k_{\mathrm{d}}}{2a_{\mathrm{d}}\gamma_{\mathrm{d}}\left(\frac{\sigma_3+Pa}{Pa}\right)^{n-1}}\cdot Pa\left(\frac{\sigma_3+Pa}{Pa}\right)^{n} \tag{3.135}$$

3.4.2 阻尼比

图 3.20 列出了 3 种胶凝掺量的 $\bar{\varepsilon}_{\mathrm{d}}/\lambda$ 和 $\bar{\varepsilon}_{\mathrm{d}}$ 的关系曲线。$\bar{\varepsilon}_{\mathrm{d}}/\lambda$ 和 $\bar{\varepsilon}_{\mathrm{d}}$ 试验点集中在同一条直线上，可采用下式表示

$$\bar{\varepsilon}_{\mathrm{d}}/\lambda=c_{\mathrm{d}}\bar{\varepsilon}_{\mathrm{d}}+d_{\mathrm{d}} \tag{3.136}$$

则

$$\lambda=\frac{\bar{\varepsilon}_{\mathrm{d}}}{c_{\mathrm{d}}\bar{\varepsilon}_{\mathrm{d}}+d_{\mathrm{d}}} \tag{3.137}$$

式中，c_{d} 为直线斜率，$c_{\mathrm{d}}=\frac{1}{\lambda_{\max}}$；$d_{\mathrm{d}}$ 为直线在坐标轴上的截距。

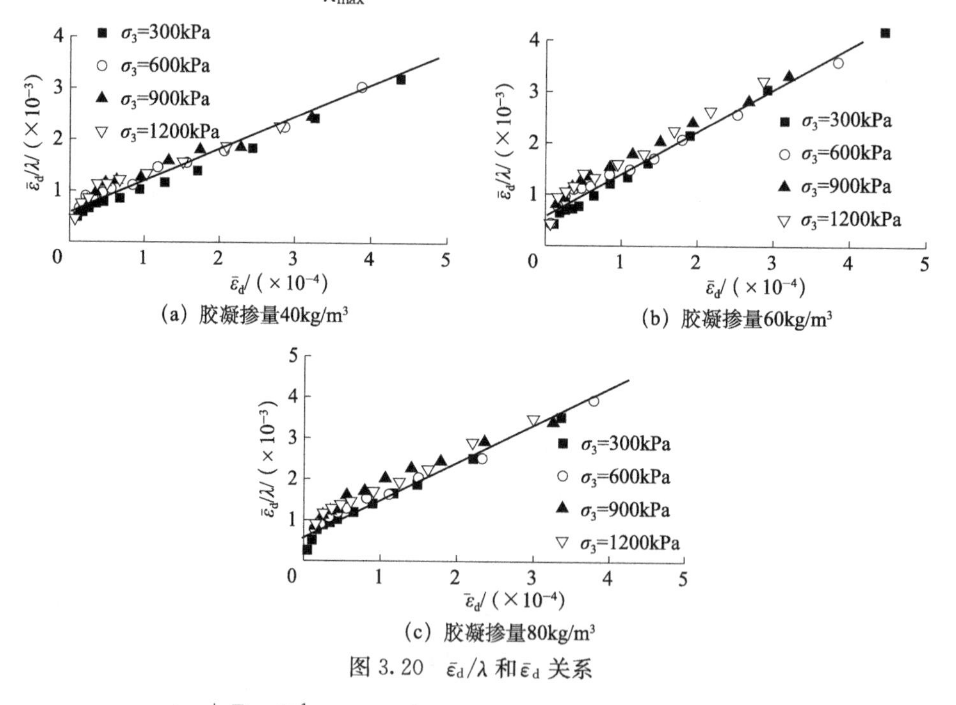

(a) 胶凝掺量40kg/m³

(b) 胶凝掺量60kg/m³

(c) 胶凝掺量80kg/m³

图 3.20 $\bar{\varepsilon}_{\mathrm{d}}/\lambda$ 和 $\bar{\varepsilon}_{\mathrm{d}}$ 关系

将 $\bar{\varepsilon}_{\mathrm{d}}=\varepsilon_{\mathrm{d}}\left(\frac{\sigma_3+Pa}{Pa}\right)^{n-1}$ 与 $c_{\mathrm{d}}=\frac{1}{\lambda_{\max}}$ 代入式（3.137）中，胶凝砂砾石料阻尼比可表示为

$$\lambda=\frac{\varepsilon_{\mathrm{d}}\left(\frac{\sigma_3+Pa}{Pa}\right)^{n-1}}{\frac{1}{\lambda_{\max}}\varepsilon_{\mathrm{d}}\left(\frac{\sigma_3+Pa}{Pa}\right)^{n-1}+d_{\mathrm{d}}} \tag{3.138}$$

式中，λ 为阻尼比；λ_{max}为最大阻尼比；ε_d 为动应变。

为便于将胶凝砂砾石料阻尼比表达式与沈珠江非线性动力本构模型的阻尼比作比较，式（3.138）可改写为

$$\lambda=\lambda_{max}\frac{\dfrac{\gamma_d}{(1+\nu_d)\lambda_{max}d_d}\left(\dfrac{\sigma_3+Pa}{Pa}\right)^{n-1}}{\dfrac{\gamma_d}{(1+\nu_d)\lambda_{max}d_d}\left(\dfrac{\sigma_3+Pa}{Pa}\right)^{n-1}+1} \tag{3.139}$$

3.4.3　模型参数的确定

胶凝砂砾石料动力本构模型共计 5 个参数，包括动模量与阻尼比中的 a_d、k_d、n、d_d、λ_{max}。其中 a_d 可由式（3.132）确定；k_d 与 n 可由式（3.130）确定；d_d 与 λ_{max}可由式（3.136）确定。

3.4.4　模型验证

为了验证胶凝砂砾石料非线性动力本构模型的合理性，这里以胶凝掺量 60kg/m³ 的胶凝砂砾石料动三轴试验结果确定其模型参数，见表 3.10。

表 3.10　模型参数

ρ/(kg/m³)	k_d	n	a_d	d_d/(×10⁻⁴)	λ_{max}
2250	12136	0.22	61.85	8.0	0.12

为了验证胶凝砂砾石料非线性动力本构模型的合理性，图 3.21 给出了胶凝掺量 60kg /m³ 的胶凝砂砾石料动剪切模量与阻尼比试验结果以及相应的计算值。在图 3.21 中，动剪切模量、阻尼比的计算结果与试验结果吻合较好，表明胶凝砂砾石料非线性动力本构模型能有效反映其动力性能。

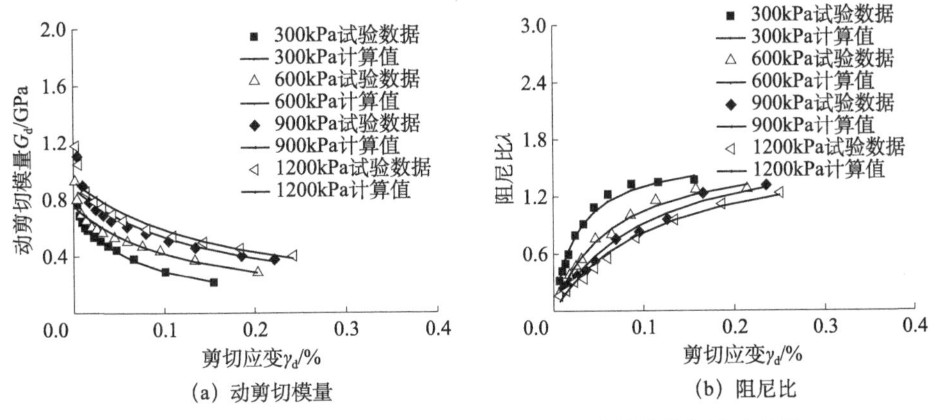

图 3.21　胶凝砂砾石料动剪切模量和阻尼比的计算值与试验结果

3.5 胶凝砂砾石料蠕变本构关系

由于胶凝剂较少，胶凝砂砾石料可简化为颗粒之间存在一定黏结力的颗粒集合体，其颗粒接触特性对其宏观蠕变特性存在一定影响。为了定量描述这一性质，这里首先主要基于颗粒细观力学方法，引入与速率相关的力与位移关系，用以描述胶凝砂砾石料细观颗粒间的特性；之后，运用拉普拉斯（Laplace）变换，将时间域内的线黏弹性颗粒材料细观均匀化问题转化为拉氏空间内线弹性颗粒材料细观均匀化问题；随后，基于颗粒材料线弹性问题在 Reuss、Voigt 和一般位移场三种假设下的解，通过 Laplace 逆变换得到相应二、三维宏观蠕变特性解析模型，并以单向胶凝砂砾石料蠕变试验数据验证上述模型的适用性。

3.5.1 二维蠕变模型

1. 接触界面模型

颗粒材料之间的接触特性通常用接触界面模型来描述。为了研究材料蠕变特性，颗粒界面接触特性可由与时间相关的相对位移-接触力模型，即蠕变界面模型描述。在线黏弹性复合材料研究中，通过 Laplace 变换可将时间域内的线黏弹性问题转化为能在拉氏空间内直接求解的线弹性问题，即在 Laplace 空间上，蠕变问题类同线弹性问题处理，再通过 Laplace 逆变换，可得到蠕变问题时间域上的解。

Laplace 变换可按下式定义：

$$\tilde{h}(s') = L[h(t)] = \int_0^{\infty} \mathrm{e}^{-st} h(t)\,\mathrm{d}t \tag{3.140}$$

式中，$\tilde{h}(s')$ 是变量 $t(t \geqslant 0)$ 的函数 $h(t)$ 经 Laplace 变换得到的关于复数 s' 的函数，L 为 Laplace 变换算子。Laplace 逆变换为

$$h(t) = L^{-1}[\tilde{h}(s')] = \frac{1}{2\pi \mathrm{i}} \int_{a-\mathrm{i}\infty}^{a+\mathrm{i}\infty} \mathrm{e}^{s't} \tilde{h}(s')\,\mathrm{d}s' \tag{3.141}$$

式中，L^{-1} 表示 Laplace 逆变换算子。

当材料或结构外加荷载小于某一值时，荷载与形变满足线性关系（即材料服从胡克定律 $F=kx$）。此时，若将外荷载去除，物体变形可完全恢复，此类物体为线性弹性体。

若假设颗粒均为线弹性体，颗粒接触力与相对位移的关系可由下式表示

$$f_j = k_{jk} \delta_k \tag{3.142}$$

式中，k_{jk}是刚度张量（可展开为两行两列的矩阵），可由下式得到

$$k_{jk} = k_n n_j n_k + k_t t_j t_k \tag{3.143}$$

这里，n_j 与 t_j 分别为接触面单位法向与切向向量；$k_n = k_{jk} n_j n_k$，$k_t = k_{jk} t_j t_k$。

考虑到 Burgers 模型能较准确地模拟材料蠕变的第一、二阶段，这里采用 Burgers 模型（图 3.22）描述集料颗粒之间力与位移的相互关系。在图 3.22 中，参数 E_{n1}、E_{n2}、E_{t1}、E_{t2} 和 μ_{n1}、μ_{n2}、μ_{t1}、μ_{t2} 分别用来描述颗粒间弹性及黏性（下标 n 和 t 分别表示法向和切向）；f_n、f_t 以及 δ_n、δ_t 分别表示颗粒间作用力及相对位移。材料的法向力与位移的关系可表示为

$$f_n = E_{n1}\delta_{n1} = E_{n2}\delta_{n2} + \mu_{n2}\dot{\delta}_{n2} = \mu_{n1}\dot{\delta}_{n3} \tag{3.144}$$

式中，$\delta_n = \delta_{n1} + \delta_{n2} + \delta_{n3}$；$\delta_{n1}$、$\delta_{n2}$ 和 δ_{n3} 是各元件相对应的变形，δ_n 和 f_n 分别代表法向的总位移和合力，其顶上符号表示时间导数。通过 Laplace 变换并化简，最终可以得到与线弹性问题类似的表达式，即

$$\tilde{f}_n = k_n \tilde{\delta}_n \tag{3.145}$$

式中，k_n 是颗粒间的法向刚度，其值为 $k_n = 1\Big/\left(\dfrac{1}{E_{n1}} + \dfrac{1}{s\mu_{n1}} + \dfrac{1}{E_{n2} + s\mu_{n2}}\right)$。

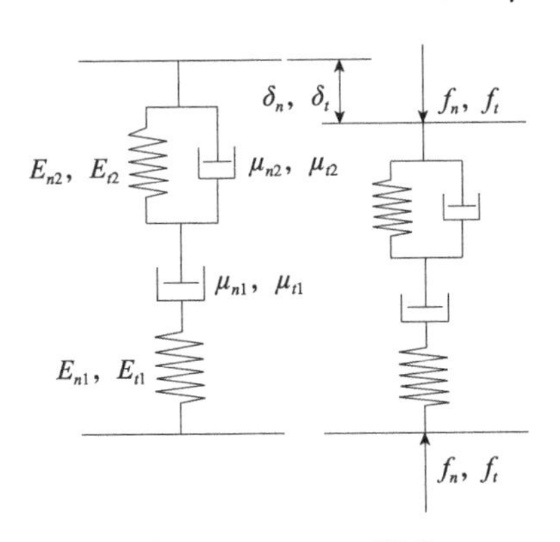

图 3.22　Burgers 模型

同理，可得到如下切向表达式：

$$\tilde{f}_t = k_t \tilde{\delta}_t \tag{3.146}$$

式中，k_t 为颗粒间的切向刚度，$k_t = 1\Big/\left(\dfrac{1}{E_{t1}} + \dfrac{1}{s'\mu_{t1}} + \dfrac{1}{E_{t2} + s'\mu_{t2}}\right)$。

接触力和相对位移关系的张量形式可表示为

$$\tilde{f}_j = k_{jk} \tilde{\delta}_k \tag{3.147}$$

式中，k_{jk}是刚度张量（可展开为两行两列的矩阵），可由下式得到

$$k_{jk} = k_n n_j n_k + k_t t_j t_k \tag{3.148}$$

这里，n_j 和 t_j 分别为接触面单位法向和切向向量，$k_n=k_{jk}n_jn_k$ 和 $k_t=k_{jk}t_jt_k$。

2. 颗粒材料的蠕变特性

细观力学认为材料的宏观应力（应变）可用材料平均应力（应变）近似替代，因此，其宏观应力可表示为

$$\sigma_{ij}=\frac{1}{V}\sum_{\alpha=1}^{N_c}f_j^{\alpha}l_i^{\alpha}=\frac{N_c}{V}\int_{s'}p(n)f_jl_i\mathrm{d}s' \tag{3.149}$$

式中，V 代表体积元的体积；f_j 表示颗粒间的接触力；N_c 为总接触数；上标 α 表示第 α 个接触；l_i 是枝向量，即向量大小为两个相接触的颗粒质心间的距离，方向为由一个质心指向另一个质心方向，其表达式为

$$l_i=2rn_i \tag{3.150}$$

这里，r 表示颗粒的平均半径；n_i 是单位向量，其方向为颗粒中心指向接触点。

函数 $p(n)$ 为法向接触数量的分布函数，对各向同性的二维问题而言，可得 $p(n)=1/(2\pi)$。将式（3.150）代入式（3.149）得到

$$\sigma_{ij}=\frac{N_cr}{\pi V}\int_{s}f_jn_i\mathrm{d}s' \tag{3.151}$$

将上式经过 Laplace 变换，即可得到

$$\tilde{\sigma}_{ij}=\frac{N_cr}{\pi V}\int_{s'}\tilde{f}_jn_i\mathrm{d}s' \tag{3.152}$$

对式（3.152）进行 Laplace 变换等相关运算，便可得到不同假设条件下颗粒材料的蠕变特性模型。Voigt、Reuss 和一般位移场三种假设条件下颗粒材料宏观蠕变特性解析式的具体推导过程如下所述。

1）Voigt 假设下颗粒材料蠕变特性

Voigt 假设认为颗粒材料内部应变场是均匀的，各点应变大小一致，因此颗粒间的相对位移可通过下式表示

$$\delta_k=\varepsilon_{kl}l_l \tag{3.153}$$

式中，l_l 是枝向量；δ_k 代表相对位移。将式（3.147）、式（3.148）、式（3.150）和式（3.153）代入式（3.152）得到

$$\tilde{\sigma}_{ij}=\frac{N_cr}{\pi V}\int_{s'}k_{jk}(\tilde{\varepsilon}_{kl}l_l)n_i\mathrm{d}s'=\frac{2N_cr^2}{\pi V}\tilde{\varepsilon}_{kl}\int_{s'}[k_nn_kn_j+k_t(\delta_{kj}-n_kn_j)]n_ln_i\mathrm{d}s' \tag{3.154}$$

进一步推导可采用下式表示

$$\frac{1}{2\pi}\int_{s'}n_ln_i\mathrm{d}s'=\frac{1}{2}\delta_{li} \tag{3.155}$$

$$\frac{1}{2\pi}\int_{s'}n_kn_jn_ln_i\mathrm{d}s'=\frac{3}{8}J_{kjli} \tag{3.156}$$

式中，$J_{kjli}=\frac{1}{3}(\delta_{kj}\delta_{li}+\delta_{kl}\delta_{ji}+\delta_{ki}\delta_{jl})$。

考虑到σ_{ij}是常张量，则有$\tilde{\sigma}_{ij}=\sigma_{ij}/s'$。结合式（3.154）、式（3.155）和式（3.156）可确定：

$$\tilde{\varepsilon}_{ij}=\frac{V}{N_c r^2}\left[\frac{\sigma_{ij}}{s'(k_n+k_j)}-\frac{(k_n-k_j)\sigma_{kk}\delta_{ij}}{4s'k_n(k_n+k_j)}\right] \tag{3.157}$$

令$k_t=\alpha k_n$，代入上式，并进行 Laplace 逆变换则有

$$\varepsilon_{ij}=\left[\frac{V\sigma_{ij}}{N_c r^2(1+\alpha)}-\frac{V\sigma_{kk}\delta_{ij}(1-\alpha)}{4N_c r^2(1+\alpha)}\right]L^{-1}\left[\frac{1}{s'k_n}\right] \tag{3.158}$$

式中，L^{-1}表示 Laplace 逆变换。Voigt 假设下颗粒材料蠕变特性解析式适用于一般性线性蠕变问题，其中L^{-1}的表达式可根据具体界面模型确定。

2）Reuss 假设下颗粒材料蠕变特性

Reuss 假设认为材料内部应力场是均匀的，各点应力基本一致，因此，颗粒间接触力表达式如下：

$$f_j=\sigma_{ij}A_{ik}n_k \tag{3.159}$$

式中，σ_{ij}是平均应力；A_{ik}代表一个对称张量，依据式（3.151）和式（3.159），该对称张量可由下式表示

$$A_{ik}=\frac{V}{N_c r}\delta_{ik} \tag{3.160}$$

将式（3.160）代入式（3.159）得

$$f_j=\frac{V}{N_c r}\sigma_{ij}n_i \tag{3.161}$$

基于能量守恒原理，则有

$$\sigma_{ij}\varepsilon_{ij}=\frac{1}{V}\sum f_j\delta_j=\frac{\sigma_{ij}}{2\pi r}\int_{s'}n_i\delta_j\,\mathrm{d}s' \tag{3.162}$$

其中，

$$\varepsilon_{ij}=\frac{1}{2\pi r}\int_{s'}n_i\delta_j\,\mathrm{d}s' \tag{3.163}$$

进行 Laplace 变换得

$$\tilde{\varepsilon}_{ij}=\frac{1}{2\pi r}\int_{s'}n_i\tilde{\delta}_j\,\mathrm{d}s' \tag{3.164}$$

这里$\tilde{\delta}_j$可由下式得到

$$\tilde{\delta}_j=h_{kj}\tilde{f}_k=(h_n n_k n_j+h_t t_k t_j)\tilde{f}_k \tag{3.165}$$

结合式（3.161）、式（3.162）、式（3.164）、式（3.165），可确定

$$\tilde{\varepsilon}_{ij}=\frac{V}{8N_c r^2 s'}[2(h_n+h_t)\sigma_{ij}+(h_n-h_t)\delta_{ij}\sigma_{kk}] \tag{3.166}$$

对上式进行 Laplace 逆变换，则有

$$\varepsilon_{ij}=\left[\left(2+\frac{2}{\alpha}\right)\sigma_{ij}+\left(1-\frac{1}{\alpha}\right)\delta_{ij}\sigma_{kk}\right]\cdot\frac{V\sigma_{ij}}{8N_{c}r^{2}}\cdot L^{-1}\left[\frac{1}{s'k_{n}}\right] \tag{3.167}$$

3）一般位移场假设下颗粒材料蠕变特性

一般位移场假设材料内部应变是不均匀的，相对位移可由下式表示

$$\delta_{k}=2r\left[\eta\varepsilon_{kl}n_{l}+\frac{1-\eta}{2}(4n_{p}\varepsilon_{pq}n_{q}-\varepsilon_{pp})n_{k}\right] \tag{3.168}$$

式中，η 是一个常系数，且当其值为 1 时此假设与 Voigt 假设等效。

将式（3.147）、式（3.155）、式（3.156）和式（3.168）代入式（3.152）中，可得出

$$\tilde{\sigma}_{ij}=\frac{N_{c}r^{2}}{V}(\eta k_{t}+2k_{n}-\eta k_{n})\tilde{\varepsilon}_{ij}+\frac{N_{c}r^{2}}{2V}(\eta k_{n}-\eta k_{t})\delta_{ij}\tilde{\varepsilon}_{kk} \tag{3.169}$$

将上式进行 Laplace 逆变换，有

$$\varepsilon_{ij}=\left[\frac{V\sigma_{ij}}{N_{c}r^{2}(\eta\alpha+2-\eta)}-\frac{V\sigma_{kk}\delta_{ij}(1-\eta\alpha)}{4N_{c}r^{2}(\eta\alpha+2-\eta)}\right]\cdot L^{-1}\left[\frac{1}{sk_{n}}\right] \tag{3.170}$$

借鉴三维情况下泊松比的定义，假定二维条件下泊松比由下式表示

$$\nu=-\frac{\varepsilon_{22}}{\varepsilon_{11}} \tag{3.171}$$

Voigt、Reuss 假设条件下初始泊松比与刚度比 α 的关系式分别为

$$\nu=\frac{1-\alpha}{3+\alpha} \tag{3.172}$$

$$\nu=\frac{1-\alpha}{1+3\alpha} \tag{3.173}$$

在二维条件下泊松比的取值范围为−1～1，考虑到一般岩土材料的泊松比大于 0，所以由图 3.23 可以确定一般岩土材料切向与法向的刚度比 α 的取值范围为 0～1。

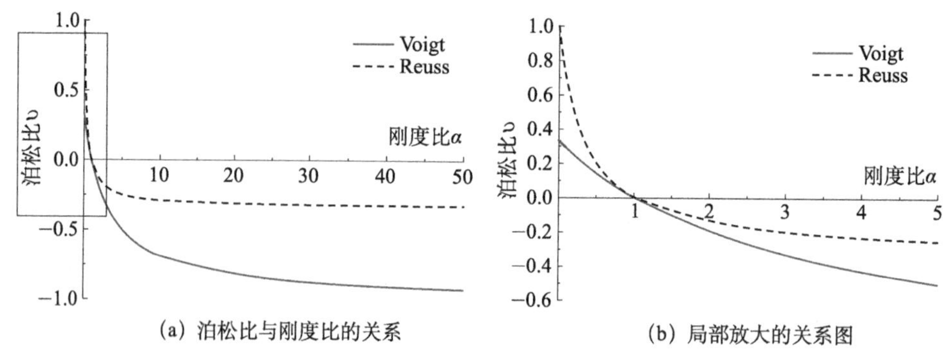

(a) 泊松比与刚度比的关系　　(b) 局部放大的关系图

图 3.23　基于不同假设的初始泊松比的对比

4）基于 Burgers 模型的材料蠕变特性解析表达式

颗粒材料的蠕变特性主要取决于颗粒间的界面模型。采用 Burgers 模型研究颗粒材料的蠕变特性，基于 Voigt、Reuss 和一般位移场三种假设得到的颗粒材料宏观特性解析式如下：

$$\varepsilon_{ij}^{\mathrm{V}}=\left[\frac{V\sigma_{ij}}{N_{\mathrm{c}}r^2(1+\alpha)}-\frac{V\sigma_{kk}\delta_{ij}(1-\alpha)}{4N_{\mathrm{c}}r^2(1+\alpha)}\right]\cdot\left[\frac{1}{E_{n1}}+\frac{t}{\mu_{n1}}+\frac{1}{E_{n2}}\left(1-\mathrm{e}^{-\frac{E_{n2}}{\mu_{n2}}t}\right)\right] \tag{3.174}$$

$$\varepsilon_{ij}^{\mathrm{R}}=\frac{V}{8N_{\mathrm{c}}r^2}\left[\left(2+\frac{2}{\alpha}\right)\sigma_{ij}-\left(1-\frac{1}{\alpha}\right)\sigma_{kk}\delta_{ij}\right]\cdot\left[\frac{1}{E_{n1}}+\frac{t}{\mu_{n1}}+\frac{1}{E_{n2}}\left(1-\mathrm{e}^{-\frac{E_{n2}}{\mu_{n2}}t}\right)\right] \tag{3.175}$$

$$\varepsilon_{ij}^{\mathrm{G}}=\left[\frac{V\sigma_{ij}}{N_{\mathrm{c}}r^2(\eta\alpha+2-\eta)}-\frac{V\sigma_{kk}\delta_{ij}(1-\eta\alpha)}{4N_{\mathrm{c}}r^2(\eta\alpha+2-\eta)}\right]\cdot\left[\frac{1}{E_{n1}}+\frac{t}{\mu_{n1}}+\frac{1}{E_{n2}}\left(1-\mathrm{e}^{-\frac{E_{n2}}{\mu_{n2}}t}\right)\right] \tag{3.176}$$

式中，上标 V、R 和 G 分别表示 Voigt 假设、Reuss 假设和一般位移场假设；α 是刚度比，且 $k_t=\alpha k_n$。

对颗粒材料而言，由于其松散程度不同，加载后材料瞬时应变难以计算。为了对比理论值与数值计算结果，将上述结果减去初始应变得到

$$(\varepsilon_{ij}^{\mathrm{V}})_{\mathrm{long}}=\varepsilon_{ij}^{\mathrm{V}}-(\varepsilon_{ij}^{\mathrm{V}})_{t=0}=\left[\frac{V\sigma_{ij}}{N_{\mathrm{c}}r^2(1+\alpha)}-\frac{V\sigma_{kk}\delta_{ij}(1-\alpha)}{4N_{\mathrm{c}}r^2(1+\alpha)}\right]\cdot\left[\frac{\mu_{n2}}{E_{n2}\mu_{n1}}\frac{t}{\tau}+\frac{1}{E_{n2}}(1-\mathrm{e}^{-\frac{t}{\tau}})\right] \tag{3.177}$$

$$\begin{aligned}(\varepsilon_{ij}^{\mathrm{R}})_{\mathrm{long}}&=\varepsilon_{ij}^{\mathrm{R}}-(\varepsilon_{ij}^{\mathrm{R}})_{t=0}\\&=\frac{V}{8N_{\mathrm{c}}r^2}\left[\left(2+\frac{2}{\alpha}\right)\sigma_{ij}-\left(1-\frac{1}{\alpha}\right)\sigma_{kk}\delta_{ij}\right]\cdot\left[\frac{\mu_{n2}}{E_{n2}\mu_{n1}}\frac{t}{\tau}+\frac{1}{E_{n2}}(1-\mathrm{e}^{-\frac{t}{\tau}})\right]\end{aligned} \tag{3.178}$$

$$\begin{aligned}(\varepsilon_{ij}^{\mathrm{G}})_{\mathrm{long}}&=\varepsilon_{ij}^{\mathrm{G}}-(\varepsilon_{ij}^{\mathrm{G}})_{t=0}\\&=\left[\frac{V\sigma_{ij}}{N_{\mathrm{c}}r^2(\eta\alpha+2-\eta)}-\frac{V\sigma_{kk}\delta_{ij}(1-\eta\alpha)}{4N_{\mathrm{c}}r^2(\eta\alpha+2-\eta)}\right]\cdot\left[\frac{\mu_{n2}}{E_{n2}\mu_{n1}}\frac{t}{\tau}+\frac{1}{E_{n2}}(1-\mathrm{e}^{-\frac{t}{\tau}})\right]\end{aligned} \tag{3.179}$$

式中，下标 long 表示该应变为长期应变；τ 为特征参数，且 $\tau=\frac{\mu_{n2}}{E_{n2}}$。

3. 数值验证

1）试件计算模型

试件宽为 0.15 m，高为 0.30 m，颗粒数均为 5773，初始孔隙率为 0.1，试件示意图如图 3.24 所示。为了得到各向同性的数值试件，这里依据表 3.11 给定的参数生成四个试件，各试件颗粒法向接触数目在不同方向上的分布见图 3.25。

试件的构建过程为：首先，在指定空间内依据空间体积、孔隙率、粒径分布规律生成一定数量的颗粒；其次，允许试件进行循环计算直至不平衡力足够小；然后，对试件中颗粒半径微调，使得测量圆（通过设置圆心和半径定义的圆形监测范围）内的应力对称，且足够小（<1 kPa）；另外，为了阻止颗粒间黏结破坏，在所有颗粒接触上设置 1×10^{40}N 的较高黏结强度，同时设置摩擦系数为 1。从图 3.25 可看出，试件 3、4 可看作各向同性试件，其数值模拟时可采用试件 3、4 进行。

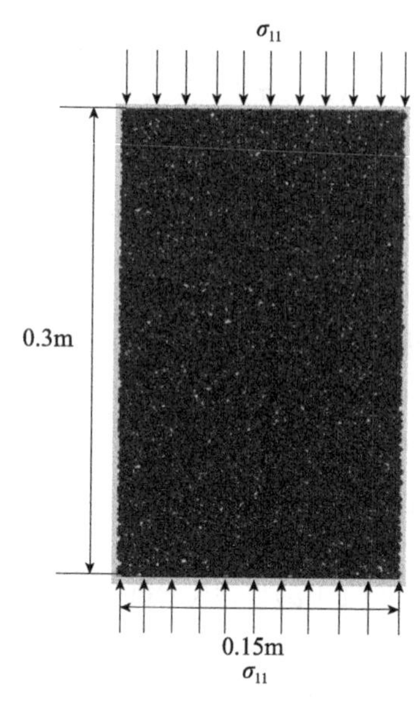

图 3.24　试件示意图

表 3.11　试件参数

试件	最小半径/mm	最大半径/mm	最终平均半径/mm	接触数
1	1.5	1.5	1.500	15146
2	1.3	1.7	1.435	14098
3	0.8	2.2	1.398	13376
4	0.4	2.6	1.333	11961

2）刚度比为 1 时的蠕变特性

这里对各向同性的颗粒材料进行单轴压缩蠕变试验数值模拟（$\sigma_{11}=100$kPa，$\sigma_{22}=0$）。表 3.12 及表 3.13 分别列出了试件 3 和 4 的 Burgers 模型具体参数。值得注意的是，当刚度比为 1 时，基于不同假设得到的理论解都相同，其结果为

$$\varepsilon_{11}=\frac{V\sigma_{11}}{2N_{c}r^{2}}\cdot\left[\frac{1}{E_{n1}}+\frac{t}{\mu_{n1}}+\frac{1}{E_{n2}}\left(1-\mathrm{e}^{\frac{E_{n2}}{\mu_{n2}}t}\right)\right] \tag{3.180}$$

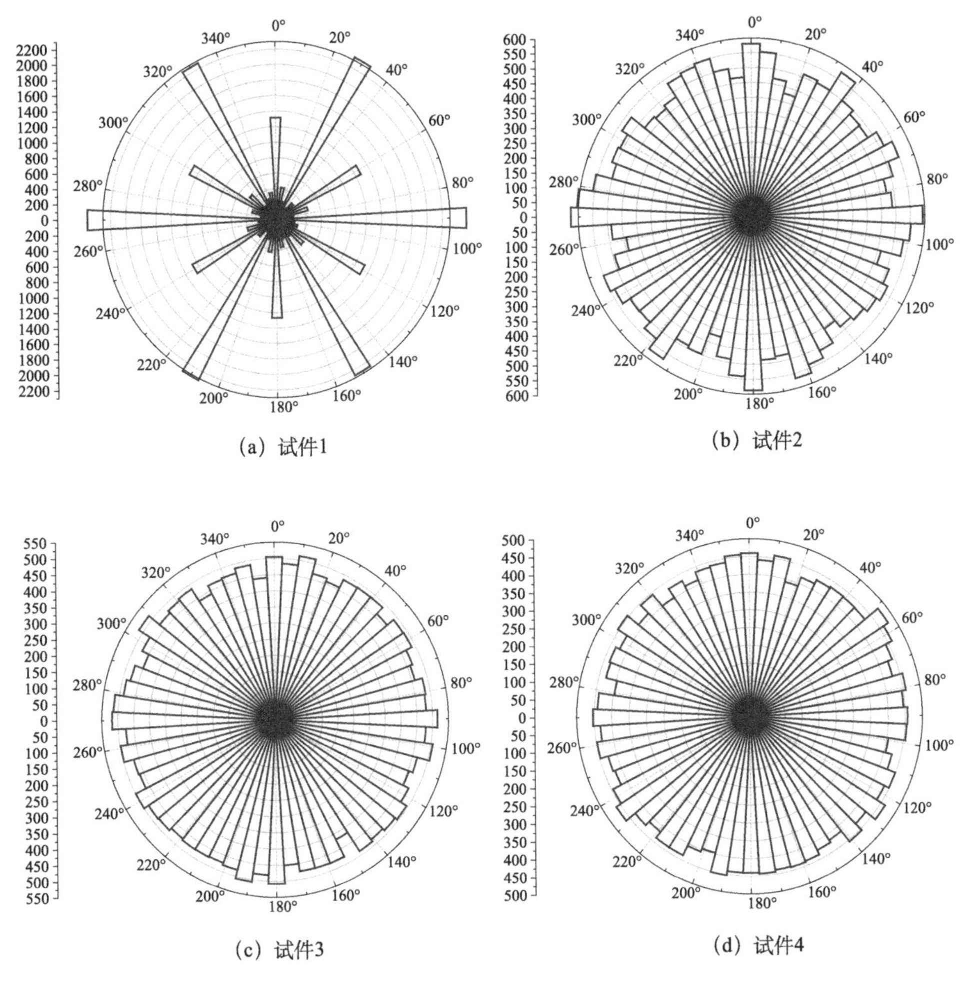

(a) 试件1　(b) 试件2

(c) 试件3　(d) 试件4

图 3.25　试件颗粒法向接触数目在不同方向上的分布

此时其理论解即为材料蠕变的真实解。

表 3.12　试件 3 的模型参数

法向参数		切向参数	
E_{n1}/(MN/m)	1	E_{t1}/(MN/m)	1
μ_{n1}/(MN·s/m)	100	μ_{t1}/(MN·s/m)	100
E_{n2}/(MN/m)	1	E_{t2}/(MN/m)	1
μ_{n2}/(MN·s/m)	1	μ_{t2}/(MN·s/m)	1

表 3.13　试件 4 的模型参数

法向参数		切向参数	
E_{n1}/(MN/m)	10	E_{t1}/(MN/m)	10
μ_{n1}/(MN・s/m)	1000	μ_{t1}/(MN・s/m)	1000
E_{n2}/(MN/m)	10	E_{t2}/(MN/m)	10
μ_{n2}/(MN・s/m)	10	μ_{t2}/(MN・s/m)	10

图 3.26 和图 3.27 分别是试件 3 和试件 4 的解析解与数值解对比图。从图 3.26 与图 3.27 可以看出：解析解与数值解大致相同，表明新提出的蠕变特性解析模型是合理可靠的。

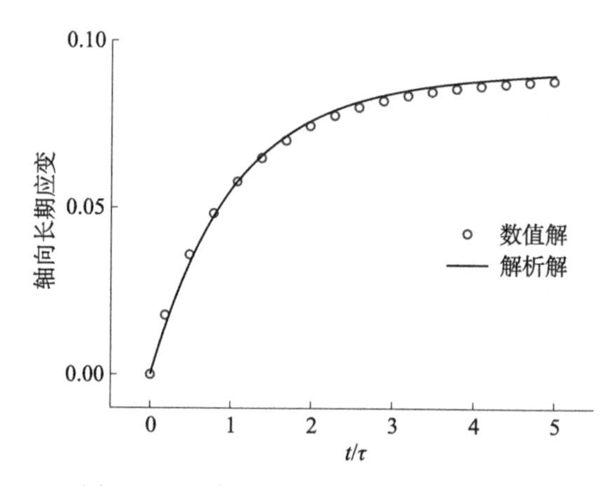

图 3.26　试件 3 的解析解与数值解的对比

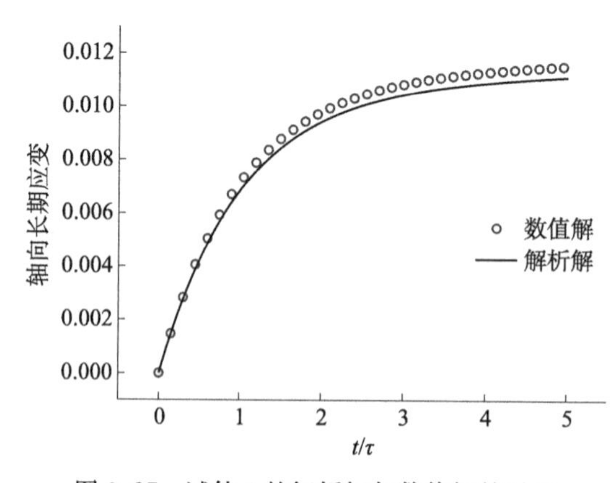

图 3.27　试件 4 的解析解与数值解的对比

3）刚度比为0.5时的蠕变特性

刚度比取0.5，将该刚度代入式（3.174）、式（3.175）及式（3.176）中，得出

$$\varepsilon_{11}^{\mathrm{V}} = \frac{7V\sigma_{11}}{12N_{\mathrm{c}}r^2E_{n2}}\left(1+0.01\frac{t}{\tau}-\mathrm{e}^{-\frac{t}{\tau}}\right) \tag{3.181}$$

$$\varepsilon_{11}^{\mathrm{R}} = \frac{5V\sigma_{11}}{8N_{\mathrm{c}}r^2E_{n2}}\left(1+0.01\frac{t}{\tau}-\mathrm{e}^{-\frac{t}{\tau}}\right) \tag{3.182}$$

$$\varepsilon_{11}^{\mathrm{G}} = \frac{V\sigma_{11}(6+\eta)}{4N_{\mathrm{c}}r^2E_{n2}(4-\eta)}\left(1+0.01\frac{t}{\tau}-\mathrm{e}^{-\frac{t}{\tau}}\right) \tag{3.183}$$

此时，Voigt假设和Reuss假设分别对应η为1和8/7的情况。

图3.28为试件3（图（a））、试件4（图（b））在刚度比为0.5时解析解与数值解的对比图，从中可看出：基于Voigt假设和Reuss假设得到的理论值分别小于、大于各自对应的数值结果；当η取15/14时，基于一般假设得到的理论值与数值结果基本相同。

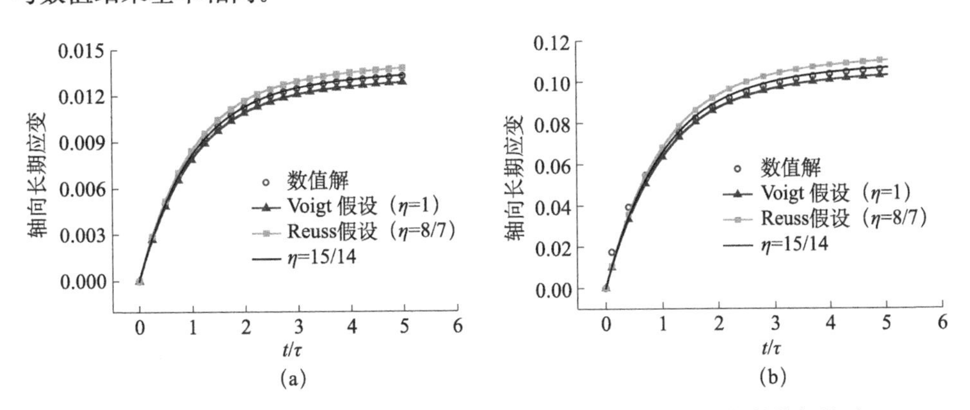

图3.28　试件3（a）、试件4（b）在刚度比为0.5时的解析解与数值解的对比

3.5.2　三维蠕变模型

为了结合实际情况拓展胶凝砂砾石料蠕变特性的研究成果，这里基于颗粒细观力学方法探究各向同性颗粒材料的三维蠕变特性，其研究思路和方法与二维蠕变模型相同。

1. 颗粒接触界面模型

采用Burgers模型描述颗粒之间力与位移的相互关系，可得到张量形式的接触力与相对位移关系式：

$$\widetilde{f}_j = k_{jk}\widetilde{\delta}_k \tag{3.184}$$

式中，k_{jk}是三阶刚度张量（可以展开为三行三列的矩阵），可以由下式得到

$$k_{jk}=k_n n_j n_k+k_t(t_j t_k+s_j s_k) \tag{3.185}$$

这里，n_j、s_j 和 t_j 是接触面单位法向和切向向量，且它们构成一个空间直角坐标系；k_n 和 k_t 分别是颗粒法向和切向刚度，且有 $k_n=k_{jk}n_j n_k$ 和 $k_t=k_{jk}t_j t_k$。

2. 颗粒材料的蠕变特性

细观力学认为材料的宏观应力（应变）可以用材料平均应力（应变）近似替代，因此颗粒材料的宏观应力可表示为

$$\sigma_{ij}=\frac{1}{V}\sum_{\beta=1}^{N_c}f_j^\beta l_i^\beta=\frac{N_c}{V}\int_\Omega p(n)f_j l_i \mathrm{d}\Omega \tag{3.186}$$

式中，V 代表体积元的体积；f_j 表示颗粒间的接触力；N_c 是总接触数；上角 β 表示第 β 个接触；l_i 是枝向量，即大小为两个相接触的颗粒质心间的距离，方向为从一个质心指向另一个质心的向量，枝向量可由下式得到

$$l_i=2rn_i \tag{3.187}$$

这里，r 表示颗粒的平均半径；n_i 为单位向量，其方向为颗粒中心指向接触点。函数 $p(n)$ 为法向接触数的分布函数，对各向同性的三维问题而言，可得 $p(n)=1/(4\pi)$。将分布函数与式（3.187）代入式（3.186）可得到

$$\sigma_{ij}=\frac{N_c r}{2\pi V}\int_\Omega f_j n_i \mathrm{d}\Omega \tag{3.188}$$

经 Laplace 变换后，可得到

$$\tilde{\sigma}_{ij}=\frac{N_c r}{2\pi V}\int_\Omega \tilde{f}_j n_i \mathrm{d}\Omega \tag{3.189}$$

将式（3.184）代入式（3.189）中，并在均匀化假设的前提下，进行 Laplace 变换等相关运算，便可得到不同假设条件下颗粒材料的蠕变特性。基于 Reuss、Voigt 和一般位移场三种假设，可给出颗粒材料相应的宏观特性解析形式。

1）Voigt 假设下颗粒材料蠕变特性

Voigt 假设认为材料内部应变场是均匀的，各点应变大小一致，颗粒间的相对位移可通过下式得到

$$\delta_k=\varepsilon_{kl}l_l \tag{3.190}$$

式中，l_l 是枝向量；δ_k 代表相对位移。则

$$\tilde{\sigma}_{ij}=\frac{N_c r}{2\pi V}\int_\Omega k_{jk}(\tilde{\varepsilon}_{kl}l_l)n_i \mathrm{d}\Omega=\frac{N_c r^2}{\pi V}\tilde{\varepsilon}_{kl}\int_\Omega[k_n n_k n_j+k_t(\delta_{kj}-n_k n_j)]n_l n_i \mathrm{d}\Omega \tag{3.191}$$

进一步推导，需利用以下公式：

$$\frac{1}{4\pi}\int_\Omega n_l n_i \mathrm{d}\Omega=\frac{1}{3}\delta_{li} \tag{3.192}$$

$$\frac{1}{4\pi}\int_{\Omega} n_k n_j n_l n_i \mathrm{d}\Omega = \frac{1}{5}J_{kjli} \tag{3.193}$$

式中，$J_{kjli}=\frac{1}{3}$（$\delta_{kj}\delta_{li}+\delta_{kl}\delta_{ji}+\delta_{ki}\delta_{jl}$）。

结合式（3.191）、式（3.192）和式（3.193）可以得到

$$\tilde{\sigma}_{ij} = \frac{4N_c r^2}{15V}(2k_n + 3k_t)\tilde{\varepsilon}_{ij} + \frac{4N_c r^2}{15V}(k_n - k_t)\delta_{ij}\tilde{\varepsilon}_{kk} \tag{3.194}$$

考虑到 σ_{ij} 是常张量，$\tilde{\sigma}_{ij}=\sigma_{ij}/s'$。$\tilde{\varepsilon}_{kk}$ 值为

$$\tilde{\varepsilon}_{kk} = \frac{V\sigma_{kk}}{4N_c r^2}\cdot\frac{1}{s'k_n} \tag{3.195}$$

将式（3.195）代入式（3.194）可得

$$\tilde{\varepsilon}_{ij} = \frac{15V}{4N_c r^2}\left[\frac{\sigma_{ij}}{s'(2k_n+3k_j)} - \frac{(k_n-k_j)\sigma_{kk}\delta_{ij}}{5s'k_n(2k_n+3k_j)}\right] \tag{3.196}$$

为了简化问题，假设 $k_t=\alpha k_n$，代入上式，并进行 Laplace 逆变换则有

$$\varepsilon_{ij} = \frac{3V}{4N_c r^2}\cdot\frac{5\sigma_{ij}-\sigma_{kk}\delta_{ij}(1-\alpha)}{2+3\alpha}\cdot L^{-1}\left[\frac{1}{s'k_n}\right] \tag{3.197}$$

式中，L^{-1} 表示 Laplace 逆变换。

2）Reuss 假设下颗粒材料蠕变特性

Reuss 假设认为材料内部应力场均匀，各点应力基本一致，颗粒间的接触力可以表述为

$$f_f = \sigma_{ij}A_{ik}n_k \tag{3.198}$$

式中，σ_{ij} 是平均应力；A_{ik} 代表一个对称张量，结合式（3.197）和式（3.198）可得到其表达式：

$$A_{ik} = \frac{3V}{2N_c r}\delta_{ik} \tag{3.199}$$

将式（3.199）代入式（3.198）中，得出

$$f_j = \frac{3V}{2N_c r}\sigma_{ij}n_i \tag{3.200}$$

利用能量守恒，有

$$\sigma_{ij}\varepsilon_{ij} = \frac{1}{V}\sum f_j\delta_j = \frac{3\sigma_{ij}}{8\pi r}\int_{\Omega} n_i\delta_j \mathrm{d}\Omega \tag{3.201}$$

将上式化简则有

$$\varepsilon_{ij} = \frac{3}{8\pi r}\int_{\Omega} n_i\delta_j \mathrm{d}\Omega \tag{3.202}$$

经 Laplace 变换后，可得出

$$\varepsilon_{ij} = \frac{3}{8\pi r}\int_{\Omega} n_i\tilde{\delta}_j \mathrm{d}\Omega \tag{3.203}$$

式中，$\tilde{\delta}_j$ 可由下式计算得到

$$\tilde{\delta}_j = h_{kj}\tilde{f}_k = [h_n n_k n_f + h_f(s_k s_j + t_k t_j)]\tilde{f}_k \tag{3.204}$$

结合式（3.199）、式（3.202）和式（3.203）有

$$\begin{aligned}\tilde{\varepsilon}_{ij} &= \frac{3}{8\pi r}\int_\Omega n_i[h_n n_k n_j + h_t(\delta_{kj} - n_k n_j)]\frac{3V}{2N_c r}\tilde{\sigma}_{kl} n_l \mathrm{d}\Omega \\ &= \frac{3V}{20N_c r^2 s'}[(2h_n + 3h_t)\sigma_{ij} + (h_n - h_t)\delta_{ij}\sigma_{kk}]\end{aligned} \tag{3.205}$$

对上式进行 Laplace 逆变换得

$$\varepsilon_{ij} = \frac{3V}{20N_c r^2}\left[\left(2+\frac{3}{\alpha}\right)\sigma_{ij} + \left(1-\frac{1}{\alpha}\right)\delta_{ij}\sigma_{kk}\right]\cdot L^{-1}\left[\frac{1}{s'k_n}\right] \tag{3.206}$$

3）一般位移场假设下颗粒材料蠕变特性

一般位移场假设认为材料内的应变是不均匀的，相对位移可以由下式求出：

$$\delta_k = 2r\left[\eta\varepsilon_{kl}n_l + \frac{1-\eta}{2}(4n_p\varepsilon_{pq}n_q - \varepsilon_{pp})n_k\right] \tag{3.207}$$

式中，η 是一个常系数，且当其值为 1 时此假设与 Voigt 假设等效。则

$$\begin{aligned}\tilde{\sigma}_{ij} &= \frac{N_c r^2}{\pi V}\int_\Omega k_{jk}\left[\eta\tilde{\varepsilon}_{kl}n_l + \frac{1-\eta}{2}(4n_p\tilde{\varepsilon}_{pq}n_q - \tilde{\varepsilon}_{pp})n_k\right]n_i \mathrm{d}\Omega \\ &= \frac{N_c r^2\eta}{\pi V}\tilde{\varepsilon}_{kl}\int_\Omega k_{jk}n_l n_i \mathrm{d}\Omega + \frac{N_c r^2(1-\eta)}{2\pi V}\int_\Omega k_n(4n_p\tilde{\varepsilon}_{pq}n_q - \tilde{\varepsilon}_{pp})n_j n_i \mathrm{d}\Omega \\ &= \frac{4N_c r^2}{15V}(3\eta k_t + 4k_n - 2\eta k_n)\tilde{\varepsilon}_{ij} + \frac{2N_c r^2}{15V}(3\eta k_n - 2\eta k_t - k_n)\delta_{ij}\tilde{\varepsilon}_{kk}\end{aligned} \tag{3.208}$$

根据式（3.208）有

$$\tilde{\varepsilon}_{kk} = \frac{3V\sigma_{kk}}{4N_c r^2}\cdot\frac{1}{s'k_n} \tag{3.209}$$

将式（3.209）代入式（3.208）并进一步化简且进行 Laplace 逆变换有

$$\varepsilon_{ij} = \left[\frac{15V\sigma_{ij}}{4N_c r^2(3\eta\alpha + 4 - 2\eta)} - \frac{3V\sigma_{kk}\delta_{ij}(3\eta - 2\eta\alpha - 1)}{8N_c r^2(3\eta\alpha + 4 - 2\eta)}\right]\cdot L^{-1}\left[\frac{1}{s'k_n}\right] \tag{3.210}$$

三维情况下泊松比可由下式表示

$$\nu = -\frac{\varepsilon_{22}}{\varepsilon_{11}} \tag{3.211}$$

基于 Voigt 假设和 Reuss 假设可得到初始泊松比与刚度比的两种不同关系。

Voigt：
$$\nu = \frac{1-\alpha}{4+\alpha}$$

Reuss：
$$\nu = \frac{1-\alpha}{2+3\alpha}$$

在三维条件下泊松比的取值范围为 $-1\sim0.5$。考虑到一般岩土材料的泊松比大于 0，所以由图 3.29 可以确定一般岩土材料切向与法向的刚度比 α 的取值

范围为 0～1。

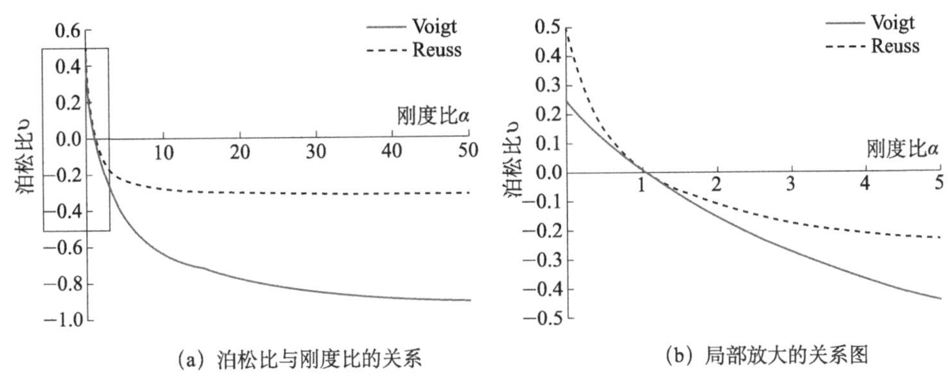

图 3.29　基于不同假设的初始泊松比的对比

4）基于 Burgers 模型的材料蠕变特性解析形式

在不同假设条件下，基于 Burgers 模型的材料蠕变特性解析式可分别由下式表示

$$\varepsilon_{ij}^{\mathrm{V}}=\frac{3V}{4N_{\mathrm{c}}r^2}\cdot\frac{5\sigma_{ij}-\sigma_{kk}\delta_{ij}(1-\alpha)}{2+3\alpha}\cdot\left[\frac{1}{E_{n1}}+\frac{t}{\mu_{n1}}+\frac{1}{E_{n2}}\left(1-\mathrm{e}^{-\frac{E_{n2}}{\mu_{n2}}t}\right)\right] \tag{3.212}$$

$$\varepsilon_{ij}^{\mathrm{R}}=\frac{3V}{20N_{\mathrm{c}}r^2}\left[\left(2+\frac{3}{\sigma}\right)\sigma_{ij}+\left(1+\frac{1}{\alpha}\right)\delta_{ij}\sigma_{kk}\right]\cdot\left[\frac{1}{E_{n1}}+\frac{t}{\mu_{n1}}+\frac{1}{E_{n2}}\left(1-\mathrm{e}^{-\frac{E_{n2}}{\mu_{n2}}t}\right)\right] \tag{3.213}$$

$$\varepsilon_{ij}^{\mathrm{G}}=\left[\frac{15V\sigma_{ij}}{4N_{\mathrm{c}}r^2(3\eta\alpha+4-2\eta)}-\frac{3V\sigma_{kk}\delta_{ij}(3\eta-2\eta\alpha-1)}{8N_{\mathrm{c}}r^2(3\eta\alpha+4-2\eta)}\right]\cdot\left[\frac{1}{E_{n1}}+\frac{t}{\mu_{n1}}+\frac{1}{E_{n2}}\left(1-\mathrm{e}^{-\frac{E_{n2}}{\mu_{n2}}t}\right)\right] \tag{3.214}$$

式中，上标 V、R 和 G 分别表示 Voigt 假设、Reuss 假设和一般位移场假设。

3. 数值验证

1）数值试件

试件底面直径为 0.3 m，高为 0.6 m，颗粒数目为 3680，初始孔隙率为 0.1，如图 3.30 所示。它的制备过程为：首先，在指定空间内根据空间体积、孔隙率、粒径分布规律生成一定数量的颗粒；其次，允许试件进行循环计算直至不平衡力足够小；然后，对试件中颗粒半径进行微调使得测量球（通过设置圆心和半径定义的球形监测范围）内应力对称且足够小（<1kPa）；另外，为了阻止颗粒间出现黏结破坏，在所有颗粒接触上设置较高的黏结强度（1×10^{40} N）并设置摩擦系数为 1。依据图 3.31 所示的试件颗粒接触法向的分布，试件可看作各向同性试件，细观数值模拟可采用图 3.30 试件进行。

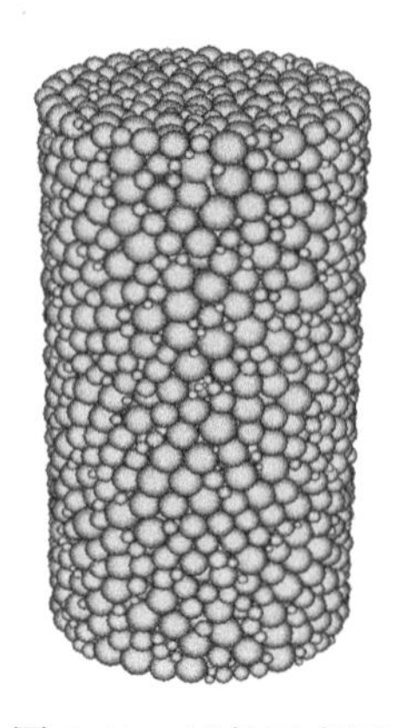

图 3.30　试件示意图

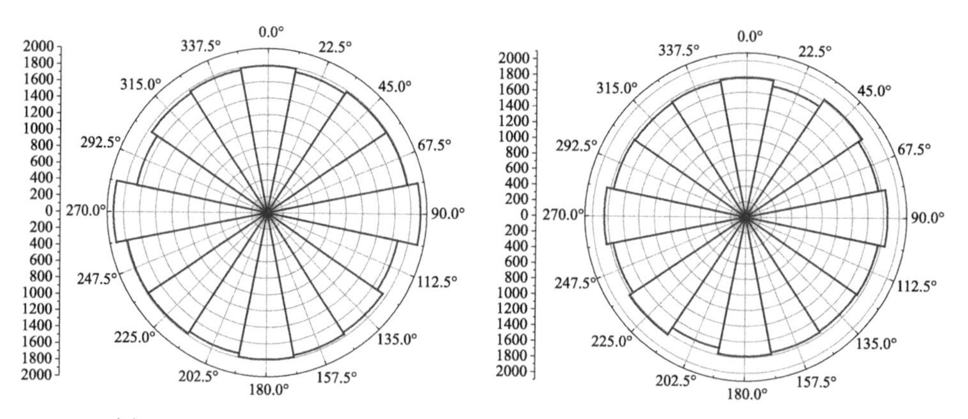

(a) *YOZ*平面上法向接触数的分布

(b) *XOZ*平面上法向接触数的分布

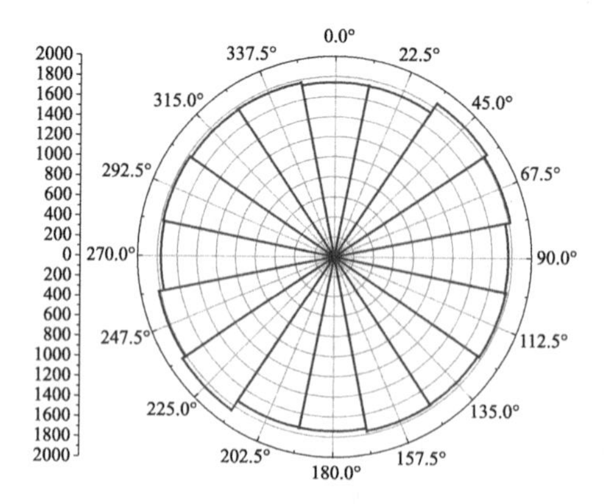

(c) *XOY*平面上法向接触数的分布

图 3.31　试件颗粒接触法向的分布

2）刚度比为 1 时的蠕变特性

这里对各向同性颗粒材料的单轴压缩蠕变试验进行数值模拟（$\sigma_{11}=1\text{MPa}$，$\sigma_{22}=\sigma_{33}=0$）。表 3.14 详细列出了试件的 Burgers 模型的各项具体参数。值得注意的是，当刚度比为 1 时，基于不同假设得到的理论解都相同，其结果为

$$\varepsilon_{11}=\frac{3V\sigma_{11}}{4N_c r^2}\cdot\left[\frac{1}{E_{n1}}+\frac{t}{\mu_{n1}}+\frac{1}{E_{n2}}\left(1-\mathrm{e}^{-\frac{E_{n2}}{\mu_{n2}}t}\right)\right] \tag{3.215}$$

此时，可认为得到的理论解就是材料蠕变的真实解。

表 3.14　试件的模型参数

法向参数		切向参数	
E_{n1}/(MN/m)	1	E_{t1}/(MN/m)	1
μ_{n1}/(MN·s/m)	1000	μ_{t1}/(MN·s/m)	1000
E_{n2}/(MN/m)	1	E_{t2}/(MN/m)	1
μ_{n2}/(MN·s/m)	10	μ_{t2}/(MN·s/m)	10

图 3.32 为试件解析解与数值解的对比。在图 3.32 中，解析解与数值解基本一致，表明该蠕变特性解析模型是合理可靠的。

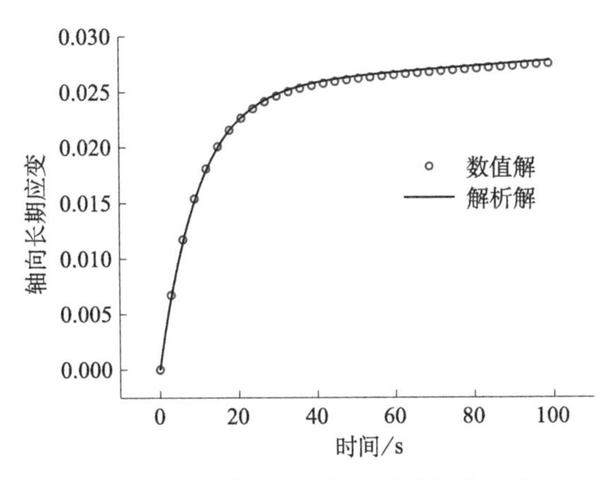

图 3.32　试件的解析解与数值解的对比

3）刚度比为 0.5 时的蠕变特性

当刚度比不为 1 时，基于不同的假设会得到不同的蠕变特性，因此有必要在刚度比不为 1 时对前文得到的理论解进行验证。这里取刚度比为 0.5 进行研究。具体参数见表 3.15。将刚度比代入式（3.212）、式（3.213）及式（3.214）可得出

$$\varepsilon_{11}^{\mathrm{V}}=\frac{27V\sigma_{11}}{28N_c r^2 E_{n2}}(1+0.001t-\mathrm{e}^{-0.1t}) \tag{3.216}$$

$$\varepsilon_{11}^{\mathrm{R}}=\frac{21V\sigma_{11}}{20N_{\mathrm{c}}r^{2}E_{n2}}(1+0.001t-\mathrm{e}^{-0.1t})\tag{3.217}$$

$$\varepsilon_{11}^{\mathrm{G}}=\frac{V\sigma_{11}(33-6\eta)}{N_{\mathrm{c}}r^{2}E_{n2}(32-4\eta)}(1+0.001t-\mathrm{e}^{-0.1t})\tag{3.218}$$

当刚度比为 0.5 时，Voigt 假设和 Reuss 假设分别对应一般假设中 η 为 1 和 $-1/3$ 的情况。

表 3.15　试件的模型参数

法向参数		切向参数	
E_{n1}/(MN/m)	10	E_{t1}/(MN/m)	5
μ_{n1}/(MN·s/m)	10000	μ_{t1}/(MN·s/m)	5000
E_{n2}/(MN/m)	10	E_{t2}/(MN/m)	5
μ_{n2}/(MN·s/m)	100	μ_{t2}/(MN·s/m)	50

由于基于一般位移场假设得到的蠕变关系中含有系数 η，所以此时得到的蠕变并不唯一。由图 3.33 可以看到，基于 Voigt 假设和 Reuss 假设得到的结果分别小于和大于数值结果，这与细观力学理论相吻合。当 η 取 0 时，基于一般假设得到的结果与数值结果一致。

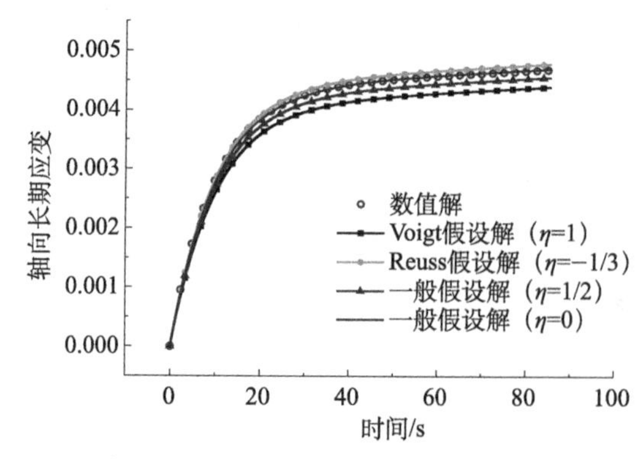

图 3.33　试件刚度比为 0.5 时的不同解析解与数值解的对比

3.5.3　模型参数的确定与验证

1. 本构模型参数的确定

利用单轴蠕变试验数据验证材料宏观蠕变模型时，将在 Voigt、Reuss 和一般位移场三种假设下得到的颗粒材料宏观蠕变特性公式展开，并取其中一个主方向的表达式如下：

$$\varepsilon_{11}^{\mathrm{V}}=\frac{3V\sigma_{11}(4+\alpha)}{4N_{\mathrm{c}}r^{2}(2+3\alpha)}\cdot\left[\frac{1}{E_{n1}}+\frac{t}{\mu_{n1}}+\frac{1}{E_{n2}}\left(1-\mathrm{e}^{-\frac{E_{n2}}{\mu_{n2}}t}\right)\right]\tag{3.219}$$

$$\varepsilon_{11}^{R}=\frac{3V\sigma_{11}}{20N_{c}r^{2}}\left(3+\frac{2}{\alpha}\right)\cdot\left[\frac{1}{E_{n1}}+\frac{t}{\mu_{n1}}+\frac{1}{E_{n2}}\left(1-e^{-\frac{E_{n2}}{\mu_{n2}}t}\right)\right] \tag{3.220}$$

$$\varepsilon_{11}^{G}=\frac{V\sigma_{11}(33-9\eta+6\eta\alpha)}{8N_{c}r^{2}(3\eta\alpha+4-2\eta)}\cdot\left[\frac{1}{E_{n1}}+\frac{t}{\mu_{n1}}+\frac{1}{E_{n2}}\left(1-e^{-\frac{E_{n2}}{\mu_{n2}}t}\right)\right] \tag{3.221}$$

上述模型在形式上高度一致，且为了方便应用将其表述为一个模型：

$$\varepsilon_{11}=\frac{V\sigma_{11}}{N_{c}r^{2}}\beta\cdot\left[\frac{1}{E_{n1}}+\frac{t}{\mu_{n1}}+\frac{1}{E_{n2}}\left(1-e^{-\frac{E_{n2}}{\mu_{n2}}t}\right)\right] \tag{3.222}$$

式中，β根据不同的假设和刚度比确定。

上述模型均基于颗粒细观力学的理论推导得到，其模型参数可通过蠕变试验结果进行反演分析。材料蠕变理论模型参数的确定过程如下所述。

1）颗粒接触总数 N_c

在求颗粒接触总数前必须了解各种粒径范围的颗粒数及颗粒平均配位数。在本书中颗粒平均配位数取 3，各种粒径范围的颗粒具体数目可根据总质量和单个颗粒的质量近似求得。以粒径 20～40mm 的颗粒为例，首先可以认为该粒径范围内的颗粒平均质量为：$m_1=\rho_1\cdot\frac{4}{3}\pi r_1^3=0.2827\text{kg}$，其次可以求得该粒径范围内颗粒总质量 $m_{总}^{1}=14.62\text{kg}$，故此粒径范围内的颗粒总数近似为 $N_1=14.62/0.2827=52$。同理可求得其他粒径范围内的颗粒数，整理见表 3.16。根据表 3.16 可以求得颗粒接触总数近似为 $N_c=14513\times3=43539$。

表 3.16　各种粒径范围内的颗粒数

粒径/mm	20～40	10～20	5～10	1～5	总计
颗粒数	52	259	1530	12672	14513

2）颗粒平均粒径 r

根据表 3.16 可以求得颗粒平均粒径近似为 $r=\frac{m_1r_1+m_2r_2+m_3r_3+m_4r_4}{m_{总}^{1}+m_{总}^{2}+m_{总}^{3}+m_{总}^{4}}$。颗粒平均粒径仅与表 3.16 的骨料级配有关，即级配确定的情况下颗粒平均粒径一致。其余参数根据实验数据反演得到。

通过对试验结果的反演分析，确定了模型各项参数，如表 3.17 所示。将根据表 3.17 提供的各项参数得到的理论结果与试验结果进行对比，如图 3.34 所示，拟合曲线吻合度高。基于细观理论推导得到的蠕变模型能较好地反映不同胶凝掺量下胶凝砂砾石料的宏观蠕变特性，说明理论模型具有合理性；在试验荷载与材料破坏荷载比值相同的情况下，随着胶凝砂砾石料胶凝掺量增加，胶凝砂砾石料接触界面的黏性系数均逐渐减小，表明随着胶凝掺量的增加胶凝砂砾石料的蠕变变形增大；胶凝砂砾石料接触界面的法向弹性系数 E_{n1} 随着胶凝掺量的增加呈增大的趋势，说明胶凝砂砾石料初始弹性模量随着胶凝掺量的增加而增大；胶凝砂砾石料接触界面的法向弹性系数 E_{n2} 随着胶凝掺量的增加逐渐减小，说明随着胶凝掺量的增加，蠕变阶段的弹性变形量增加。

表 3.17　不同掺量的胶凝砂砾石料 Burgers 界面特性参数

胶凝掺量/(kg/m³)	荷载/MPa	N_c	r/m	β	E_{n1}/GPa	μ_{n1}/(GPa·d)	E_{n2}/GPa	μ_{n2}/(GPa·d)
100	0.9547	43539	0.003785	3.7035	1.184	680	1.705	18.75
80	0.37654				1.135	710	1.855	19.75
60	0.31841				1.103	740	2.005	20.75
40	0.15895				1.088	770	2.155	21.75

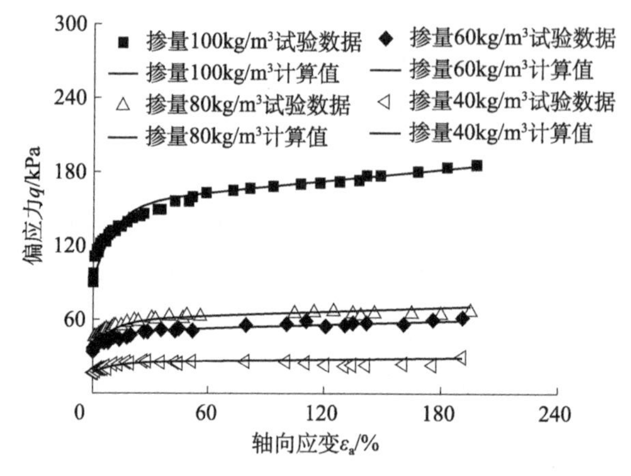

图 3.34　不同掺量的胶凝砂砾石料理论结果与试验结果的对比

2. 本构模型参数验证

为了验证胶凝砂砾石料蠕变模型参数的合理性，需采用 Prony 级数形式转换将模型植入 ANSYS 软件。首先根据前文得到的数据计算模型中的各项参数，各胶凝掺量的胶凝砂砾石料简化宏观蠕变 Burgers 模型参数如表 3.18 所示。

表 3.18　不同掺量胶凝料简化宏观模型参数

胶凝掺量/(kg/m³)	E_1/GPa	μ_1/(GPa·d)	E_2/GPa	μ_2/(GPa·d)
40	9.7	6879.8	17.9	203.3
60	9.9	6611.8	17.5	194.3
80	10.1	6343.7	16.6	176.5
100	10.6	6075.7	15.2	167.5

1）模型参数的 Prony 级数转化

在形式上，细观理论推导得到的单轴蠕变模型可与宏观 Burgers 模型一致，简化后蠕变模型表达式为

$$\varepsilon=\sigma\cdot\left[\frac{1}{E_1}+\frac{t}{\mu_1}+\frac{1}{E_2}\left(1-\mathrm{e}^{-\frac{E_2}{\mu_2}t}\right)\right] \tag{3.223}$$

式中，$E_1=\frac{N_c r^2}{V\beta}\cdot E_{n1}$，$\mu_1=\frac{N_c r^2}{V\beta}\cdot\mu_{n1}$，$E_2=\frac{N_c r^2}{V\beta}\cdot E_{n2}$，$\mu_2=\frac{N_c r^2}{V\beta}\cdot\mu_{n2}$。

对于 Burgers 模型，有

$$E(t)=\frac{E_1}{\omega-\xi}\left[\left(\frac{E_2}{\mu_2}-\xi\right)\mathrm{e}^{-\xi t}-\left(\frac{E_2}{\mu_2}-\omega\right)\mathrm{e}^{-\omega t}\right]=E_\infty+E_0\left(a_1\mathrm{e}^{-t/\tau_1}+a_2\mathrm{e}^{-t/\tau_2}\right) \tag{3.224}$$

式中，$\omega=\frac{p_1+\sqrt{p_1^2-4p_2}}{2p_2}$，$\xi=\frac{p_1-\sqrt{p_1^2-4p_2}}{2p_2}$，对于胶凝砂砾石料有$E_\infty=0$，$E_0=E_1$，$a_1=\frac{1}{\xi-\omega}\left(\frac{E_2}{\mu_2}-\omega\right)$，$\tau_1=\frac{1}{\omega}$，$a_2=\frac{1}{\omega-\xi}\left(\frac{E_2}{\mu_2}-\xi\right)$，$\tau_2=\frac{1}{\xi}$。

剪切松弛模量和体积松弛模量分别为

$$G(t)=\frac{G_1}{\omega-\xi}\left[\left(\frac{E_2}{\mu_2}-\xi\right)\mathrm{e}^{-\xi t}-\left(\frac{E_2}{\mu_2}-\omega\right)\mathrm{e}^{-\omega t}\right]=G_0\left(a_1^G\mathrm{e}^{-t/\tau_1^G}+a_2^G\mathrm{e}^{-t/\tau_2^G}\right) \tag{3.225}$$

$$K(t)=\frac{K_1}{\omega-\xi}\left[\left(\frac{E_2}{\mu_2}-\xi\right)\mathrm{e}^{-\xi t}-\left(\frac{E_2}{\mu_2}-\omega\right)\mathrm{e}^{-\omega t}\right]=K_0\left(a_1^K\mathrm{e}^{-t/\tau_1^K}+a_2^K\mathrm{e}^{-t/\tau_2^K}\right) \tag{3.226}$$

式中，$G_0=G_1=\frac{E_1}{2(1+\nu)}$，$K_0=K_1=\frac{E_1}{3(1-2\nu)}$，$a_1^G=a_1^K=\frac{1}{\xi-\omega}\left(\frac{E_2}{\mu_2}-\omega\right)$，$\tau_1^G=\tau_1^K=\frac{1}{\omega}$，$a_2^G=a_2^K=\frac{1}{\omega-\xi}\left(\frac{E_2}{\mu_2}-\xi\right)$，$\tau_2^G=\tau_2^K=\frac{1}{\xi}$。

在 ANSYS 中，Burgers 模型需输入的 Prony 级数参数 a_1、a_2、τ_1、τ_2，可通过上述公式获得，各掺量下胶凝砂砾石料 Prony 级数见表 3.19。

表 3.19　不同掺量胶凝料 Prony 级数

胶凝掺量/(kg/m³)	a_1	τ_1/d	a_2	τ_2/d
40	0.36	7.33	0.64	1095.8
60	0.37	7.09	0.63	1053.5
80	0.39	6.58	0.62	1012.4
100	0.41	6.48	0.59	982.6

2）胶凝砂砾石料单轴压缩蠕变数值模拟

以掺量 100kg/m³ 的胶凝砂砾石料为例，这里对单轴压缩蠕变试验试件进行数值模拟，其计算模型见图 3.35。数值模拟过程中设置的边界条件与试验时的

试件边界条件一致。图 3.36 给出了基于上述模型的蠕变数值结果、理论解以及试验结果，三者吻合度较高。

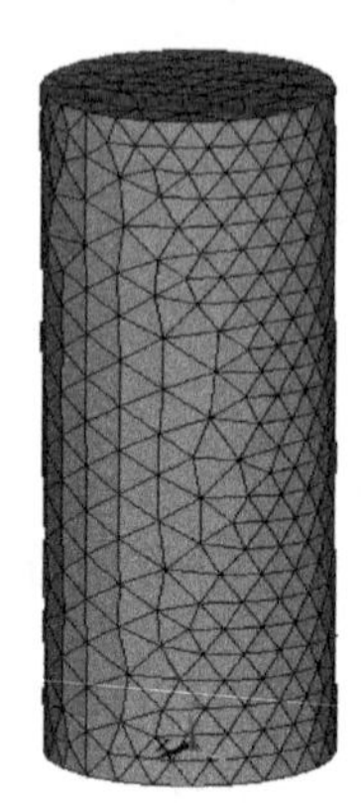

图 3.35 标准网格图

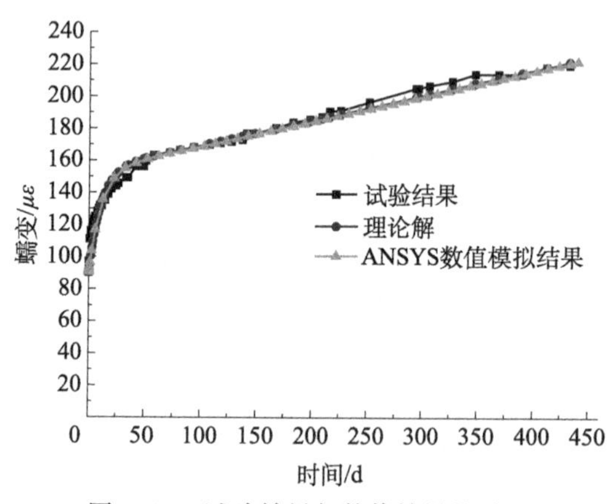

图 3.36 试验结果与数值结果的对比

3.6 胶凝砂砾石料绝热温升模型

3.6.1 绝热温升模型

绝热温升值是结构温度场仿真计算时重要的热力学参数之一，其计算公式主要有指数式、双曲线式以及复合指数式三类。

（1）指数式：

$$\theta(\tau)=\theta_0\left(1-e^{-m\frac{\tau}{\tau_0}}\right) \tag{3.227}$$

式中，$\theta(\tau)$ 为龄期 τ 时的累积水化热，kJ/kg；θ_0 为最终水化热，kJ/kg；τ 为龄期，d；m 为常数，与水泥品种、比表面积及浇筑温度有关；τ_0 为相对龄期，d。

（2）双曲线式：

$$\theta(\tau)=\frac{\theta_0\dfrac{\tau}{\tau_0}}{n+\dfrac{\tau}{\tau_0}} \tag{3.228}$$

式中，θ_0 为最终的绝热温升值，℃；n 为常数，τ 为龄期，d；τ_0 为相对龄期，d。

（3）复合指数式：

$$\theta(\tau)=\theta_0(1-e^{-m\tau^n}) \tag{3.229}$$

式中，m、n 分别为计算参数，其取值可参考表 3.20。

表 3.20　水泥水化热复合指数式的 θ_0、m 及 n 值

水泥品种	θ_0/(kJ/kg)	m	n
普通硅酸盐水泥 32.5 级、42.5 级	330	0.69	0.56
	350	0.36	0.74
普通硅酸盐大坝水泥 52.5 级	270	0.79	0.70
低热矿渣硅酸盐大坝水泥 42.5 级	285	0.29	0.76

3.6.2　模型的适用性分析

表 3.21 列出了胶凝掺量从 40kg/m³ 到 140kg/m³ 的双曲线以及指数表达式。这里利用表 3.21 中的各双曲线以及指数式对胶凝砂砾石料绝热温升试验结果进行拟合。图 3.37 给出了不同胶凝掺量的胶凝砂砾石料绝热温升拟合曲线，从图 3.37 中可见，指数式拟合结果误差较大，而双曲线式得出不同胶凝掺量的胶凝砂砾石料绝热温升计算值与相应的试验结果基本吻合，本书建议胶凝砂砾石坝进行数值模拟时，采用双曲线型的绝热温升表达式。

表 3.21　不同胶凝掺量的绝热温升表达式

胶凝掺量/(kg/m³)	双曲线式/℃	指数式/℃
40	$\theta(\tau)=\frac{6.58\tau}{2.45+\tau}$	$\theta(\tau)=5.71(1-e^{-0.30\tau})$
60	$\theta(\tau)=\frac{9.59\tau}{2.63+\tau}$	$\theta(\tau)=8.26(1-e^{-0.29\tau})$
80	$\theta(\tau)=\frac{13.63\tau}{2.64+\tau}$	$\theta(\tau)=11.75(1-e^{-0.29\tau})$
100	$\theta(\tau)=\frac{16.84\tau}{2.87+\tau}$	$\theta(\tau)=14.40(1-e^{-0.28\tau})$

续表

胶凝掺量/(kg/m³)	双曲线式/℃	指数式/℃
120	$\theta(\tau)=\frac{21.58\tau}{3.26+\tau}$	$\theta(\tau)=18.27(1-e^{-0.25\tau})$
140	$\theta(\tau)=\frac{26.96\tau}{2.80+\tau}$	$\theta(\tau)=23.15(1-e^{-0.28\tau})$

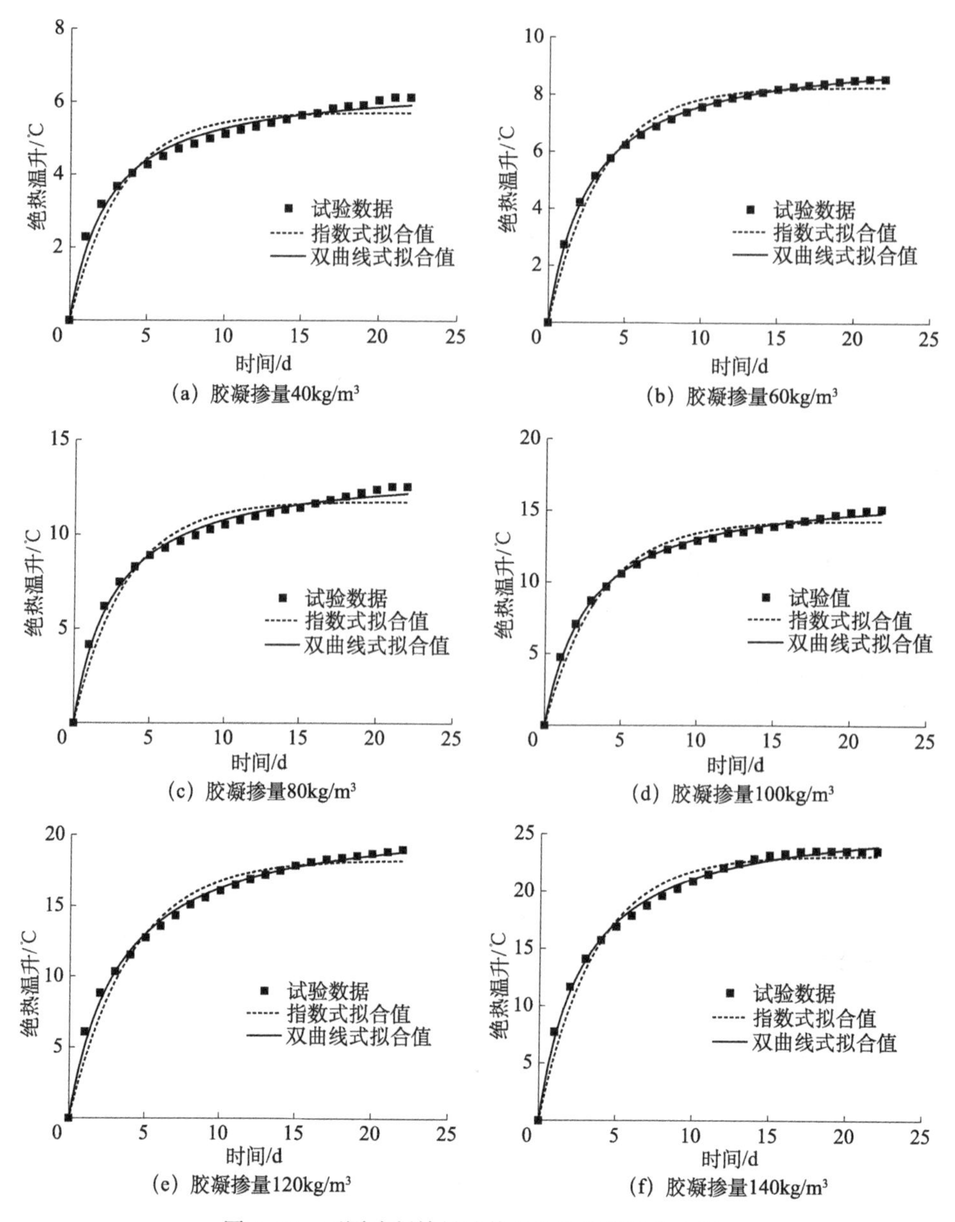

图 3.37 不同胶凝掺量绝热温升实测值及拟合值

3.7 小　　结

本章建立了适用于胶凝砂砾石料的应力-应变方程与体积应变方程，并结合邓肯-张模型的推导方式，提出一种新的胶凝砂砾石料非线性本构模型——胶凝砂砾石料修正邓肯-张模型，该模型计算结果与三轴剪切排水试验数据较为吻合，可较为准确地预测胶凝砂砾石料应力-应变特征，为进行合理的胶凝砂砾石坝结构分析提供了理论依据。

在总结几类岩土材料本构建模理论的基础上，本章给出了广义弹塑性矩阵的统一形式，剖析了几类经典的弹塑性本构模型对胶凝砂砾石料力学特性的适用性，提出了胶凝掺量影响的胶凝砂砾石料屈服函数及塑性模量，构建了一种结构简单、参数均由常规三轴试验确定的胶凝砂砾石料弹塑性本构模型。

在分析考虑不同胶凝掺量下的胶凝砂砾石料动力特性的基础上，本章提出了动模量、阻尼比表达式，建立了一种新的胶凝砂砾石料动力本构模型。

基于颗粒材料线弹性问题在 Reuss、Voigt 和一般位移场三种假设下的解，通过 Laplace 逆变换，本章提出了一种新的适用于胶凝砂砾石料的宏观蠕变特性理论模型，该模型的解析解与数值结果相吻合，可较为准确地预测胶凝砂砾石料蠕变特性，为进行胶凝砂砾石坝结构长期变形分析提供了理论依据。

本章揭示了胶凝砂砾石料绝热温升值与胶凝掺量的关系，提出了可反映不同胶凝掺量的胶凝砂砾石料绝热温升性能的关系式。

第 4 章　胶凝砂砾石坝结构工作性态

构建胶凝砂砾石料本构模型的最终目的是用于预测胶凝砂砾石坝应力变形，研究大坝结构工作性态。本章分别基于新构建的胶凝砂砾石料静力、动力、蠕变以及热力学本构模型，进行静力、地震作用、长期运行以及考虑温度应力作用下的胶凝砂砾石坝结构工作性态研究，为该新坝型结构设计提供重要参考。

4.1　静力工作性态

4.1.1　基本理论与方法

1. 有限元法

胶凝砂砾石坝结构数值模拟一般采用有限元法，其基本思想是将原结构离散成一组有限个且按某种方式相互连接的单元组合体，用近似函数表示单元内的真实场变量，进而给出离散模型的数值解。大坝结构有限元数值模拟的基本步骤如下所述。

（1）结构的离散化。将求解部位划分成有限单元网格，单元之间通过连续条件与平衡条件协调，单元形状、密度要根据计算精度要求以及结构或区域特性决定。

（2）位移函数的选择。在有限元法中，位移函数大多采用多项式表示。

（3）单元刚度矩阵 $[K]^e$ 的形成。单元刚度矩阵是单元抵抗外力荷载能力的一种反映，主要取决于材料本构关系、位移模型、单元形态等因素。

（4）单元等效节点荷载列阵的形成。有限元法将结构上各种力以集中力形式施加于单元节点。

(5) 总体刚度矩阵 $[K]$ 的构造。由单元刚度矩阵 $[K]^e$ 根据单元连接关系集成总体刚度矩阵，之后由有限元法的基本方程求得节点和单元的位移向量。

(6) 应力计算。由位移向量和总体刚度矩阵 $[K]$ 可求得节点和单元应力。

2. 施工过程及蓄水过程模拟

(1) 施工过程的模拟。

与面板堆石坝施工方式类似，胶凝砂砾石坝需要逐级加载，分层填筑可通过单元生死功能来实现。胶凝砂砾石坝分层填筑施工的具体步骤如下：首先建立胶凝砂砾石坝的整体模型，并对其进行网格划分；然后将除第一施工步填筑坝体以外的坝体单元全部“杀死”；之后将第二施工步填筑的坝体单元激活，再将第三施工步填筑的坝体单元激活；重复上述步骤，直至大坝修筑完成。

(2) 蓄水过程的模拟。

与胶凝砂砾石坝施工过程相似，水荷载也需要分级施加。蓄水过程的模拟是随着坝前水位的不断提高，将静水压力逐步施加在混凝土面板上，按照水位的实际变化情况分级施加。

3. 材料本构模型

胶凝砂砾石坝坝体结构静力数值计算所采用的坝料本构模型为本书第 3 章所建立的胶凝砂砾石料本构模型。防渗结构为混凝土面板，其数值计算采用线弹性模型。

4.1.2　大坝静力工作性态数值模拟

1. 计算模型及材料参数

胶凝砂砾石坝计算模型为：坝高 50 m，坝顶宽度 5m，断面形状为上、下游对称的梯形，坝坡比分别为 1∶0.6；大坝模型以坝踵为原点，顺河向为 X 轴，以指向下游为正，竖向为 Y 轴，以竖直向上为正，沿坝轴线方向为 Z 轴，建立坐标系，取 1m 单宽坝段；坝基为基岩；坝体上游面设厚度为 0.3m 的混凝土面板作为防渗体系，面板与坝体之间设置接触面模拟其相互作用，摩擦系数设置为 0.3；模型底部设置三向约束，大坝两侧设置法向约束；坝身按 24 级分层填筑进行模拟；模型示意图见图 4.1。蓄水按 4 级加载进行模拟，蓄水期上游水深为 48m，下游无水，水荷载作用于上游面板。

胶凝砂砾石坝数值计算时采用的本构模型包括：胶凝砂砾石料修正邓肯-张模型与弹塑性本构模型，其材料参数分别见表 4.1 和表 4.2。混凝土防渗面板数值模拟采用线弹性模型，其材料参数分别为 $\rho=2450\text{kg/m}^3$、$E=36\text{GPa}$、$\mu=0.167$。

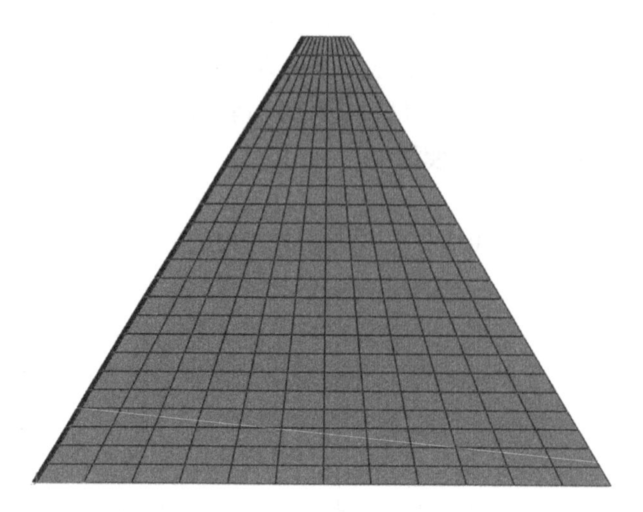

图 4.1　胶凝砂砾石坝有限元计算模型

表 4.1　胶凝砂砾石料非线性修正邓肯-张模型

胶凝掺量 /(kg/m³)	ρ /(kg/m³)	k	n	φ /(°)	c /kPa	k_{ur}	ε_{am} /%	λ_1 /(×10⁻³)	d_1 /%	λ_2 /(×10⁻³)	d_2 /%
80	2290	3150	0.26	39.2	1082	3780	1.42	0.33	0.88	0.24	0.17

表 4.2　胶凝砂砾石料弹塑性本构模型

胶凝掺量 /(kg/m³)	k	n	φ /(°)	c /kPa	A_{ur}	λ_0 /%	d_0 /%	λ_1 /(×10⁻³)	d_1 /%	λ_2 /(×10⁻³)	d_2 /%	k_t /%
80	3150	0.26	39.2	1082	1.2	0.058	0.99	0.33	0.88	0.24	0.17	0.15

2. 基于修正邓肯-张非线性弹性模型的计算结果分析

图 4.2 为竣工期坝体水平位移、沉降等值线图，图 4.3 为竣工期坝体大、小主应力等值线图，图 4.4 为竣工期坝体应力水平等值线图。计算结果显示：竣工期坝体上游侧水平位移呈向上游变位的趋势，其最大值为 0.7cm，发生在上游侧约 1/5 坝高的坝面位置；坝体下游侧水平位移呈向下游变位的趋势，其最大值为 0.8cm，发生在下游侧约 1/5 坝面位置；受体型和材料特性的影响，最大沉降发生位置略低于常规堆石坝最大沉降（约 2/3 坝高），而量值同样小于同等坝高的堆石坝；竣工期坝体大、小主应力均为压应力，最大值分别约为 766kPa 和 318kPa；大、小主应力最大值均发生在坝体建基面坝轴线位置；坝体应力水平相对较低，最大值为 0.11，出现在坝体建基面正上方 1/5 坝高位置。

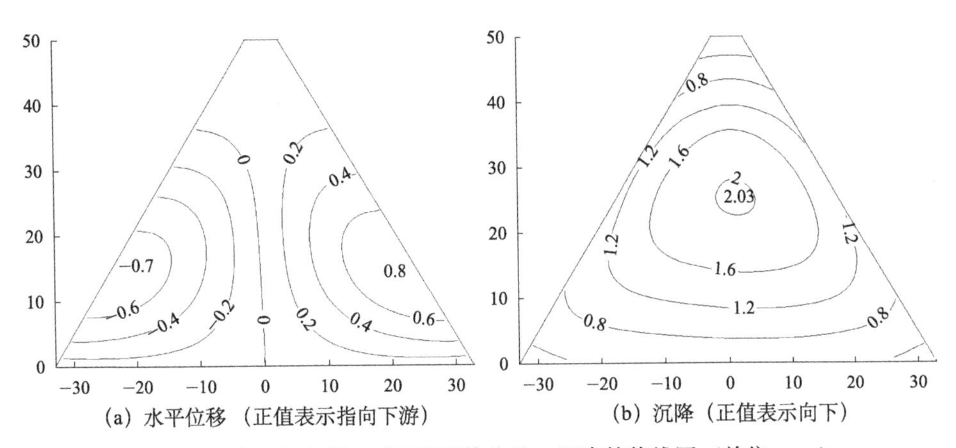

(a) 水平位移（正值表示指向下游）　　(b) 沉降（正值表示向下）

图 4.2　竣工期胶凝砂砾石坝坝体位移、沉降等值线图（单位：cm）

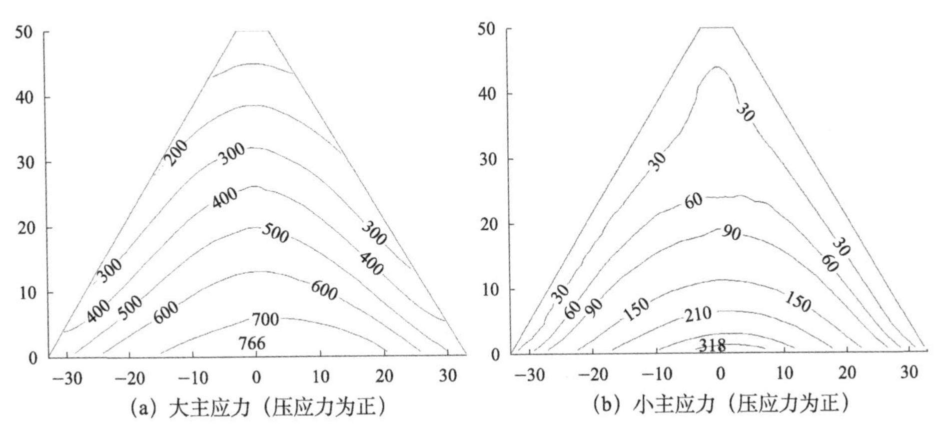

(a) 大主应力（压应力为正）　　(b) 小主应力（压应力为正）

图 4.3　竣工期胶凝砂砾石坝坝体大、小主应力等值线图（单位：kPa）

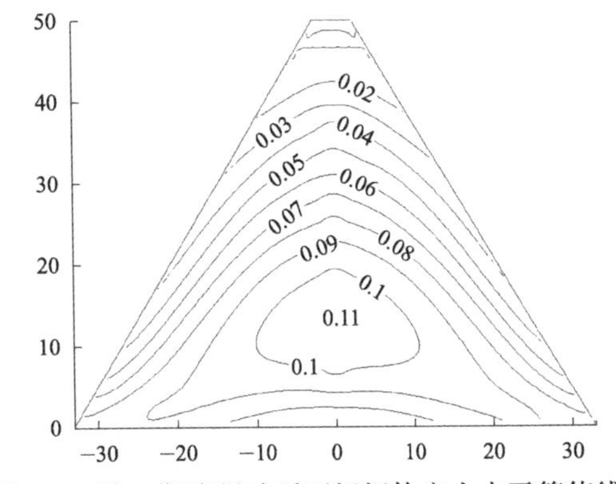

图 4.4　竣工期胶凝砂砾石坝坝体应力水平等值线图

图 4.5 为蓄水期胶凝砂砾石坝水平位移与沉降等值线图，图 4.6 为坝体大、小主应力等值线图，图 4.7 为坝体应力水平等值线图。在图 4.5～图 4.7 中，受

上游水荷载作用，蓄水期坝体由向上、下游变形的趋势转变为仅向下游变形的趋势，且最大值较竣工期有所增长，约为1.91cm，发生在坝顶附近区域；蓄水期坝体沉降分布规律与竣工期大体相同，最大沉降值为2.16cm；蓄水坝体大主应力分布规律与竣工期相似，量值增大，最大值为950kPa左右，发生在坝体建基面坝轴线附近；坝体大、小主应力同样是随着深度的增加而增大；坝体最大应力水平出现在建基面偏下游位置，且量值略大于竣工期，约为0.14。

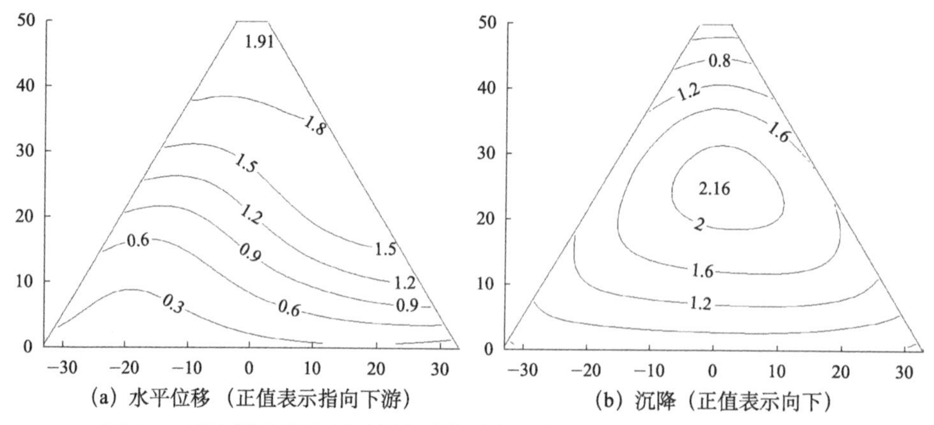

(a) 水平位移（正值表示指向下游）　　(b) 沉降（正值表示向下）

图4.5　蓄水期胶凝砂砾石坝水平位移与沉降等值线分布图（单位：cm）

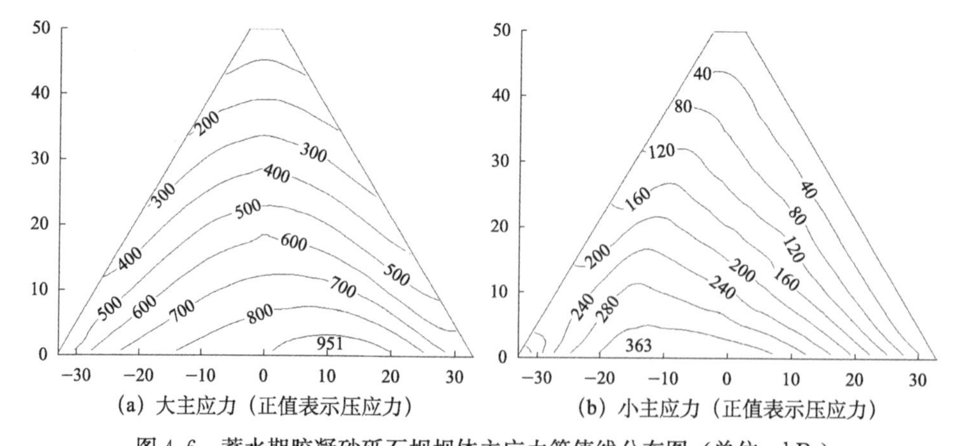

(a) 大主应力（正值表示压应力）　　(b) 小主应力（正值表示压应力）

图4.6　蓄水期胶凝砂砾石坝坝体主应力等值线分布图（单位：kPa）

3. 基于胶凝砂砾石料弹塑性本构模型的计算结果分析

图4.8为竣工期胶凝砂砾石坝坝体的水平位移、沉降等值线图，图4.9为竣工期坝体大小主应力等值线图，图4.10为竣工期坝体应力水平等值线图。计算结果表明：坝体水平位移分布规律与基于修正邓肯-张模型的大坝规律基本一致，上、下游侧最大值分别为0.63cm、0.68cm；最大沉降同样发生在低于约2/3坝高的位置，量值为2.64cm；坝体大、小主应力均随深度的增加而增大；

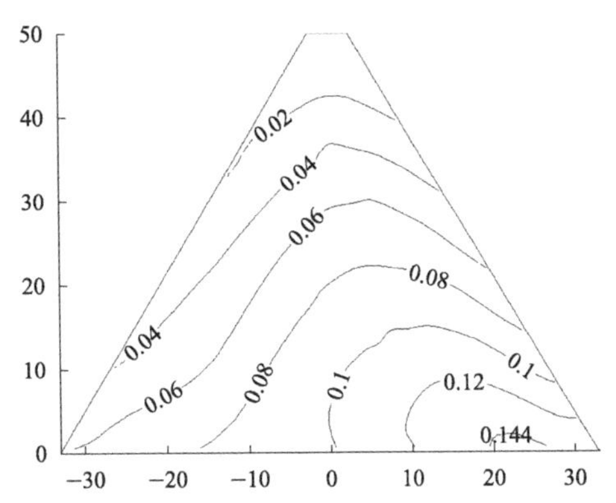

图 4.7　蓄水期胶凝砂砾石坝坝体应力水平等值线分布图

坝体大、小主应力均为压应力，大主应力最大值为 782kPa；小主应力最大值为 282kPa；大、小主应力最大值均发生在坝体建基面坝轴线位置；坝体应力水平相对较低，最大值为 0.11，出现在坝体建基面正上方 1/5 坝高位置。

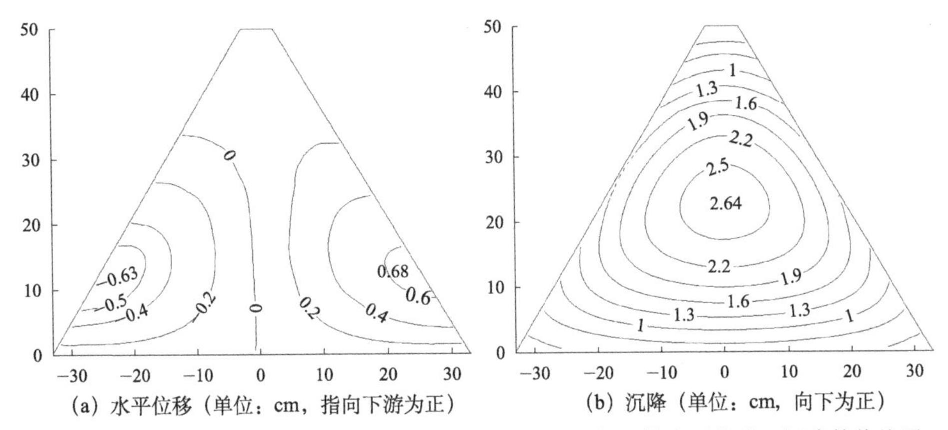

(a) 水平位移（单位：cm，指向下游为正）　(b) 沉降（单位：cm，向下为正）

图 4.8　基于胶凝砂砾石料弹塑性本构模型计算的竣工期坝体水平位移、沉降等值线图

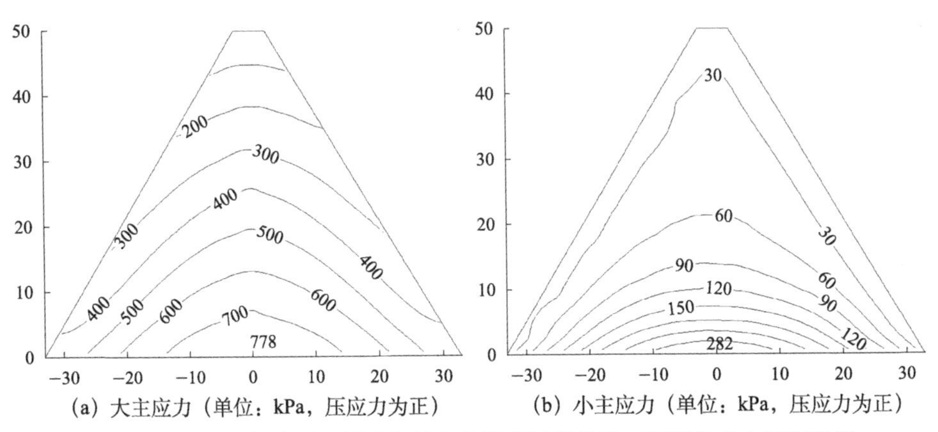

(a) 大主应力（单位：kPa，压应力为正）　(b) 小主应力（单位：kPa，压应力为正）

图 4.9　基于胶凝砂砾石料弹塑性本构模型计算的竣工期坝体应力等值线图

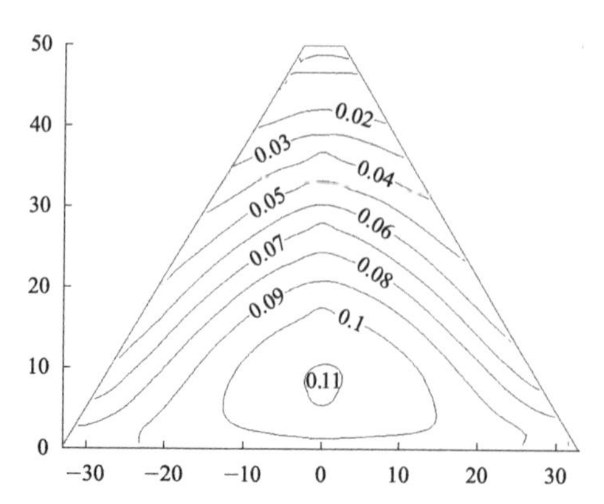

图 4.10　基于胶凝砂砾石料弹塑性本构模型计算的竣工期坝体应力水平等值线图

图 4.11 为蓄水期胶凝砂砾石坝水平位移与沉降等值线图，图 4.12 为蓄水期坝体大、小主应力等值线图，图 4.13 为蓄水期坝体应力水平等值线图。从图 4.11可看出：与竣工期相比，蓄水期坝体受到上游水荷载作用，由向上、下游变形的趋势转变为仅向下游变形的趋势，且最大值有所增长，约为 1.97cm，发生在坝顶附近区域；坝体沉降分布规律与竣工期大体相同，但最大沉降值略有增长，约为 2.96cm，出现在坝体中间 1/2 坝高处。在图 4.12 中，蓄水坝体大主应力分布规律与竣工期相似，量值增大，最大值为 920kPa 左右，发生在坝体建基面坝轴线附近；受水荷载作用的影响，坝体上游部分小主应力较竣工期增大，坝体下游部分小主应力较竣工期减小；坝体大、小主应力同样是随着深度的增加而增大。从图 4.13 可看出：坝体最大应力水平出现在建基面偏下游位置；胶凝砂砾石坝最大应力水平比竣工期略大，约为 0.15，因此，胶凝堆石坝蓄水期强度储备仍很高。

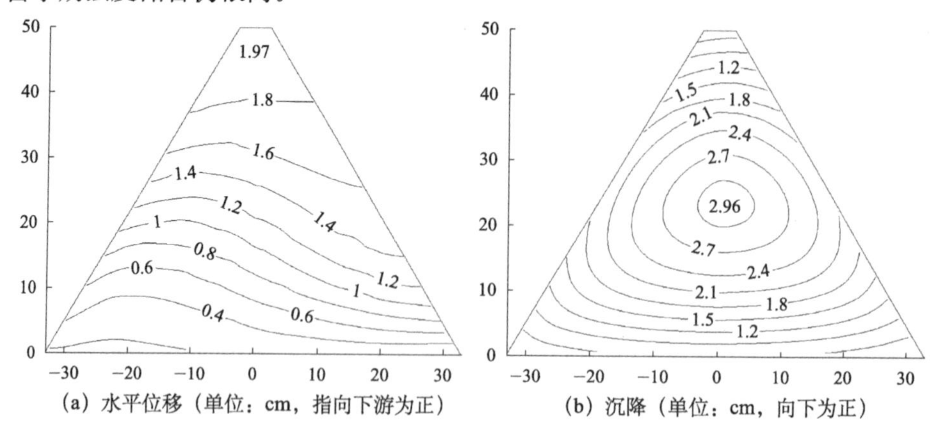

图 4.11　基于胶凝砂砾石料弹塑性本构模型的蓄水期坝体位移等值线图

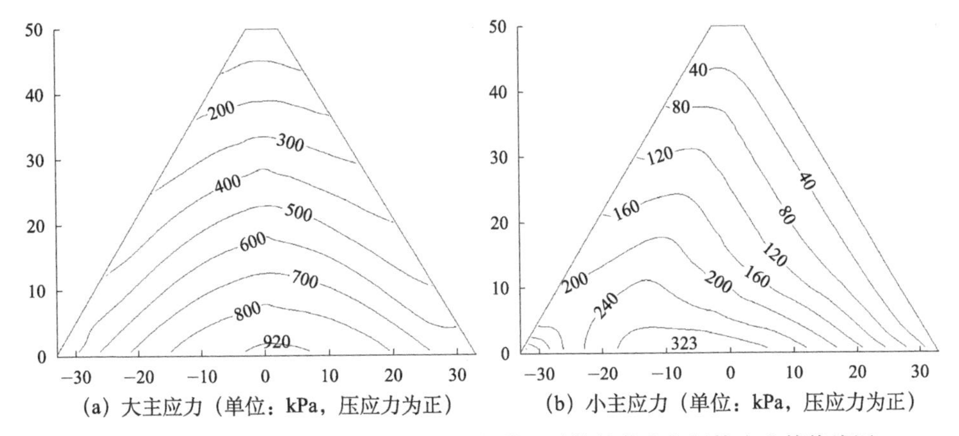

(a) 大主应力（单位：kPa，压应力为正）　(b) 小主应力（单位：kPa，压应力为正）

图 4.12　基于胶凝砂砾石料弹塑性本构模型计算的蓄水期坝体应力等值线图

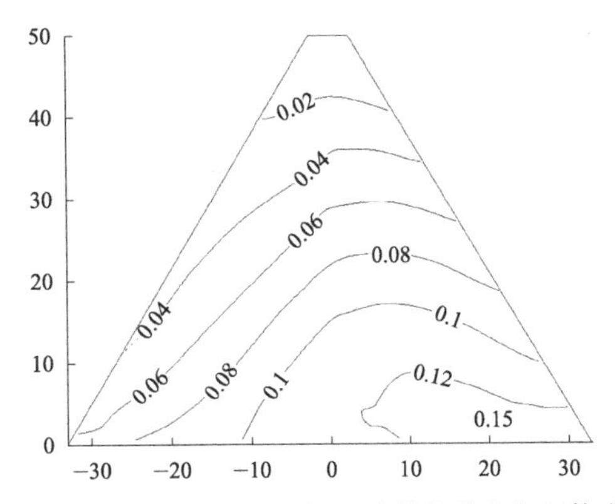

图 4.13　基于胶凝砂砾石料弹塑性本构模型计算的蓄水期坝体应力水平等值线图

4. 结果对比分析

表 4.3 与表 4.4 分别为竣工期与蓄水期基于不同本构模型得到的胶凝砂砾石坝应力变形最值结果及其发生位置。在表 4.3 与表 4.4 中，基于不同本构模型的胶凝砂砾石坝应力变形值差异较小，坝体应力变形最大值发生位置基本一致，表明坝料胶凝掺量 80kg/m³ 且坝高 50m 以下的胶凝砂砾石坝采用胶凝砂砾石料非线性模型或胶凝砂砾石料弹塑性模型进行数值模拟皆可。

表 4.3　竣工期基于不同模型的大坝应力变形最值

名称		修正邓肯-张模型		胶凝砂砾石料弹塑性本构模型	
		量值	位置	量值	位置
水平位移/cm	最小值	−0.7	坝踵上部约 1/5 坝高	−0.63	坝踵上部约 1/5 坝高
	最大值	0.8	坝趾上部约 1/5 坝高	0.68	坝趾上部约 1/5 坝高

续表

名称	修正邓肯-张模型		胶凝砂砾石料弹塑性本构模型	
	量值	位置	量值	位置
沉降/cm	2.03	中间约 1/2 坝高处	2.63	中间约 1/2 坝高处
大主应力/kPa	766	建基面坝轴线处	778	建基面坝轴线处
小主应力/kPa	318	建基面坝轴线处	282	建基面坝轴线处
应力水平	0.10	坝高约 10m 处	0.11	坝高约 13m 处

表 4.4　蓄水期基于不同模型的大坝应力变形最值

名称	修正邓肯-张模型		胶凝砂砾石料弹塑性本构模型	
	量值	位置	量值	位置
水平位移/cm	1.92	坝顶偏下游处	2.1	坝顶偏下游处
沉降/cm	2.16	中间约 1/2 坝高处	2.96	中间约 1/2 坝高处
大主应力/kPa	951	建基面坝轴线处	920	建基面坝轴线处
小主应力/kPa	363	建基面坝轴线处	323	建基面坝轴线处
应力水平	0.144	坝趾位置	0.15	坝趾位置

4.1.3　不同因素影响下的大坝工作性态

目前，胶凝砂砾石坝或围堰工程高度大多低于 50m，其建设主要是依据碾压混凝土坝或堆石坝设计规范与工程施工经验。一些学者已通过开展大坝结构应力变形有限元模拟论证其可行性，并给出胶凝砂砾石坝坝坡比、胶凝掺量等设计指标的参考取值，但各指标之间缺乏关联性。随着胶凝砂砾石坝工程的不断发展，其修筑高度逐渐增加，现有胶凝砂砾石坝设计指标取值与筑坝工程经验已不适用于指导百米级大坝的建设。

为了反映不同因素对中低坝、百米级胶凝砂砾石坝结构工作性态的影响，以及为该坝型结构设计提供参考依据，这里依据胶凝砂砾石坝应力变形有限元计算结果，分析大坝竣工期、蓄水期应力、变形随坝高、坝坡比以及坝料胶凝掺量变化的规律，建立坝料胶凝掺量、坝坡比与坝高的匹配关系，最终提出不同坝高条件下大坝坝坡比、坝料胶凝掺量等关键设计指标的参考取值。

1. 不同胶凝掺量与坝坡比的 50m 级大坝结构性态

1）计算模型

表 4.5 列出了不同坝料胶凝掺量的胶凝砂砾石坝有限元数值计算方案，其

中上下游坝坡比为 1∶0.6（胶凝砂砾石坝工程常用的坝坡比），为了分析坝料胶凝掺量对胶凝砂砾石坝应力变形结果的影响，同一坝高的胶凝砂砾石坝坝料胶凝掺量分别设定为 20kg/m³、40kg/m³、60kg/m³、100kg/m³。

表 4.5　不同坝料胶凝掺量的计算方案

坝坡比	坝高/m	胶凝掺量/(kg/m³)
1∶0.6	50	20
		40
		60
		100

表 4.6 列出了不同坝坡比条件下胶凝砂砾石坝有限元数值计算方案。从表 4.6 可看出：坝料胶凝掺量设定为 40kg/m³；同一坝高下胶凝砂砾石坝上下游坝坡比分别设定为 1∶0.6、1∶0.7、1∶0.8。

表 4.6　不同坝坡比条件下计算方案

胶凝掺量/(kg/m³)	坝高/m	坝坡比
40	50	1∶0.6
		1∶0.7
		1∶0.8

胶凝砂砾石坝数值计算模型高 50m，坝顶宽 5m，断面为上、下游对称的梯形，坝坡比分别为 1∶0.6、1∶0.7、1∶0.8。大坝模型以坝踵为原点，顺河向为 X 轴，以指向下游为正，竖向为 Y 轴，以竖直向上为正，沿坝轴线方向为 Z 轴，建立坐标系，取 1m 单宽坝段；坝基为基岩。坝体上游面设厚度为 0.3m 的混凝土面板作为防渗体系，面板与坝体之间设置接触面模拟其相互作用。模型底部设置三向约束，大坝两侧设置法向约束。大坝采用分层施工、逐级碾压的填筑方式，按 24 级进行分层填筑。坝体蓄水按 4 级加载模拟，蓄水期上游水深为 48m，下游无水，水荷载作用于上游面板。竣工期计算荷载取坝体自重，蓄水期计算荷载取坝体自重与上游静水压力。胶凝砂砾石坝结构计算采用胶凝砂砾石料弹塑性本构模型，坝料的胶凝掺量分别为 20kg/m³、40kg/m³、60kg/m³ 以及 100kg/m³，相应材料参数分别见表 3.2 与表 4.7，胶凝砂砾石料干密度分别为 2170kg/m³、2210kg/m³、2250kg/m³ 以及 2330kg/m³。混凝土面板模拟时采用线弹性模型，其材料参数为 $\rho=2450\text{kg/m}^3$，$E=36\text{GPa}$，$\mu=0.167$。

表 4.7 胶凝砂砾石料弹塑性模型参数

胶凝掺量 /(kg/m³)	k	n	φ /(°)	c /kPa	K_b	λ_0 /%	d_0 /%	λ_1 /(×10⁻³)	d_1 /%	λ_2 /(×10⁻³)	d_2 /%	k_t /%
40	875	0.48	38.7	350.2	1.6	0.2	1.92	3.1	0.3	0.44	0.37	0.23

2）计算结果分析

(1) 不同胶凝掺量。

胶凝掺量 20kg/m³、40kg/m³、60kg/m³、100kg/m³ 的胶凝砂砾石坝应力、位移分布规律与胶凝掺量 80kg/m³ 的大坝大体相同，为节约篇幅，这里仅列出如表 4.8 所示的胶凝砂砾石坝应力位移最大值。上游部分的水平位移最大值分别为 6.7cm、3.1cm、0.95cm 及 0.37cm，均发生在约 1/5 坝高的下游边缘位置，指向上游方向；下游部分的水平位移呈向下游变位的趋势，其最大值分别为 7.4cm、3.4cm、1.05cm 及 0.41cm，均发生在约 1/5 坝高的上游边缘位置，指向下游；上述变化规律表明，随着胶凝掺量增加，坝料胶结性以及硬度逐渐增大，坝体弹性模量提高，水平位移最大值减小。不同坝料胶凝掺量的胶凝砂砾石坝沉降值同样沿坝轴线对称分布；当胶凝掺量约 20kg/m³ 时，最大沉降为 19cm；当胶凝掺量增加至 40kg/m³、60kg/m³、100kg/m³ 时，对应的最大沉降分别为 11.3cm、4.4cm 及 1.24cm；胶凝掺量 20kg/m³、40kg/m³、60kg/m³、100kg/m³ 的小主应力最大值分别为 306kPa、293kPa、282kPa 及 266kPa，即随着胶凝掺量增加，小主应力最大值逐渐减小；不同胶凝掺量的胶凝砂砾石坝大主应力最大值均在 785kPa 左右；大、小主应力最大值均发生在坝体建基面坝轴线位置；受水荷载的作用，坝体大主应力最大值同样发生在坝体建基面坝轴线附近，略大于竣工期的相应值；小主应力略大于竣工期的相应值，靠近上游坝坡的坝体小主应力大于坝体偏下游处的应力，坝踵处发生应力集中；不同胶凝掺量的胶凝砂砾石坝大、小主应力最大值略有变化，但较为接近，均发生在坝基面坝轴线略偏上游位置；应力水平等值线基本上呈对称分布，其最大值位置约 1/5 坝高处；胶凝掺量 20kg/m³、40kg/m³、60kg/m³、100kg/m³ 的应力水平最大值分别为 0.48、0.28、0.16 及 0.1，即随着胶凝掺量的增加，应力水平最大值减小，强度储备逐渐增加，大坝安全性逐渐提高；蓄水期大坝可看作变截面悬臂梁，水荷载为悬臂梁线性变化的荷载，可使坝体存在向下游翻倾趋势，应力水平最大值位于坝趾处，胶凝掺量 20kg/m³、40kg/m³、60kg/m³、100kg/m³ 的应力水平最大值分别为 0.64、0.42、0.21 及 0.13，即随着胶凝掺量的增加，坝体应力水平最大值减小。

表 4.8 不同胶凝掺量大坝应力变形最大值

胶凝掺量/(kg/m³)	水平位移最大值/cm				竖向位移最大值/cm		大主应力最大值/kPa		小主应力最大值/kPa		应力水平	
	竣工期		蓄水期									
	指向上游	指向下游	指向上游	指向下游	竣工期	蓄水期	竣工期	蓄水期	竣工期	蓄水期	竣工期	蓄水期
20	6.7	7.4	—	13	19	21	792	963	306	355	0.48	0.64
40	3.1	3.4	—	6.7	11.3	12.3	795	931	293	325	0.28	0.42
60	0.95	1.05	—	2.8	4.4	4.7	790	925	282	324	0.16	0.21
100	0.37	0.41	—	1.28	1.24	1.56	777	906	266	323	0.1	0.13

胶凝砂砾石坝结构设计应力或强度要求一般包括：竣工期坝踵垂直应力应小于材料允许压应力，坝趾不应出现垂直拉应力；蓄水期坝踵不宜出现垂直拉应力，坝趾垂直应力应小于坝基允许压应力；坝体最大主应力应小于胶凝砂砾石料允许抗压强度，小主应力应小于胶凝砂砾石料允许的抗拉强度。除此之外，胶凝砂砾石坝结构设计还需进行安全稳定性验证，包括沿坝基面与坝体层面的抗滑稳定性计算。当坝基较软弱或坝料强度较低时，宜按散粒体结构计算理论对坝基与坝坡稳定性进行复核。其中，坝基面抗滑稳定性计算公式如下：

$$\delta_{kh}=\frac{f_m(P_1+P_2)}{P_3} \tag{4.1}$$

式中，δ_{kh}为抗滑稳定系数；f_m 为坝体和地基之间的摩擦系数，依据《胶结颗粒料筑坝技术导则》(SL 678—2014)，胶凝砂砾石料与基岩之间的摩擦系数 f_m 可取 0.6；P_1 为大坝自重；P_2 为上游坝坡处的竖向水压力；P_3 为上游水平水压力。基本荷载组合下胶凝砂砾石坝的抗滑稳定系数允许值[1]为：1 级为 1.1，2 级～5 级坝为 1.05。

当胶凝掺量低于 60kg/m³ 时，胶凝砂砾石坝结构工作性态类似于堆石坝，有必要进行胶凝砂砾石坝坝坡稳定性论证。坝坡稳定性计算时采用工程常用的强度折减法，即胶凝砂砾石坝重力加速度为恒定常数，将胶凝砂砾石料弹塑性本构模型中抗剪强度参数 c、φ 值折减得到一组新的强度指标 c'、φ'，折减系数 F_s 为$\frac{c}{c'}$或$\frac{\tan\varphi}{\tan\varphi'}$，之后反复计算至坝体控制点位移发生突变现象时可认为坝体破坏，此时的折减系数 F_s 为强度储备系数。

竣工期与蓄水期胶凝掺量为 20kg/m³ 且坝坡比为 1∶0.6 的 50m 胶凝砂砾石坝，其坝踵、坝趾以及坝体主应力最值均为正值，远小于胶凝砂砾石料三轴试验以及其他一些专家依据抗压强度试验得出的结果；蓄水期应力水平最大值为0.64，因此，胶凝掺量为20kg/m³，且坝坡比为1∶0.6、高为50m的胶凝砂砾石坝不符合应力要求；随着坝料胶凝掺量增至40kg/m³、60kg/m³以及100kg/m³时，坝体相同位置的大、小主应力逐渐减小，坝体安全性提高，符合应力要求；将不同胶凝掺量的胶凝砂砾石坝自重、水平与竖向水荷载值代入式（4.1）中，得到的抗滑稳定系数在2.8～3.75，大于1.1[1]，而依据强度折减法得到坝坡稳定安全系数也大于1.25；胶凝掺量超过40kg/m³的胶凝砂砾石坝符合大坝应力与稳定性要求。

当胶凝掺量低于20kg/m³时，胶凝砂砾石料不宜用于修筑高50m且坝坡比为1∶0.6的胶凝砂砾石坝；胶凝掺量的增加可提高坝体强度储备，但也增加成本，因此坝坡比为1∶0.6且高50m及其以下的胶凝砂砾石坝坝料胶凝掺量建议在60～100kg/m³选取。2004年菲律宾的Can-Asujan大坝，坝高44m，上下游坝坡比为1∶0.6，为保证大坝安全与经济性要求，胶凝掺量取100kg/m³；国内街面水电站的下游胶凝砂砾石围堰高16.3m，上下游坝坡比均为1∶0.6，胶凝掺量为80kg/m³。这些胶凝砂砾石工程运行良好，坝料胶凝掺量均在建议的取值范围内，从实际工程角度说明了坝高50m以下且坝坡比1∶0.6的胶凝砂砾石坝胶凝掺量取值的合理性。

（2）不同坝坡比组合。

由于特定胶凝掺量的胶凝砂砾石坝在不同坝坡比下应力与位移分布规律大体相同，这里仅列出如表4.9所示坝高50m的胶凝砂砾石坝应力、位移极值。

表4.9 坝料胶凝掺量40kg/m³的50m坝高大坝应力、位移最大值

坝坡比	水平位移最大值/cm				竖向位移最大值/cm		大主应力最大值/kPa		小主应力最大值/kPa		应力水平	
	竣工期		蓄水期									
	指向上游	指向下游	指向上游	指向下游	竣工期	蓄水期	竣工期	蓄水期	竣工期	蓄水期	竣工期	蓄水期
1∶0.6	3.1	3.4	—	6.7	11.3	12.3	785	931	293	325	0.28	0.42
1∶0.7	2.4	2.6	—	5.2	10	11.5	679	836	290	321	0.22	0.36
1∶0.8	1.9	2.1	—	4.5	9.5	10.9	560	739	288	319	0.15	0.29

从表4.9可看出：胶凝砂砾石坝竣工期与蓄水期位移最大值、主应力及应力水平最大值均随坝坡系数的增加而减小，其中竣工期与蓄水期的小主应力减幅较小，而大坝位移、大主应力以及应力水平减幅明显；坝坡系数1∶0.6、1∶0.7、1∶0.8时的坝体大主应力低于1000kPa，小主应力均低于350kPa，沉

降值在 9.5cm～12.3cm。

依据上述胶凝砂砾石坝的应力、变形最大值，以及强度、稳定性和工程的经济性要求，得出胶凝掺量高于 40kg/m³ 的胶凝砂砾石坝坝坡比 1∶0.8。

2. 考虑不同胶凝掺量与坝坡比影响的百米级高坝结构数值模拟

1）计算模型

表 4.10 给出了不同坝料胶凝掺量的胶凝砂砾石坝有限元数值计算方案，从表中可看出：上下游坝坡比为 1∶0.6（工程中常用的胶凝砂砾石坝上、下游坝坡比），为了分析坝料胶凝掺量对胶凝砂砾石坝应力变形结果的影响，同一坝高下胶凝砂砾石坝的坝料胶凝掺量分别设定为 40kg/m³、60kg/m³、80kg/m³、100kg/m³（接近碾压混凝土料中的胶凝掺量）。

表 4.10　不同坝料胶凝掺量的胶凝砂砾石坝有限元数值计算方案

坝坡比	坝高/m	胶凝掺量/(kg/m³)
1∶0.6	100	40
		60
		80
		100
	150	40
		60
		80
		100

表 4.11 列出了不同坝坡比条件下坝料胶凝掺量 40kg/m 的胶凝砂砾石坝有限元数值计算方案。为了分析坝坡比对胶凝砂砾石坝应力、位移的影响，同一坝高下胶凝砂砾石坝坝坡比分别设为 1∶0.6、1∶0.7 以及 1∶0.8。

表 4.11　不同坝坡比条件下胶凝砂砾石坝有限元数值计算方案

胶凝掺量/（kg/m³）	坝高/m	坝坡比
40	100	1∶0.6
		1∶0.7
		1∶0.8
	150	1∶0.6
		1∶0.7
		1∶0.8

讨论百米级以上高坝的工作性态，这里分别建立100m、150m两个坝高的模型进行计算分析。

（1）坝高100m，坝顶宽度10m，断面为上、下游对称的梯形断面，坝坡比分别为1∶0.6、1∶0.7以及1∶0.8。模型坐标系、边界条件设置、坝体上游混凝土面板与坝体之间的接触面设置与50m模型坝相同。假设坝体基础为基岩，坝体蓄水按4级加载模拟，蓄水期上游水深为96m，下游无水，水荷载作用于上游面板。大坝采用分层施工、逐级碾压的填筑方式，按24级进行分层填筑。

（2）坝高150m，坝顶宽度15m，断面为上、下游对称的梯形断面，坝坡比分别为1∶0.6、1∶0.7以及1∶0.8。模型坐标系、边界条件设置、坝体上游混凝土面板与坝体之间的接触面设置与50m模型坝相同。假设坝体基础为基岩，坝体蓄水按4级加载模拟，蓄水期上游水深为144m，下游无水，水荷载作用于上游面板。大坝采用分层施工、逐级碾压的填筑方式，按24级进行分层填筑。

上述两个计算模型的示意图与图4.1相同。

胶凝砂砾石坝结构计算采用胶凝砂砾石料弹塑性本构模型，坝料的胶凝掺量分别为40kg/m^3、60kg/m^3、80km/m^{3}以及100kg/m^3，相应的材料参数分别见表3.2、表4.2及表4.7，胶凝砂砾石料的干密度分别为2210kg/m^3、2250kg/m^3、2290kg/m^{3}以及2330kg/m^3。混凝土面板模拟时采用线弹性模型，其材料参数为$\rho=2450$kg/m^3，$E=36$GPa，$\mu=0.167$。

2）*不同坝料胶凝掺量计算结果分析*

表4.12与表4.13分别为竣工期与蓄水期100m、150m高的胶凝砂砾石坝应力、位移最大值及其发生区域。从表4.12与表4.13可看出：坝高100m与150m的胶凝砂砾石坝大、小主应力及水平位移最大值位置大体相同，但应力水平、沉降最大值位置随胶凝掺量的增加而降低。结合表4.12、表4.13以及坝高50m胶凝砂砾石坝的应力与位移最大值，绘制了如图4.14所示的不同坝高下应力、位移最大值与胶凝掺量的关系曲线。在图4.14中，同一坝料胶凝掺量的胶凝砂砾石坝竣工期与蓄水期位移、主应力及应力水平最大值均随坝高的增加而增大；在同一坝高下，随着胶凝掺量增加，大坝位移减小，但幅度减小，而胶凝掺量对特定坝高下的胶凝砂砾石坝大、小主应力的影响较小；当坝高为100m时，胶凝掺量低于40kg/m^{3}的坝体蓄水期位移达到10cm以上，且应力水平均大于0.55，坝体强度储备小；当坝高达150m时，胶凝掺量低于60kg/m^{3}的坝体位移达到10cm以上，应力水平均大于0.5，大坝强度储备很小，甚至无强度储备能力。

表 4.12　不同坝料胶凝掺量的 100m 高坝体应力、位移最大值

胶凝掺量/(kg/m³)	水平位移最大值/cm				竖向位移最大值/cm		大主应力最大值/kPa		小主应力最大值/kPa		应力水平	
	竣工期		蓄水期		竣工期	蓄水期	竣工期	蓄水期	竣工期	蓄水期	竣工期	蓄水期
	指向上游	指向下游	指向上游	指向下游								
40	5.3	5.9	—	11.0	17	18.5	1570	1890	588	677	0.55	0.75
60	1.6	1.7	—	4.2	6.6	7.4	1560	1860	570	654	0.29	0.42
80	0.97	1.05	—	3.0	4.3	4.8	1560	1830	533	637	0.21	0.27
100	0.67	0.72	—	2.0	2.35	2.6	1540	1800	528	637	0.16	0.25

表 4.13　不同坝料胶凝掺量的 150m 高坝体应力、位移最大值

胶凝掺量/(kg/m³)	水平位移最大值/cm				竖向位移最大值/cm		大主应力最大值/kPa		小主应力最大值/kPa		应力水平	
	竣工期		蓄水期		竣工期	蓄水期	竣工期	蓄水期	竣工期	蓄水期	竣工期	蓄水期
	指向上游	指向下游	指向上游	指向下游								
40	8.3	9.2	—	16.0	21.7	24.3	2374	2883	897	1061	0.92	1.0
60	2.21	2.37	—	5.31	8.53	9.5	2353	2768	838	1000	0.45	0.45
80	1.4	1.5	—	3.9	5.65	6.35	2335	2756	785	979	0.29	0.44
100	0.97	1.0	—	2.62	3.17	3.53	2306	2696	771	972	0.25	0.38

考虑到大坝的安全性与经济性，依据坝高 100m、150m 胶凝砂砾石坝应力、变形极值，以及大坝断面设计应力、稳定性要求，坝高 100m 且坝坡比为 1∶0.6 胶凝砂砾石坝的坝料胶凝掺量宜在 60～100kg/m³ 范围内。由于目前尚未有坝高 150m 胶凝砂砾石坝工程建设的相关报道，该级别大坝的设计与建设缺乏经验，为保证安全，应认真考虑坝料胶凝掺量与坡比的取值。

3）不同坝坡比条件下计算结果分析

表 4.14 和表 4.15 分别为坝高 100m 与 150m，且胶凝掺量 40kg/m³ 的胶凝砂砾石坝在不同坝坡比下的应力位移最大值，包括坝体水平位移最大值（坝顶与上游坝面相交处）、坝体竖直位移最大值（坝体中部约 1/2 坝高处）、大主应力最大值（坝底与坝轴线相交位置）、小主应力最大值（坝底与坝轴线相交位置）。从表 4.14 和表 4.15 可看出：不同坝坡下等坝高的胶凝砂砾石坝位移最大值随着坝坡变缓而减小；等坝坡比的大坝大、小主应力，位移，应力水平最大值位置均随其高度的提高而增高，但相对位置保持不变。

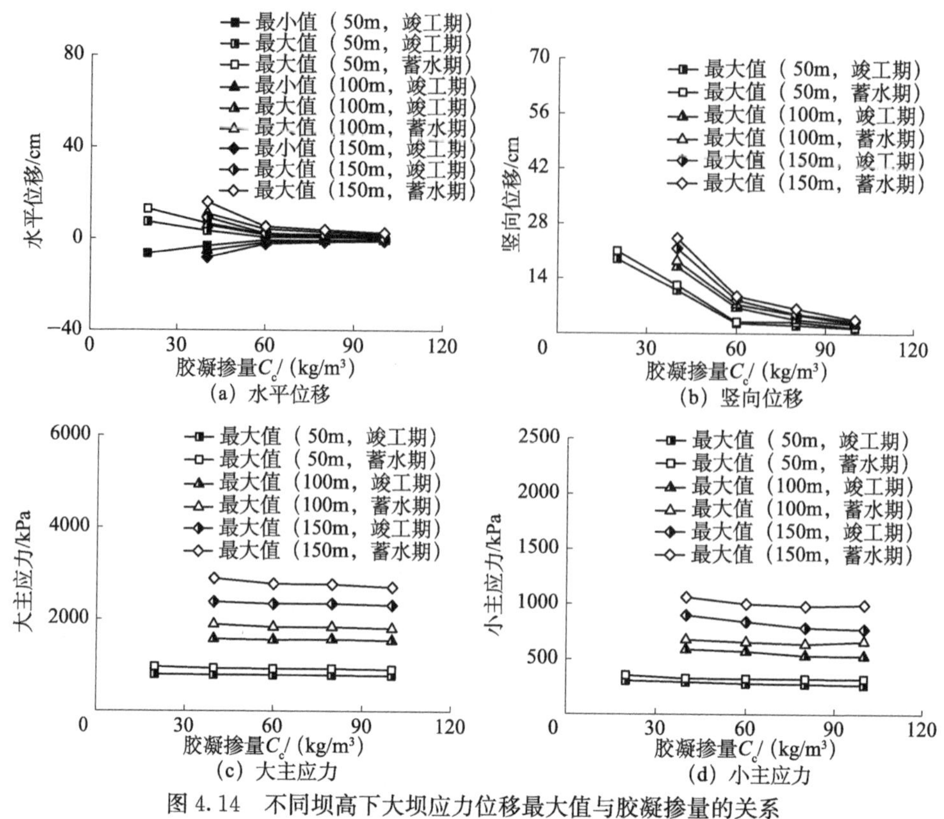

图 4.14 不同坝高下大坝应力位移最大值与胶凝掺量的关系

表 4.14 胶凝掺量为 40kg/m³ 的 100m 高坝体应力位移

坝坡比	水平位移最大值/cm				竖向位移最大值/cm		大主应力最大值/MPa		小主应力最大值/MPa		应力水平	
	向上游		向下游									
	竣工期	蓄水期	竣工期	蓄水期	竣工期	蓄水期	竣工期	蓄水期	竣工期	蓄水期	竣工期	蓄水期
1∶0.6	5.3	—	5.9	11	17	18.5	1570	1890	588	677	0.55	0.75
1∶0.7	4.0	—	4.4	8.6	15.5	17.3	1359	1697	582	669	0..44	0.71
1∶0.8	3.3	—	3.7	7.5	14.6	16.5	1120	1501	578	665	0.31	0.58

表 4.15 胶凝掺量为 40kg/m³ 的 150m 高坝体应力位移

坝坡比	水平位移最大值/cm				竖向位移最大值/cm		大主应力最大值/MPa		小主应力最大值/MPa		应力水平	
	向上游		向下游									
	竣工期	蓄水期	竣工期	蓄水期	竣工期	蓄水期	竣工期	蓄水期	竣工期	蓄水期	竣工期	蓄水期
1∶0.6	8.3	—	9.2	16	21.7	24.3	2374	2883	897	1061	0.92	1.0
1∶0.7	6.2	—	6.9	12.5	19.7	22.7	2056	2589	887	1049	0.66	1.0
1∶0.8	5.1	—	5.7	10.9	18.6	21.6	1693	2290	882	1043	0.46	0.86

为了更清晰了解不同坝高的胶凝砂砾石坝应力位移最大值随坝坡的变化趋势，绘制了如图 4.15 所示的 50m、100m 以及 150m 高大坝应力位移最大值与边坡系数的关系曲线。从图 4.15 中可看出：胶凝砂砾石坝竣工期与蓄水期的位移、主应力及应力水平最大值绝对值均随坝坡系数的增加而减小，坝高的增加会使坝体受荷增大，刚度不变，应力水平，大、小主应力以及位移均增大；坝高 50m、100m 的胶凝砂砾石坝在各坝坡比下的水平位移与沉降值均在 10～40cm 范围内；当坝高达 150m 时，胶凝掺量 40kg/m³ 的大坝最大应力水平高于 0.5。

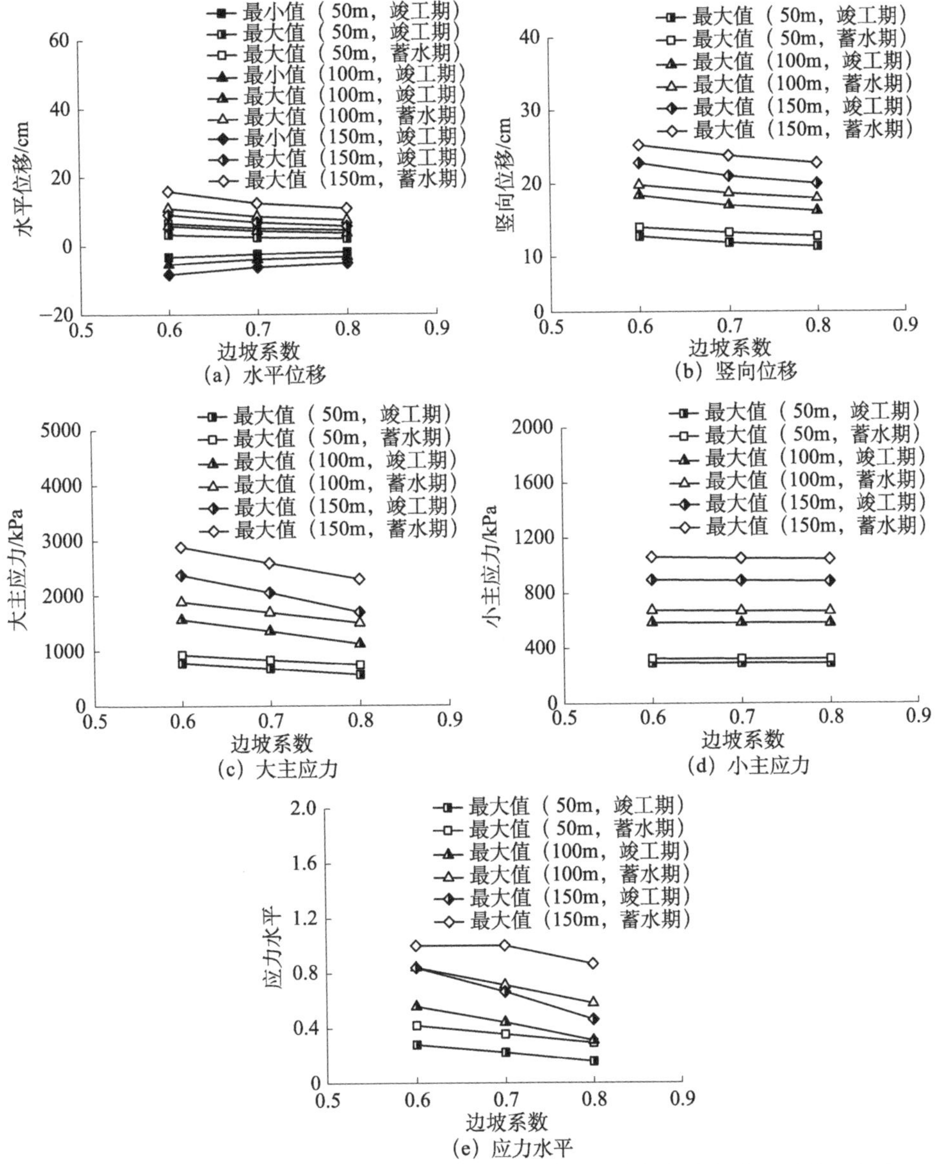

图 4.15　不同坝高下胶凝掺量 40kg/m³ 的大坝应力位移最大值与边坡系数的关系

坝高 100m 的胶凝砂砾石坝坝料胶凝掺量为 40kg/m³ 时，坝坡比宜为 1∶0.8，胶凝掺量 60kg/m³ 以上时，坝坡比宜为 1∶0.6～1∶0.8，其代表性工程，如土耳其的 Cindere 坝，该坝高 107m，坝料胶凝掺量 70kg/m³，上下游坝坡比为 1∶0.7。为保证坝高 150m 胶凝砂砾石坝的工程安全，即使坝坡缓至 1∶0.8，也不宜采用胶凝掺量 100kg/m³ 以下的胶凝砂砾石料。

4.1.4 胶凝砂砾石料弹塑性本构模型的可拓展性

这里基于胶凝砂砾石料弹塑性本构模型对普通堆石坝与碾压混凝土坝进行结构数值模拟，将得出的应力、变形预测值分别与“南水”模型以及 D-P 模型得出的结果进行对比分析。

1. 计算模型

堆石坝计算模型高 100m，顶宽 6m，断面为上、下游对称的梯形，坝坡比为 1∶1.4。假定大坝模型以坝踵为原点，顺河向为 X 轴，以指向下游为正，竖向为 Y 轴，以竖直向上为正，沿坝轴线方向为 Z 轴，建立坐标系，取 1m 单宽坝段；大坝蓄水期上游水深为 90m，下游无水。由于该大坝模型主要是用于验证胶凝砂砾石料弹塑性本构模型在堆石坝中应用的合理性，为便于计算，假定上游面为不透水面，水荷载直接作用于上游坝体。模型底部设置三向约束，大坝两侧设置法向约束。堆石坝采用分层施工、逐级碾压的填筑方式，按 24 级进行分层填筑。蓄水期计算荷载取坝体自重与上游静水压力。上述计算模型示意图如图 4.16 所示。

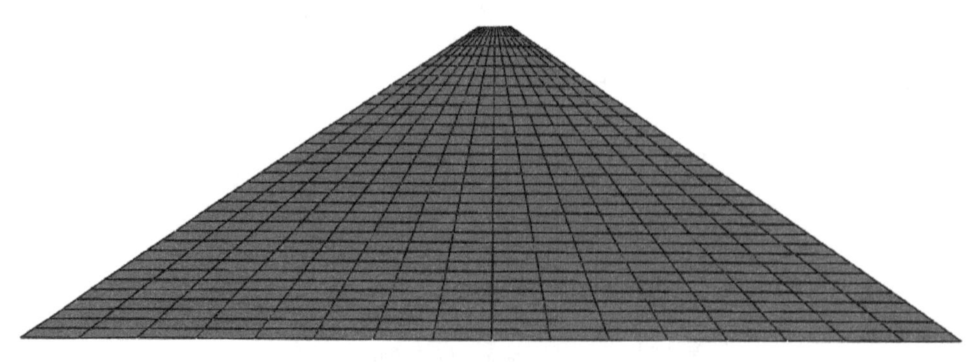

图 4.16 堆石坝计算模型

碾压混凝土重力坝计算模型的坝高 100m，顶宽 10m，断面上游坝坡垂直，下游坝坡为 1∶0.75。坝体蓄水期上游水深为 90m，下游水深为 0m，水荷载直接作用于上游坝体。碾压混凝土坝采用分层施工、逐级碾压的填筑方式，按 20 级进行分层填筑。上述计算模型的示意图见图 4.17。

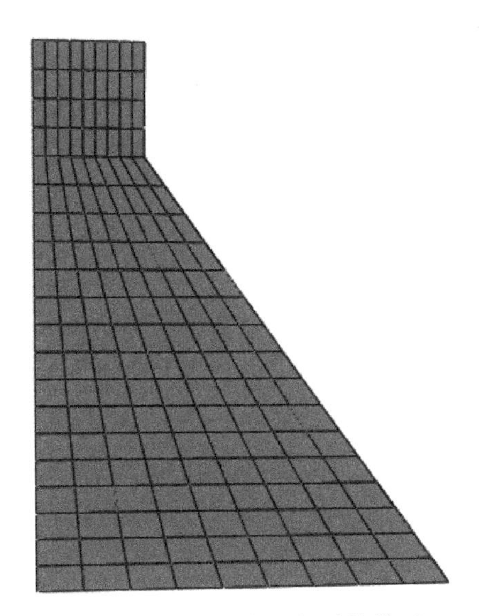

图 4.17　碾压混凝土坝计算模型

2. 材料参数

为反映胶凝砂砾石料弹塑性本构模型在堆石坝中的应用效果，文中的堆石坝结构计算采用胶凝砂砾石料弹塑性本构模型与“南水”模型，模型参数分别见表 4.16 与表 4.17，堆石密度为 2130kg/m^3。表 4.17 中“南水”弹塑性本构模型的参数是根据胶凝掺量为 0 时的胶凝砂砾石料弹塑性本构模型预测的应力-应变曲线确定的。

碾压混凝土重力坝结构数值计算时采用的本构模型分别为胶凝砂砾石料弹塑性本构模型与 D-P 模型，相应的模型参数分别见表 4.16 与表 4.18，碾压混凝土密度为 2430kg/m^3，胶凝掺量为 150kg/m^3。表 4.18 中 D-P 模型的参数是根据胶凝掺量 150kg/m^3 的弹塑性本构模型预测的应力-应变曲线确定的。

表 4.16　胶凝砂砾石料弹塑性模型参数值

胶凝掺量 /(kg/m^3)	k	n	φ /(°)	c /kPa	A_{ur}	λ_0 /%	d_0 /%	λ_1 /(×10^{-3})	d_1 /%	λ_2 /(×10^{-3})	d_2 /%	k_t /%
0	601	0.64	39.3	0	2.26	0.82	20.75	7.1	5.1	2.1	1.65	0.34
150	50191	0.08	39.3	2005	1	0.047	0.96	0.073	0.26	0.05	0.18	0.03

表 4.17　“南水”弹塑性模型参数值

胶凝掺量 /(kg/m^3)	k	n	φ /(°)	c/kPa	A_{ur}	ν	C_d	n_d	R_f	R_{fv}
0	799	0.54	39.3	0	2.26	0.24	0.014	0.43	1.0	0.9

表 4.18　D-P 弹塑性模型参数值

胶凝掺量/(kg/m³)	E/GPa	ν	ψ/(°)	β/(°)	k_b
150	5.02	0.17	40	40	0.8

3. 计算结果及分析

1）堆石坝

图 4.18 为基于“南水”模型与胶凝砂砾石料弹塑性本构模型的蓄水期堆石坝大、小主应力等值线图。从图 4.18 中可看出：蓄水期坝体大、小主应力为压应力，沿坝轴线由坝顶至坝底逐渐增大；大主应力最大值分别为 1720kPa、1758kPa，位于坝底中部，小主应力分别为 860kPa、850kPa，出现在坝底中部略偏上游位置；靠近上游坝坡边缘小主应力大于下游坝坡处的应力，坝踵位置发生略微应力集中。

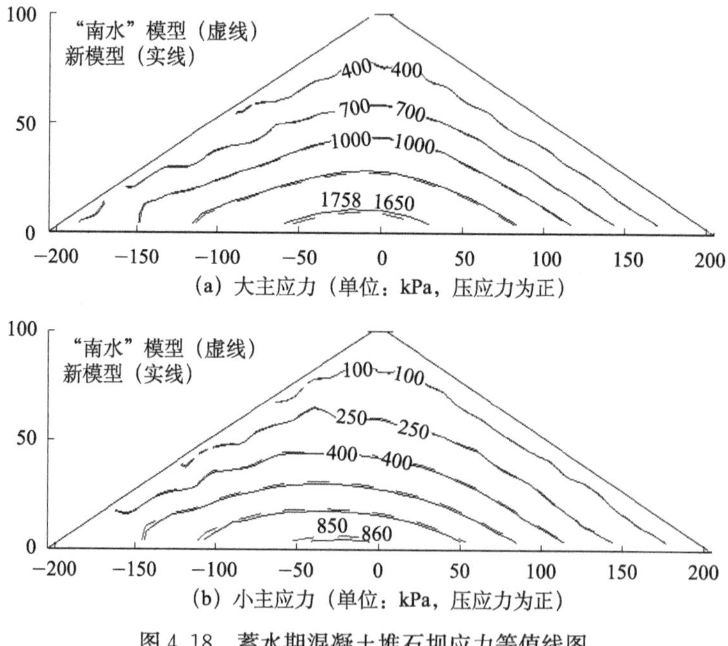

图 4.18　蓄水期混凝土堆石坝应力等值线图

图 4.19 为蓄水期基于“南水”模型与胶凝砂砾石料弹塑性本构模型的堆石坝位移等值线图。从图 4.19 可看出：由于水荷载的作用，上游坝坡附近的坝体发生卸载再反向加载，基于两种本构模型得出的大坝水平位移均由坝底处至坝顶偏下游处逐渐增大，最大值发生在下游坝坡处，量值分别为 17.3cm、17.7cm，方向指向下游；蓄水期最大沉降位于大坝中部偏上游处，量值分别为 71.2cm、72.3cm，方向均为竖直向下。

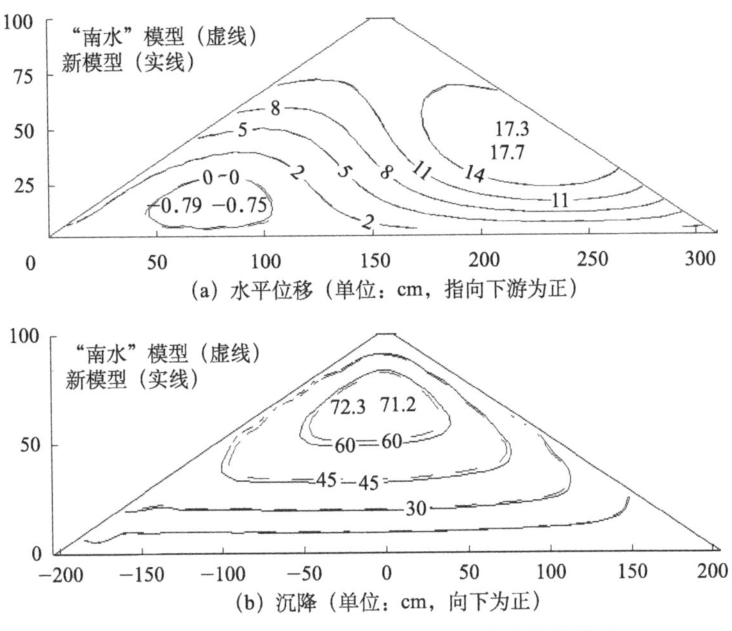

图 4.19　蓄水期混凝土面板堆石坝位移等值线图

基于胶凝砂砾石料弹塑性本构模型的堆石坝应力位移计算结果与"南水"模型的相应值差异较小，这也表明胶凝砂砾石料弹塑性本构模型能合理预测普通堆石坝应力、变形。

2）碾压混凝土重力坝

图 4.20 为基于 D-P 模型与胶凝砂砾石料弹塑性本构模型得出的蓄水期碾压混凝土重力坝大、小主应力等值线图。从图 4.20 中可看出：蓄水期坝体大、小主应力为压应力，沿坝轴线由坝顶至坝底逐渐增大；大主应力最大值分别为 1774kPa、1756kPa，位于坝底中部，小主应力分别为 324kPa、340kPa，出现在坝底中部略偏上游位置；坝踵位置发生应力集中，且存在拉应力。

图 4.21 为基于 D-P 模型与胶凝砂砾石料弹塑性本构模型得出的蓄水期碾压混凝土重力坝位移等值线图。由图 4.21 可看出：由于水荷载的作用，上游坝坡附近的坝体发生卸载再反向加载，基于两种本构模型得出的大坝水平位移均由坝底至坝顶处逐渐增大，最大值发生在坝顶处，量值分别为 1.54cm、1.49cm，方向指向下游；最大沉降发生在坝体顶部偏下游处，量值分别为 2.2cm、2.05cm，方向均为竖直向下。

基于胶凝砂砾石料弹塑性本构模型得到的碾压混凝土重力坝应力位移与 D-P 模型的相应值存在的差异较小，表明胶凝砂砾石料弹塑性本构模型能合理地用于碾压混凝土重力坝结构的数值模拟。

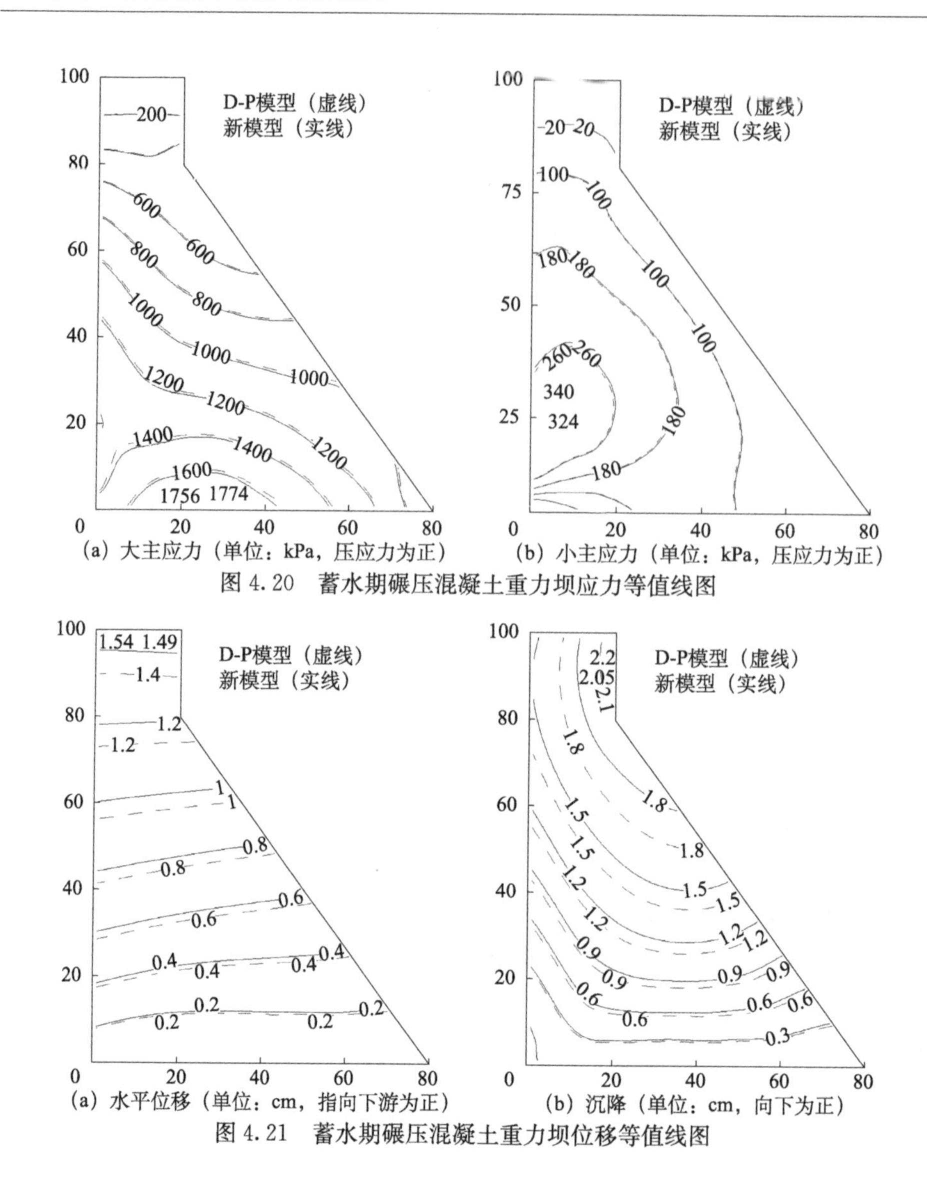

(a) 大主应力（单位：kPa，压应力为正）　(b) 小主应力（单位：kPa，压应力为正）

图 4.20　蓄水期碾压混凝土重力坝应力等值线图

(a) 水平位移（单位：cm，指向下游为正）　(b) 沉降（单位：cm，向下为正）

图 4.21　蓄水期碾压混凝土重力坝位移等值线图

4.2　胶凝砂砾石坝动力结构抗震

4.2.1　基本理论及方法

1. 有限元动力学分析的基本方程

在胶凝砂砾石坝动力分析时，将大坝-库水-地基视作一个相互协调的系统，其有限元动力分析的基本方程如下：

$$M\ddot{U}+C\dot{U}+KU=R \tag{4.2}$$

式中，M、C 和 K 分别为系统的质量、阻尼和刚度矩阵；R 是外荷载向量；$\ddot{U}$、$\dot{U}$ 和 U 分别是有限元分割体的加速度、速度和位移向量。

2. 胶凝砂砾石坝动力有限元的计算方法

1）模态分析法

大坝结构模态分析可识别出其结构系统的模态参数，能为大坝振动特性研究提供依据。当一个自由振动无阻尼系统具有 n 个自由度时，它的运动微分方程为

$$M\ddot{U}+KU=R \tag{4.3}$$

式（4.3）为常系数齐次线性微分方程组，其中系统动能的质量矩阵 M 为 n 阶正定对称矩阵，系统势能 K 是 n 阶半正定的对称矩阵。式（4.3）的解，即位移向量 U 可表示为

$$U=U\sin(\psi t-\alpha) \tag{4.4}$$

将式（4.4）代入式（4.3），得到齐次方程为

$$(K-\psi^2 M)U=0 \tag{4.5}$$

式（4.2）可转化为求解式（4.5）的特征值问题，即振动系统内容的最本质特性。在结构自由振动时，结构中每个点的振幅 U 不都为 0，则

$$K-\psi^2 M=0 \tag{4.6}$$

此方程为关于 ψ^2 的 n 次代数方程，也可以成为结构自由振动的特征方程。方程根 ψ^2 称为特征值，表示结构的自振角频率，代表了结构振动随时间变化的特性；U 为根据式（4.5）得到的含 n 个元素的特征向量。振动结构的 n 个固有频率可以按顺序记作 $\psi_1\leqslant\psi_2\leqslant\psi_3\leqslant\cdots\leqslant\psi_n$，其中 ψ_1 称作基本频率，相应的 U_1 称作基本振型。针对各固有频率，可由式（4.5）确定其节点的固有模态值。上述求解广义特征值的方法大多为数值计算方法，包括分解法、迭代法、子空间迭代法等，其中子空间迭代法效果较为显著，便于求解部分特征解，已广泛用于结构动力学有限元分析中。

2）结构地震反应时程分析方法

时程分析法是依据选定的地震波和结构动力学特性曲线，采用逐步积分方法对结构动力方程进行积分，计算出地震过程中每个时刻结构位移、速度、加速度、内力、变形等动力响应的方法。目前，结构地震反应时程分析方法主要有：中心差分法、Wilson θ 法（线性加速度法）、Newmark 法等。中心差分法格

式是条件稳定的，在结构分析中该类方法有效使用将会受限；Wilson θ 法与 Newmark 法在计算机上执行时的密切关系，可使其便于在一个简单计算机程序中使用。这里拟采用 Newmark 法对胶凝砂砾石坝进行动力时程分析。Newmark 积分格式可认为是线性加速度法的推广，其表达式如下：

$$
\begin{aligned}
U_{t+\Delta t} &= U_t + [(1-\delta)U_t + \delta U_{t+\Delta t}]\Delta t \\
U_{t+\Delta t} &= U_t + U_t\Delta t + \left[\left(\frac{1}{2}-\alpha\right)U_t + \alpha U_{t+\Delta t}\right]\Delta t^2
\end{aligned}
\tag{4.7}
$$

式中，α 和 δ 是参数，根据积分的精度和稳定性的要求来确定这两个参数。当 $\delta=\frac{1}{2}$ 和 $\alpha=\frac{1}{6}$ 时，式（4.7）相应于线性加速度法。Newmark 最初提出以“恒定-平均-加速度法”作为无条件稳定格式，在这种情形下，$\delta=\frac{1}{2}$，$\alpha=\frac{1}{4}$。若想得到时刻 $t+\Delta t$ 的位移、速度和加速度值，仅需考虑在时刻 $t+\Delta t$ 的平衡方程式（4.2），具体步骤如下所述。

（1）初始计算。

形成刚度矩阵 K、质量矩阵 M 和阻尼矩阵 C；计算初始值 U_0、$\dot{U}_0$、$\ddot{U}_0$；选取时间步长 Δt，参数 δ 和 α。计算积分系数：$\delta \geqslant 0.5$，$\alpha \geqslant 0.25\ (0.5+\delta)^2$，$\alpha_0=\frac{1}{\alpha\Delta t^2}$，$\alpha_1=\frac{\delta}{\alpha\Delta t}$，$\alpha_2=\frac{1}{\alpha\Delta t}$，$\alpha_3=\frac{1}{2\alpha}-1$，$\alpha_4=\frac{\delta}{\alpha}-1$，$\alpha_5=\frac{\Delta t}{2}\left(\frac{\delta}{\alpha}-2\right)$，$\alpha_6=\Delta t(1-\delta)$，$\alpha_7=\delta\Delta t$；形成有效刚度矩阵 $\hat{K}=K+\alpha_0 M+\alpha_1 C$；对 $\hat{K}$ 作三角分解，即 $\hat{K}=LDL^{\mathrm{T}}$。

（2）每一时间步长内的计算。

可分别采用下式计算时刻 $t+\Delta t$ 的有效荷载、位移、速度以及加速度：

$$
\begin{gathered}
\hat{R}_{t+\Delta t} = R_{t+\Delta t} + M(\alpha_0 U_t + \alpha_2\dot{U}_t + \alpha_3\ddot{U}_t) + C(\alpha_1 U_t + \alpha_4\dot{U}_t + \alpha_5\ddot{U}_t) \\
LDL^{\mathrm{T}}U_{t+\Delta t} = \hat{R}_{t+\Delta t} \\
\ddot{U}_{t+\Delta t} = \alpha_0(U_{t+\Delta t} - U_t) - \alpha_2\dot{U}_t - \alpha_3\ddot{U}_t \\
\dot{U}_{t+\Delta t} = \dot{U}_t + \alpha_6\ddot{U}_t + \alpha_7\ddot{U}_{t+\Delta t}
\end{gathered}
$$

3. 动水压力

地震作用下坝体与水体之间的动力相互作用会对大坝动力响应产生明显的影响。研究该类实际问题时，可将水平向单位地震加速度作用下的地震动水压力折算为坝面附加质量。目前，水利工程一般采用美国学者韦斯特加德（Westergaard）提出的动水压力公式：

$$
P_{\mathrm{w}}(h) = \frac{7}{8}\alpha_{\mathrm{h}}\rho_{\mathrm{w}}\sqrt{H_0 h} \tag{4.8}
$$

式中，$P_w(h)$ 为水深 h 处的地震动水压力代表值；ρ_w 为水密度；H_0 为各工况下的坝前水深；α_h 为水平向设计地震加速度代表值；h 为相应计算点距水面的深度。胶凝砂砾石坝坝面所有节点按式（4.8）计算，即可得到库水附加质量矩阵。

4.2.2　计算模型

胶凝砂砾石坝是介于混凝土面板堆石（砂砾石）坝和重力坝之间的一种新坝型，为了进一步认识该坝型的抗震性能，本书根据相关设计规范，建立相同坝高的重力坝、胶凝砂砾石坝和混凝土面板砂砾石坝理想模型，采用相同的地震输入条件，横向对比不同坝型的动力响应特性，综合考虑坝体动力响应和材料动强度特性，评价胶凝砂砾石坝的抗震性能。

1）混凝土重力坝模型

混凝土重力坝断面示意图如图 4.22（a）所示，坝高 50.0m，坝顶宽4.0m，上游为直立面，下游坝坡比为 1∶0.6。上游蓄水深度 45.0m，下游无水。图 4.22（b）为混凝土重力坝网格示意图。

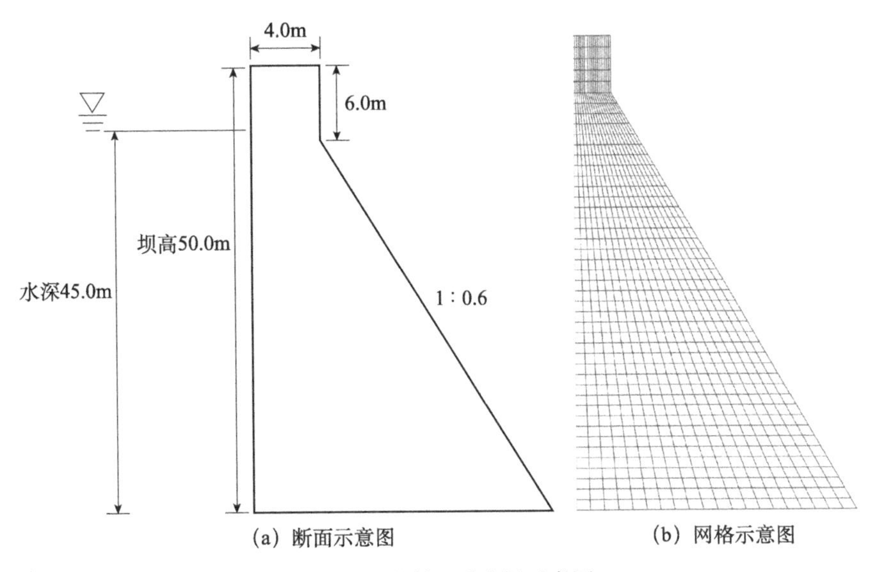

图 4.22　混凝土重力坝示意图

2）胶凝砂砾石坝模型

胶凝砂砾石坝断面示意图如图 4.23（a）所示，坝高 50.0m，坝顶宽 5.0m，上、下游坝坡比均为 1∶0.6。上游侧设置厚度为 30cm 混凝土面板作为防渗体，蓄水深度 45.0m，下游无水。图 4.23（b）为胶凝砂砾石坝网格示意图。

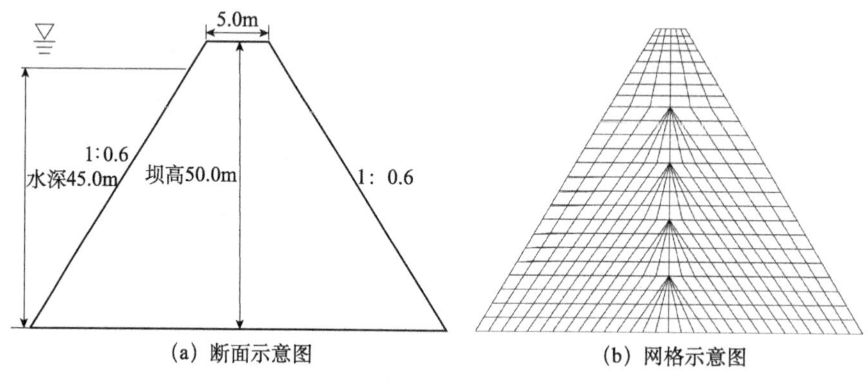

(a) 断面示意图　　(b) 网格示意图

图 4.23　胶凝砂砾石坝示意图

3）混凝土面板砂砾石坝模型

混凝土面板砂砾石坝断面示意图如图 4.24（a）所示，坝高 50.0m，坝顶宽 5.0m，上、下游坝坡比均为 1∶1.4。上游侧设置厚度为 30cm 混凝土面板作为防渗体，蓄水深度 45.0m，下游无水。图 4.24（b）为混凝土面板砂砾石坝网格示意图。

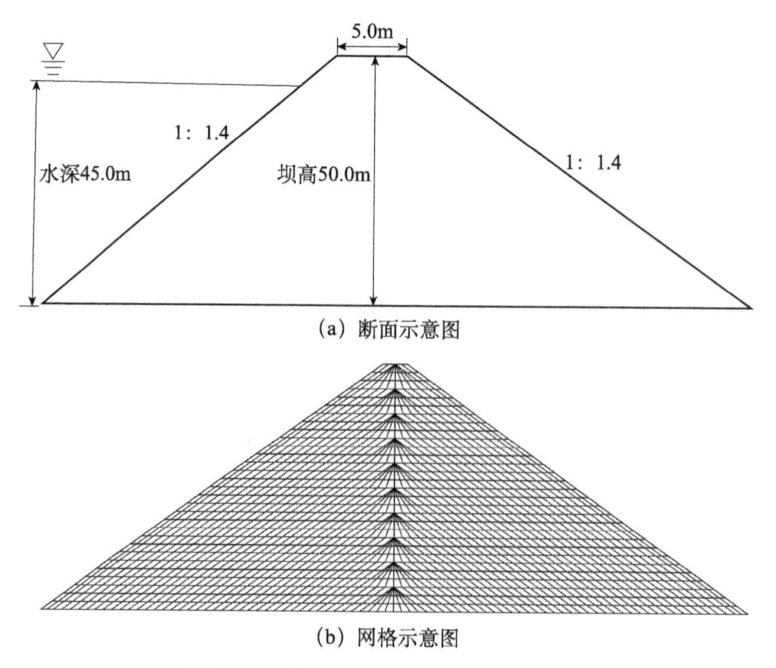

(a) 断面示意图

(b) 网格示意图

图 4.24　混凝土面板砂砾石坝示意图

4.2.3　计算参数

1）混凝土重力坝

混凝土重力坝计算采用线弹性模型，坝体采用 C30 混凝土，弹性模量为 30GPa，泊松比为 0.167，密度为 2450kg/m^3。根据《水电工程水工建筑物抗震设计规范》（NB 35047—2015）相关规定，混凝土动态弹性模量标准值可较其静态标准值提高 50%。阻尼比取 0.05。

2）胶凝砂砾石坝

在大坝静力结构分析结果的基础上，本书对坝料胶凝掺量 80kg/m^3 的胶凝堆石坝开展地震荷载作用下坝体动力响应特性研究，材料参数见表 4.19。计算工况为蓄水期，上游水深 48m，下游无水。

表 4.19　胶凝砂砾石料动力本构模型材料参数

材料	ρ/(kg/m^3)	a_d	k_d	n	d_d	λ_{max}
胶凝掺量 80kg/m^3 胶凝堆石料	2290	67.71	5610	0.273	1082	0.105

3）混凝土面板砂砾石坝

混凝土面板砂砾石坝静力计算时，砂砾石料采用“南水”双屈服面弹塑性本构模型，动力计算时砂砾石料采用等价黏弹性本构模型。混凝土面板由 C30 混凝土制成，采用线弹性模型，弹性模量为 30GPa，泊松比为 0.167，密度为 2450kg/m^3，动态弹性模量标准值可较其静态标准值提高 50%。阻尼比取 0.05。

砂砾石料静力计算模型参数如表 4.20 所示。砂砾石料动力计算模型参数如表 4.21 所示。

表 4.20　“南水”双屈服面模型参数

坝料种类	级配特性	ρ_d/(g/cm^3)	φ_0/(°)	$\Delta\varphi$/(°)	K	n	R_f	c_d/%	n_d	R_d
筑坝砂砾料	上包线	2.27	51.3	6.8	905.1	0.28	0.60	0.28	0.61	0.50
	平均线	2.24	52.2	7.6	956.5	0.26	0.63	0.28	0.62	0.52
	下包线	2.19	53.1	8.4	997.2	0.25	0.61	0.27	0.64	0.49

表 4.21　砂砾石料动模量和阻尼比试验结果

坝料种类	级配曲线	K_c	k'_2	n	k_2	k'_1	k_1	λ
坝壳砂砾料	平均线	1.5	5226	0.386	1965	41.1	30.9	0.22
		2.0	5499	0.377	2067	43.8	32.9	0.21

4）地震波

为了对比不同坝型的动力响应特性，这里采用标准设计反应谱构造人工地震合成波，三种坝型输入相同的地震加速度时程曲线。根据《水电工程水工建筑物抗震设计规范》（NB 35047—2015）相关规定，采用的标准设计反应谱如图4.25所示。地震特征周期取0.35s，峰值加速度取0.2g，合成地震加速度历时20s。

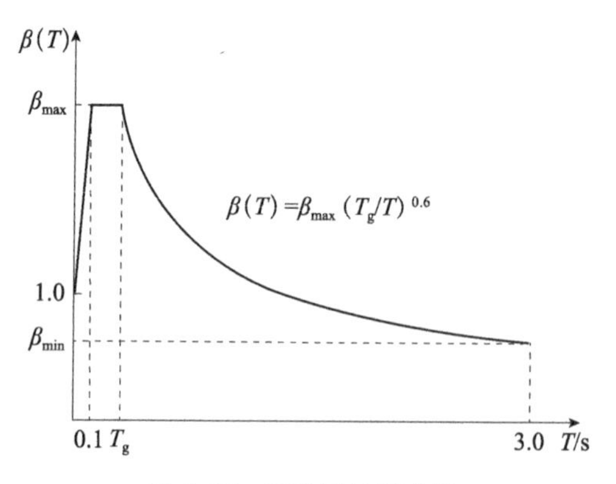

图4.25 标准设计反应谱

人工合成地震加速度时程曲线如图4.26所示。垂直向地震基岩峰值加速度取水平向地震基岩峰值加速度的2/3。

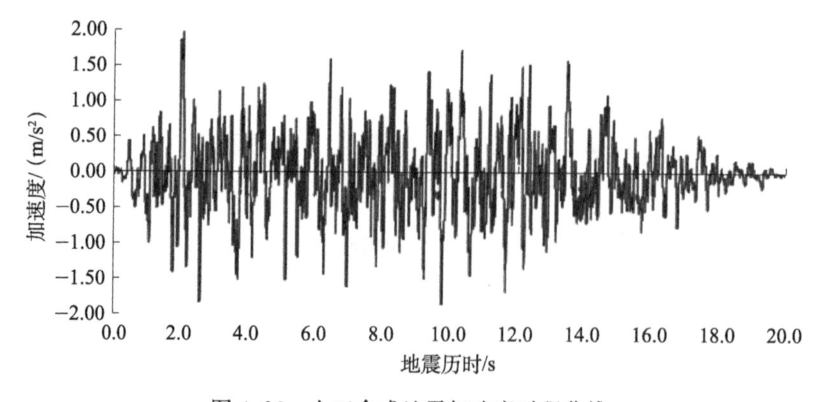

图4.26 人工合成地震加速度时程曲线

4.2.4 模态分析

1）混凝土重力坝

图4.27为混凝土重力坝前4阶阵型图。混凝土重力坝由于其结构特性，前4阶振型为顺河向振动，1阶频率为8.71Hz，对应1阶自振周期为0.115s。

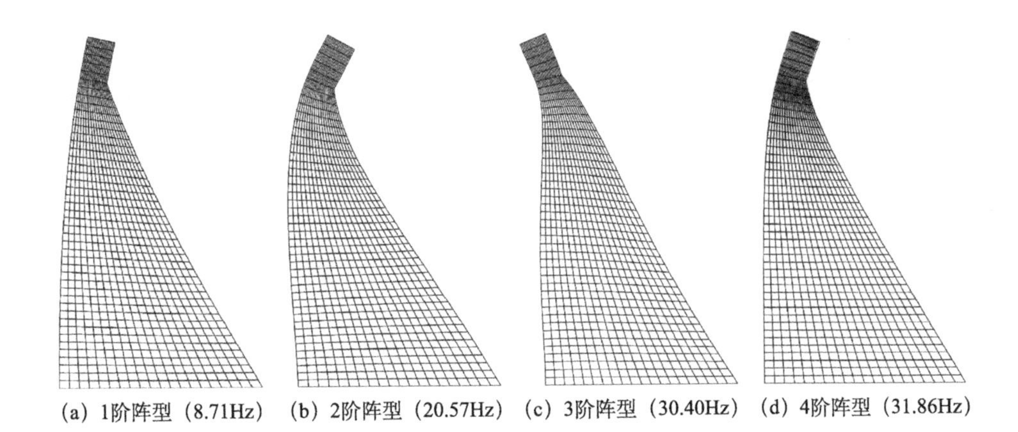

(a) 1阶阵型（8.71Hz）　(b) 2阶阵型（20.57Hz）　(c) 3阶阵型（30.40Hz）　(d) 4阶阵型（31.86Hz）

图4.27　混凝土重力坝前4阶阵型图

2）胶凝砂砾石坝

图4.28为胶凝砂砾石坝前4阶阵型图。胶凝砂砾石坝水平刚度较竖向刚度小，其前4阶振型表现为顺河向振动，1阶自振频率为3.17Hz，对应1阶自振周期为0.315s。

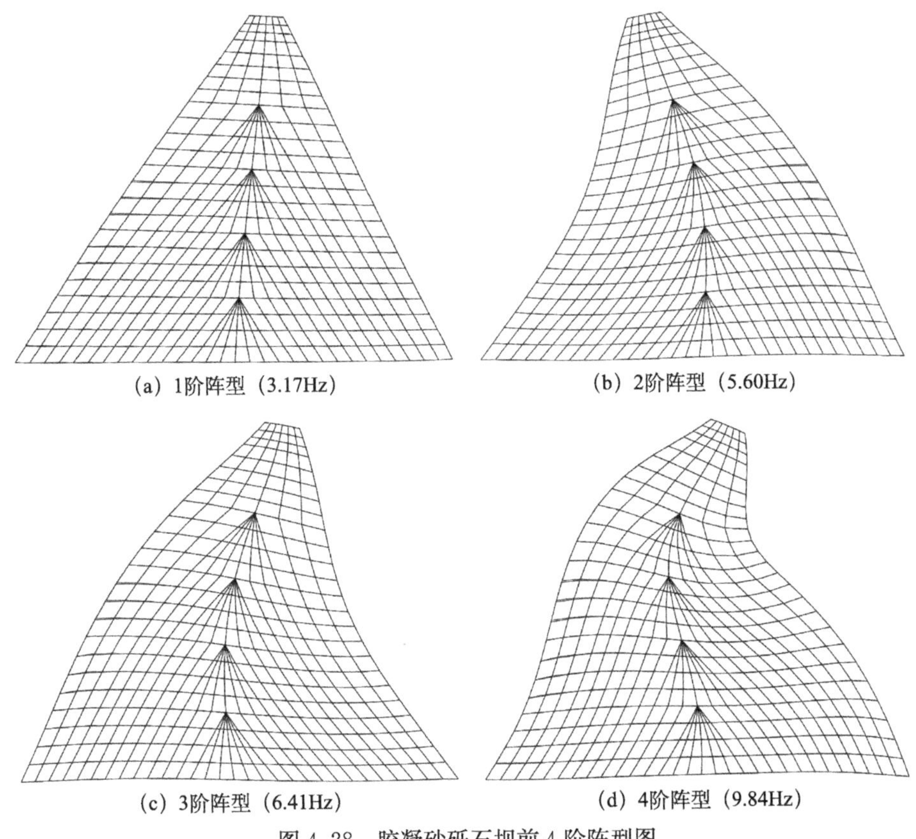

(a) 1阶阵型（3.17Hz）　(b) 2阶阵型（5.60Hz）

(c) 3阶阵型（6.41Hz）　(d) 4阶阵型（9.84Hz）

图4.28　胶凝砂砾石坝前4阶阵型图

3）混凝土面板砂砾石坝

图4.29为混凝土面板砂砾石坝前4阶阵型图。混凝土面板砂砾石坝水平和竖向刚度较为接近，其1阶振型和3阶振型表现为顺河向振动，2阶和4阶振型表现为竖向振动。其1阶频率为2.31Hz，对应的1阶自振周期为0.432。

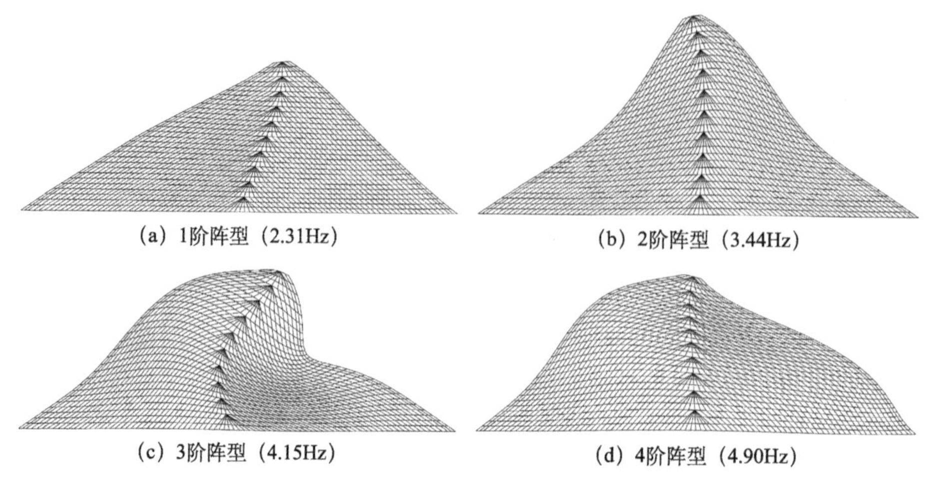

(a) 1阶阵型（2.31Hz）　(b) 2阶阵型（3.44Hz）　(c) 3阶阵型（4.15Hz）　(d) 4阶阵型（4.90Hz）

图4.29　混凝土面板砂砾石坝前4阶阵型图

表4.22为不同坝型的前20阶频率。对比不同坝型的前20阶频率，胶凝砂砾石坝各阶频率介于混凝土重力坝和混凝土面板砂砾石坝之间，从其坝料特性以及断面特性来看，符合基本规律。

表4.22　不同坝型前20阶频率

混凝土重力坝				胶凝砂砾石坝				混凝土面板砂砾石坝			
阶次	频率/Hz	阶次	频率/Hz	阶次	频率/Hz	阶次	频率/Hz	阶次	频率/Hz	阶次	频率/Hz
1	8.71	11	40.25	1	3.17	11	13.36	1	2.31	11	7.38
2	20.57	12	40.29	2	5.60	12	13.60	2	3.44	12	7.48
3	30.40	13	40.36	3	6.41	13	13.70	3	4.15	13	7.72
4	31.86	14	42.68	4	9.84	14	13.73	4	4.90	14	7.96
5	32.64	15	43.40	5	10.76	15	14.15	5	5.37	15	8.30
6	33.39	16	43.45	6	11.38	16	14.53	6	5.67	16	8.38
7	34.60	17	44.20	7	11.81	17	14.84	7	6.39	17	8.48
8	36.20	18	44.24	8	12.02	18	15.38	8	6.86	18	8.51
9	36.26	19	44.80	9	12.23	19	15.42	9	7.03	19	8.53
10	38.14	20	45.00	10	12.89	20	15.46	10	7.27	20	8.81

4.2.5　动力响应特性

通过对比三种坝型在相同地震荷载作用下的加速度、动位移响应特性以及坝体动强度分布特性，这里从坝体动力响应特性和材料强度特性两个方面进行比较，论证胶凝砂砾石坝的抗震性能。

1. 坝体动力响应特性

坝体加速度和动位移分布特性是反映坝体地震响应最直观的指标。由于筑坝材料、坝型断面差异，不同坝型的动力响应特性表现亦不同。

1）混凝土重力坝动力响应特性

这里通过搜索地震过程中各个节点的最大加速度和最大动位移，绘制坝体加速度放大倍数和最大动位移分布等值线图。

图 4.30 为混凝土重力坝顺河向和竖向加速度放大倍数分布等值线图；图 4.31 为混凝土重力坝顺河向和竖向最大动位移分布等值线图。由于混凝土重力坝的自振特性以及坝体体型，决定了该坝型的顺河向动力响应较强烈，其顺河向加速度最大放大倍数为 7.54，表现出明显的“鞭梢效应”。相对顺河向，其竖向加速度最大放大倍数为 3.70，明显弱于顺河向的地震加速度响应，其加速度最大值出现在坝顶上游侧。最大动位移分布特性与最大加速度分布规律基本一致，最大顺河向动位移为 4.3cm，最大竖向动位移为 2.735cm。

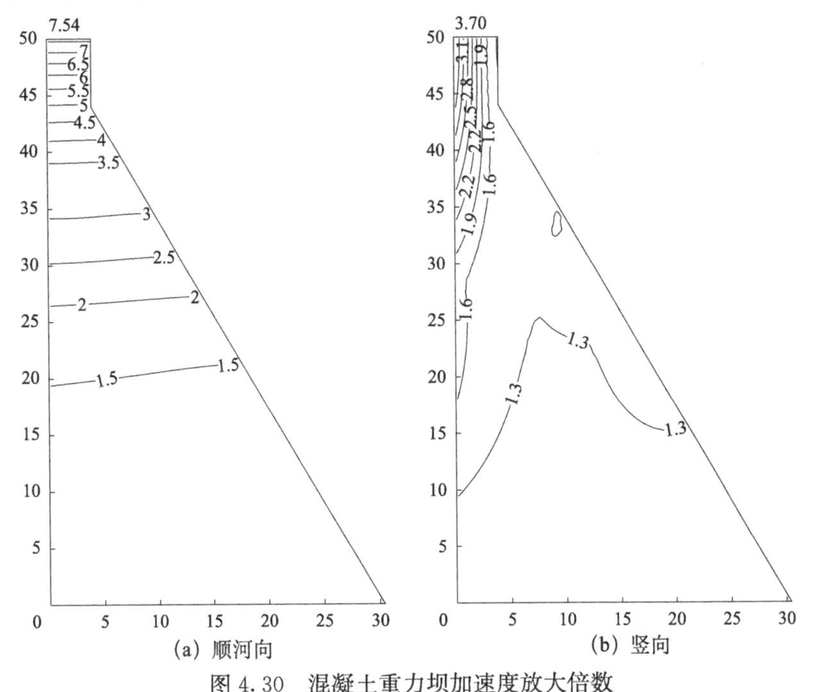

图 4.30　混凝土重力坝加速度放大倍数

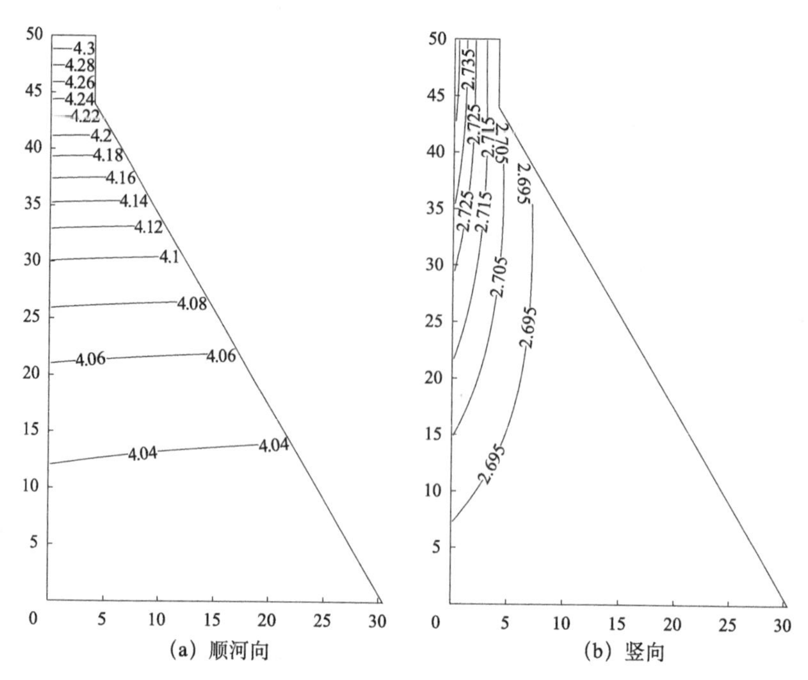

图 4.31　混凝土重力坝最大动位移（单位：cm）

2）胶凝砂砾石坝动力响应特性

图 4.32 为胶凝砂砾石坝加速度放大倍数分布等值线图；图 4.33 为胶凝砂砾石坝最大动位移分布等值线图。从胶凝砂砾石坝加速度响应特性来看，其顺河向加速度表现为自下而上逐渐放大，最大加速度放大倍数为 4.9，出现在坝顶靠下游侧；竖向加速度响应亦表现为自下而上逐渐放大，加速度放大倍数较顺河向大，达到 5.7 倍。由于竖向地震加速度峰值为顺河向加速度峰值的 2/3，坝体竖向加速度最大值小于顺河向。受上游水压力的影响，上游侧坝体围压高，导致上游侧坝体刚度高于下游侧，故坝体的顺河向和竖向加速度响应最值均出现在坝顶偏下游侧。地震荷载作用下，坝体最大顺河向动位移为 5.8cm，竖向最大动位移为 3.3cm。与混凝土重力坝相比，胶凝砂砾石坝的顺河向加速度响应较小，竖向加速度响应较大。

3）混凝土面板砂砾石坝动力响应特性

图 4.34 为混凝土面板砂砾石坝顺河向和竖向加速度放大倍数分布等值线图，图 4.35 为混凝土面板砂砾石坝顺河向和竖向最大动位移分布等值线图。对比胶凝砂砾石坝动力响应特性，混凝土面板砂砾石坝的加速度和动位移分布规律与胶凝砂砾石坝基本一致，量值上有所区别。由于混凝土面板堆石坝筑坝材料为砂砾石料，其最大阻尼比明显高于胶凝砂砾石，且该坝型体型较胶凝砂砾石更“胖”，故在地震作用下，其顺河向和竖向的加速度响应较胶凝砂砾石坝更小。

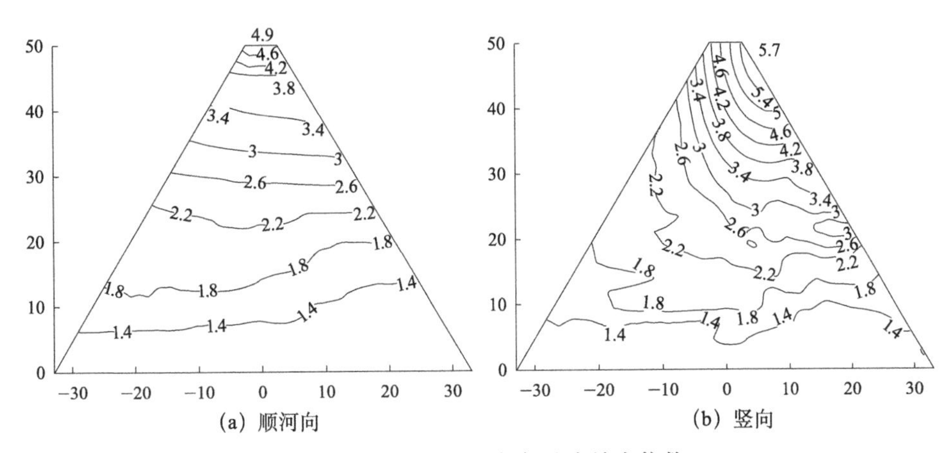

(a) 顺河向　　(b) 竖向

图 4.32　胶凝砂砾石坝加速度放大倍数

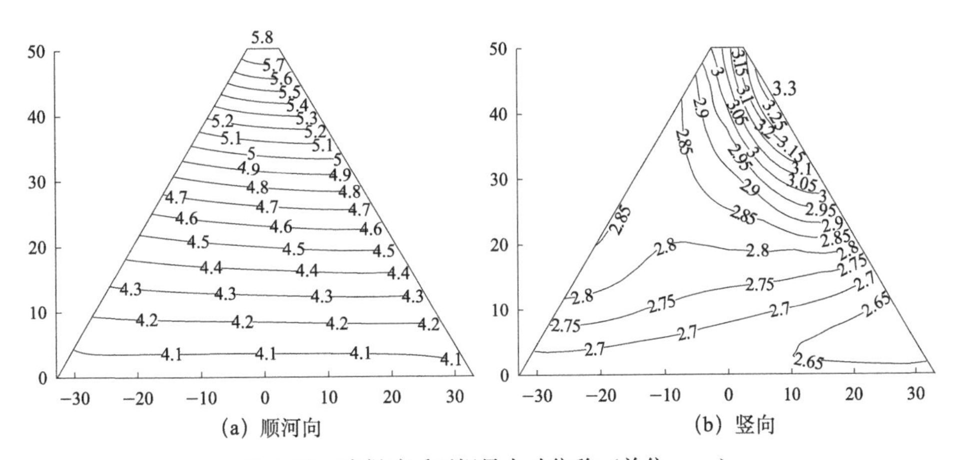

(a) 顺河向　　(b) 竖向

图 4.33　胶凝砂砾石坝最大动位移（单位：cm）

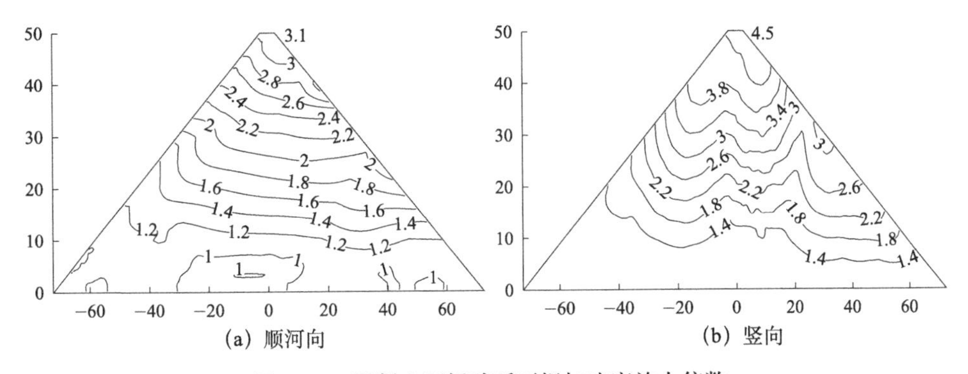

(a) 顺河向　　(b) 竖向

图 4.34　混凝土面板砂砾石坝加速度放大倍数

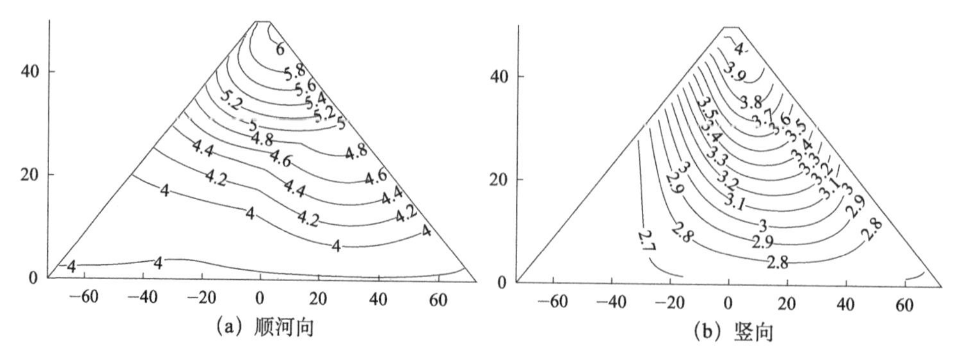

图 4.35　混凝土面板砂砾石坝最大动位移（单位：cm）

为了进一步认识各坝型的地震响应机理，这里分别选取三种坝型坝顶位置节点的顺河向和竖向加速度响应时程曲线，通过积分变换，得到如图 4.36 所示的三种坝型典型位置的地震响应能量谱特征曲线。在地震输入能量谱中，地震能量以低频为主，其中 1～3.5Hz 对应的地震能量最强，地震能量谱分布特性取决于构造地震加速度波所选用的地震谱特性以及地震特征周期。混凝土重力坝典型位置顺河向动力响应能量谱分布特性表明，受地震荷载影响，混凝土重力坝顺河向动力响应最大能量谱对应的频率在 8.0～8.7Hz，其中动力响应能量谱极值对应的频率为该坝型的 1 阶自振频率；胶凝砂砾石坝顺河向动力响应最大能量谱对应的频率在 2.7～3.4Hz，该坝型能量谱极值对应的频率为 3.17Hz，与胶凝砂砾石坝 1 阶自振频率吻合；混凝土面板砂砾石坝顺河向动力响应最大能量谱对应的频率在 1.8～2.2Hz，该坝型能量谱极值对应的频率为 2.00Hz，略小于该坝型的 1 阶自振频率 2.31Hz，需要特别说明的是，在计算混凝土面板砂砾石坝自振特性时，是在坝体不发生动剪应变的前提下开展的，砂砾石料具有明显的非线性动力特性，在地震荷载作用下，筑坝材料发生动剪应变，导致动剪切模量降低，从而影响坝体各阶自振频率降低。

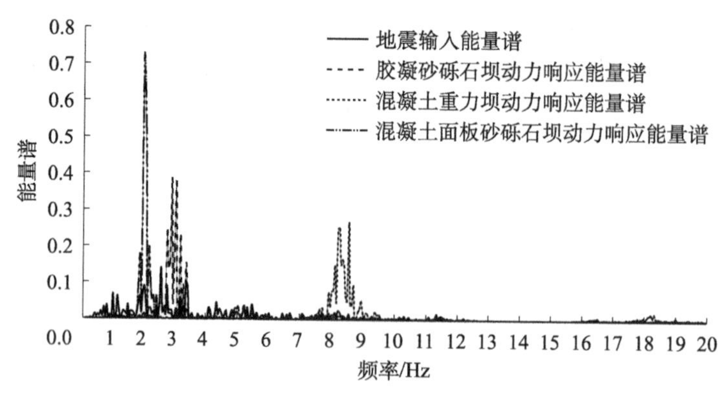

图 4.36　三种坝型典型位置顺河向动力响应能量谱

在地震荷载作用下，各个坝型动力响应最强烈频率为坝体的 1 阶自振频率。横向比较各个坝型顺河向动力响应能量谱极值，混凝土重力坝动力响应能量谱极值为 0.251，胶凝砂砾石坝动力响应能量谱极值为 0.376，而混凝土面板砂砾石坝动力响应能量谱极值达到了 0.72。从不同坝型的自振特性分析，混凝土重力坝 1 阶自振频率较高，避开了地震能量最强的频率区间，且该坝型 2 阶自振频率与 1 阶自振频率间隔大，2 阶频率对坝体动力响应的影响极小，导致该坝型动力响应能量谱极值较小；胶凝砂砾石坝的 1 阶自振频率为 3.17Hz，虽然与地震能量最强的频率范围有重叠，但其 2 阶自振频率避开了地震能量最强的频率区间，2 阶频率对坝体动力响应影响有限；而混凝土面板砂砾石坝的前 3 阶自振频率分别为 2.31Hz、3.44Hz 和 4.15Hz，且受地震过程中动剪应变影响，其自振频率会相应降低，坝体前 2 阶自振频率均落在地震能量最强的频率范围内，从而导致该坝型的动力响应能量谱极值很高。

综合分析三种坝型的地震动力响应特性，混凝土重力坝因其自振频率高，前几阶频率错开度大，是该坝型抗震特性的优势所在，而混凝土材料的阻尼比小，导致振动能量耗散小，且坝型高宽比大，会导致坝体动力响应较强烈，是该坝型抗震性能的不足之处。混凝土面板砂砾石坝由于自振特性以低频为主，对该坝型的抗震是不利的，但该坝型采用对称断面形式，高宽比小，同时筑坝材料的阻尼比高，从而大大提高了该坝型的抗震性能。胶凝砂砾石坝坝型设计综合考虑了混凝土重力坝和混凝土面板堆石（砂砾石）坝的抗震优势，通过降低坝型的高宽比，采用对称断面设计，由于胶结作用，筑坝材料的刚度、动强度均较砂砾石料有明显提高，提高了该坝型的自振频率，同时该坝型的筑坝材料阻尼比也相对混凝土材料要高，可有效耗散振动能量，从而提高该坝型的抗震性能。

2. 坝体震损特性

评价不同坝型的抗震性能，不仅要看坝体的动力响应，更为重要的是要考虑坝体的震损特性，满足“大震不倒，中震可修，小震不坏”的原则，对不同坝型抗震性能进一步分析和评价。当然，考虑坝体抗震性能还应考虑坝体稳定性问题，主要包含抗滑稳定、抗倾覆稳定等，这些计算可依据相关规范进行计算，本书针对各坝型稳定性问题不作详细阐述。

1）混凝土重力坝

混凝土重力坝采用线弹性模型进行结构静动力计算，然后通过静动应力叠加后的结果进行安全评价，并判断大坝震损特性。应力叠加原则：静大主应力（压为正）＋动大主应力；静小主应力（拉为负）－动小主应力。

图 4.37 为混凝土重力坝静大、小主应力等值线图；图 4.38 为混凝土重力坝

地震过程中动大、小主应力等值线图。

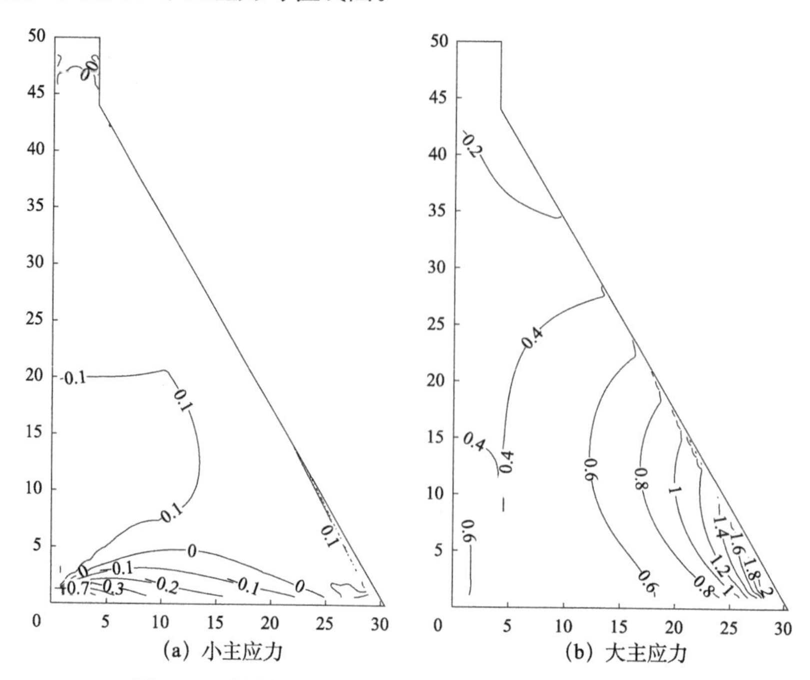

(a) 小主应力　　(b) 大主应力

图 4.37　混凝土重力坝静大、小主应力（单位：MPa）

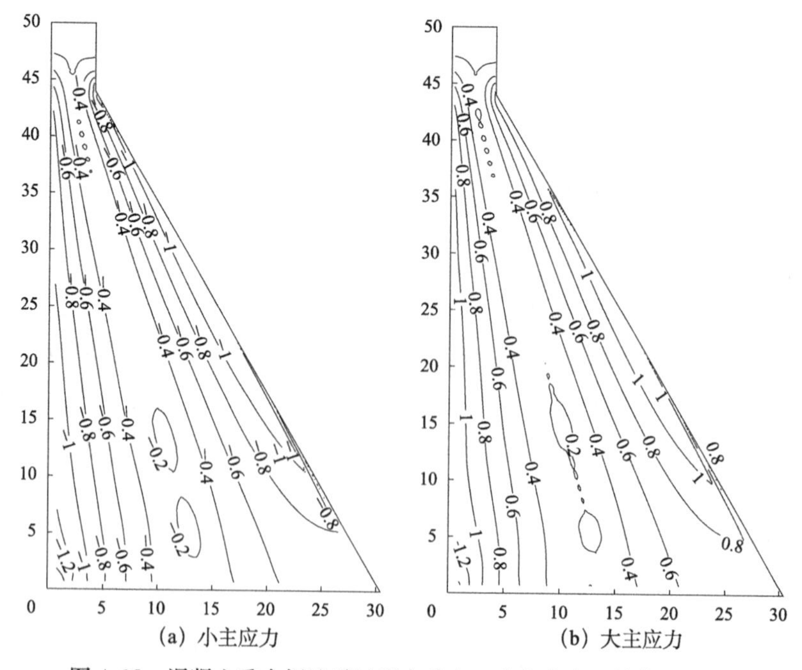

(a) 小主应力　　(b) 大主应力

图 4.38　混凝土重力坝地震过程中动大、小主应力（单位：MPa）

根据《水电工程水工建筑物抗震设计规范》（NB 35047—2015）相关规定，混凝土动态强度的标准值可较其静态标准值提高 20%，其动态抗拉强度的标准可取为其动态抗压强度标准值的 10%。计算中混凝土重力坝材料选用 C30 混凝土，根据相关规范，其轴心抗压强度标准值为 20.1MPa，其动态抗压强度取 24.12MPa，其动态抗拉强度取动态抗压强度的 10%，约为 2.41MPa。

这里分别将混凝土重力坝的静、动大小主应力进行叠加，比上混凝土材料的动抗拉、抗压强度，将其比值绘制等值线图，若比值大于 1，表明该位置应力超标。

图 4.39 给出了混凝土重力坝小主应力与动抗拉强度之比、大主应力与动抗压强度之比分布。混凝土重力坝在地震过程中，静动应力叠加后，拉应力与动抗拉强度之比在坝踵位置达到了 0.95，接近破坏，在下游面 1/3 坝高至下游折坡点，其拉应力与动抗拉强度之比为 0.4。由于计算模型为简化模型，未对坝踵位置做局部处理，所以该位置出现应力集中现象，在实际工程中，对坝踵区域一般会做特殊处理，以消除该位置的应力集中现象。

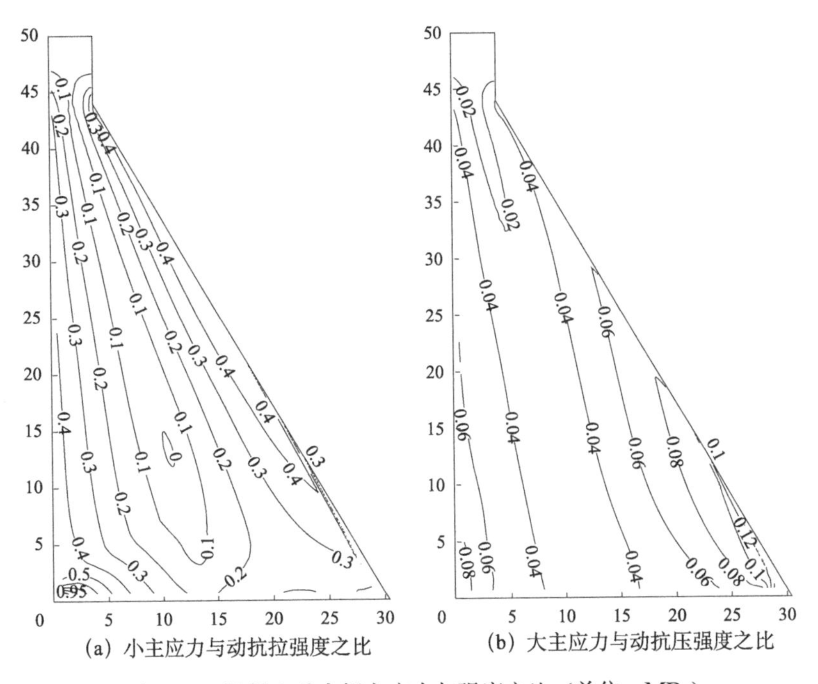

(a) 小主应力与动抗拉强度之比　　(b) 大主应力与动抗压强度之比

图 4.39　混凝土重力坝主应力与强度之比（单位：MPa）

2）*胶凝砂砾石坝*

胶凝砂砾石材料采用莫尔-库仑强度准则，与强度和应力状态相关，地震合作作用下每个单元应力极值并非同时出现，计算中将静力计算得到的每个单元的 6 个应力作为应力初始条件，对地震过程中不同时刻每个单元的动应力与初始应力进行矢量叠加，得到每个单元实时的叠加大、小主应力以及每个单元的动强度，将每个单元剪应力（$\sigma_1-\sigma_3$）除以动强度，得到坝体在地震过程中的动应力水平，作为评价坝体震损指标。由于缺乏胶凝砂砾石料动强度指标，本书参考《水电工程水工建筑物抗震设计规范》（NB 35047—2015）中对混凝土动强度的相关规定，胶凝砂砾石料动强度取其静强度的 120%。

图 4.40 为胶凝砂砾石坝静力计算得到的大、小主应力等值线图；图 4.41 为胶凝砂砾石坝地震过程中每个单元大、小主应力（静动力叠加后）极值等值线图；图 4.42 为胶凝砂砾石坝地震过程中每个单元动应力水平等值线图。

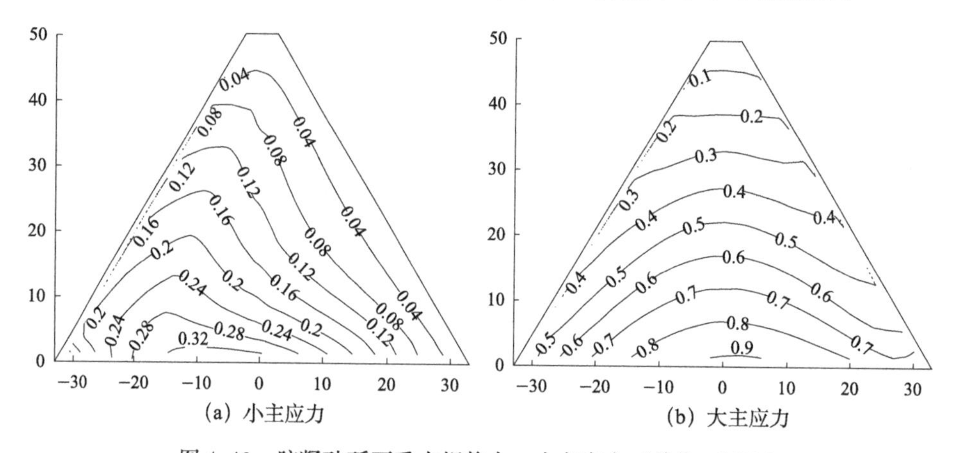

图 4.40　胶凝砂砾石重力坝静大、小主应力（单位：MPa）

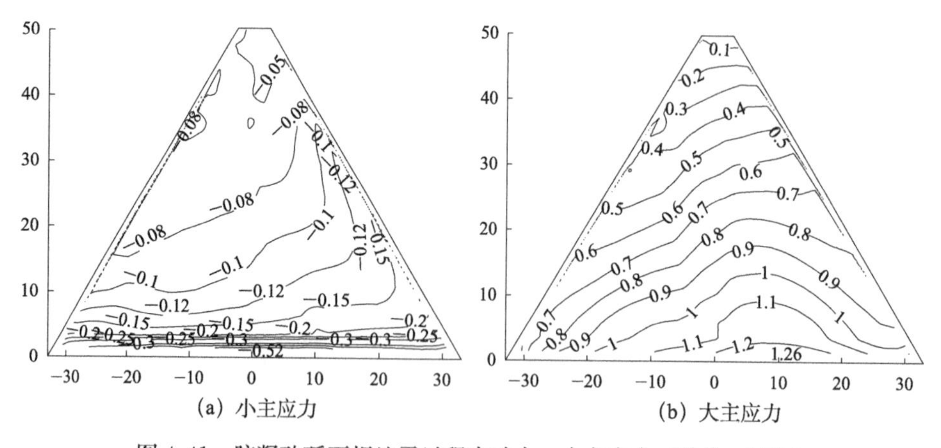

图 4.41　胶凝砂砾石坝地震过程中动大、小主应力（单位：MPa）

胶凝砂砾石坝在地震荷载作用下，由于建基面为地震荷载输入界面，在其附近出现较为明显的动拉应力，静动应力叠加后，最大拉应力为 0.52MPa，叠

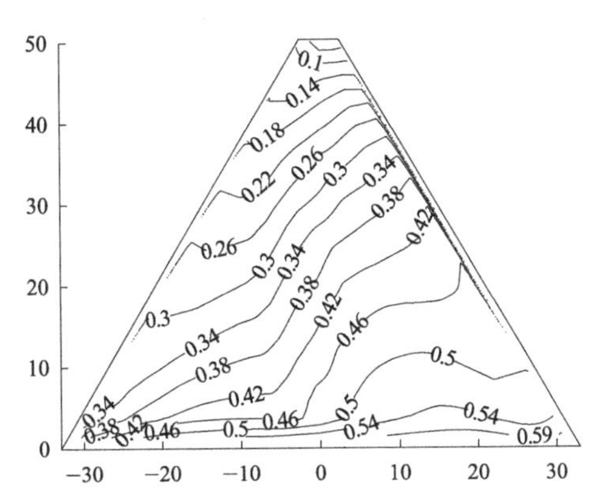

图 4.42　胶凝砂砾石坝地震过程中最大动应力水平等值线图

加后压应力较静力结果也有一定提高，达到 1.26MPa，发生在建基面坝轴线下游侧。在地震荷载作用下，坝体各个单元最大动应力水平极值为 0.59，发生在坝体建基面坝轴线下游侧位置。动应力水平表示单元的动剪应力与动强度之比，在输入的Ⅷ度地震荷载下，胶凝砂砾石坝整体未发生剪切破坏，且坝体断面绝大部分区域动应力水平小于 0.5，表明该坝型在地震荷载作用下，坝体具有较高的抗震损安全储备。该坝型的抗震损特性是由于胶凝剂的胶结作用，胶凝砂砾石料的抗剪强度高，从而提高了该坝型的抗震损能力，这是常规土石坝所不具备的。

3）混凝土面板砂砾石坝

混凝土面板砂砾石坝的筑坝材料为砂砾石，其强度准则依然采用莫尔-库仑强度准则，其计算方法与胶凝砂砾石坝类似，故在整理其动应力时，采用的方法与胶凝砂砾石坝相同。

图 4.43 为混凝土面板砂砾石坝静力计算得到的大、小主应力等值线图；图 4.44 为混凝土面板砂砾石坝地震过程中每个单元大、小主应力（静动力叠加后）极值等值线图；图 4.45 为混凝土面板砂砾石坝地震过程中每个单元动应力水平等值线图。

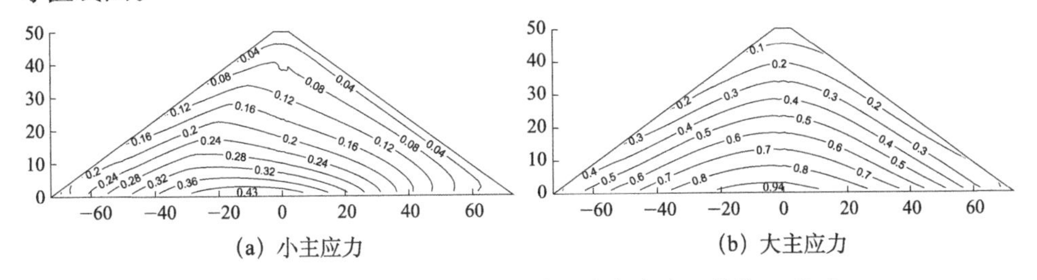

图 4.43　混凝土面板堆石坝静大、小主应力（单位：MPa）

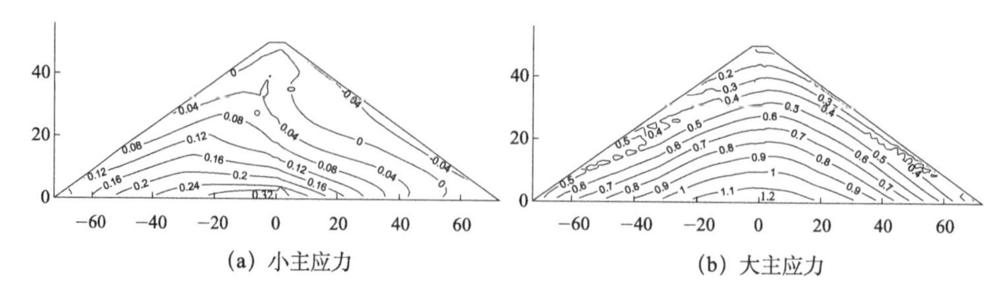

(a) 小主应力　　(b) 大主应力

图 4.44　混凝土面板堆石坝动大、小主应力（单位：MPa）

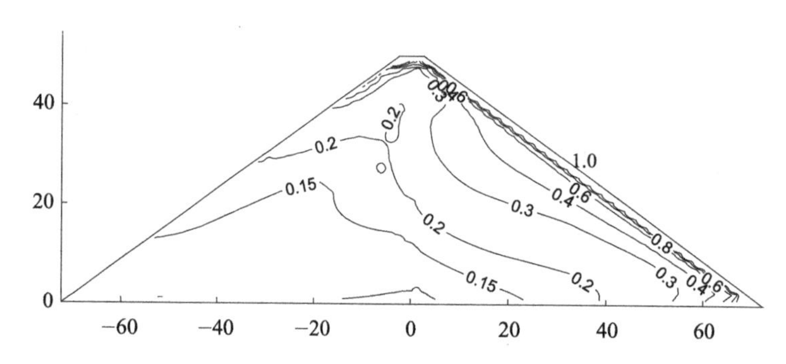

图 4.45　混凝土面板砂砾石坝地震过程中最大动应力水平等值线图

混凝土面板砂砾石坝在地震荷载作用下，下游坝坡局部会出现拉应力区，图中整理的动小主应力为整个地震过程中每个单元动小主应力的最大值，不代表整个地震过程中该区域始终存在，只表示该区域在某个时刻出现过拉应力。在下游坝坡浅层出现高动应力水平区，局部达到了 1.0，表明在地震过程中，下游坝坡有发生浅层滑坡的风险，表明该坝型在Ⅷ度地震荷载下可能会出现局部震损。

3. 坝体永久变形特性

评价各坝型的抗震性能，地震永久变形也是一个重要指标。由于混凝土重力坝采用线弹性模型计算，无法得到该坝型地震永久变形。实际工程中，混凝土重力坝由于材料刚度大，若不发生塑性变形，则地震过程中坝体本身不会出现地震永久变形，故在此不做整理。

由于缺乏相关材料的地震永久变形计算参数，本书针对胶凝砂砾石坝和混凝土面板堆石坝在地震过程中每个单元累计动体变和动剪应变分别整理，绘制等值线图。图 4.46 为胶凝砂砾石坝地震过程中动体变和动剪应变分布等值线图；图 4.47 为混凝土面板砂砾石坝地震过程中动体变和动剪应变分布等值线图。

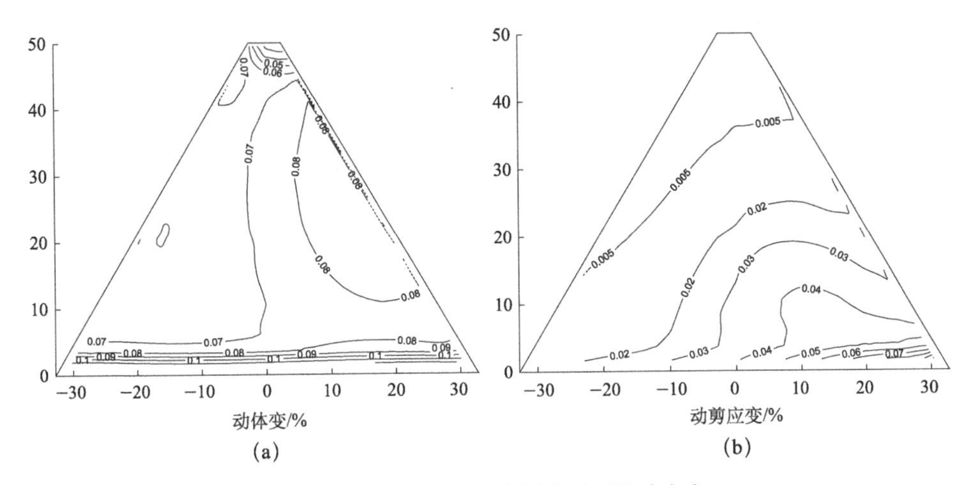

(a)　　(b)

图 4.46　地震作用下胶凝砂砾石坝动应变

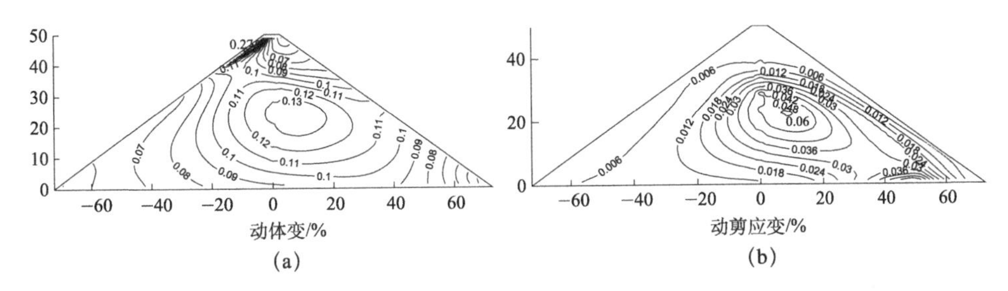

(a)　　(b)

图 4.47　地震作用下混凝土面板砂砾石坝动应变

对比胶凝砂砾石坝和混凝土面板砂砾石坝在地震荷载作用下的动体变和动剪应变计算结果，地震作用下混凝土面板砂砾石坝整体动体变和动剪应变高于胶凝砂砾石坝，可直观反映混凝土面板砂砾石坝地震永久变形高于胶凝砂砾石坝，受地震永久变形的影响，易导致坝体防渗体系因变形不协调出现脱空、震损等问题。相对于常规土石坝，胶凝砂砾石坝受地震荷载作用产生的永久变形大大减小，对坝体防渗体系安全有明显的积极作用。

4.2.6　胶凝砂砾石坝抗震性能评价

通过对比混凝土重力坝、胶凝砂砾石坝以及混凝土面板砂砾石坝的地震动力响应特性、动应力分布规律、强度特性以及地震永久变形特性等指标，这里从动力响应机理、震损特性和地震变形特性三个方面综合评价胶凝砂砾石坝的抗震性能。

（1）各种坝型筑坝材料、坝体断面形式各异，导致不同坝型自振特性差异较大。因自振频率高，混凝土重力坝前几阶的自振频率错开度大，是该坝型抗震的优势所在。混凝土材料的阻尼比小，混凝土重力坝振动能量耗散小，且坝型高宽比大，会导致坝体动力响应较强烈，是该坝型抗震性能的不足之处。以低频为主的自振特性对混凝土面板砂砾石坝抗震是不利的，但该坝型采用对称断面形式，高宽比较小，同时坝料阻尼比较高，可明显提高该坝型的抗震性能。胶凝砂砾石坝结构设计综合考虑了混凝土重力坝和混凝土面板堆石（砂砾石）坝的抗震优势，通过降低高宽比，采用对称断面，由于胶结作用，坝料刚度、动强度均较砂砾石料有明显提高，提高该坝型的自振频率，同时坝料阻尼比也高于混凝土，可有效耗散振动能量，从而提高该坝型的抗震性能。

（2）坝踵区的应力集中现象导致混凝土重力坝坝踵区附近出现高拉应力区，最大动拉应力接近材料的抗拉强度（素混凝土），在合理配筋情况下，可确保该区域不发生破坏。由于采用常规土石坝的对称结构，在地震作用下，胶凝砂砾石坝虽然在建基面附近出现一定范围的拉应力区，但量值不大，通过对比胶凝砂砾石料的动抗剪强度，坝体在地震作用下尚有较大的强度储备。由于采用砂砾石筑坝，混凝土面板砂砾石坝坝料为散粒体，无法承受拉应力。由于水压力的作用，坝体上游侧在地震作用下始终处于受压状态，但下游坝坡浅层区域在地震作用下会出现一定拉应力区，该区域动应力水平也达到1.0，表明在地震作用下，混凝土面板砂砾石坝下游坝坡存在发生浅层滑坡的风险，在Ⅷ度地震荷载下可能会出现局部震损。

（3）混凝土面板砂砾石坝动体变和动剪应变量值高于胶凝砂砾石坝。地震永久变形易导致胶凝砂砾石坝防渗体系变形不协调，进而发生脱空、震损等现象，影响坝体防渗体系安全。相对常规土石坝，胶凝砂砾石坝受地震荷载作用产生的永久变形大大减小，对坝体防渗体系安全有明显的积极作用。

综上，胶凝砂砾石坝充分吸收混凝土重力坝和常规土石坝抗震优势，借鉴常规土石坝对称断面、宽断面设计，有效降低坝体动力响应，保证坝体动应力分布更合理，同时，由于材料刚度、强度高，有效地降低了坝体在地震荷载作用下产生的地震永久变形，对坝体防渗体系安全明显有利；并且吸收混凝土重力坝的特点，通过胶结作用，大大提高筑坝材料抗剪强度的同时，又保留材料高阻尼比特性（远高于混凝土材料），提高坝体对地震能量的耗散能力，增强该坝型的抗震性能。通过对比论证，在抗震安全方面，胶凝砂砾石坝较混凝土重力坝和常规土石坝更具优势。

4.3　胶凝砂砾石坝长期变形预测

4.3.1　计算模型及材料参数

在有限元软件ANSYS计算过程中，Burgers模型或者类似模型的参数不能直接输入，需要对材料力学参数进行转化。这里采用第3章中推导的胶凝砂砾石料Prony级数参数a_1、a_2、τ_1、τ_2植入ANSYS软件中，实现利用现有平台进行胶凝砂砾石料长期变形预测的目的。胶凝砂砾石坝长期变形特征分析采用的本构模型参数见表4.23。

表4.23　胶凝砂砾石坝模型材料参数

参数	ρ/(kg/m³)	E/GPa	ν	a_1	a_2	τ_1/d	τ_2/d
40	2360	9.7	0.2	0.36	0.64	7.33	1095.8
60		9.9		0.37	0.63	7.09	1053.5
80		10.1		0.39	0.62	6.58	1012.368
100		10.6		0.41	0.59	6.48	982.558

4.3.2　计算结果与分析

图4.48与图4.49分别为胶凝掺量40kg/m³的胶凝砂砾石坝在蓄水0d、100d、200d、300d、365d、600d、1095d与1825d时的水平位移与沉降等值线图。从图4.48与图4.49可看出：胶凝砂砾石坝长期水平位移分布规律与静力计算结果基本相同，最大值均位于上游坝坡且接近坝顶位置；随着蓄水时间的增加，同一位置的水平位移逐渐增大；胶凝砂砾石坝的长期沉降分布规律不同于静力计算结果，其最大值出现在坝顶，且随着蓄水时间的增加，同一位置的沉降值逐渐增大。

坝料胶凝掺量60kg/m³、80kg/m³、100kg/m³的胶凝砂砾石坝在不同蓄水时间下的位移分布规律与胶凝掺量40kg/m³的胶凝砂砾石坝基本相同，为节约篇幅，这里仅列出如表4.24与表4.25所示的坝料胶凝掺量40kg/m³、60kg/m³、80kg/m³以及100kg/m³的胶凝砂砾石坝蓄水0d、100d、200d、300d、365d、600d、1095d与1825d后的胶凝砂砾石坝位移极值。从表4.24与

表 4.25 可看出：随着蓄水时间或胶凝掺量的增加，胶凝砂砾石坝水平位移与沉降值均增大。

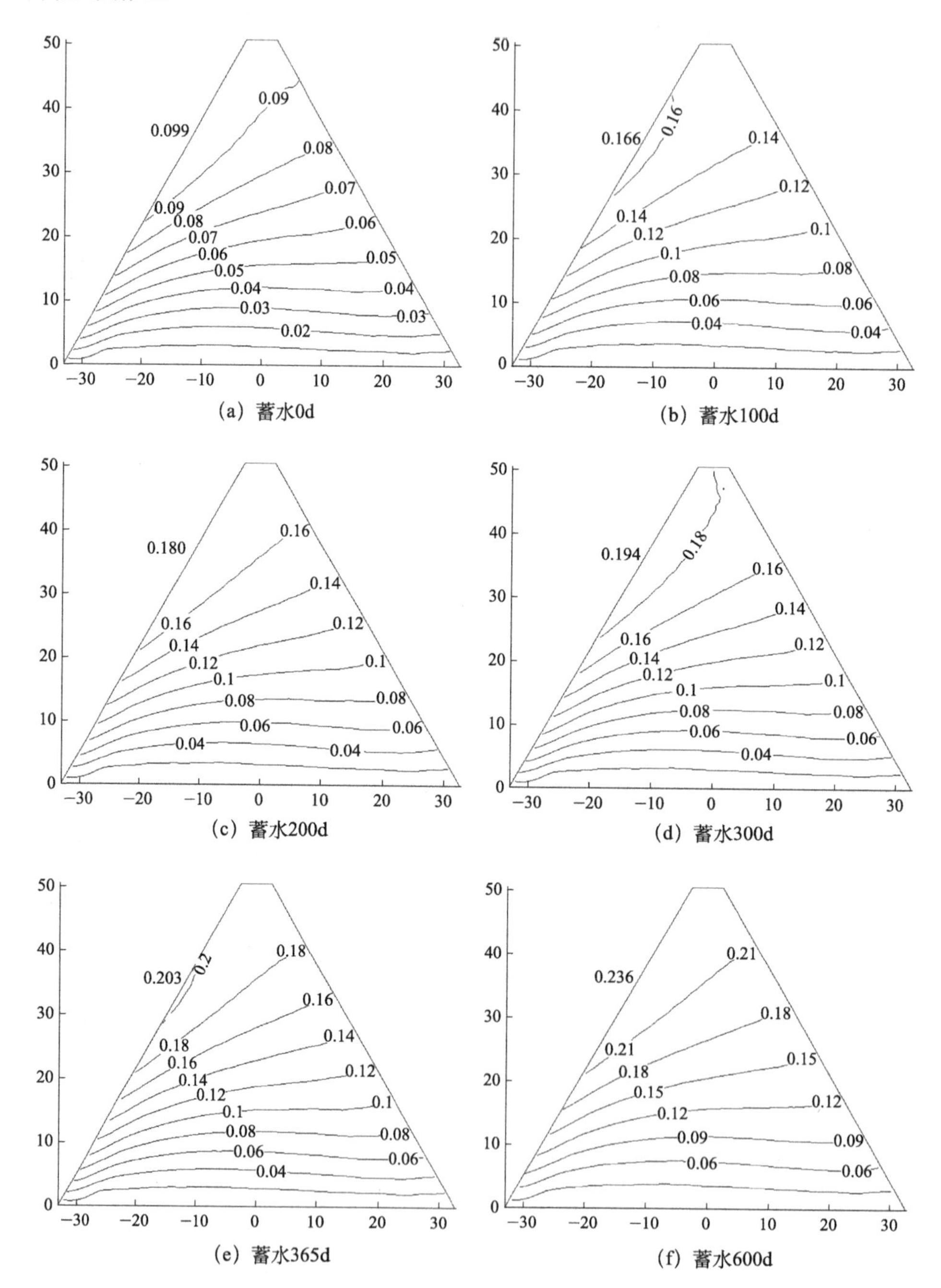

(a) 蓄水0d

(b) 蓄水100d

(c) 蓄水200d

(d) 蓄水300d

(e) 蓄水365d

(f) 蓄水600d

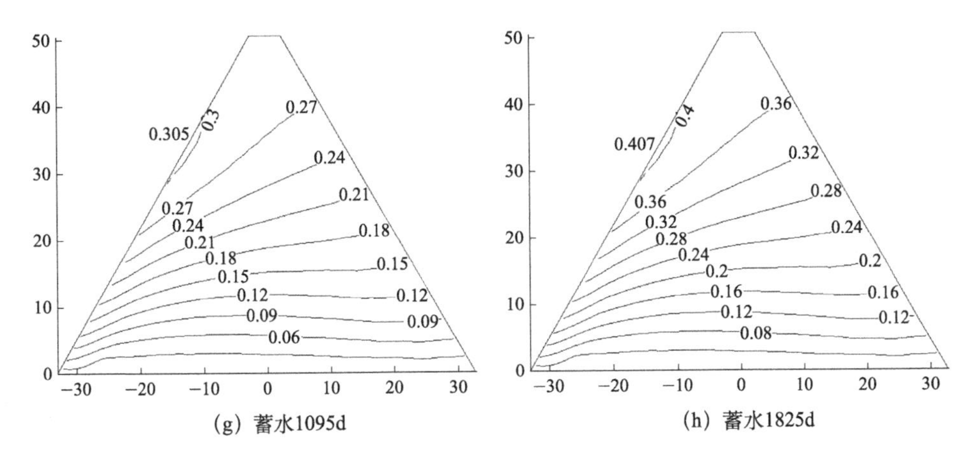

(g) 蓄水1095d　　(h) 蓄水1825d

图 4.48　胶凝掺量 40kg/m³ 的胶凝砂砾石坝水平位移等值线分布图
（单位：cm，正号表示指向下游）

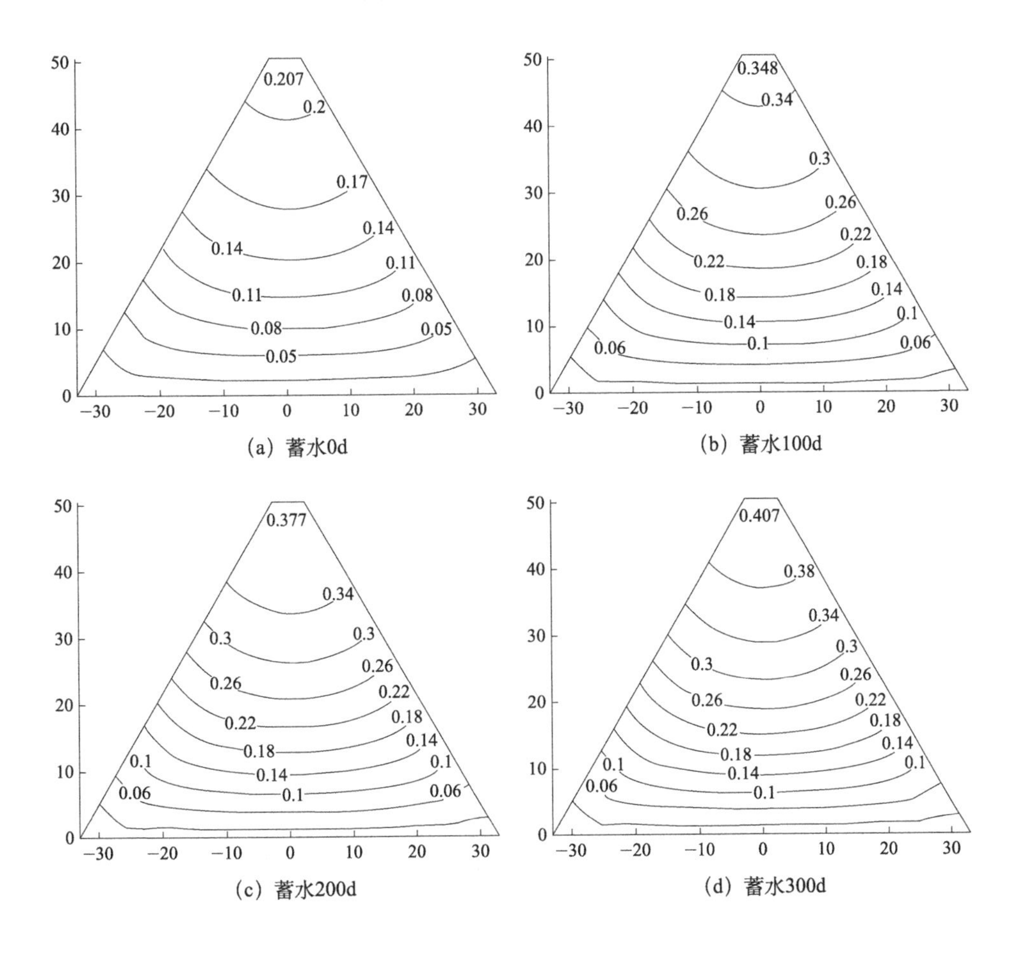

(a) 蓄水0d　　(b) 蓄水100d

(c) 蓄水200d　　(d) 蓄水300d

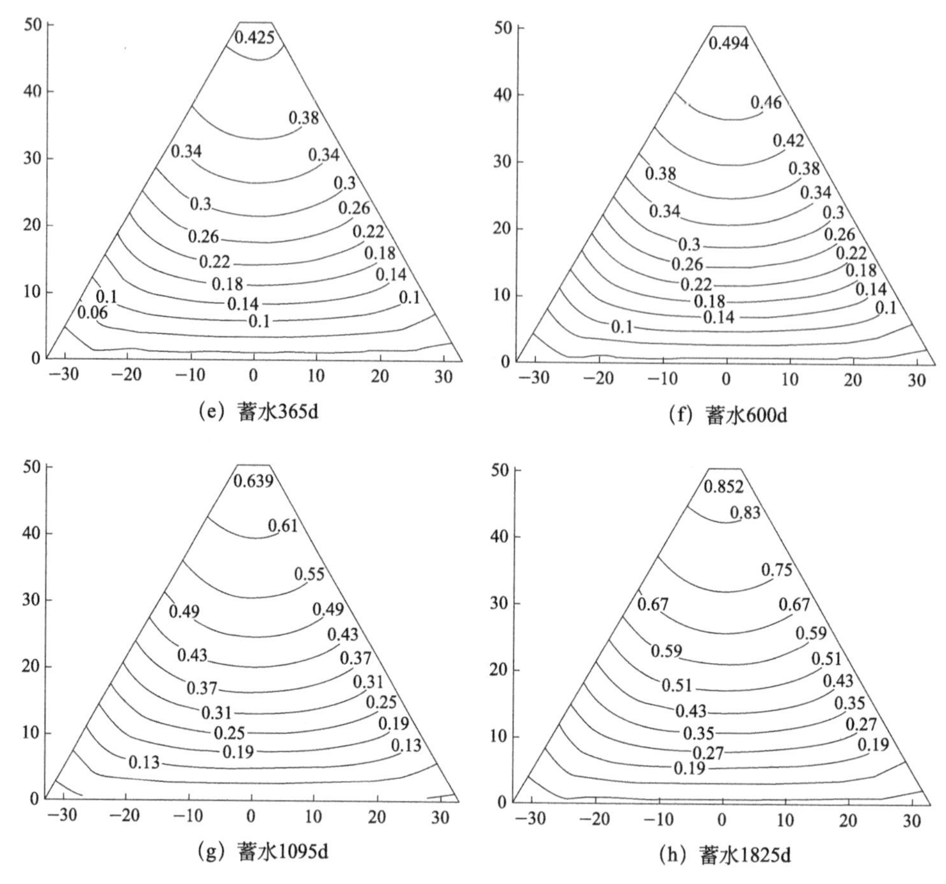

图 4.49 胶凝掺量 40kg/m³ 的胶凝砂砾石坝沉降等值线分布图
（单位：cm，正号表示竖直向下）

表 4.24 胶凝砂砾石坝长期水平位移值

蓄水时间/d	水平位移/cm			
	40kg/m³	60kg/m³	80kg/m³	100kg/m³
0	0.099	0.097	0.095	0.091
100	0.166	0.167	0.168	0.169
200	0.180	0.181	0.183	0.184
300	0.194	0.196	0.198	0.200
365	0.203	0.205	0.209	0.210
600	0.236	0.240	0.243	0.247
1095	0.305	0.311	0.318	0.324
1825	0.407	0.417	0.429	0.439

表 4.25　胶凝砂砾石坝长期沉降值

蓄水时间/d	沉降值/cm			
	40kg/m³	60kg/m³	80kg/m³	100kg/m³
0	0.207	0.204	0.198	0.190
100	0.348	0.349	0.351	0.353
200	0.377	0.380	0.383	0.386
300	0.407	0.410	0.414	0.419
365	0.425	0.430	0.435	0.440
600	0.494	0.501	0.509	0.517
1095	0.639	0.651	0.666	0.679
1825	0.852	0.873	0.897	0.918

综上所述，随着蓄水时间或胶凝掺量的增加，胶凝砂砾石坝水平位移与沉降值逐渐增大；但受胶凝剂胶结作用的影响，坝料中砂砾石颗粒流动被限制，胶凝掺量 40kg/m^3、60kg/m^3、80kg/m^3 以及 100kg/m^3 的胶凝砂砾石坝在蓄水 1825d 后的水平位移和沉降最大值分别仅增加 0.35cm、0.73cm，对整个坝体而言，可忽略不计。因此，胶凝砂砾石坝结构设计可不考虑坝体流变的影响。

4.4　胶凝砂砾石坝温度应力工作性态

为了研究胶凝砂砾石坝温度场及应力场分布规律，这里对胶凝砂砾石坝进行不同坝料胶凝掺量、外界气温、浇筑速度以及浇筑层厚度等因素的温度场及应力场的有限元数值模拟。

4.4.1　基本理论与方法

1. 热传导基本微分方程

设一各向同性、均匀的固体，从中取一微小六面体 $\mathrm{d}x\mathrm{d}y\mathrm{d}z$，如图 4.50 所示。单位时间内沿着 x 方向传入该微小六面体的热量为 $q_x\mathrm{d}y\mathrm{d}z$，传出的热量为 $q_{x+\mathrm{d}x}\mathrm{d}y\mathrm{d}z$，则 x 方向的单位时间净热量为 $(q_x-q_{x+\mathrm{d}x})\mathrm{d}y\mathrm{d}z$。在固体热传导中，热流密度 q（单位时间内通过单位面积的热量）与温度梯度成正比，当热流方向与温度梯度方向相反时，则有

$$q_x=-\lambda\frac{\partial T}{\partial x} \tag{4.9}$$

式中，λ 为导热系数，kJ/(m·h·℃)。

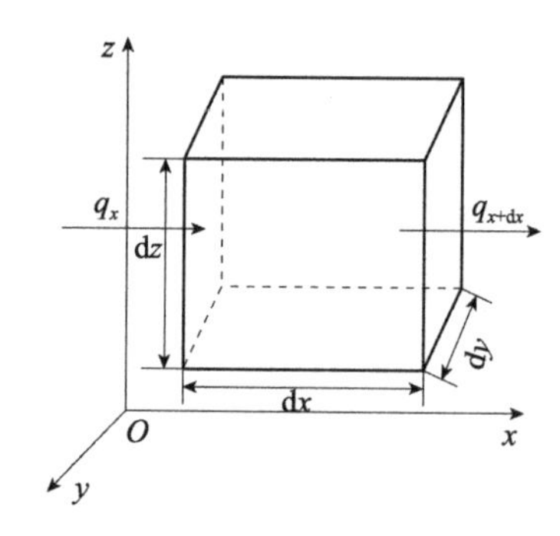

图 4.50　热传导示意图

从 x 方向传入的热量 Q_x 为

$$Q_x = \lambda \frac{\partial^2 T}{\partial x^2}\mathrm{d}x\mathrm{d}y\mathrm{d}z \tag{4.10}$$

同理，从 y，z 方向传入的净热量分别为

$$Q_y = \lambda \frac{\partial^2 T}{\partial y^2}\mathrm{d}x\mathrm{d}y\mathrm{d}z \tag{4.11}$$

$$Q_z = \lambda \frac{\partial^2 T}{\partial z^2}\mathrm{d}x\mathrm{d}y\mathrm{d}z \tag{4.12}$$

传入六面体的净热量为

$$Q_1 = \lambda\left(\frac{\partial^2 T}{\partial x^2} + \frac{\partial^2 T}{\partial y^2} + \frac{\partial^2 T}{\partial z^2}\right)\mathrm{d}x\mathrm{d}y\mathrm{d}z \tag{4.13}$$

在该六面体单位时间内水泥水化放出的热量为

$$Q_2 = c_t\rho_c \frac{\partial \theta_c}{\partial \tau}\mathrm{d}x\mathrm{d}y\mathrm{d}z \tag{4.14}$$

式中，c_t 为混凝土比热，kJ/（kg·℃）；ρ_c 为混凝土密度，kg/m^3；θ_c 为混凝土的绝热温升,℃。

在单位时间内，六面体温度由 T 升高到 $T+\frac{\partial T}{\partial \tau}\mathrm{d}\tau$，其积蓄的热量为

$$Q_3 = c_t\rho_c \frac{\partial T}{\partial \tau}\mathrm{d}x\mathrm{d}y\mathrm{d}z \tag{4.15}$$

依据热量平衡原理，有

$$Q_3 = Q_1 + Q_2 \tag{4.16}$$

$$c_t\rho_c \frac{\partial T}{\partial \tau}\mathrm{d}x\mathrm{d}y\mathrm{d}z = c_t\rho_c \frac{\partial \theta}{\partial \tau}\mathrm{d}x\mathrm{d}y\mathrm{d}z + \lambda\left(\frac{\partial^2 T}{\partial x^2} + \frac{\partial^2 T}{\partial y^2} + \frac{\partial^2 T}{\partial z^2}\right)\mathrm{d}x\mathrm{d}y\mathrm{d}z \tag{4.17}$$

化简后得到的热传导微分方程为

$$\frac{\partial T}{\partial \tau}-\alpha \nabla^2 T=\frac{\partial \theta}{\partial \tau} \tag{4.18}$$

式中，α 为导温系数，$\alpha=\frac{\lambda}{c_{t}\rho_{c}}$，$m^2/h$。

当物体自身不发热，且温度不随时间变化，即式（4.18）中$\frac{\partial \theta}{\partial t}=0$、$\frac{\partial T}{\partial z}=0$时，得

$$\frac{\partial ^2 T}{\partial x^2}+\frac{\partial ^2 T}{\partial y^2}+\frac{\partial ^2 T}{\partial z^2}=0 \tag{4.19}$$

上述这种不随时间变化的温度场称为稳定温度场。

当物体自身不发热，但其温度随时间变化，即$\frac{\partial \theta}{\partial t}=0$、$\frac{\partial T}{\partial z}\neq 0$时，得

$$\frac{\partial T}{\partial t}=a\left(\frac{\partial ^2 T}{\partial x^2}+\frac{\partial ^2 T}{\partial y^2}+\frac{\partial ^2 T}{\partial z^2}\right) \tag{4.20}$$

这种仅随时间变化的温度场为物体准稳定温度场。

当物体自身发热，且温度随时间变化，即$\frac{\partial \theta}{\partial t}\neq 0$、$\frac{\partial T}{\partial z}\neq 0$时，为非稳定温度场。

2. 热传导方程定解条件

为了能够求解热传导微分方程，求得温度场，必须已知物体初始条件，以及物体表面与周围介质之间热交换的边界条件。

1）初始条件

初始条件一般形式如下：

$$(T)_{t=0}=f(x,y,z),\quad x\in V \tag{4.21}$$

在温度场计算中，初始瞬时温度分布一般被认为是均匀的，即 $(T)_{t=0}=T_0=$常数。在混凝土温度场仿真计算中，一般是将浇筑温度作为初始温度。

2）边界条件

边界条件一般有四类，如图 4.51 所示。

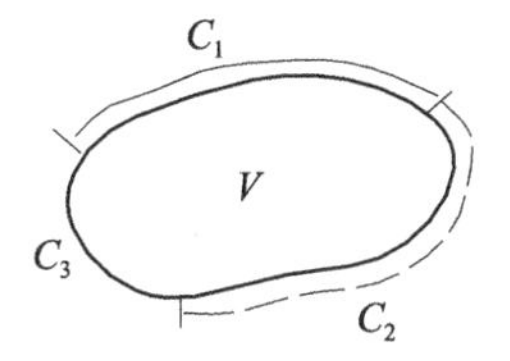

(a) 第一、二、三类边界

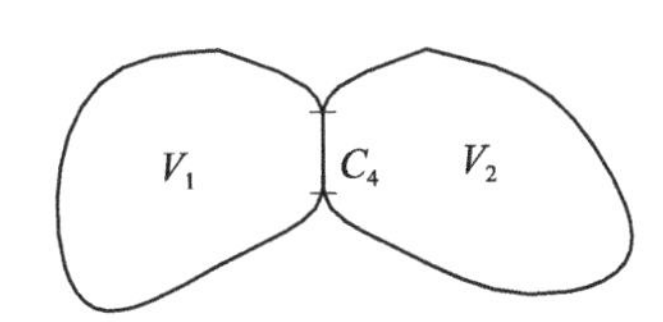

(b) 第四类边界

图 4.51　温度场边界示意图

(1) 第一类边界条件：已知结构表面上任意一点在所有瞬时的温度，即

$$T=f(t),\quad x\in V \tag{4.22}$$

式中，T 为结构表面的温度,℃。

(2) 第二类边界条件：混凝土表面的热流量是时间的已知函数，即

$$-\lambda\left(\frac{\partial T}{\partial n}\right)=f(\tau) \tag{4.23}$$

式中，n 为结构表面的外法向。在绝热边界上，不能吸收和耗散热量，热流密度为零，由式（4.23）得到

$$\left(\frac{\partial T}{\partial n}\right)=0 \tag{4.24}$$

(3) 第三类边界条件：已知结构表面上任意一点在所有瞬时的对流放热情况。按照热量对流规律，单位时间内从结构表面传向周围介质的热流密度是和两者温差成正比的，即

$$(q_n)=\beta(T-T_a) \tag{4.25}$$

式中，T_a 为周围介质的温度；β 为对流放热系数，kJ/(m^2 · h · ℃)。由式（4.9）与式（4.25）可得到

$$\left(\frac{\partial T}{\partial n}\right)=-\frac{\beta}{\lambda}(T-T_a) \tag{4.26}$$

若周围介质对流很大，结构表面温度将和周围介质同温，上式可简化成第一类边界条件：

$$T=T_a \tag{4.27}$$

(4) 第四类边界条件：当边界为两种不同固体接触时，若接触良好，则温度和流量均连续，即

$$\begin{cases}T_1=T_2\\ \lambda_1\left(\dfrac{\partial T_1}{\partial n}\right)=\lambda_2\left(\dfrac{\partial T_2}{\partial n}\right)\end{cases} \tag{4.28}$$

若接触不良，那么温度不连续，$T_1 \neq T_2$，此时需引入接触热阻，即

$$\begin{cases}\lambda_1\left(\dfrac{\partial T_1}{\partial n}\right)=\dfrac{1}{R_c}(T_2-T_1)\\ \lambda_1\left(\dfrac{\partial T_1}{\partial n}\right)=\lambda_2\left(\dfrac{\partial T_2}{\partial n}\right)\end{cases} \tag{4.29}$$

式中，R_c 为因接触不良产生的热阻，m · h · ℃/kJ，需通过试验确定。

3. 稳定温度场的求解

在区域 R 内，式（4.19）在第一类边界上满足：

$$T=T_b \tag{4.30}$$

在第二类边界上满足：

$$\lambda\frac{\partial T}{\partial n}=\beta(T_a-T) \tag{4.31}$$

在绝热边界上满足：

$$\lambda \frac{\partial T}{\partial n} = 0 \tag{4.32}$$

式中，β为表面放热系数，kJ/(m^2・h・℃)；λ为导热系数，kJ/(m・h・℃)；n为外法线方向向量；T_a、T_b分别为给定的外界温度，℃。

将计算域离散成若干个三维实体等参单元，单元内部任意某点的温度可由节点温度用形函数插值表示

$$T = \sum_{i=1}^{m} N_i T_i = [N]\{T\}^e \tag{4.33}$$

即

$$\begin{cases} \dfrac{\partial T}{\partial x} = \sum\limits_{i=1}^{m} \dfrac{\partial N_i}{\partial x} T_i \\ \dfrac{\partial T}{\partial y} = \sum\limits_{i=1}^{m} \dfrac{\partial N_i}{\partial y} T_i \\ \dfrac{\partial T}{\partial z} = \sum\limits_{i=1}^{m} \dfrac{\partial N_i}{\partial z} T_i \end{cases} \tag{4.34}$$

式中，N_i为形函数；T_i为节点温度，℃。

对方程（4.19）在空间求解域R内应用加权余量法，可得到

$$\iiint_R W_i \left(\frac{\partial^2 T}{\partial x^2} + \frac{\partial^2 T}{\partial y^2} + \frac{\partial^2 T}{\partial z^2} \right) \mathrm{d}x\mathrm{d}y\mathrm{d}z = 0 \tag{4.35}$$

式中，W_i为权函数。

在任一单元的空间子域ΔR内，应用伽辽金法取权函数W_i等于形函数N_i，进行分部积分后得

$$\iiint_{\Delta R} \left(\frac{\partial T}{\partial x}\frac{\partial N_i}{\partial x} + \frac{\partial T}{\partial y}\frac{\partial N_i}{\partial y} + \frac{\partial T}{\partial z}\frac{\partial N_i}{\partial z} \right) \mathrm{d}x\mathrm{d}y\mathrm{d}z - \iint_{\Delta s} \frac{\partial T}{\partial n} N_i \mathrm{d}s = 0 \tag{4.36}$$

矩阵形式可由下式表示

$$\iiint_{\Delta R} [B_t]^{\mathrm{T}} [B_t] \{T\}^e \mathrm{d}v = \iint_{\Delta s} [N]^{\mathrm{T}} \frac{\partial T}{\partial n} \mathrm{d}s \tag{4.37}$$

式中，

$$[B_t] = \begin{bmatrix} \dfrac{\partial N_1}{\partial x} & \dfrac{\partial N_2}{\partial x} & \cdots & \dfrac{\partial N_m}{\partial x} \\ \dfrac{\partial N_1}{\partial y} & \dfrac{\partial N_2}{\partial y} & \cdots & \dfrac{\partial N_m}{\partial y} \\ \dfrac{\partial N_1}{\partial z} & \dfrac{\partial N_2}{\partial z} & \cdots & \dfrac{\partial N_m}{\partial z} \end{bmatrix} \tag{4.38}$$

将式（4.10）代入边界条件，得

$$\frac{\partial T}{\partial n}=\frac{\beta}{\lambda}(T_a-T)=\frac{\beta}{\lambda}(T_a-T)=\frac{\beta}{\lambda}\left(T_a-\sum_{i=1}^{n}N_iT_i\right)=\frac{\beta}{\lambda}T_a-\frac{\beta}{\lambda}[N]\{T\}^e \tag{4.39}$$

对所有单元求和，得到稳定温度场方程为

$$\sum_e\left\{\iiint_{\Delta R}[B_t]^T[B_t]dv+\iint_{\Delta s}\frac{\beta}{\lambda}[N]^T[N]ds\right\}\{T\}^e=\sum_e\iint_{\Delta s}\frac{\beta}{\lambda}T_a[N]^T ds \tag{4.40}$$

4. 非稳定温度场的求解

三维不稳定温度场，将求解域 R 离散为若干单元，泛函 I（T）变为各个子域单元内的积分：

$$I=\sum I^e \tag{4.41}$$

在单元 e 内，I^e 积分值如下：

$$I^e(T)=\iiint_{\Delta R}\left\{\frac{1}{2}\alpha\left[\left(\frac{\partial T}{\partial x}\right)^2+\left(\frac{\partial T}{\partial y}\right)^2+\left(\frac{\partial T}{\partial z}\right)^2\right]+\left(\frac{\partial T}{\partial t}-\frac{\partial \theta}{\partial \tau}\right)T\right\}dxdydz+\iint_{\Delta C}\bar{\beta}\left(\frac{1}{2}T^2-T_aT\right)ds \tag{4.42}$$

式中，ΔR 为单元 e 所包含的子域；ΔC 为表面 C 上面积，仅出现在边界单元；$\bar{\beta}=\frac{\beta}{c_t\rho_c}$。

对式（4.42）求微分，得到

$$\frac{\partial I^e}{\partial T_i}=\iiint_{\Delta R}\left\{\alpha\left[\frac{\partial T}{\partial x}\frac{\partial}{\partial T_i}\left(\frac{\partial T}{\partial x}\right)+\frac{\partial T}{\partial y}\frac{\partial}{\partial T_i}\left(\frac{\partial T}{\partial y}\right)+\frac{\partial T}{\partial z}\frac{\partial}{\partial T_i}\left(\frac{\partial T}{\partial z}\right)\right]+\left(\frac{\partial T}{\partial t}-\frac{\partial \theta}{\partial \tau}\right)\frac{\partial T}{\partial T_i}\right\}dxdydz+\iint_{\Delta C}\bar{\beta}\left(T\frac{\partial T}{\partial T_i}-T_a\frac{\partial T}{\partial T_i}\right)ds \tag{4.43}$$

结合泛函取极值条件，有

$$\sum\frac{\partial I^e}{\partial T_i}=0 \tag{4.44}$$

对每一个节点，均建立一个式（4.44）确定的方程形成方程组，联立并求解此方程组，即可求得所有节点温度。

在求解区域 R 内，采用对时间向后差分的隐式解法，区域内任取一单元 e，节点编号为 i，j，m，…单元 e 的节点温度为

$$\{T\}^e=\begin{Bmatrix}T_i\\T_j\\T_m\\\vdots\end{Bmatrix} \tag{4.45}$$

单元内任一点温度可用形函数 N_i 插值如下：

$$T^{e}(x,y,z)=[N_i,N_j,N_m,\cdots]\begin{Bmatrix}T_i\\T_f\\T_m\\\vdots\end{Bmatrix}=[N]\{T\}^{e} \tag{4.46}$$

由式（4.46）可以得到

$$\begin{cases}\dfrac{\partial T}{\partial x}=\dfrac{\partial N_i}{\partial x}T_i+\dfrac{\partial N_j}{\partial x}T_j+\dfrac{\partial N_m}{\partial x}T_m+\dfrac{\partial}{\partial T_i}\left(\dfrac{\partial T}{\partial x}\right)=\dfrac{\partial N_i}{\partial x}\\\dfrac{\partial T}{\partial T_i}=N_i\end{cases} \tag{4.47}$$

同理，对 y 和 z 微分可得到形式相同的结果。

单元内温度变化率用形函数插值表示如下：

$$\frac{\partial T}{\partial \tau}[N_i,N_j,N_m,\cdots]=\begin{Bmatrix}\partial T_i/\partial\tau\\\partial T_j/\partial\tau\\\partial T_m/\partial T_m\\\vdots\end{Bmatrix}=[N]\frac{\partial\{T\}^{e}}{\partial\tau} \tag{4.48}$$

将式（4.46）、式（4.47）、式（4.48）代入式（4.43），并结合式（4.45），得

$$\left[H+\frac{2}{\Delta\tau}P\right]\{T\}_{\tau}+\left[H-\frac{2}{\Delta\tau}P\right]\{T\}_{\tau-\Delta\tau}+\{\boldsymbol{Q}\}_{\tau-\Delta\tau}+\{\boldsymbol{Q}\}_{\tau}=0 \tag{4.49}$$

式中，

$$H_{ij}=\sum_{e}h_{ij}^{e}=\sum_{e}\iiint_{\Delta R}\alpha\left(\frac{\partial N_i}{\partial x}\frac{\partial N_j}{\partial x}+\frac{\partial N_i}{\partial y}\frac{\partial N_j}{\partial y}+\frac{\partial N_i}{\partial z}\frac{\partial N_j}{\partial z}\right)\mathrm{d}x\mathrm{d}y\mathrm{d}z \tag{4.50}$$

$$P_{ij}=\sum_{e}P_{ij}=\sum_{e}\iiint_{\Delta R}N_iN_j\,\mathrm{d}s\mathrm{d}y\mathrm{d}z \tag{4.51}$$

$$\boldsymbol{Q}_i=\sum_{e}q_i^{e}=\sum_{e}\left[-\iiint_{-\Delta R}\frac{\partial\theta}{\partial\tau}N_i\mathrm{d}x\mathrm{d}y\mathrm{d}z-\iint_{\Delta C}\bar{\beta}T_{a}N_i\mathrm{d}s+\left(\iint_{\Delta C}\bar{\beta}N_i[N]\{T\}^{e}\right)\right] \tag{4.52}$$

在初始时刻即 $T=0$ 时，$\{T\}$ 是已知的初始温度，把它作为 $\{T\}_{\tau-\Delta\tau}$ 代入式（4.49），这样即可求出第一时段的温度 $\{T\}_{\tau}$，此后逐步计算，可求出任意时刻的温度。

5. 蠕变度

碾压混凝土蠕变度是指在单位应力下碾压混凝土产生的蠕变变形，蠕变度 $C(t,\tau)$ 不仅与持荷时间 $t-\tau$ 有关，还与加载时混凝土的龄期 τ 有关，加载时龄期越小，混凝土的蠕变度越大。根据试验资料，蠕变度 $C(t,\tau)$ 表达式应满足

以下条件：

(1) 当 $t-\tau=0$ 时，$C(t,\tau)=0$；

(2) 当 $t-\tau>0$ 时，$C(t,\tau)>0$；

(3) 混凝土蠕变的速度随龄期 τ 的增长而逐渐减小，即 $\frac{\partial C(t,\tau)}{\partial\tau}<0$；

(4) 持荷时间 $t-\tau\rightarrow\infty$ 时，$C(t,\tau)\rightarrow$ 常数。

混凝土蠕变变形包括不可逆蠕变和可逆蠕变两部分，因此蠕变度可表示为

$$C(t,\tau)=C_1(t,\tau)+C_2(t,\tau) \tag{4.53}$$

式中，$C_1(t,\tau)$ 为可逆蠕变；$C_2(t,\tau)$ 为不可逆蠕变；t 为时间；τ 为加载龄期。

可逆蠕变与不可逆蠕变可分别采用下列复合指数式表示

$$C_1(t,\tau)=\sum_{i=1}^{n}(f_i+g_i\tau^{-p_i})\left[1-e^{-r_i(t-\tau)}\right] \tag{4.54}$$

$$C_2(t,\tau)=\sum_{i=1}^{n}D_i\left[e^{-s_i\tau}-e^{-s_it}\right] \tag{4.55}$$

式中，f_i、g_i、p_i、r_i、D_i 和 s_i 为常数，一般取 $n=2$，则可得到

$$C(t,\tau)$$
$$=(f_1+g_1\tau^{-p_1})\left[1-e^{-r_1(t-\tau)}\right]+(f_2+g_2\tau^{-p_2})\left[1-e^{-r_2(t-\tau)}\right]+D\left[e^{-s\tau}-e^{-st}\right] \tag{4.56}$$

在上式中取 $r_1>r_2$，则上式右边第一部分表示加载早期的可逆蠕变变形，第二部分表示加载晚期的可逆蠕变变形，第三部分表示不可逆蠕变变形。将不可逆蠕变变形公式做变换：

$$C_2(t,\tau)=De^{-s\tau}\left[1-e^{-s(t-\tau)}\right] \tag{4.57}$$

由此，可将式 (4.54)、式 (4.55) 统一写成

$$C(t,\tau)=\sum_{i=1}^{n}\Psi_i(\tau)\left[1-e^{-s(t-\tau)}\right] \tag{4.58}$$

其中，当可逆蠕变时，$\Psi_i(\tau)=f_i+g_i\tau^{-p_i}$，当不可逆蠕变时，$\Psi_i(\tau)=De^{-r_n\tau}$

混凝土蠕变变形主要是可逆变形，占蠕变变形的 70%～80%，应用弹性蠕变理论，将不可逆蠕变合并到可逆蠕变后，蠕变度表达式可简化为

$$C(t,\tau)=\sum_{i=1}^{n}(A_i+B_i\tau^{-c})\left[1-e^{-D_i(t-\tau)}\right] \tag{4.59}$$

6. 蠕变应力及收缩应力基本方程

基于弹性蠕变理论，可以增量初应变形式计算施工期及运行期因温度变化和干缩等因素造成的蠕变应力变化规律。混凝土在复杂应力状态下应变增量包括弹性应变增量、蠕变应变增量、温度应变增量、自生体积应变增量和干缩应变增量，即

$$\{\Delta\varepsilon_n\} = \{\Delta\varepsilon_n^{e}\} + \{\Delta\varepsilon_n^{c}\} + \{\Delta\varepsilon_n^{T}\} + \{\Delta\varepsilon_n^{0}\} + \{\Delta\varepsilon_n^{s}\} \tag{4.60}$$

式中，$\{\Delta\varepsilon_n^{e}\}$ 为弹性应变增量；$\{\Delta\varepsilon_n^{c}\}$ 为蠕变应变增量；$\{\Delta\varepsilon_n^{T}\}$ 为温度应变增量；$\{\Delta\varepsilon_n^{0}\}$ 为自生体积变形增量；$\{\Delta\varepsilon_n^{s}\}$ 为干缩应变增量。

(1) 弹性应变增量 $\{\Delta\varepsilon_n^{e}\}$ 计算式如下：

$$\{\Delta\varepsilon_n^{e}\} = \frac{1}{E(\bar{\tau}_n)}[Q][\Delta\sigma_n] \quad \left(\bar{\tau}_n = \frac{\tau_{n-1} + \tau_n}{2}\right) \tag{4.61}$$

式中，

$$E(\bar{\tau}_n) = E_0(1 - \mathrm{e}^{-a(\bar{\tau}_n)^b}) \tag{4.62}$$

$$[Q] = \begin{bmatrix} 1 & -\mu & -\mu & 0 & 0 & 0 \\ -\mu & 1 & -\mu & 0 & 0 & 0 \\ -\mu & -\mu & 1 & 0 & 0 & 0 \\ 0 & 0 & 0 & 2(1+\mu) & 0 & 0 \\ 0 & 0 & 0 & 0 & 2(1+\mu) & 0 \\ 0 & 0 & 0 & 0 & 0 & 2(1+\mu) \end{bmatrix} \tag{4.63}$$

这里，E_0 是最终弹性模量。

(2) 蠕变应变增量 $\{\Delta\varepsilon_n^{c}\}$ 计算式为

$$\{\Delta\varepsilon_n^{c}\} = \{\eta_n\} + C(t_n, \bar{\tau}_n)[Q][\Delta\sigma_n] \tag{4.64}$$

式中，

$$\{\eta_n\} = \sum_s (1 - \mathrm{e}^{-r_s \Delta\tau_n})\{\omega_{sn}\} \tag{4.65}$$

$$\{\omega_{sn}\} = \{\omega_{s,n-1}\}\mathrm{e}^{-r_s \Delta\tau_{n-1}} + [Q][\Delta\sigma_{n-1}]\psi_s(\bar{\tau}_{n-1})\mathrm{e}^{-0.5 r_s \Delta\tau_{n-1}} \tag{4.66}$$

$$C(t_n, \tau_n) = \sum_s \psi_s(\tau)[1 - \mathrm{e}^{-r_s(t-\tau)}] \tag{4.67}$$

(3) 温度应变增量$\{\Delta\varepsilon_n^{T}\}$由非稳定温度场计算得到，其计算式为

$$\{\Delta\varepsilon_n^{T}\} = \{\alpha\Delta T_n, \alpha\Delta T_n, \alpha\Delta T_n, 0, 0, 0\} \tag{4.68}$$

式中，α 为线膨胀系数；ΔT_n 为温差。

(5) 干缩应变增量 $\{\Delta\varepsilon_n^{s}\}$ 计算式为

$$\{\varepsilon_n^{s}\} = \{\varepsilon_0^{s}\}(1 - \mathrm{e}^{-c\tau_n^{d}})\{\Delta\varepsilon_n^{s}\} = \{\varepsilon_n^{s}\} - \{\varepsilon_{n-1}^{s}\} \tag{4.69}$$

式中，$\{\varepsilon_0^{s}\}$ 为最终干缩应变。

(4) 自生体积应变增量$\{\Delta\varepsilon_0^{s}\}$，一般由实验资料得到。

综上所述，在任意时刻 Δt_i 内，由弹性理论基本假定得出增量形式的物理方程：

$$\{\Delta\sigma_n\} = [\bar{D}_n](\{\Delta\varepsilon_n\} - \{\eta_n\} - \{\Delta\varepsilon_n^{T}\} - \{\Delta\varepsilon_n^{0}\} - \{\Delta\varepsilon_n^{s}\}) \tag{4.70}$$

$$[\bar{D}_n] = \bar{E}_n[Q^{-1}], \quad \bar{E}_n = \frac{E(\bar{\tau}_n)}{1 + E(\bar{\tau}_n)C(t_n, \bar{\tau}_n)} \tag{4.71}$$

$$Q^{-1}=\frac{1-\mu}{(1+\mu)(1-2\mu)}\begin{bmatrix}1 & \frac{\mu}{1-\mu} & \frac{\mu}{1-\mu} & 0 & 0 & 0\\ \frac{\mu}{1-\mu} & 1 & \frac{\mu}{1-\mu} & 0 & 0 & 0\\ \frac{\mu}{1-\mu} & \frac{\mu}{1-\mu} & 1 & 0 & 0 & 0\\ 0 & 0 & 0 & \frac{1-2\mu}{2(1+\mu)} & 0 & 0\\ 0 & 0 & 0 & 0 & \frac{1-2\mu}{2(1+\mu)} & 0\\ 0 & 0 & 0 & 0 & 0 & \frac{1-2\mu}{2(1+\mu)}\end{bmatrix} \tag{4.72}$$

7. 蠕变应力场有限元计算

根据平衡方程、几何方程和物理方程，可得到任意 Δt_n 时段内整个区域内的有限元支配方程：

$$[K]\{\Delta\delta_n\}=\{\Delta P_n\}^{\mathrm{L}}+\{\Delta P_n\}^{\mathrm{T}}+\{\Delta P_n\}^{\mathrm{C}}+\{\Delta P_n\}^{\mathrm{S}}+\{\Delta P_n\}^{0} \tag{4.73}$$

式中，$\{\Delta P_n\}^{\mathrm{L}}$ 为外荷载引起的节点荷载增量；$\{\Delta P_n\}^{\mathrm{T}}$ 为温差引起的节点荷载增量；$\{\Delta P_n\}^{\mathrm{C}}$ 为蠕变引起的节点荷载增量；$\{\Delta P_n\}^{\mathrm{S}}$ 为干缩变形引起的节点荷载增量；$\{\Delta P_n\}^{0}$ 为自生体积变形引起的节点荷载增量。

不同因素引起的单元节点荷载增量可分别表示为

$$\{\Delta P_n\}_{\mathrm{e}}^{\mathrm{L}}=[N]^{\mathrm{T}}\{\Delta P\}_{\mathrm{e}}+\iiint_{\Delta R}[N]^{\mathrm{T}}\{\Delta q\}_{\mathrm{e}}\mathrm{d}x\mathrm{d}y\mathrm{d}z+\iint_{\Delta C}[N]^{\mathrm{T}}\{\Delta p\}_{\mathrm{e}}\mathrm{d}s \tag{4.74}$$

$$\{\Delta P_n\}_{\mathrm{e}}^{\mathrm{T}}=\iiint_{\Delta R}[B]^{\mathrm{T}}[\overline{D}_n]\{\eta_n\}\mathrm{d}x\mathrm{d}y\mathrm{d}z \tag{4.75}$$

$$\{\Delta P_n\}_{\mathrm{e}}^{\mathrm{C}}=\iiint_{\Delta R}[B]^{\mathrm{T}}[\overline{D}_n]\{\Delta\varepsilon_n^{\mathrm{C}}\}\mathrm{d}x\mathrm{d}y\mathrm{d}z \tag{4.76}$$

$$\{\Delta P_n\}_{\mathrm{e}}^{0}=\iiint_{\Delta R}[B]^{\mathrm{T}}[\overline{D}_n]\{\Delta\varepsilon_n^{0}\}\mathrm{d}x\mathrm{d}y\mathrm{d}z \tag{4.77}$$

$$\{\Delta P_n\}_{\mathrm{e}}^{\mathrm{S}}=\iiint_{\Delta R}[B]^{\mathrm{T}}[\overline{D}_n]\{\Delta\varepsilon_n^{\mathrm{s}}\}\mathrm{d}x\mathrm{d}y\mathrm{d}z \tag{4.78}$$

式中，$\{\Delta P\}_{\mathrm{e}}$ 为该时刻单元所受到的集中力的增量；$\{\Delta q\}_{\mathrm{e}}$ 为该时刻单元所受到的体力（含自重）的增量；$\{\Delta p\}_{\mathrm{e}}$ 为该时刻单元所受到的面力的增量。

利用整体支配方程求解得到各节点位移增量之后，应力增量可由下式表示

$$\{\Delta\sigma_n\}=[\overline{D}_n](\{\Delta\varepsilon_n\}-\{\eta_n\}-\{\Delta\varepsilon_n^{\mathrm{T}}\}-\{\Delta\varepsilon_n^{\mathrm{C}}\}-\{\Delta\varepsilon_n^{0}\}) \tag{4.79}$$

其中，$\{\Delta\varepsilon_n\}=[\mathrm{B}]\{\Delta\delta_n\}$，$\{\Delta\varepsilon_n^{\mathrm{C}}\}$和$\{\Delta\varepsilon_n^{0}\}$一般可由试验资料得到。

将各时段的位移、应力增量累加，即可求得计算域任意时刻的位移场、应力场：

$$\delta_N = \sum_{n=1}^{N} \Delta\delta_n \tag{4.80}$$

$$\sigma_i = \sum_{j=1}^{N} \Delta\sigma_j \tag{4.81}$$

4.4.2　算例

1. 初始施工数值仿真

1）气温资料

选取西北地区常见气候作为计算边界条件，该区域极端气温出现少，根据气象站气象资料，多年平均气温 16℃，月气温表如表 4.26 所示。

表 4.26　西北地区年多年平均气温要素统计表

月份	1	2	3	4	5	6	7	8	9	10	11	12
平均气温/℃	3	5	9.5	15.5	21	25	28.5	28	23	17.5	11.5	5.5

气温变化是以年为周期，计算时外界环境平均气温采用下式确定：

$$T_a = T_{am} + A_a \cos\left[\frac{\pi}{6}(\tau - \tau_0)\right] \tag{4.82}$$

式中，T_a 为气温，℃；T_{am}为年平均气温，℃；A_a 为温年变幅，℃；τ 为时间变量，月；τ_0 为初始相位，月。

坝址气温多年月平均气温变化计算拟合如下：

$$T(t) = 16.08 + 12.75 \times \cos\left[\frac{\pi}{6}(\tau - 7.0)\right] \tag{4.83}$$

式中，τ 为时间变量，月。

2）热力学参数

胶凝砂砾石料及地基土体热力学特性参数及线膨胀系数见表 4.27。

表 4.27　胶凝砂砾石料计算参数

材料	导热系数 λ/(kJ/(m·h·℃))	比热容 c/(kJ/(kg·℃))	导温系数 a/(m²/h)	线膨胀系数 α/(1/℃)	密度 ρ/(kg/m³)
地基	4.05	1.57	0.0020	0.76×10^{-5}	1802.8
胶凝砂砾石	7.375	0.96	0.0016	0.56×10^{-5}	2360

3）胶凝砂砾石坝边界对流放热系数

表4.28给出了固体表面在空气中的放热系数。当胶凝砂砾石表面有模板和保温层时，仍然可以按照第三类边界条件计算，用对流放热系数β的方法考虑模板或者保温层的影响。设胶凝砂砾石表面外有若干层保温层，每层保温材料热阻为

$$R_i=\frac{h_i}{\lambda_i} \tag{4.84}$$

式中，h_i为保温层的厚度；λ_i为保温层的导热系数。

表4.28　表面放热系数

风速/(m/s)	β/(kJ/(m^2·h·℃))		风速/(m/s)	β/(kJ/(m^2·h·℃))	
	光滑表面	粗糙表面		光滑表面	粗糙表面
0	18.46	21.06	5.0	90.14	96.71
0.5	28.68	31.36	6.0	103.25	110.99
1.0	35.75	38.64	7.0	116.06	124.89
2.0	49.4	53.00	8.0	128.57	138.46
3.0	63.09	67.57	9.0	140.76	151.73
4.0	76.70	82.83	10.0	152.69	165.13

最外面保温层与空气的热阻设定为$1/\beta$，保温层总热阻可由下式表示

$$R_s=\frac{1}{\beta}+\sum\frac{h_i}{\lambda_i} \tag{4.85}$$

通常情况下，保温层热容量较小，可忽略。胶凝砂砾石料通过保温层向外界环境散热的等效的放热系数β_s可采用下式表示

$$\beta_s=\frac{1}{R_s}=\frac{1}{1/\beta+\sum(h_i/\lambda_i)} \tag{4.86}$$

胶凝砂砾石坝结构顶面采用干棉絮，通过计算可取等效导热系数为550kJ/(m·d·℃)，侧面在浇筑期间取等效导热系数为500kJ/(m·d·℃)，第一个冬季等效导热系数取550kJ/(m·d·℃)。

4）施工进度计划

大坝高度60m，施工时分成20层进行碾压施工，每层3m进行严格间歇浇筑7d，大坝于3月份开始浇筑，140d浇筑完成。

5）计算模型

本次计算采用的胶凝砂砾石坝不考虑坝体灌浆廊道以及“金包银”结构。计算区域内基岩按坝段尺寸的1.0倍取值，即沿上下游顺河向坝踵与坝址基岩分别延伸60.0m，基岩深度50m，有限元模型中顺河向方向为X轴，沿坝轴线

方向为 Y 轴，竖直方向为 Z 轴。地基底部、地基的四面和地基截面积被认为是绝热边界，坝体上、下游面采用第三类边界条件。仿真计算中温度场选用 Solid70 单元，该元件有 8 个节点，每个节点都有一个单一温度自由度，适用于三维稳态或瞬态热分析。温度应力场模拟采用 Solid185 单元，地基底部为固定支座，四边受法向约束，坝体侧面法向约束，计算模型如图 4.52 所示，分析的关键点如图 4.53 所示。

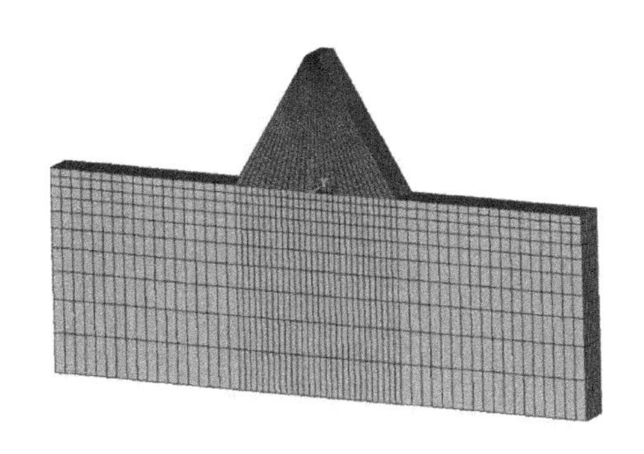

(a) 整体有限元模型

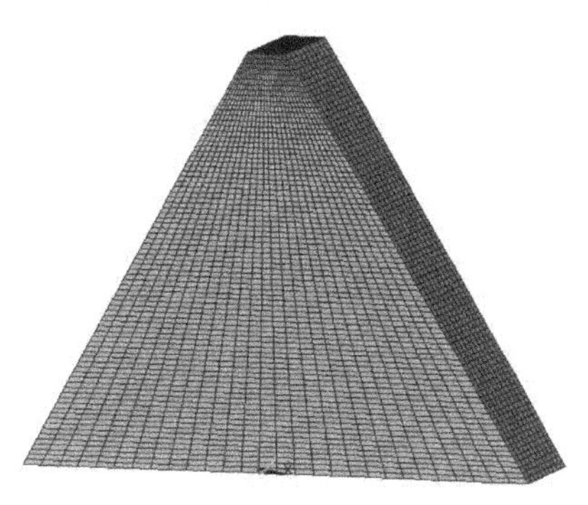

(b) 坝体有限元模型

图 4.52　计算模型

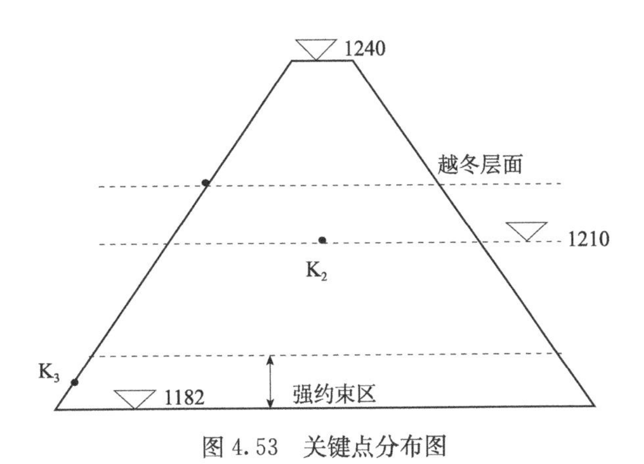

图 4.53　关键点分布图

6）计算结果分析

图 4.54～图 4.59 给出了不同坝料胶凝掺量的胶凝砂砾石坝运行 70d、140d、300d、700d 的坝体温度场分布，从图中可看出：受水泥水化热的作用，大坝温度从开始浇筑时的 20℃逐渐上升；由于边界散热，坝体大体上呈现中心温度高，表面温度逐渐降低的趋势；随着时间的推移，坝体不断与外界空气进行热交换，其内部温度下降，高温区域逐渐减小；当胶凝掺量较低时，水化热较低，浇筑 70d 的坝体温度低于大气温度，会出现坝体内部温度低于表面温度的现象。

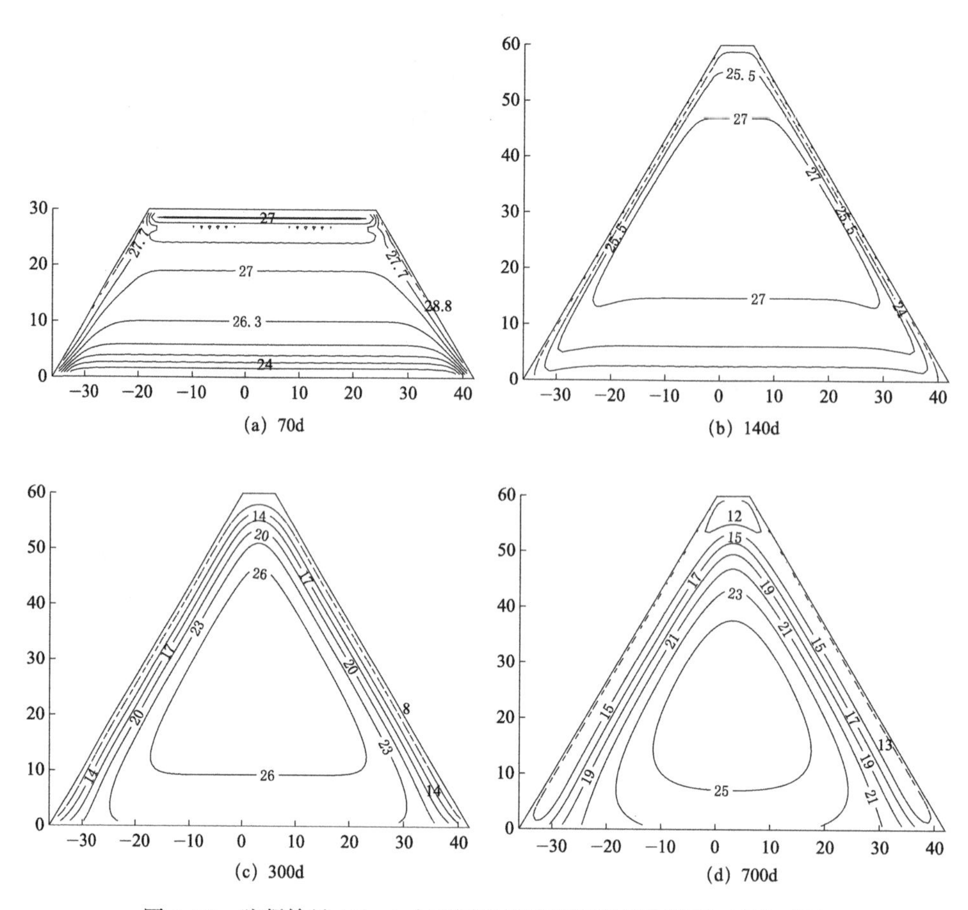

(a) 70d (b) 140d

(c) 300d (d) 700d

图 4.54　胶凝掺量 40kg/m³ 不同阶段坝体温度等值线图（单位：℃）

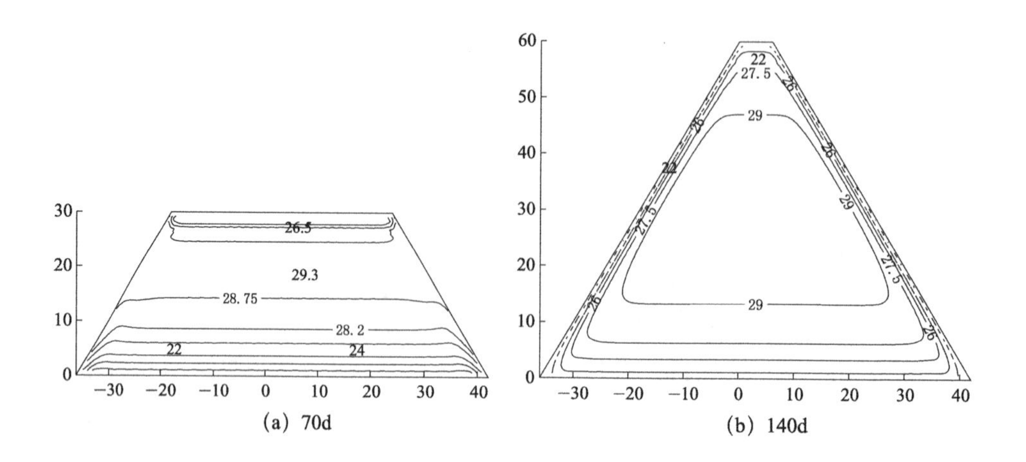

(a) 70d (b) 140d

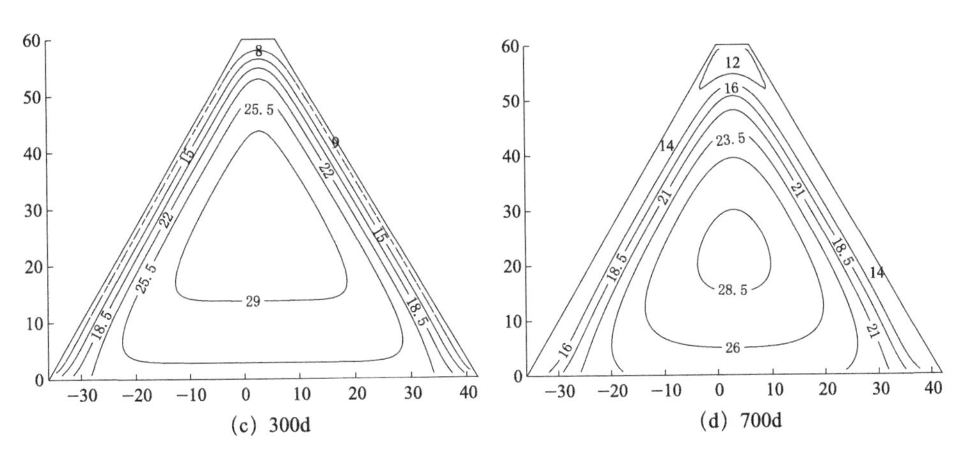

图4.55　胶凝掺量60kg/m³不同阶段坝体温度等值线图（单位:℃）

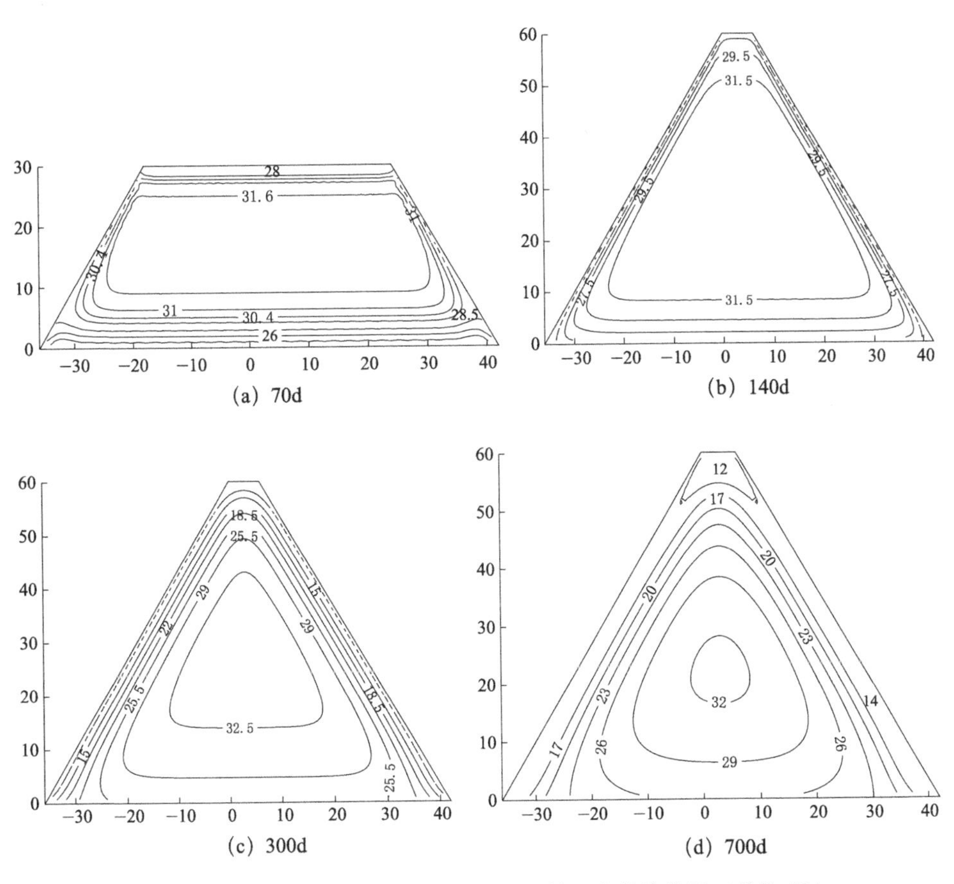

图4.56　胶凝掺量80kg/m³不同阶段坝体温度等值线图（单位:℃）

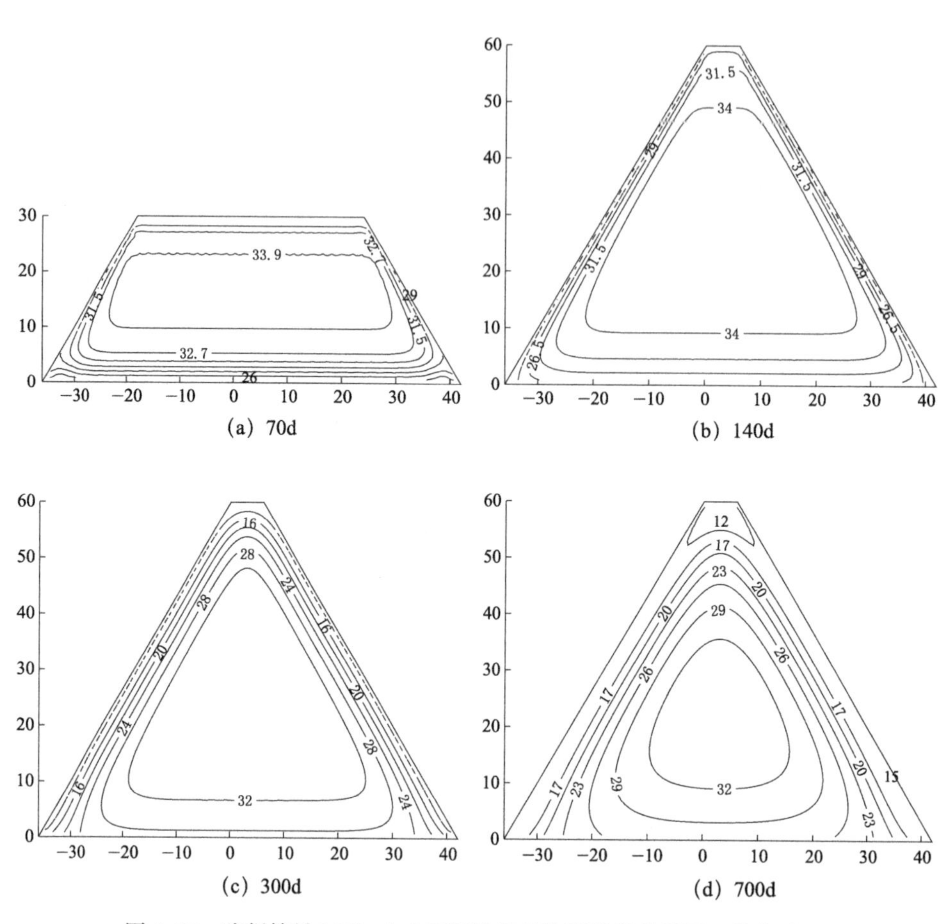

(a) 70d (b) 140d

(c) 300d (d) 700d

图 4.57 胶凝掺量 100kg/m³ 不同阶段坝体温度等值线图（单位：℃）

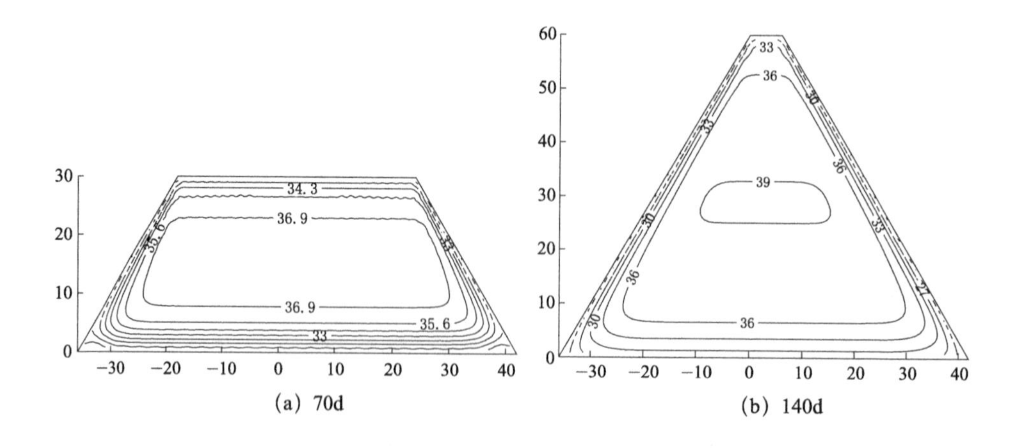

(a) 70d (b) 140d

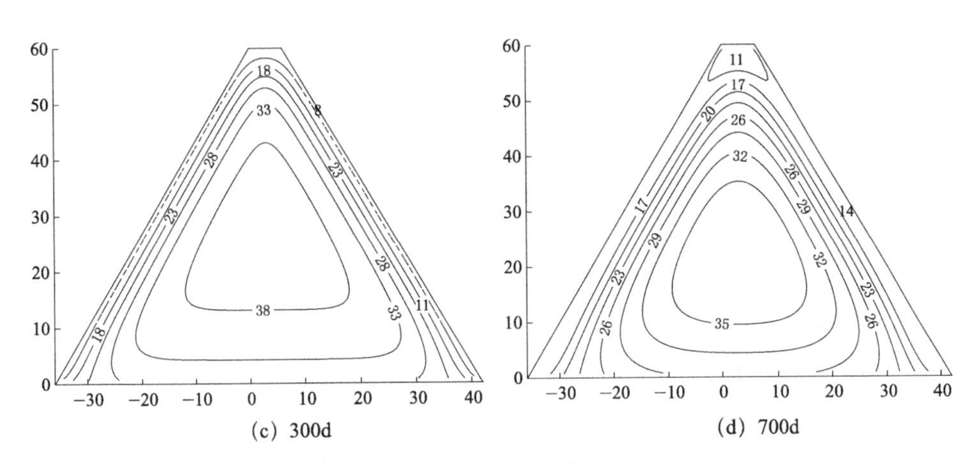

图 4.58　胶凝掺量 120kg/m³ 不同阶段坝体温度等值线图（单位:℃）

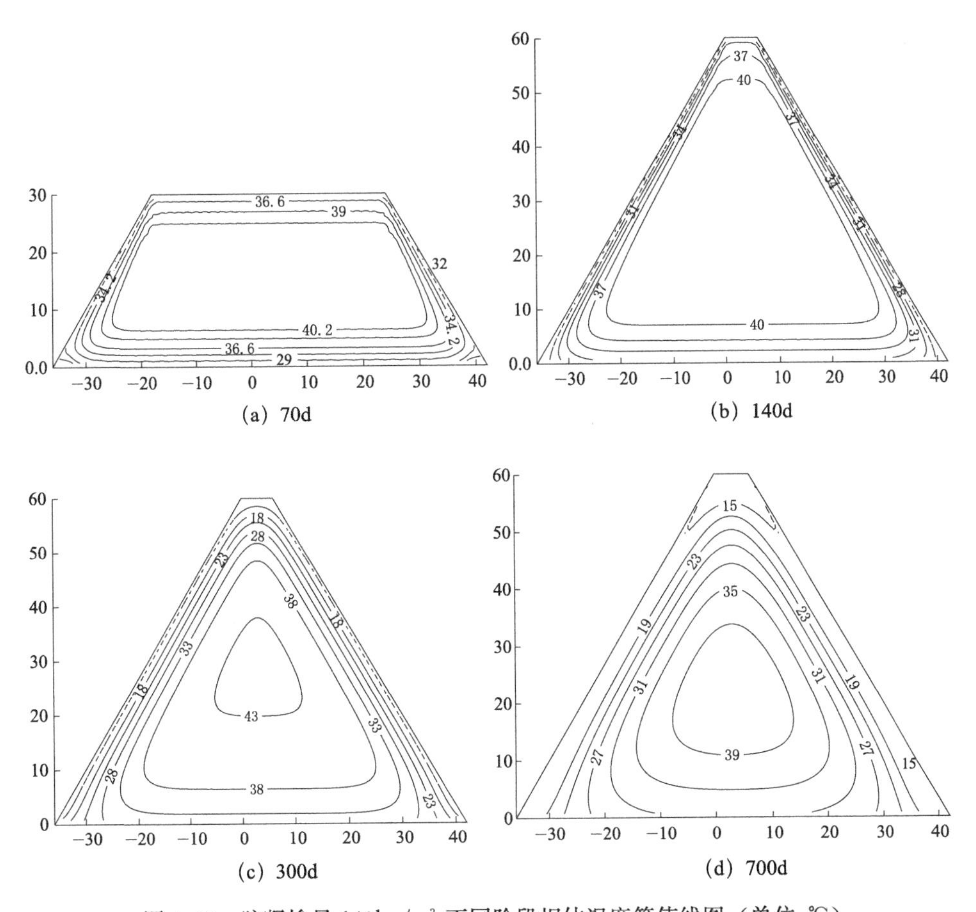

图 4.59　胶凝掺量 140kg/m³ 不同阶段坝体温度等值线图（单位:℃）

图 4.60 与图 4.61 分别给出了坝体中心和表面点温度历程曲线，随着胶凝掺量的增加，水化热逐渐增大，胶凝掺量每增加 20kg/m³，坝体最大温度值提高 3～4℃，坝体最高温度从 26.1℃上升至 43.4℃；浇筑初期，坝体表面有短暂的升温，后期坝体温度主要受气温的影响。

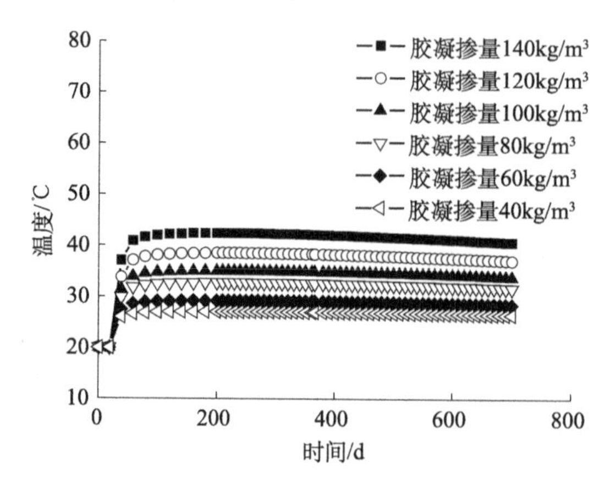

图 4.60　不同胶凝掺量中心点 K_2 温度历程曲线

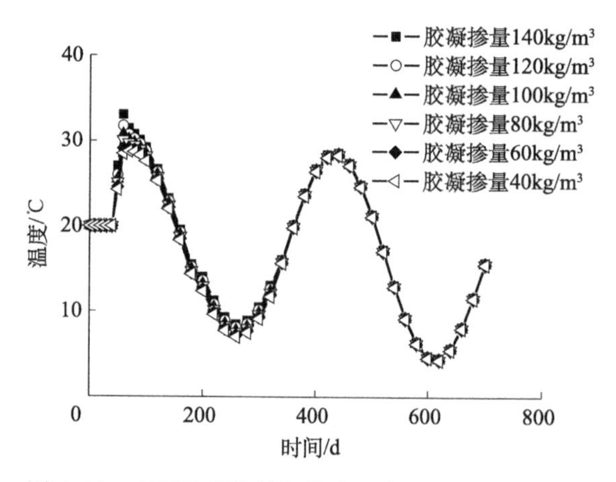

图 4.61　不同胶凝掺量坝体表面点 K_3 温度历程曲线

图 4.62～图 4.67 分别给出了不同胶凝掺量的胶凝砂砾石坝在运行 70d、140d、300d、700d 的温度应力分布等值线，从图中可看出：坝体总体表现为表面拉应力和内部压应力，在年气温较高时，坝体表面呈现压应力，应力分布规律与碾压混凝土坝类似；在施工阶段拉应力出现的最大区域主要为坝体表面以及坝体侧面分层接触面处，拉应力区域随着坝体温度的降低，范围逐渐扩大，越靠近坝体，表面拉应力越大。

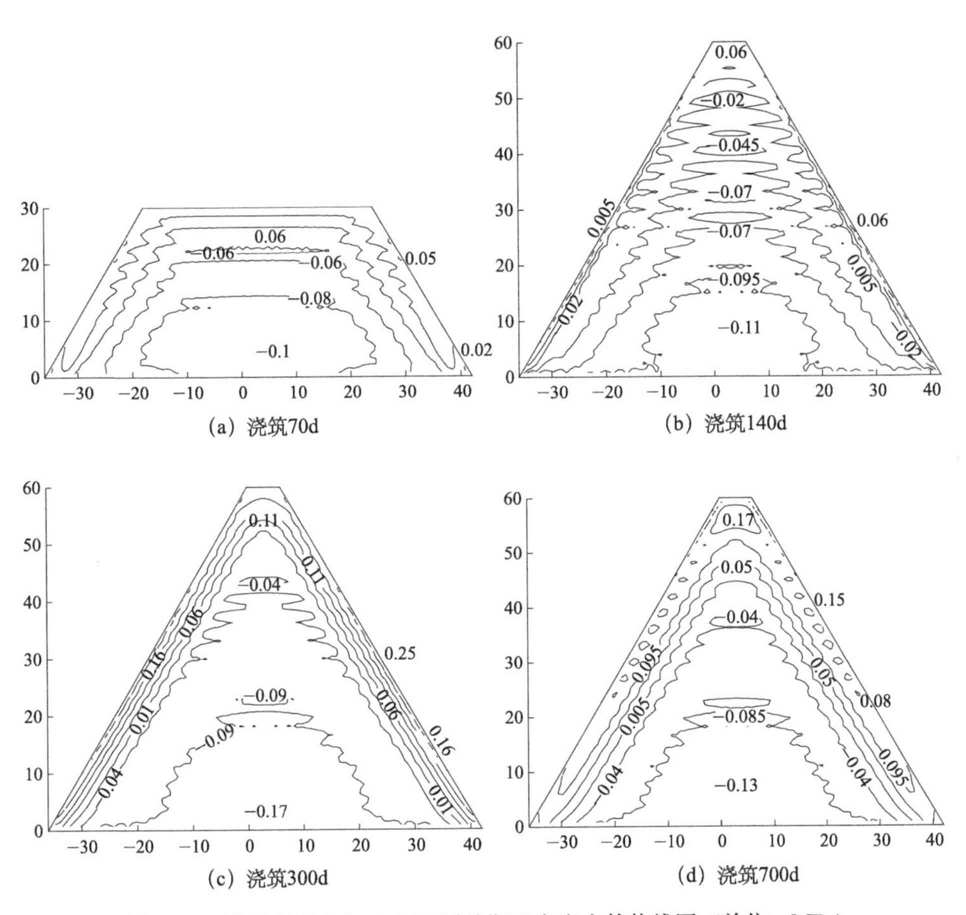

(a) 浇筑70d　　(b) 浇筑140d

(c) 浇筑300d　　(d) 浇筑700d

图 4.62　胶凝掺量 40kg/m³ 不同龄期温度应力等值线图（单位：MPa）

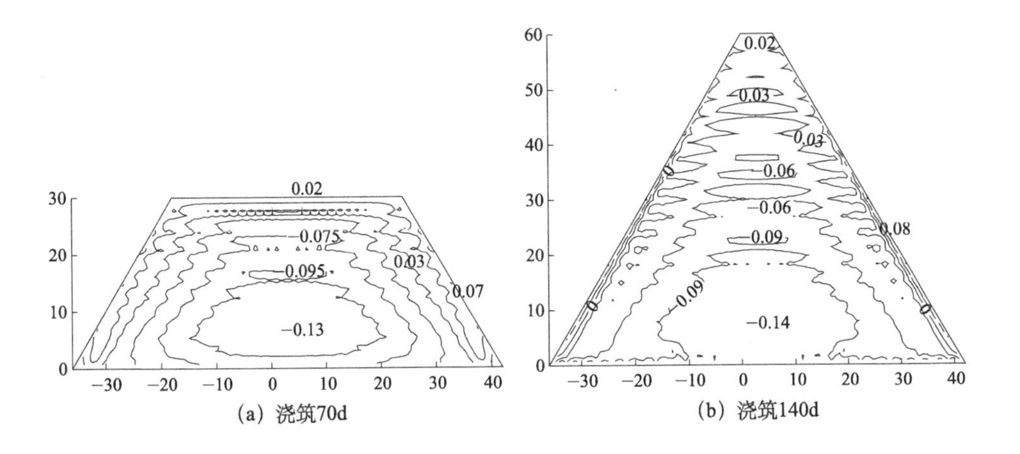

(a) 浇筑70d　　(b) 浇筑140d

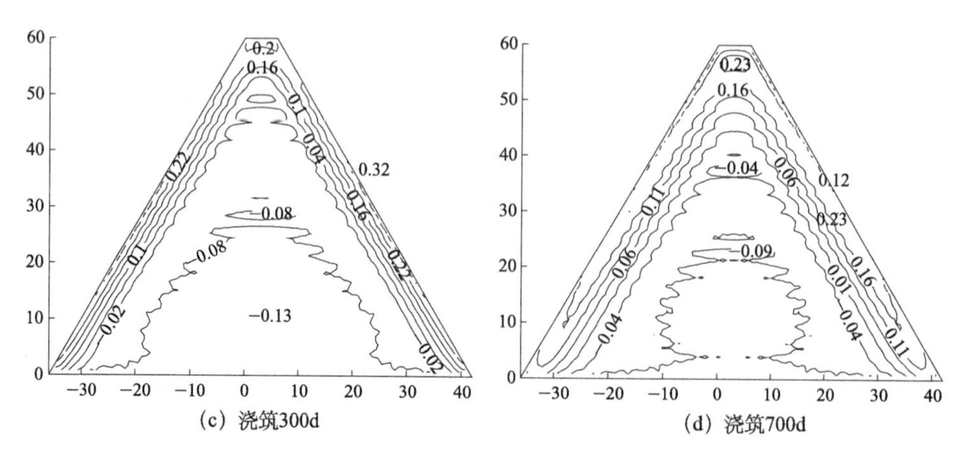

图 4.63　胶凝掺量 60kg/m³ 不同龄期温度应力等值线图（单位：MPa）

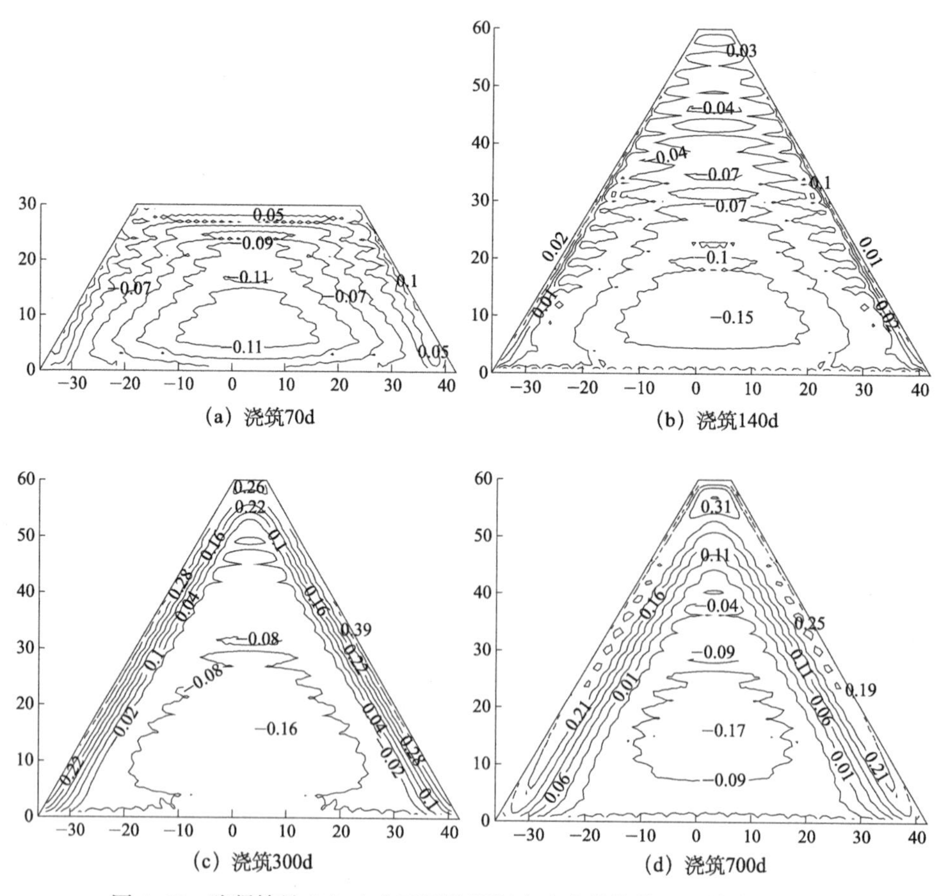

图 4.64　胶凝掺量 80kg/m³ 不同龄期温度应力等值线图（单位：MPa）

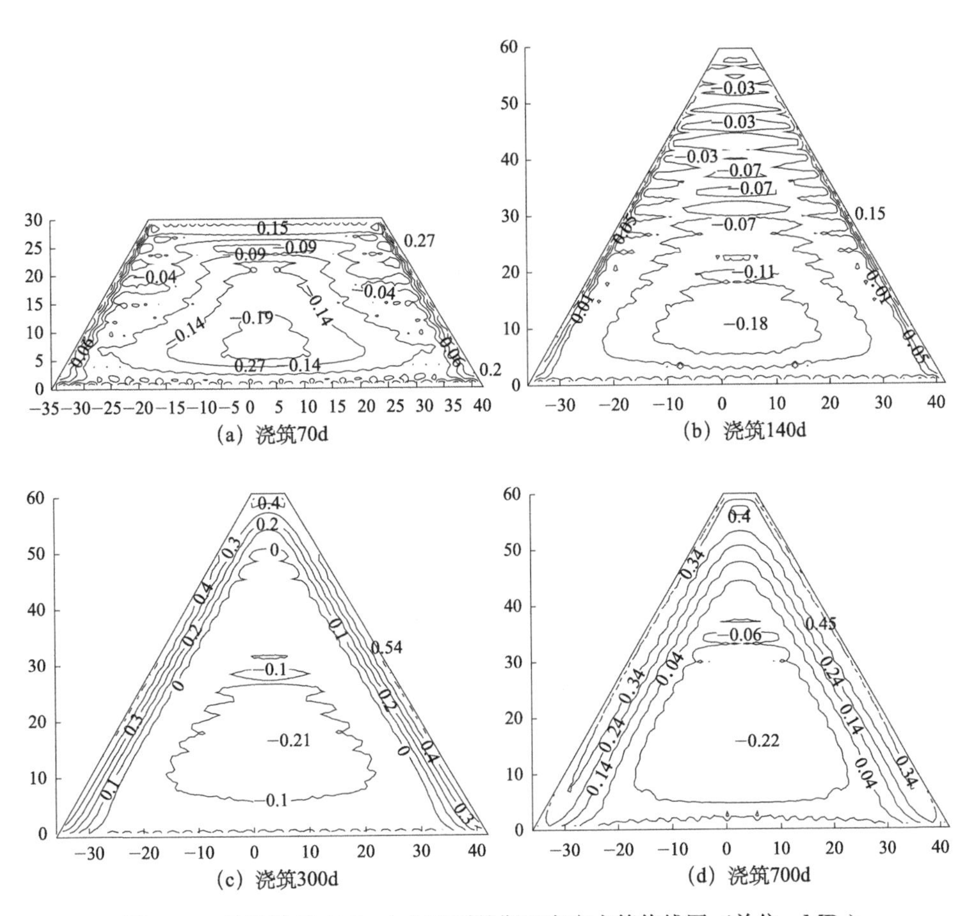

(a) 浇筑70d　　(b) 浇筑140d

(c) 浇筑300d　　(d) 浇筑700d

图 4.65　胶凝掺量 100kg/m³ 不同龄期温度应力等值线图（单位：MPa）

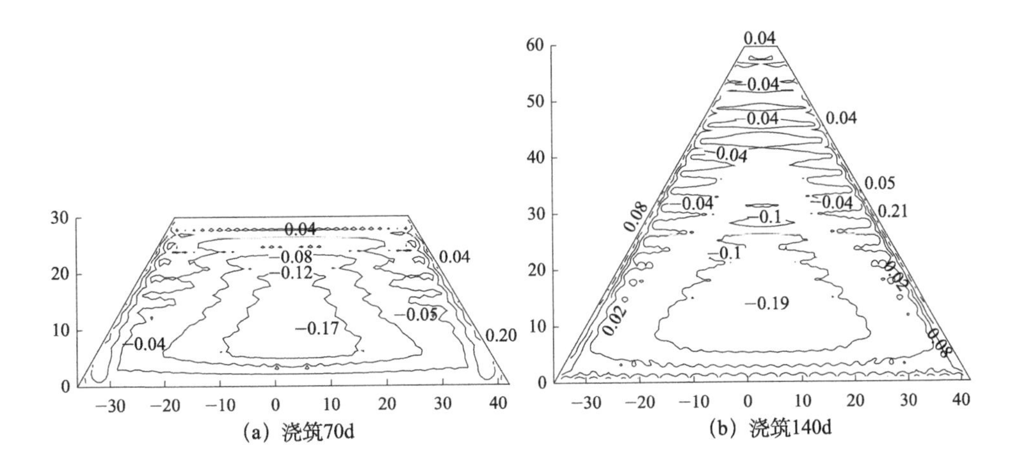

(a) 浇筑70d　　(b) 浇筑140d

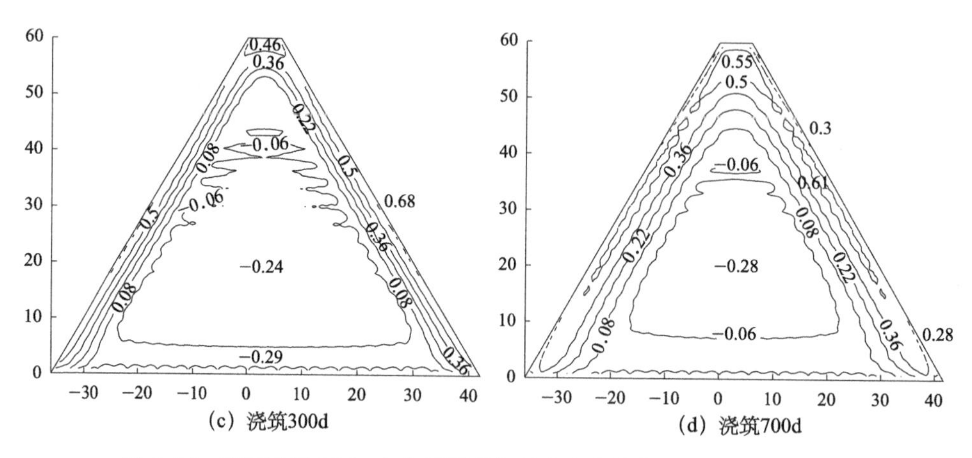

图 4.66　胶凝掺量 120kg/m³ 不同龄期温度应力等值线图（单位：MPa）

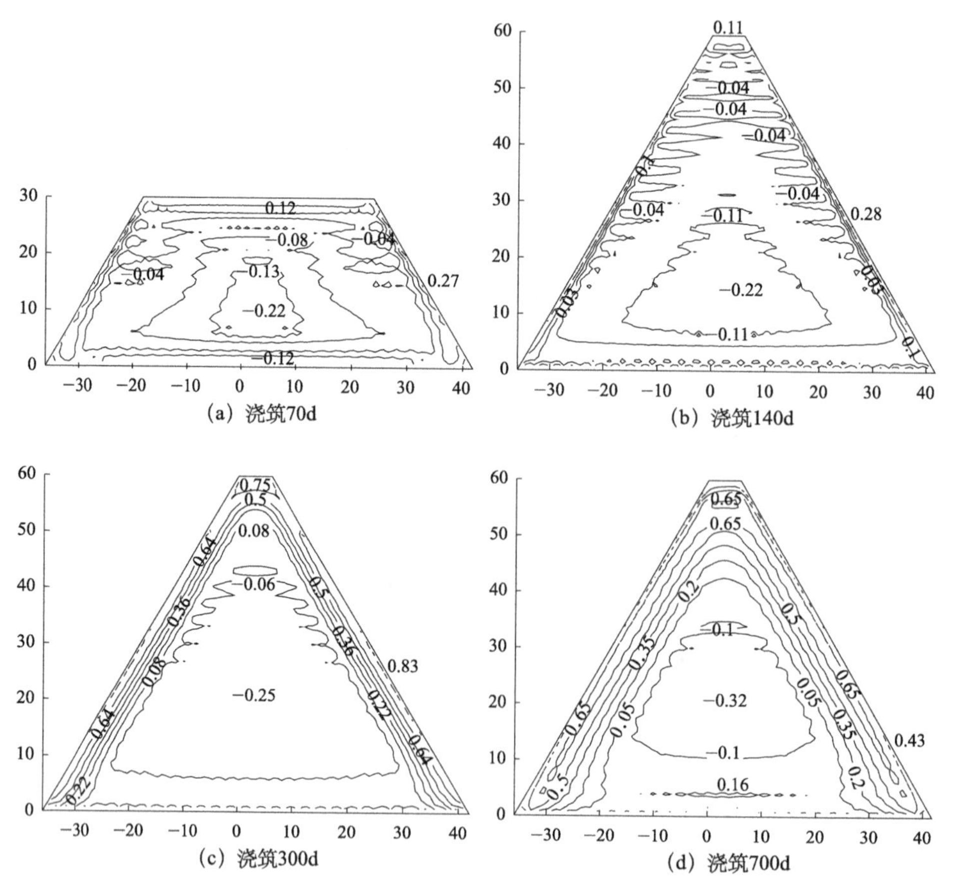

图 4.67　胶凝掺量 140kg/m³ 不同龄期温度应力等值线图（单位：MPa）

图 4.68 给出了不同胶凝掺量的坝体表面点温度应力历程曲线，从图中可看出：随着胶凝掺量的增加，胶凝砂砾石坝表面温度应力增大；胶凝掺量为 140kg/m³ 的大坝运行 600d 时最大应力达到 1.1MPa，超出最大抗拉强度 0.95MPa，这主要是由于，当大坝运行到第二年冬季时，其表面未采取保温措施，坝体表面气温较低，而内部热量未散掉，内外形成较大的温差，产生较大表面拉应力；坝料胶凝掺量 120kg/m³ 的胶凝砂砾石坝运行至 600d 时最大应力达 0.90MPa，同样大于最大抗拉强度 0.85MPa，但最大应力与抗拉强度差值减小，表明水泥水化热减小，坝体表面拉应力也随之减小，坝体表面开裂风险也降低。

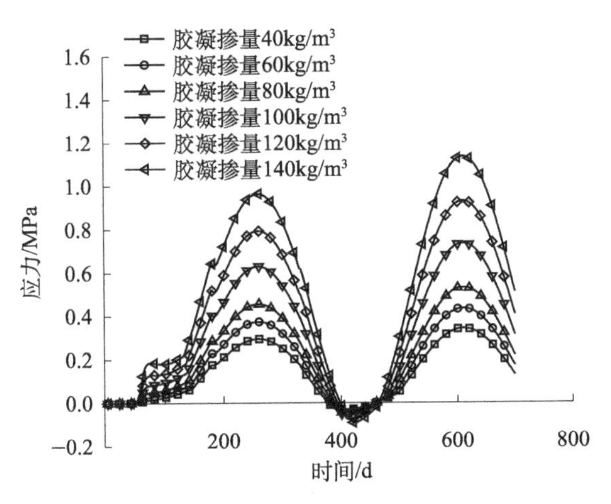

图 4.68　不同胶凝掺量的坝体表面点温度应力历程曲线

图 4.69 给出了同一高程处胶凝砂砾石坝由外到内的应力变化历程曲线，从该图可看出：越靠近坝体内部的拉应力越小，且在一定区域内坝体内部会产生压应力。图 4.70 给出坝顶温度应力的历程曲线，坝顶应力小于坝体侧面点，这主要是由于，该坝断面是梯形结构，上部结构体积较小，积聚热量较小，产生的表面拉应力也较小。图 4.71 给出了不同保温措施条件下胶凝掺量 140kg/m³ 的胶凝砂砾石坝侧面某点温度应力历程曲线，从中可看出：当冬季采取表面保温措施时，能有效降低大坝表面拉应力，随着保温层材料以及厚度的增加，坝体表面拉应力下降；胶凝砂砾石坝的坝料胶凝掺量较低，产生的水化热低于碾压混凝土坝，坝体内部拉应力也较小。因此，在胶凝砂砾石坝工程中，一般不需要采取冷却水管等相关温控措施，冬季施工以及坝体冬季运行时，较高胶凝掺量的胶凝砂砾石坝需采取一些表面保温措施。

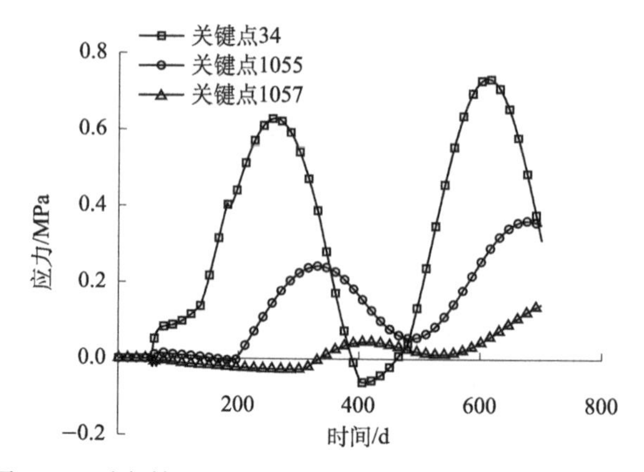

图 4.69　胶凝掺量 100kg/m³ 同一高程点温度应力历程曲线

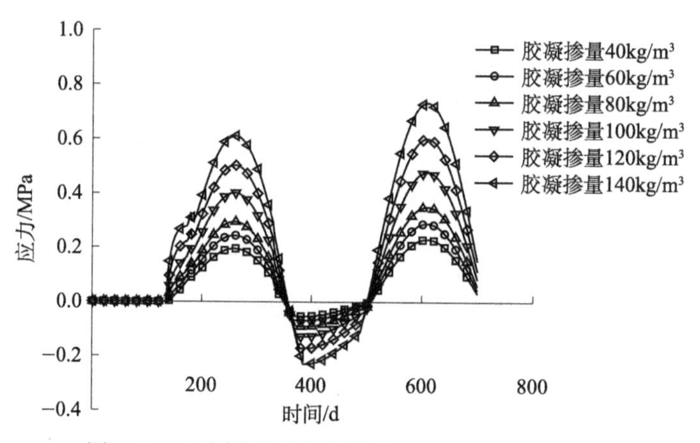

图 4.70　不同胶凝掺量坝体顶点温度应力历程曲线

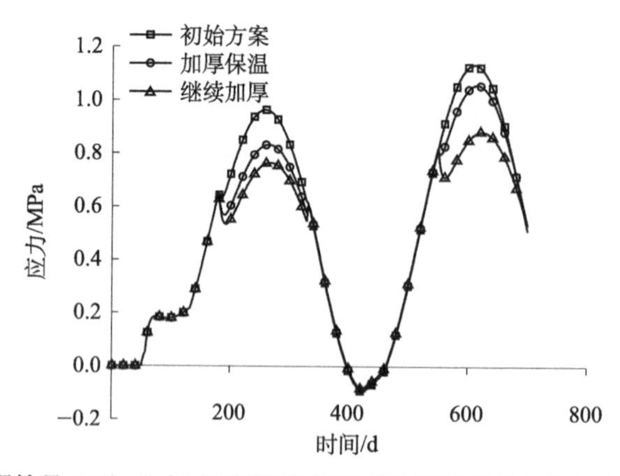

图 4.71　胶凝掺量 140kg/m³ 时不同保温措施条件下侧面某点的温度应力历程曲线

2. 考虑浇筑速度影响的大坝数值模拟

较高胶凝掺量的胶凝砂砾石坝存在开裂风险，采取简化的温控措施能确保大坝抗裂安全。浇筑速度也是大坝温度场与应力场计算结果的重要因素之一，合理的浇筑速度能避免坝体的开裂风险。因此，在保证其他计算参数和初始方案一致的前提下，这里将初始方案的 7d 浇筑一层（7d/3m）提速到 4d 浇筑一层（4d/3m），或减缓到 10d 浇筑一层（10d/3m），以分析浇筑速度对大坝温度场与应力场分布情况的影响。

图 4.72～图 4.75 分别为施工速度 4d/3m 与 10d/3m 的温度及温度应力计算结果等值线。图 4.76 与图 4.77 分别给出了坝体中心点和表面的温度历程曲线。从图中可看出：当浇筑速度加快时，坝体最大温度较正常浇筑速度时升高 1℃，高温区域稍大于正常浇筑速度的区域，主要是由于，浇筑速度快，坝体表面未得到很好散热，上表面便开始浇筑下一层，最终形成较大区域的高温；当浇筑速度减缓时，坝体充分散热，坝体最高温度较正常施工速度下降约 1℃。

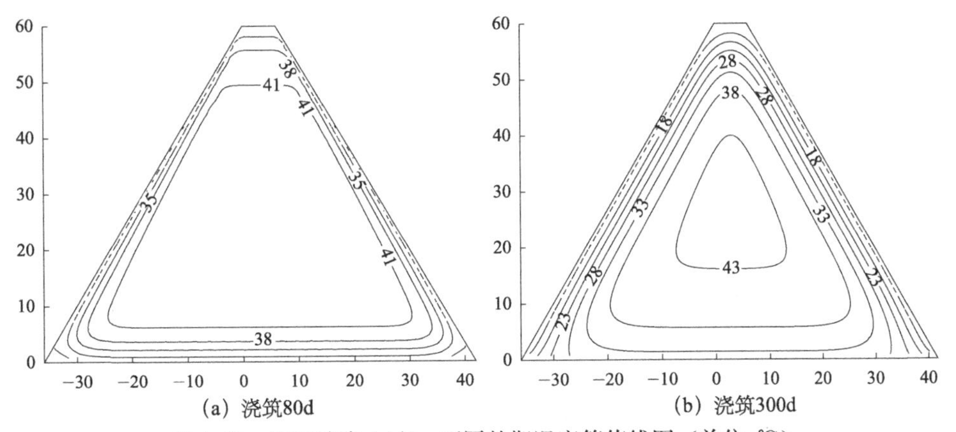

图 4.72　施工速度 4d/3m 不同龄期温度等值线图（单位:℃）

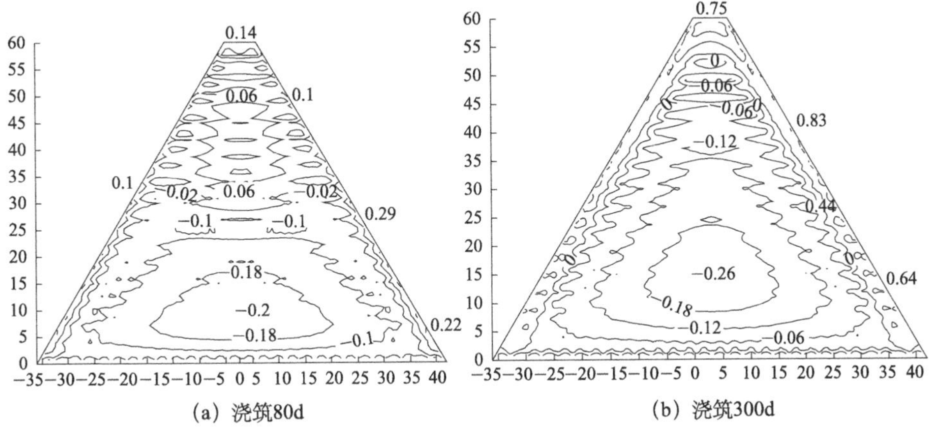

图 4.73　施工速度 4d/3m 不同龄期温度应力等值线图（单位：MPa）

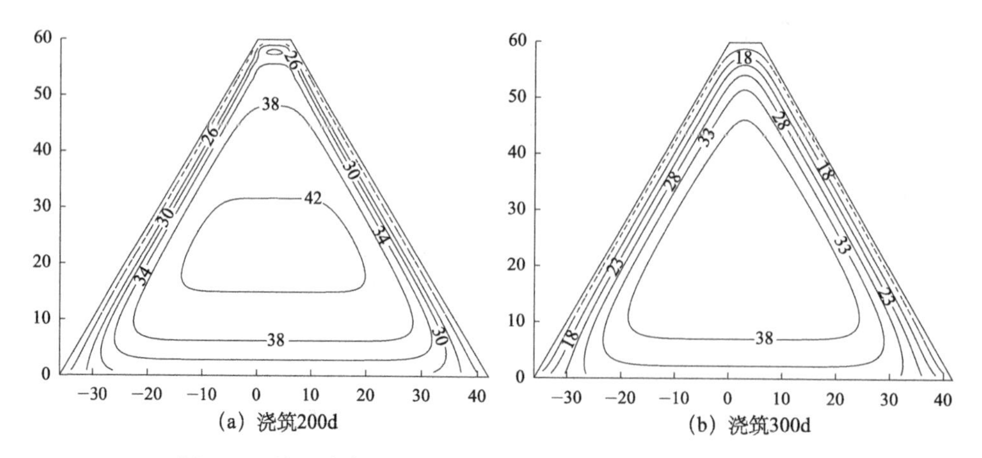

图 4.74　施工速度 10d/3m 不同龄期温度等值线图（单位:℃）

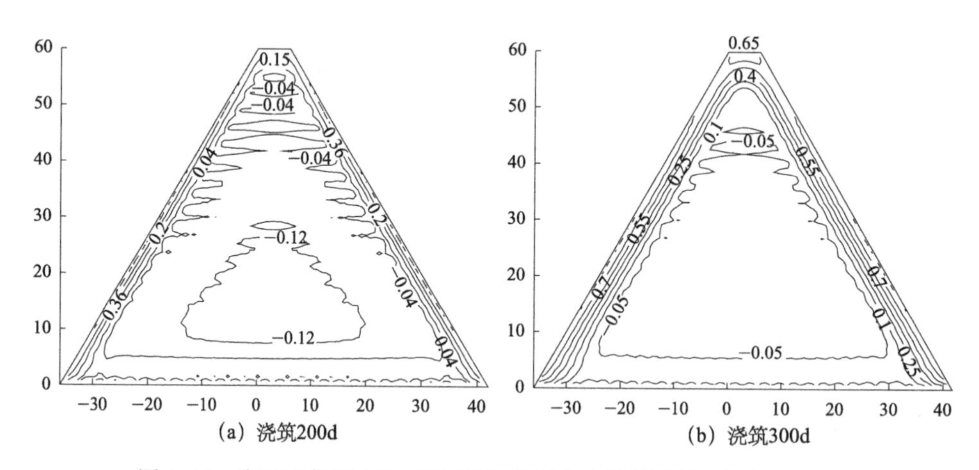

图 4.75　施工速度 10d/3m 不同龄期温度应力等值线图（单位：MPa）

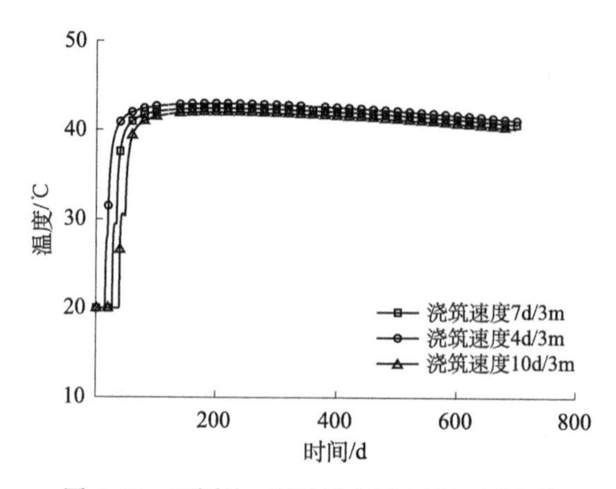

图 4.76　不同施工速度中间点温度历程曲线

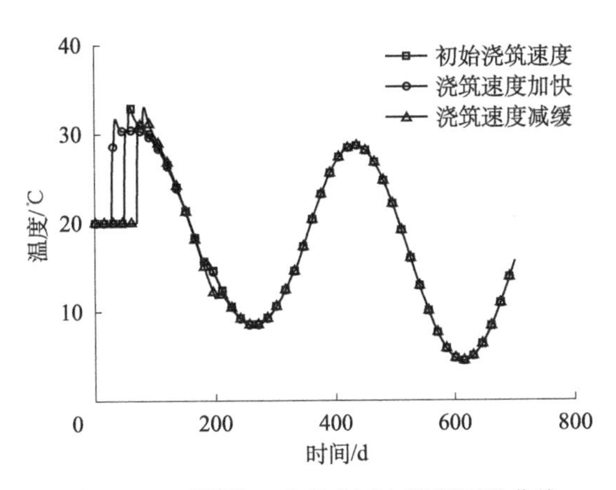

图 4.77 不同施工速度表面点温度历程曲线

3. 严寒天气胶凝砂砾石坝数值模拟

为了探讨冬季严寒气候对胶凝砂砾石坝温度场及应力场的影响，这里取西北寒冷气候进行仿真分析。我国西北某地区气温资料如表 4.29 所示，浇筑温度选取 13℃与 20℃，其他计算参数与初始方案一致。

表 4.29 西北某地区年多年平均气温要素统计表

月份	1	2	3	4	5	6	7	8	9	10	11	12
平均气温/℃	−8.2	−5.3	2.0	9.8	18.3	22.0	24.1	21.3	16.7	8.1	−1.6	−5.5

图 4.78 与图 4.79 给出了寒冷环境下坝体温度场及应力场等值线图。在图 4.78 与图 4.79 中，坝体最高气温为 35.4℃，最大温升值为 22.4℃，相较于初始方案最大温升值未减小，但高温区域小于初始方案，这主要是由于，西北地区外界气温低，同样散热条件下坝体散热更快；300d 和 600d 属于气温较低时段，坝体表面温度明显低于初始方案，其表面区域存在较大的温度梯度；坝体表面出现较大拉应力，且拉应力区域较大，内部呈现压应力状态。

图 4.80 和图 4.81 给出了采取加厚保温措施情况下坝体温度场及应力场等值线图，图 4.82 和图 4.83 分别给出了不同保温方案的坝体表面点温度、温度应力历程曲线，图 4.84 给出了不同浇筑温度下表面点温度应力历程曲线。从图中可看出：由于加厚保温层，坝体表面拉应力也相应减小，温度应力大幅度下降，其保温措施减缓了坝体与外界气温的热交换，因此，寒冷季节进行胶凝砂砾石坝浇筑时，坝体表面需做好保温措施；低温浇筑时坝体表面拉应力可降低 0.1MPa，能起到一定应力释放作用，但由于预冷骨料难度较大，且大坝是大体积浇筑，在实际工程中胶凝砂砾石坝浇筑不建议骨料预冷，可选择在每年 3～6 月进行坝体浇筑，其浇筑温度相对不高，且能避开寒冬季节。

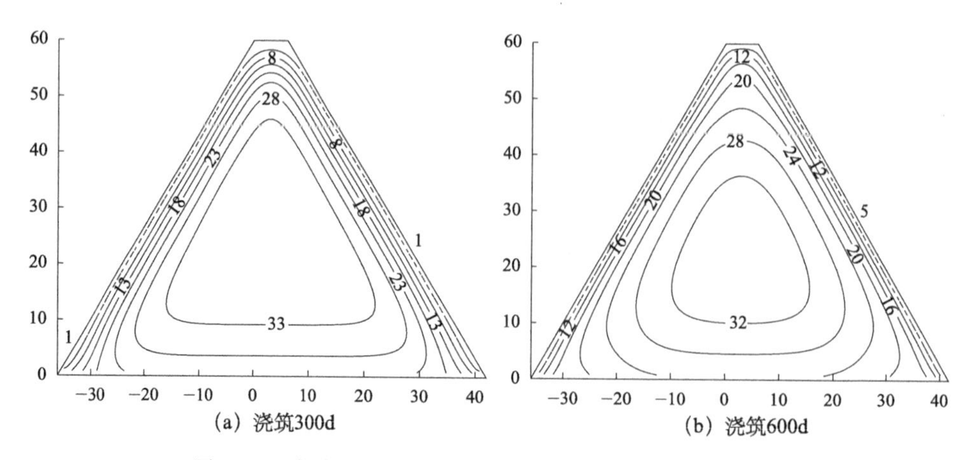

(a) 浇筑300d　　(b) 浇筑600d

图 4.78　寒冷区域浇筑不同龄期温度等值线图（单位:℃）

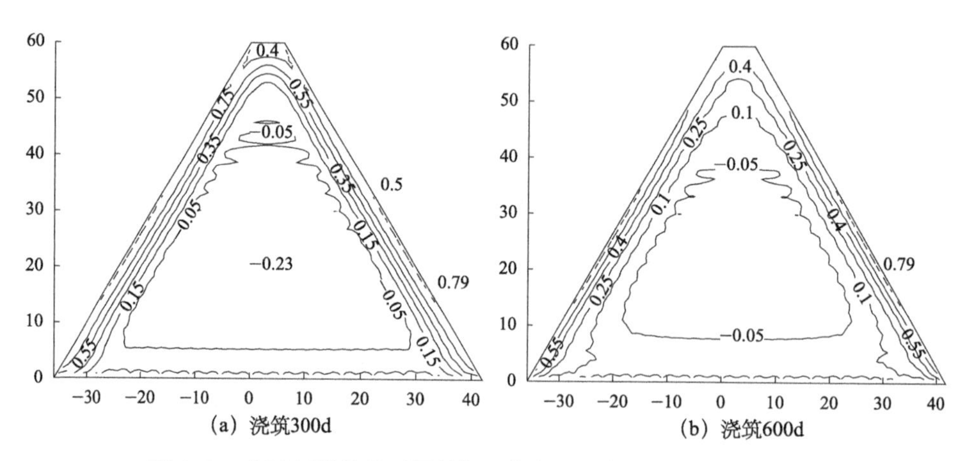

(a) 浇筑300d　　(b) 浇筑600d

图 4.79　寒冷区域浇筑不同龄期温度应力等值线图（单位：MPa）

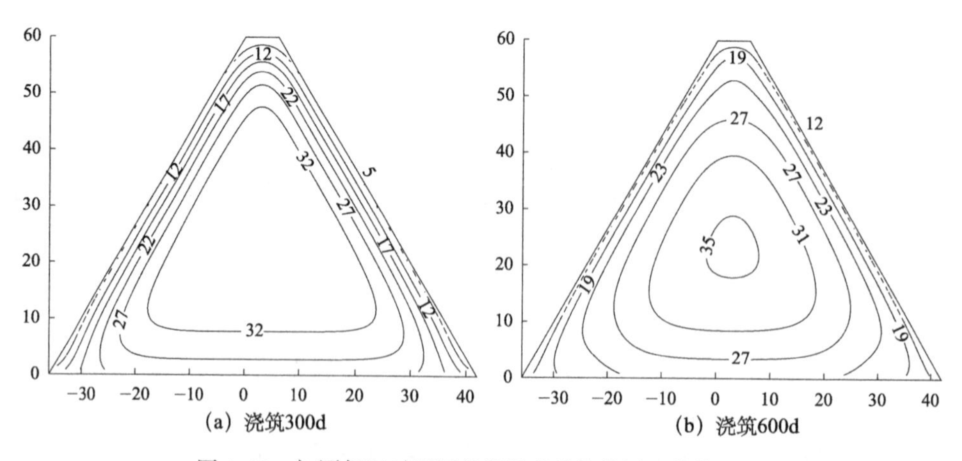

(a) 浇筑300d　　(b) 浇筑600d

图 4.80　加厚保温时不同龄期温度等值线图（单位:℃）

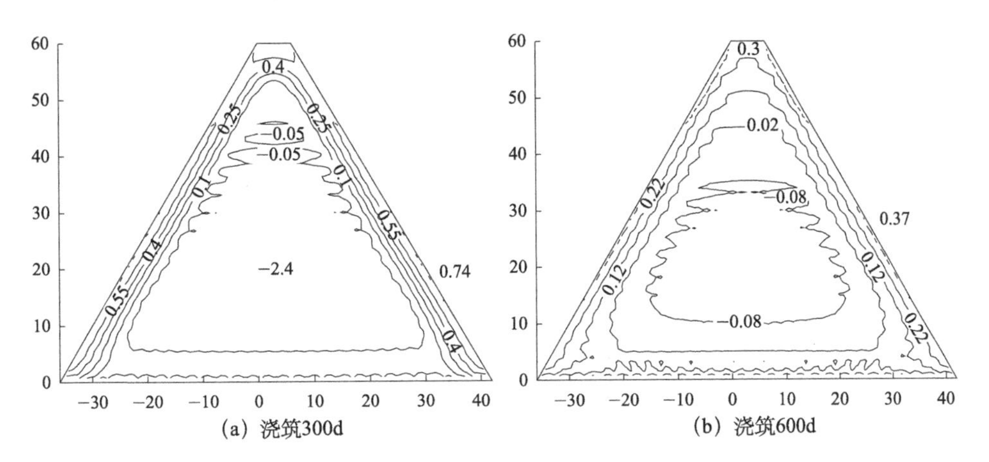

图 4.81　加厚保温时不同龄期温度应力等值线图（单位：MPa）

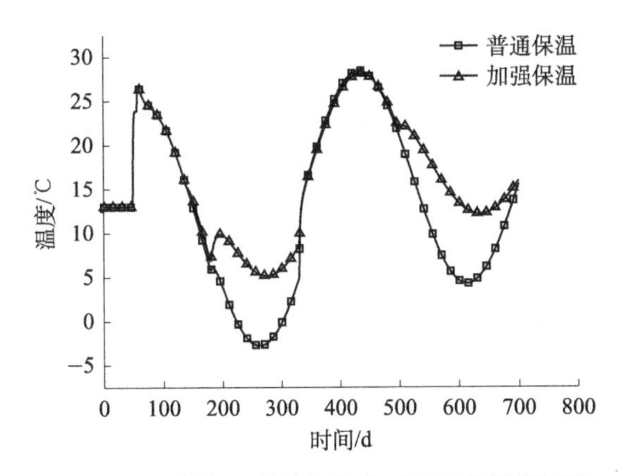

图 4.82　不同保温措施坝体表面点温度等值线图

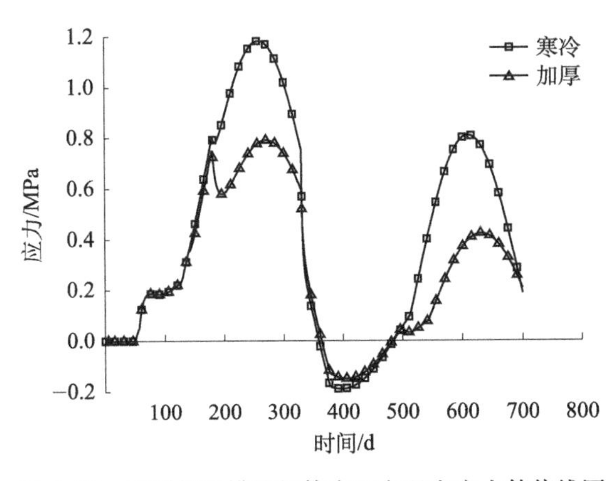

图 4.83　不同保温措施坝体表面点温度应力等值线图

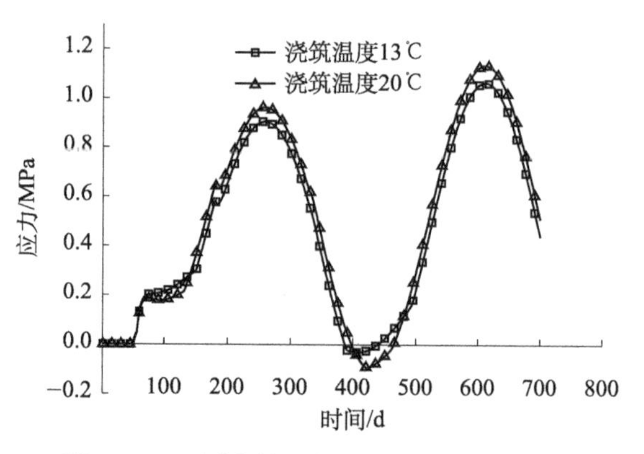

图 4.84　不同浇筑温度时温度应力历程曲线

4. 守口堡胶凝砂砾石坝施工温度场与应力场数值仿真

1）基本概况

守口堡水库位于山西省阳高县城西北约 10km 黑水河上游段，地理位置东经 113°40′，北纬 40°25′，水库总库容为 980 万 m^3，坝址以上控制流域面积 291km^2，多年平均径流量 1577 万 m^3，属小（1）型水库。坝址区河床覆盖层地层岩性为第四系洪冲积卵石混合土、混合土卵石等，厚 0～20m。对于胶凝砂砾石坝的主要材料——砂砾石料选取现基开挖砂砾石料及上游围堰往上范围河床覆盖层。守口堡大坝是我国建设的第一座永久性胶凝砂砾石坝工程，其坝顶高程 1243.60m，坝顶长 354m，最大坝高 61.6m，坝顶宽 6m，上下游坝坡比采取 1∶0.6，典型剖面图如图 4.85 所示。

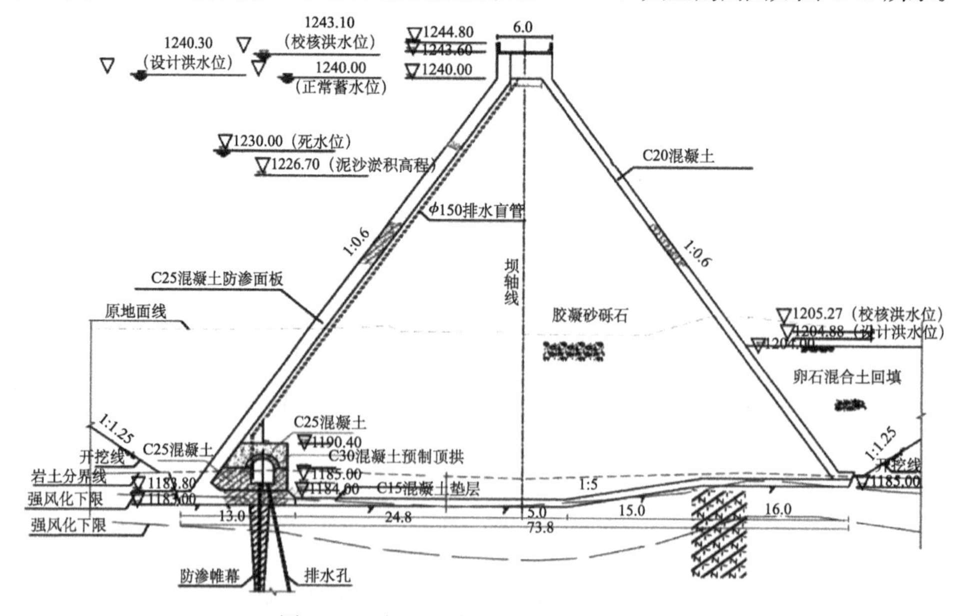

图 4.85　守口堡胶凝砂砾石坝典型剖面

守口堡大坝属于严寒地区，流域属高原温带季风型大陆性气候：春季受蒙古高原大气环境的影响，冷空气活动频繁，风大沙多，干旱少雨；夏季受太平洋副热带暖湿气流控制，雨热同步，降雨集中，多暴雨和雷阵雨；秋季北方冷空气加强，凉爽而早霜，降水逐渐减少；冬季受西伯利亚冷空气影响，西北风盛行，严寒少雪。该地区最低月平均气温在−10℃以下，月平均气温年内变化幅度达 32℃。由于严寒地区年平均温度较低，大坝稳定温度也相对较低，较大的基础温差易引起基础贯穿性裂缝。较大的气温年变化幅度、较大的昼夜温差和频繁的寒潮作用，极易引起混凝土表面裂缝。根据阳高县气象站（1972—2000 年）气象要素统计资料（表 4.30），多年平均气温 7.1℃，多年平均风速 2.3m/s。

表 4.30　阳高县 1972—2000 年多年平均气象要素统计表

项目	月份												全年
	1	2	3	4	5	6	7	8	9	10	11	12	
降水量/mm	1.8	4.3	8.6	15.4	33.0	57.1	110.5	102.3	52.7	17.1	6.7	1.9	34.3
气温/℃	−10	−6.6	0.5	9.2	16.1	20.2	21.6	19.9	14.5	7.8	−1.1	−7.6	7.1
风速/(m/s)	2.5	2.6	2.7	3.3	2.9	2.1	1.5	1.3	1.6	2.2	2.6	2.7	2.3

气温多年月平均气温变化计算公式可由下式表示

$$T(t)=6.88+15.57\times\cos\left[\frac{\pi}{6}(\tau-6.98)\right] \tag{4.87}$$

式中，τ 为时间变量，月。

2）*胶凝砂砾石料热力学参数*

胶凝砂砾石热力学特性参数及线膨胀系数见表 4.31。

表 4.31　胶凝砂砾石热力学特性参数及线膨胀系数

材料种类	强度等级	导热系数	导温系数	比热	线膨胀系数
胶凝砂砾石	$R_{180}6MP_aW2$	7.375	0.0016	0.99	5.6
土体	—	7.00	0.0014	1.01	7.18

3）*胶凝砂砾石料力学参数*

根据工程试验资料，由于温度应力主要考虑受拉应力，拟合随龄期变化的抗拉强度：

$$f_t=0.602\times(1-e^{-0.42\tau^{0.35}}) \tag{4.88}$$

根据工程试验成果资料，取胶凝砂砾石弹性模量为 8GPa，其随时间的变化曲线为

$$E(\tau) = 8 \times (1 - e^{-0.45\tau^{0.56}}) \tag{4.89}$$

4）混凝土边界对流放热系数

固体表面在空气中的放热系数β的数值与风速关系密切，数值如表 4.28 所示。阳高县当地平均风速为 2.3m/s，最大风速为 18.0 m/s，故可以取裸露时放热系数（粗糙表面）β=57.8kJ/(m^2 · h · ℃)。

5）施工进度计划

大坝于 2015 年 7 月份开始浇筑，由于水库大坝处于严寒地带，每年 11 月到次年 4 月停工，即大坝浇筑到 2015 年 10 月 31 日停工，间歇 6 个月继续浇筑。大坝分成 20 层浇筑，每层 3m，大坝浇筑到 36m 时停歇 180d，历时 380d 大坝浇筑完成，浇筑记录如表 4.32 所示。

表 4.32　坝体浇筑上升记录表

浇筑层数	浇筑日期	计算时间 /d	浇筑底高程 /m	浇筑顶高程 /m	浇筑高差 /m	累积厚度 /m	浇筑温度 /℃
1	2015-7-1	1	1182	1185	3	3	17.0
2	2015-7-11	11	1185	1188	3	6	18.0
3	2015-7-21	21	1188	1191	3	9	19.0
4	2015-7-31	31	1191	1194	3	12	19.3
5	2015-8-10	41	1194	1197	3	15	18.5
6	2015-8-20	51	1197	1200	3	18	18.0
7	2015-8-30	61	1200	1203	3	21	16.5
8	2015-9-9	71	1203	1206	3	24	15.0
9	2015-9-19	81	1206	1209	3	27	13.0
10	2015-9-29	91	1209	1212	3	30	11.0
11	2015-10-9	101	1212	1215	3	33	8.5
12	2015-10-19	111	1215	1218	3	36	6.0
			冬季停歇期				
13	2016-5-1	301	1218	1221	3	39	4.0
14	2016-5-11	311	1221	1224	3	42	6.0
15	2016-5-21	321	1224	1227	3	45	8.5
16	2016-5-31	331	1227	1230	3	48	11.5
17	2016-6-10	341	1230	1233	3	51	14.5
18	2016-6-20	351	1233	1236	3	54	15.5
19	2016-6-30	361	1236	1239	3	57	17.0
20	2016-7-10	371	1239	1242	3	60	18.5

6）计算模型

守口堡胶凝砂砾石坝温度场与应力场仿真计算时，取大坝 0+097.00 m 至

0＋117.00 m 段。计算中不考虑坝体灌浆廊道。在计算过程中，基岩取坝高尺寸的 1 倍，即沿着坝基的上游和下游流动方向和深度方向，基岩分别延伸 60m。水流方向为 X 轴，垂直水流方向为 Y 轴，Z 轴代表大坝高度。在进行大坝温度场仿真计算时，基岩底面和四个侧面为绝热边界，顶面在坝体上、下游无水时为固-气边界，按第三类边界条件处理，有水时为固-水边界，按第一类边界条件处理。施工过程中，坝体上、下游面和顶面为热交换边界。水库蓄水后，坝体上、下游面在水位以上为固-气边界，按第三类边界条件处理，水位以下为固-水边界，按第一类边界条件处理。应力场计算时，基岩底面施加固端约束，水流方向上下游侧面施加 Y 向简支约束，坝轴线方向左右侧面施加 X 向简支约束，其余均为自由边界。这里采用 ANSYS 进行有限元模拟计算，分别选取 Solid70 单元、Solid185 单元进行温度场与应力场的模拟。

7）计算结果

图 4.86 与图 4.87 分别给出了采用守口堡大坝计算参数得出的胶凝砂砾石坝温度场及应力场的等值线图。在图 4.86 与图 4.87 中，坝体最大温度为 34℃，温升在 14℃，由于守口堡大坝附近冬季气温能达到－10℃，虽然采取了相关的保温措施，但是坝体表面温度梯度仍较大；当坝体运行至 600d 时，坝体高温区域减小，但温度仍较高，其表面最低温度为 0.5℃。图 4.88 到图 4.89 分别给出了守口堡大坝不同区域点温度及温度应力历程曲线，从图中可以看出：坝体表面点受气温的影响最大；大坝最大温度应力控制在 0.65MPa 范围内，虽然守口堡大坝的胶凝材料较低，大坝温升仅 14℃，但由于该坝所在地区年气温变化能达到 32℃，且胶凝砂砾石料抗拉强度较低，坝体表面仍存在开裂风险。为了应对上述问题，守口堡大坝结构上采取“金包银”结构，在施工过程中采取间歇期坝体表面保温措施，能有效降低表面拉应力，避免开裂。

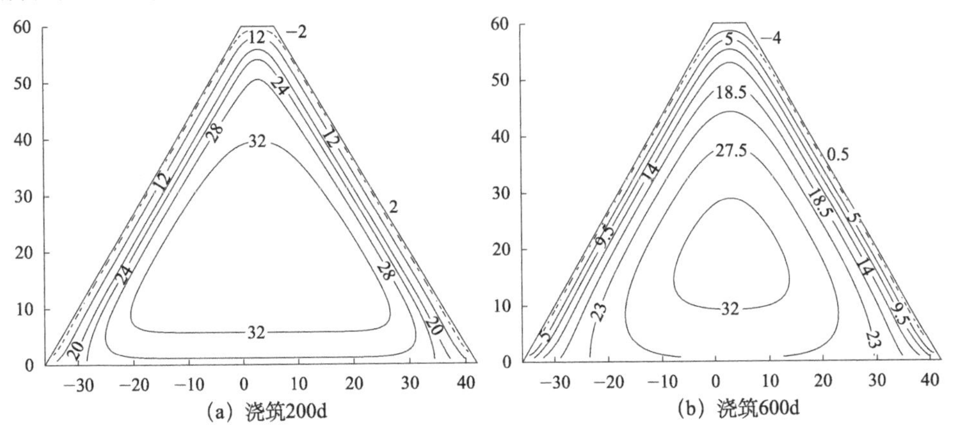

图 4.86　胶凝掺量 140kg/m³ 温度等值线图（单位：℃）

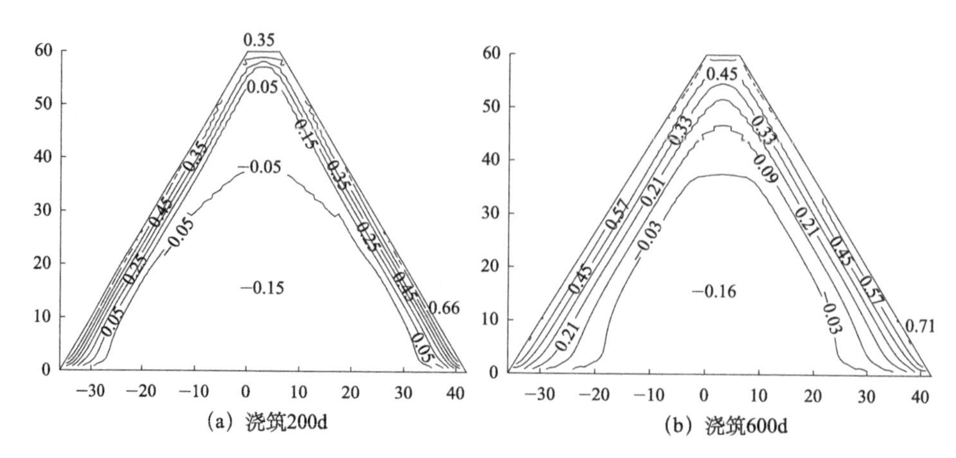

图 4.87　胶凝掺量 140kg/m³ 温度应力等值线图（单位：℃）

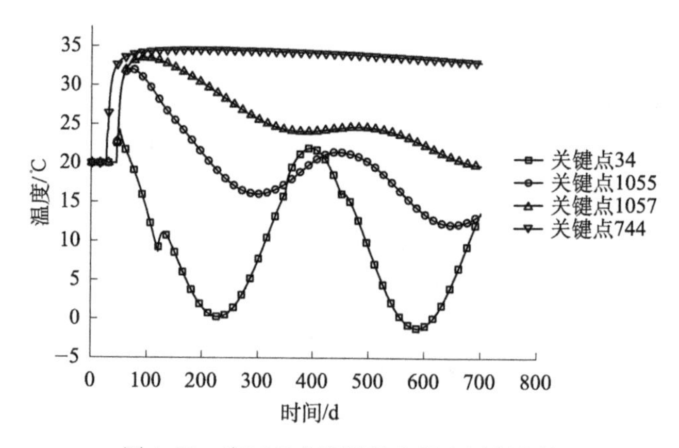

图 4.88　守口堡方案关键点温度历程曲线

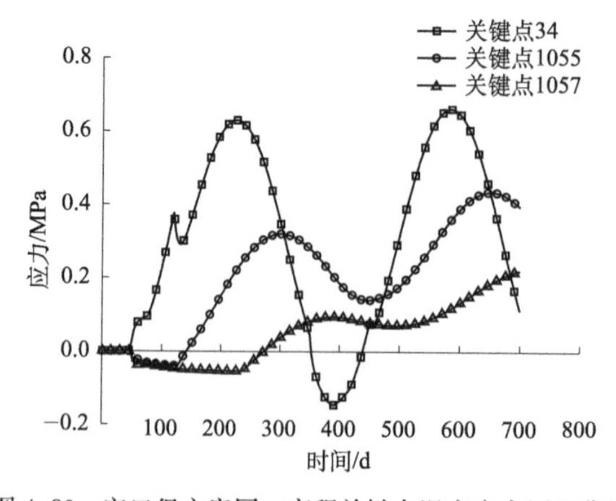

图 4.89　守口堡方案同一高程关键点温度应力历程曲线

5. 胶凝砂砾石坝温控防裂方案设计

由于胶凝砂砾石坝坝料胶凝掺量少，坝体温升值有限，温度应力较小，一般不会出现拉裂破坏。但大坝浇筑周期长，年气温波动范围较大，较高胶凝掺量的大坝需重视温度应力值。在寒冷季节中胶凝掺量超过 120kg/m^3 的胶凝砂砾石坝表面拉应力较大，需考虑一些温控措施。胶凝砂砾石坝通常不设冷却水管，气温年变化产生内外温差是控制重点，这里给出一些减小表面温度应力的温控措施。

(1) 胶凝砂砾石坝体表面保温可以采取 2～3cm 厚聚乙烯保温板（等效放热系数=72kJ/(m·d·℃)）对坝体上下游面进行永久保温的方法，从而降低坝体内外温差及越冬面的上下层温差。

(2) 尽量加大低温季节（4 月、5 月、6 月初、9 月末、10 月）胶凝砂砾石料的浇筑量；高温季节（6 月底、7 月、8 月、9 月初）在夜间浇筑胶凝砂砾石料。

(3) 对骨料进行人工降温，并给料堆和皮带机加遮阳棚。

(4) 条件允许的情况下，可以考虑加快浇筑速度，这样可以缩短施工周期，避免温度过高、过低的天气，减少坝体开裂的风险。施工过程中应注意坝体层面保温，做到洒水养护，同时监测坝体内外温差，防止温差过大产生裂缝。

(5) 在胶凝砂砾石料中加入适量粉煤灰、石粉、矿渣微粉等掺和料，可一定程度上起到水泥的作用，即等于降低胶凝砂砾石料的水泥用量，减小胶凝砂砾石料发热量，推迟最高温度出现时间，对胶凝砂砾石坝温控防裂是十分有利的，可改善混凝土拌和物和易性，有利于坝体施工。

4.5 小　　结

本章对比分析了基于胶凝砂砾石料弹塑性模型与修正邓肯-张模型的胶凝砂砾石坝应力变形预测结果，揭示了胶凝砂砾石料弹塑性本构模型与修正邓肯-张模型对胶凝砂砾石坝结构工作性态研究的适用性。

本章基于新构建的胶凝砂砾石料弹塑性本构模型，进行了不同坝高、上下游坝坡比以及坝料胶凝掺量的胶凝砂砾石坝结构工作性态数值模拟，研究了胶凝砂砾石坝应力、变形结果随坝高、坝料胶凝掺量以及上下游坝坡比变化的规律，揭示了坝料胶凝掺量、坝坡比与坝高的匹配关系，提出了不同坝高条件下大坝坝坡比、坝料胶凝掺量等关键设计指标的参考取值，为胶凝砂砾石坝结构设计提供了重要依据。

本章基于胶凝砂砾石料非线性动力本构模型，进行了不同胶凝掺量的胶凝砂砾石坝结构动力性能研究，分析了胶凝砂砾石坝动力响应特征，探索了坝料胶凝含量对该坝型抗震工作性态的影响，指出了胶凝砂砾石坝地震时易破坏的部位。

本章基于胶凝砂砾石料黏弹性模型，进行了胶凝砂砾石坝蠕变性能研究，揭示了不同胶凝掺量对胶凝砂砾石坝长期变形分布规律的影响，为胶凝砂砾石坝宏观蠕变特性的优化设计提供了理论依据。

本章基于绝热温升模型，对胶凝砂砾石坝进行了不同坝料胶凝掺量、外界气温、浇筑速度以及浇筑层厚度等因素的温度场及应力场的有限元数值模拟，揭示了这些因素对大坝温度场与应力场分布规律的影响，并在此基础上提出了一些胶凝砂砾石坝温控防裂方案。

第5章　胶凝砂砾石坝结构设计及其优化

胶凝砂砾石坝作为一种新型坝工结构，具有极强的竞争力与发展前景。由于目前胶凝砂砾石料力学特性研究的不足，影响了对胶凝砂砾石坝工作性态的认识，其设计时多参照胶凝砂砾石坝的设计导则，以及碾压混凝土坝与堆石坝的相关设计规范，该类坝的经济性、安全性等优点尚未充分展现。本章依据上述设计导则、规范，提出胶凝砂砾石坝结构设计原则与方法，并在该坝型结构工作性态研究的基础上，考虑安全性与经济性，进行大坝结构优化设计，为其结构设计提供重要依据。

5.1　胶凝砂砾石坝结构设计

5.1.1　设计原则

胶凝砂砾石筑坝技术，不仅仅是在该坝型填筑时运用一种低廉材料，或坝体断面采用梯形剖面，而是将筑坝材料、坝体剖面、大坝安全、经济及环境保护等多方面有机结合，形成一套完整的大坝设计理念。

（1）环保。胶凝砂砾石坝具有坝体剖面大、应力分布均匀及应力水平低等特征，其筑坝材料要求可降低，骨料选择范围也相应放宽。可充分利用河床开挖料或附近石料场的软岩，不处理或略做处理使用，无须专门布置或就近布置小规模料场，完工时可少弃料，甚至零弃料，大大减少对环境的干扰与破坏。

（2）坝体结构适应筑坝材料。胶凝砂砾石坝低应力水平结构型式适应了低强度的胶凝砂砾石料，充分利用了材料性能。胶凝砂砾石坝设计应先调查坝址附近可使用的砂砾石料、开挖料，再通过试验确定胶凝砂砾石料的强度参数，最后对坝体剖面进行设计，使之与筑坝材料提供的强度标准相适应。

(3) 坝体功能分开。胶凝砂砾石坝上游面主要采用面板防渗，坝体填筑料无防渗要求，仅需满足稳定与应力要求即可，施工层面不必特别处理，简化施工工序，放宽施工要求。

(4) 安全。胶凝砂砾石坝安全性高，对软弱地基和强震尤其重要。因此，大坝设计时应保持大坝剖面具备较好的安全性，不能仅从经济角度考虑大坝的剖面型式。

(5) 施工简单、快速、经济。运用河床砂砾石及各种开挖料，骨料粒径范围宽、处理工作量小；骨料分离可接受、层面处理可降至最低限度；温度应力小，可使坝体不设施工缝等。

5.1.2 设计方法

1. 设计流程

胶凝砂砾石坝断面设计是结构设计的重要组成部分，其具体设计流程如图 5.1 所示。

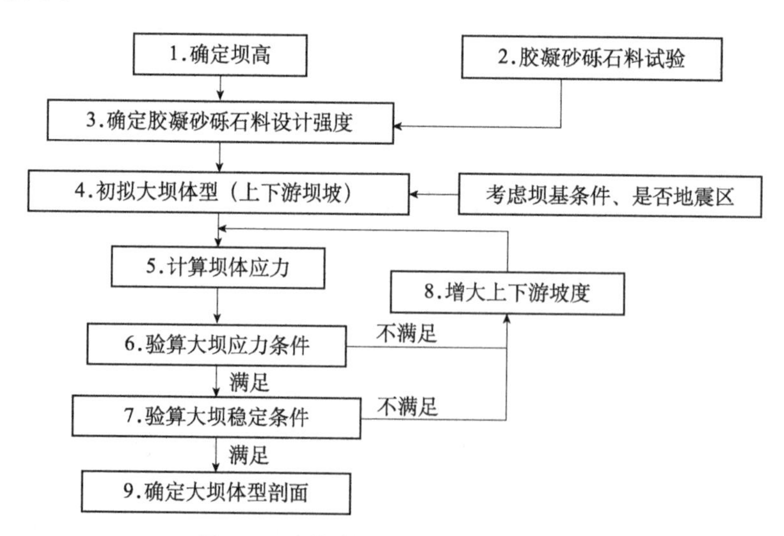

图 5.1　胶凝砂砾石坝断面设计流程图

2. 设计条件

胶凝砂砾石坝设计条件包括：

(1) 筑坝材料胶凝砂砾石料应进行配合比试验，选择合适的砂砾石料及各种开挖料级配，制备强度高、力学性能好的胶凝砂砾石料；

(2) 根据胶凝砂砾石料试验确定其各种参数；

（3）坝体设计时按设计准则检验其在正常运行与非正常运行条件下是否符合安全标准。

3. 结构设计指标

1）坝体结构设计指标

胶凝砂砾石坝非溢流坝段基本断面呈梯形。其中，胶凝砂砾石坝上游坝坡比宜缓于1∶0.3，下游坝坡比宜缓于1∶0.5。坝顶高程的确定应参照《混凝土重力坝设计规范》（SL 319—2018）的有关规定，坝顶最小宽度应根据施工和交通要求确定。各坝段上游面宜协调，坝段两侧横缝上游面止水设施宜呈对称布置。溢流坝段的孔口周边、闸墩等部位不应采用胶凝砂砾石材料，过流面应采用抗冲耐磨混凝土。

胶凝砂砾石坝体材料可根据不同部位要求和料源分布进行分区。胶凝砂砾石坝的坝踵和坝趾区是大坝安全的薄弱环节，可采用高水泥掺量和高抗压强度的胶凝砂砾石料进行专门施工，以提高大坝安全度。胶凝砂砾石坝建基面和岸坡部位宜采用常态混凝土、加浆振捣胶凝砂砾石或富浆胶凝砂砾石等垫层，垫层厚度可为0.5～1.0m。坝体难以碾压的部位可采用加浆振捣胶凝砂砾石。

2）防渗层设计指标

坝体防渗设施应根据当地自然条件、建筑材料、施工工艺和建坝经验等因素确定。上下游面水下部分宜设置防渗层。当防渗层的承压水头H_c＜30m时，其防渗层材料抗渗等级的最小允许值为W4，当30m≤H_c＜70m时，抗渗等级最小允许值为W6。混凝土防渗层底部厚度宜为最大水头的1/30～1/60，顶部厚度不应小于0.3m，分缝间距宜综合分析确定，并做好缝间处理。混凝土防渗层材料的耐久性要求应符合《水工混凝土结构设计规范》（SL 191—2008）的有关规定，抗冻等级应符合《水工建筑物抗冰冻设计规范》（GB/T 50662—2011）的有关规定。采用沥青材料、合成橡胶及复合土工膜等作为上游坝面防渗层时，其厚度及技术要求应根据材料的抗渗性、耐久性及变形性能通过试验研究确定。

3）保护层设计指标

胶凝砂砾石坝在有防渗层的区域，可依据工程实际、施工条件等采用常态混凝土、碾压混凝土、加浆振捣胶凝砂砾石或富浆胶凝砂砾石等作为保护层。坝面保护层的厚度应满足坝体耐久性要求和施工要求。坝面保护层应设置横缝，横缝间距宜为15～20m。胶凝砂砾石的坝体止水和排水构造应参照《混凝土重力坝设计规范》（SL 319—2018）的有关规定执行。坝体横缝的上游面、溢流面、下游面最高尾水位以下及坝内廊道和孔洞穿过横缝处的四周等部位应布置止水设施。坝体横缝内止水设施及材料应根据工作水头、气候条件、所在部位和便于施工等因素确定；止水设施应置于防渗层内。横缝上游面的第一道止水片应为铜片。止水铜片每一侧埋入的长度可为20～25cm。坝内应设竖向排水孔，竖向排水孔应设在上游防渗层下游侧，孔距为2～3m，孔径为76～102mm。根据坝的重要性、结构布置、运行条件和地质条件等因素，可在大坝基础设置排水廊道。

4）地基设计指标

胶凝砂砾石坝的基础经处理后应具有足够的强度，满足坝基承载力要求。胶凝砂砾石坝可建在弱风化上部基岩上，在一定条件下，经论证还可适当放宽。该地基应具有足够的整体性和均匀性，做好重大地质缺陷的处理，以保证坝体稳定，减小不均匀沉降，并使其具有足够的抗渗性，控制渗流量，降低渗透压力，以满足渗透稳定的要求。帷幕的防渗标准和相对隔水层的透水率不宜大于5Lu。坝基处理设计应综合考虑基础与其上部结构之间的相互关系，必要时可采取措施，调整上部结构的型式，使上部结构与其基础工作条件相协调。基础处理设计时，应同时论证两岸坝肩部位和邻近地段的边坡稳定、变形和渗流情况，必要时应采取相应的处理措施。岩溶地区的坝基处理设计，应在认真查明岩溶洞穴与宽大溶隙等在坝基下的分布范围、形态特征、充填物性质及地下水活动状况的基础上，进行专门的处理设计。

4. 应力计算方法

坝体应力计算应包括以下主要内容：坝基面、折坡处截面、材料界面及其他需要计算的截面；坝体廊道、孔洞、管道等坝体削弱部位的局部应力；坝体上闸墩、导墙等部位的应力；地质条件复杂时坝基内部的应力及对坝体应力的影响；设计时可根据工程规模和坝体结构情况，计算上述内容的部分或全部，或另加其他内容。坝体断面以材料力学法和刚体极限平衡法计算的成果为依据。目前胶凝砂砾石坝的坝高大多低于50m，大多是以材料力学法的计算成果作为坝体断面的依据。

1）坝体应力计算

坝基面铅直正应力的计算公式为

$$\sigma_{yu} = \frac{\sum W}{B} + \frac{6\sum M}{B^2} \tag{5.1}$$

$$\sigma_{yd} = \frac{\sum W}{B} - \frac{6\sum M}{B^2} \tag{5.2}$$

式中，B为计算截面的宽度，m；$\sum W$为作用于计算截面以上全部荷载的铅直分力的总和，kN；$\sum M$为作用于计算截面以上全部荷载对截面垂直水流流向形心轴的力矩总和，kN·m。

坝体主应力计算公式为

$$\sigma_{1u} = (1 + n^2)\sigma_{yu} - p_u n^2 \tag{5.3}$$

$$\sigma_{1d} = (1 + m^2)\sigma_{yd} - p_d m^2 \tag{5.4}$$

$$\sigma_{2u} = p_u \tag{5.5}$$

$$\sigma_{2d} = p_d \tag{5.6}$$

式中，σ_{yu}为上游边缘应力，kPa；σ_{yd}为下游边缘应力，kPa；σ_{1u}为上游第一主应力；σ_{2u}为上游第二主应力；σ_{1d}为下游第一主应力；σ_{2d}为下游第二主应力；p_u为上游面水压力强度，kPa；p_d 为下游面水压力强度；n 为上游面坡率；m 为下游面坡率。

坝高 50m 以上的胶凝砂砾石坝，或复杂地基条件下的大坝宜采用有限元方法进行数值模拟。

2）强度控制指标

采用材料力学方法分析坝体应力时，强度控制指标根据重力坝规范确定，具体要求如下所述。

（1）坝基面的正应力。

运用期的坝基面最大铅直正应力应小于坝基容许压应力，最小铅直正应力应小于 0。施工期的下游坝面允许不大于 0.1MPa。

（2）坝体应力。

蓄水期的坝体上游面的最小主应力，在作用力中计入扬应力时，要求 $\sigma_{1u} \geqslant 0$，即 σ_{1u}为压应力；坝体下游面的最大主应力，不得大于材料的容许压应力；胶凝砂砾石料的容许压应力取极限抗压强度除以 4.0 的安全系数，特殊组合（不含地震情况）不应小于 3.5，必要时应进行专门论证。施工期的大坝主应力不得大于材料的容许压应力，在坝的下游面可以有不大于 0.2MPa 的主拉应力；上游面的最大主压应力，不得大于胶凝剂的容许压应力。在非地震工况下，内部胶凝砂砾石不应出现主拉应力。

5. 稳定计算方法

1）边坡稳定计算方法

低胶凝掺量条件下胶凝砂砾石料的抗剪强度较低，可能会出现类似土石坝边坡的失稳破坏，因此，胶凝砂砾石坝进行剖面设计时，其上下游边坡应满足边坡稳定要求。

目前，用于大坝边坡稳定性分析的方法一般包括极限平衡分析法、有限元法等。

（1）极限平衡分析法。

极限平衡分析法的特点是不用考虑结构加载的破坏过程，直接分析结构达到极限状态的应力或变形状态。边坡稳定分析理论体系为：滑坡体能沿滑裂面滑动，当失稳时，它将沿抵抗力最小的一个滑裂面破坏；当滑裂面确定时，面上的反力（以及滑坡体的内力）能自行调整，以发挥其最大抗滑能力。稳定分析一般包含两个步骤：①对滑体某一滑裂面按最大值原理的思想，确定其抗滑稳定安全系数；②在所有可能的滑裂面中，重复上述步骤，找出最小安全系数的临界滑裂面。

目前最常用的极限平衡方法有瑞典条分法和毕肖普（Bishop）法。瑞典条分法是条分法中最古老而又最简单的方法，不考虑土条两侧的作用力，假定各土条底部滑动面上的抗滑安全系数均相同，即等于整个滑动面的平均安全系数；毕肖普法考虑了土条侧面的作用力，并假定各土条底部滑动面上的抗滑安全系数均相同，即等于整个滑动面的平均安全系数。

（2）有限元法。

目前研究坝体边坡稳定安全系数的有限元法主要有：超载法、强度储备系数法（强度折减法）、超载和强度储备系数联合法等。

超载法认为，作用在坝上的外荷载由于某些特殊原因有可能超过设计荷载，超过的总荷载与设计总荷载之比称为超载系数，用逐渐增加超载系数研究坝从局部到整体破坏的渐进破坏过程的方法，称为超载法。超载法分为超水容重（三角形超载）和超水位（矩形超载）两种方法。

超载法主要考虑作用荷载的不确定性，以此研究结构承受超载作用的能力，该方法较直观，便于在结构物理模型试验中采用，从而使数值模拟与物理模拟结果相互印证，且积累了较多的工程经验。要使结构达到最终整体失稳的极限状态，其相应的超载系数有可能很大，而实际上结构的这种荷载状态几乎是不可能出现的，故这种方法求得的超载系数只是结构安全度的一个表征指标。

强度折减法主要考虑材料强度的不确定性和可能的弱化效应，以此研究结构在设计上的强度储备程度。强度折减法是用降低强度参数的方法，研究大坝失稳的渐进破坏过程，比如，令 K_1 表示强度储备系数，K_1 为大于 1.0 的值，f、c 为实际的抗剪强度参数，降强度就是用 f/K_1、c/K_1 代替 f、c 值进行计算，随着 K 值的逐渐增大，可以求出大坝从局部破坏到全部破坏的全过程，所算得的整体破坏时的 K 值大小也能反映大坝安全的程度。强度折减法包括对 f、c 值采用等比例降强度和不等比例降强度（等保证率）两种方法。天然岩体由于成因和结构构造运动，其不均匀性非常明显，节理、裂隙和断层发育且分布规律复杂，很难准确地把握其工程尺度范围内的物理力学性能，各局部材料参数相差数倍是完全可能的，因此强度折减法从这种意义上能较真实地反映结构破坏的实质和可能的失稳模式。但这种方法目前在工程应用方面经验积累尚显不足。

超载和强度储备系数联合法就是将荷载超至可能的极限荷载状态，然后对材料强度进行降低，在此基础上来研究坝体整体的安全稳定系数。

2）整体稳定计算

根据重力坝设计规范要求，胶凝砂砾石坝剖面设计应满足坝体整体稳定要求。当坝基不存在软弱结构面时，一般采用抗剪断公式进行分析，具体公式为

$$K_s = \frac{f'(\sum W - U) + c'A}{\sum P} \tag{5.7}$$

式中，f'为抗剪断摩擦系数；c'为抗剪断黏聚力；$\sum W$ 为接触面以上的总铅直应力；U 为作用在接触面上的扬压力，kN；A 为接触面面积；$\sum P$ 为接触面以上的总水平力，kN。荷载基本组合要求 K_s 不小于 3.0，特殊组合时，校核洪水组合要求 K_s 不小于 2.5，地震组合要求 K_s 不小于 2.3。

坝基岩体内存在软弱结构面、缓倾角裂隙时，坝基深层抗滑稳定分析应参照《混凝土重力坝设计规范》(SL 319—2018) 的有关规定执行。当基础软弱或坝体材料强度较低时，还宜按散粒体结构计算理论对胶凝砂砾石坝坝基和坝坡稳定性进行复核。

坝体稳定安全的判断主要有以下几种依据：

从有限元平衡方程来看，即在某一定的荷载条件下，结构的变位趋于无穷，所以可以通过有限元计算中迭代出现不收敛或者坝体坝基系统的某些特征点位移发生突变来判别系统是否达到其极限承载力，而此时的强度储备系数或超载系数就可以表征系统的最终整体安全度。

从结构整体安全角度来看，如果坝体坝基系统在一定的荷载条件下其破坏区域渐进发展以致其形成某种滑动模式，即此时系统已达到其极限承载力。因此在非线性有限元计算中，可通过考察坝体坝基系统的塑性屈服区（破坏区域）是否贯通来判别系统是否达到其极限承载力，此时的强度储备系数或超载系数也可以用来表征系统的最终安全度。

5.1.3　工程设计案例

1. 黄岩堰坝设计

工程场址位于浙江永宁江一级支流半岭溪，采用胶凝砂砾石坝设计理论应用于其尾水渠道旧堰坝拆除改建工程。

1）工程等级

根据《防洪标准》(GB 50201—2014)、《堤防工程设计规范》(GB 50286—2013)，确定工程等别为Ⅴ等，工程永久性建筑物堰坝为 5 级建筑物，防洪标准采用 10 年一遇洪水标准。

2）堰坝断面设计

黄岩堰坝为胶凝砂砾石料与混凝土的“金包银”结构，初步拟定堰坝上游坡比为1∶0.4，下游坡比为1∶0.7。其示意图见图5.2，图中高程单位为m，尺寸单位为cm。

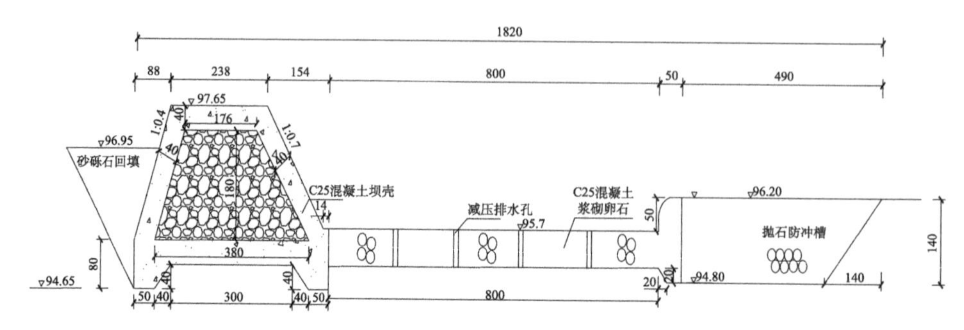

图5.2　堰坝示意图

3）设计指标

筑坝材料设计指标见表5.1。

表5.1　筑坝材料设计指标

填筑分区	填筑材料	干密度/(g/cm³) 均值	强度指标
防渗区	混凝土	2.45	C25
垫层区	混凝土	2.45	C25
坝体	胶凝砂砾石料	2.42	抗压强度10.2MPa

4）复核计算

(1) 堰坝水力特性计算。

图5.3为堰坝水力特性计算简图。

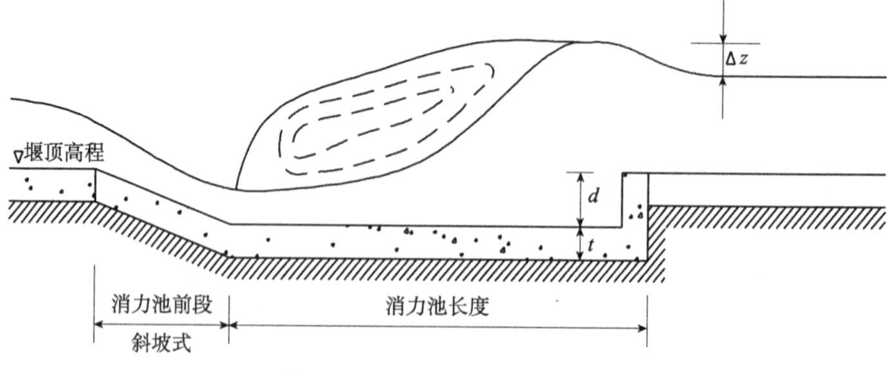

图5.3　堰坝水力特性计算简图

利用《水工设计手册（第二版）》中的混凝土溢流堰水力计算公式计算，其结果见表5.2。

表5.2　堰坝设计尺寸计算表

堰坝	堰高/m	堰顶高程/m	设计水头/m	上游水位/m	上游河底高程/m	下游水位/m	下游河底高程/m	池长/m	底板厚/m	池深/m
1#	3.00	97.75	3.28	100.0	96.95	98.60	96.15	6.70	0.56	0.10
2#	3.00	95.76	3.15	97.90	95.16	96.73	93.76	6.60	0.50	0.10

根据计算，结合工程实际需要，对新建及加固的堰坝修建消力池，消力池采用下挖式，消力池池深设计为0.5m，池长为8.0m。1#、2#堰坝消力池底板厚拟分别为60cm、50cm。

（2）荷载计算。

设计中工况选用设计洪水位。依据《胶结颗粒料筑坝技术导则》（SL 678—2014）及《混凝土重力坝设计规范》（SL 319—2005）要求，进行胶凝砂砾石堰坝的荷载计算，其计算结果如表5.3与表5.4所示。

表5.3　1#堰坝设计水位情况下荷载计算结果（堰坝1m宽）

荷载		垂直力/kN	水平力/kN	力矩/(kN·m)
		向下为正	向右为正	逆时针为正
堰身自重	W_0	255.00	—	31.88
水重	W_w	83.60	—	77.05
上游水压力	P_1	—	139.40	−245.00
下游水压力	P_2	—	−74.10	95.11
竖向土压力	W_{st}	3.50	—	8.78
水平土压力	P_{st}	—	11.00	−9.12
水平动水压力	P_{d1}	—	−7.40	16.65
竖向动水压力	P_{d2}	5.70	—	−9.38
扬压力	U	−218.00	—	−27.40
合计		130.20	69.10	−61.43

表 5.4　2# 堰坝设计水位情况下荷载计算成果（堰坝 1m 宽）

荷载		垂直力/kN	水平力/kN	力矩/(kN·m)
		向下为正	向右为正	逆时针为正
堰身自重	W_0	255	—	31.88
水重	W_w	79.22	—	76.12
上游水压力	P_1	—	132.1	−226
下游水压力	P_2	—	−104.42	159.06
竖向土压力	W_{st}	4.55	—	9.56
水平土压力	P_{st}	—	12.92	−12.06
水平动水压力	P_{d1}	—	−1.37	16.65
竖向动水压力	P_{d2}	0.92	—	−9.38
扬压力	U	−232	—	−10.92
合计		107.47	39.23	34.91

（3）稳定计算。

依据《胶结颗粒料筑坝技术导则》（SL 678—2014）及《混凝土重力坝设计规范》（SL319—2005）要求，进行胶凝砂砾石堰坝的抗滑稳定验算，其计算结果为：1# 堰坝的抗滑稳定系数 K_s 为 1.04，2# 堰坝的抗滑稳定系数 K_s 为 1.5，均满足设计要求。

（4）应力计算。

按照《胶结颗粒料筑坝技术导则》（SL 678—2014）及《混凝土重力坝设计规范》（SL 319—2005）相关规定进行应力计算，其结果如表 5.5 与表 5.6 所示。

表 5.5　1# 堰坝底部截面的应力分析

应力计算		计算值	允许值	结论
1. 上游坝面垂直正应力/kPa		11.22	不应出现拉应力	符合
2. 下游坝面垂直正应力/kPa		43.35	应小于坝基容许压应力	符合
3. 上游坝面水平正应力/kPa		10.49	应小于材料极限强度与相应的安全系数（均取 4）的比值	符合
4. 下游坝面水平正应力/kPa		21.24	应小于材料极限强度与相应的安全系数（均取 4）的比值	符合
5. 上游坝面主应力/kPa	σ_1^u	11.36	应小于材料的允许压应力值	符合
	σ_1^u	10.35	应小于材料的允许压应力值	符合
6. 下游坝面主应力/kPa	σ_1^d	64.59	应小于材料的允许压应力值	符合
	σ_2^d	0	应小于材料的允许压应力值	符合

表 5.6　2# 堰坝底部截面的应力分析

应力计算		计算值	允许值	结论
1. 上游坝面垂直正应力/kPa		31.57	不应出现拉应力	符合
2. 下游坝面垂直正应力/kPa		13.31	应小于坝基容许压应力	符合
3. 上游坝面水平正应力/kPa		14.07	应小于材料极限强度与相应的安全系数（均取 4）的比值	符合
4. 下游坝面水平正应力/kPa		6.52	应小于材料极限强度与相应的安全系数（均取 4）的比值	符合
5. 上游坝面主应力/kPa	σ_1^u	34.90	应小于材料的允许压应力值	符合
	σ_2^u	10.75	应小于材料的允许压应力值	符合
6. 下游坝面主应力/kPa	σ_1^d	19.83	应小于材料的允许压应力值	符合
	σ_2^d	0	应小于材料的允许压应力值	符合

5.2　胶凝砂砾石坝结构优化设计

优化设计就是追求最好结果或最优目标，从所有可能方案中选择最合理方案。目前，优化设计技术在工程领域、自动控制、系统工程等方面都得到广泛应用。大坝工程的结构优化设计主要是围绕坝体断面最优几何形式进行选择的。胶凝砂砾石坝结构设计大多参照一些碾压混凝土坝或堆石坝的规范设计标准，其设计指标调整多依靠工程设计人员的直观判断再校核，效率很低，且对方案仅进行有限次修改，最终确定的方案仅为一种满足要求的可行方案，而非设计人员所追求特定目标的最优方案。为解决上述问题，这里专门进行了胶凝砂砾石坝结构优化设计。

5.2.1　结构优化设计原理与方法

1. 优化设计原理

优化设计与传统设计的过程相同，经过初始方案拟定，规范校核，设计修改，再校核，反复进行，直到找到最佳方案为止。由于采用相同的结构分析理论，遵守同样的规范、施工和构造要求，依据优化设计得到的大坝结构与传统设计具有相同的安全度。不同的是，优化设计是按一定的数学模式将特定目标与校核关系紧密联系在一起，即将设计问题转化为严格的数学规划问题求解，利用计算机连续、快速地作出方案的比较，从可行性方案中找出最优设计方案。

2. 优化设计数学模型

工程结构优化设计的数学模型主要由设计变量、目标函数和约束条件组成。

1）设计变量

一个结构的设计方案是由若干个变量来描述的，这些变量可以是结构的几何尺寸，如胶凝砂砾石坝的上、下游坝坡倾角，也可以是构件的截面尺寸，如坝高、坝顶宽度等，也可以是筑坝材料的力学或物理特性参数。这些参数的一部分是按照某些具体要求事先给定的，它们在优化设计过程中始终保持不变，称为预定参数；另外一部分参数在优化设计过程中是可以变化的量，即为设计变量。设计变量是优化设计数学模型的基本成分，是其最后需要确定的参数，一般记为

$$X=[x_1 \quad x_2 \quad x_3 \quad x_4 \quad x_5 \quad \cdots \quad x_n]^{\mathrm{T}} \tag{5.8}$$

式中，n 为设计变量个数。

对胶凝砂砾石坝而言，其坝高、坝顶宽度及上、下游水位均为根据工程规划要求确定的不变参数，一般选取描述大坝断面形状的其他一些几何特征量为设计变量，如上、下游坝坡倾角等，具体可表示为

$$X=[x_{\mathrm{s}} \quad x_{\mathrm{x}}]^{\mathrm{T}} \tag{5.9}$$

式中，x_{s} 为上游坝坡倾角；x_{x} 为下游坝坡倾角。

2）目标函数

优化设计时判别设计方案优劣标准的数学表达式称为目标函数。它是设计变量的函数，代表所设计结构的某个最重要特征或指标。优化设计就是从若干可行性设计中，以目标函数为标准，找出这个函数的极值（极大或极小），从而选出最优设计方案。目标函数一般包括单目标函数与多目标函数等，具体可表示为

单目标函数

$$F(X)\rightarrow \min 或 \max \tag{5.10}$$

多目标函数

$$F_{\mathrm{d}}(X)=[F_1(X),F_2(X),F_3(X),\cdots,F_m(X)]\rightarrow \min 或 \max \tag{5.11}$$

在胶凝砂砾石坝结构优化设计中，一般以工程造价最低为目标函数。胶凝砂砾石坝的工程造价是重要因素，其安全性也不能被忽视，因此胶凝砂砾石坝优化设计数学模型一般可分为三种：①考虑经济性作为目标函数，安全性因素作为约束指标；②经济因素作为约束指标，目标函数考虑大坝最大安全性问题；③一些工程要求经济性与安全性均最优时，目标函数可同时考虑经济性与安全性。

3）约束条件

优化设计寻求目标函数极值时的某些限制条件，称为约束条件。它反映了有关设计规范、施工、构造等各方面的要求，有的约束条件也称界限约束，它

表明设计变量的允许取值范围，一般是设计规范等有关规定和要求的数值。约束方程式是以所选定的设计变量为自变量，以要求加以限制的设计参数为因变量，按一定关系建立起来的函数式。胶凝砂砾石坝结构优化设计的约束条件一般为如下两种。

（1）几何约束。

根据国内外工程经验，建造在基岩上的面板堆石坝，若坝料为颗粒坚硬，又具有良好的级配坝坡石料，上下游可采用1∶1.3～1∶1.5的坝坡比。碾压混凝土坝的下游坝坡比一般为1∶0.6～1∶0.8。考虑胶凝砂砾石面板的坝坡比介于普通面板堆石坝与碾压混凝土坝之间，结合堆石坝与混凝土坝规范中要求的坝坡比确定胶凝砂砾石料上、下游坝坡比范围。

（2）性态约束。

性态约束是保证胶凝砂砾石坝在各种工况下正常工作、安全运行需满足的稳定、应力及变形等方面的限制条件，包括坝坡稳定条件、面板应力条件、坝体不发生塑性剪切破坏条件、最大动应力条件等。

4）结构优化数学模型

（1）单目标数学模型。

单目标优化设计的一般数学表达式为

求设计变量

$$X = [x_1 \quad x_2 \quad x_3 \quad x_4 \quad x_5 \quad \cdots \quad x_n]^{\mathrm{T}} \tag{5.12}$$

使目标函数

$$F(X) \rightarrow \min 或 \max \tag{5.13}$$

满足于

$$\begin{cases} a_i \leqslant x_i \leqslant b_i, & i=1, 2, \cdots, n \\ h_j(X)=0, & j=1, 2, \cdots, p \\ g_k(X) \leqslant 0, & k=1, 2, \cdots, q \end{cases} \tag{5.14}$$

式中，x_i（$i=1, 2, \cdots, n$）代表n个设计变量；a_i和b_i分别是变量X_i的上、下限；n为设计变量的个数；p为非上、下限等式约束个数；q为非上、下限不等式约束个数。

（2）多目标数学模型。

多目标优化的数学模型表示为

求设计变量

$$X = [x_1 \quad x_2 \quad x_3 \quad x_4 \quad x_5 \quad \cdots \quad x_n]^{\mathrm{T}} \tag{5.15}$$

使目标函数

$$F_{\mathrm{d}}(X) = [F_1(X), F_2(X), F_3(X), \cdots, F_m(X)] \rightarrow \min 或 \max \tag{5.16}$$

满足于

$$\begin{cases} a_i \leqslant x_i \leqslant b_i, & i = 1,2,\cdots,n \\ h_j(X) = 0, & j = 1,2,\cdots,p \\ g_k(X) \leqslant 0, & k = 1,2,\cdots,q \end{cases} \tag{5.17}$$

式中，$x_i(i=1,2,\cdots,n)$ 代表 n 个设计变量；$f_i(X)(i=1,2,\cdots,m)$ 代表 m 个目标函数；a_i 和 b_i 分别是变量 x_i 的上、下限；n 为设计变量的个数；p 为非上、下限等式约束个数；q 为非上、下限不等式约束个数。

5）数学模型的求解方法

结构优化设计的理论与方法一般分为两大类，第一类为准则法，即从结构力学原理出发，选择使结构达到最优的准则，如满应力准则、满位移准则、能量准则等；第二类为数学规划法，是从解极值问题的数学原理出发，运用数学规划等以求得一系列设计参数的最优解。两种方法各有其优缺点。准则法的优点是收敛快，分析次数一般跟变量数目没有多大关系，适合较大型结构的优化，缺点是理论依据不足，其解一般不是真正的最优解，优化的目标也只限于最轻重量等。数学规划法是有着严格的理论基础与较强的适应性，缺点为求解的规模可能受到限制及求解效率较低。

优化算法中仿生学方法伴随着计算系统的不断成熟近年来迅速发展起来。目前仿生学方法主要有模仿自然界进化的算法与模仿自然界结构的算法。另外，一些数学工作者研究和应用的区间数学方法，其自身所具备的优点和广泛适应性，为解决复杂优化设计问题提供了有力的工具。

5.2.2 结构优化设计案例

1. 大坝坡比优选

1）研究对象

某大坝坝高 74.6m，正常蓄水位为 71.6m，坝顶宽度 5m，坝体断面为上、下游对称的梯形断面，优化时保证上、下游坝坡比为 1：0.4～1：1，坝体建于基岩上。填筑材料为 60kg/m^3 的胶凝堆石料，计算模型有限元网格图如图 5.4 所示。

2）坡比变化对坝体工作性态的影响

胶凝砂砾石坝坝料具有一定的黏聚力，其坝坡可放陡，从而缩小坝体断面，减少工程施工量。目前由于对筑坝材料认识还不够，没有形成系统的设计理论，现有的坝体体型多是以混凝土面板堆石坝的体型设计为参考，结合经验来进行的，尤其是坝坡的变化对坝体应力位移的影响情况还不清晰，关于坝坡设计尚没有明确的参考依据。这里用前文提出的胶凝砂砾石料本构关系，对胶凝砂砾

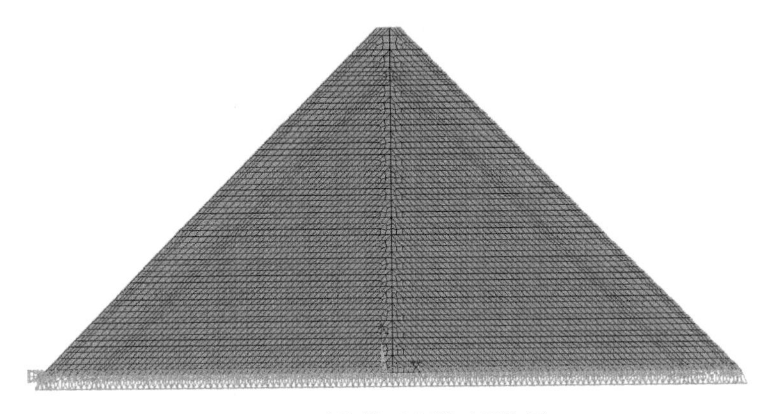

图5.4　计算模型有限元网格图

石坝在不同坝坡比下的应力位移情况进行分析研究，揭示坝坡比变化对坝体的变形和应力影响。

胶凝砂砾石坝上下游坝坡比多为1∶0.6～1∶0.8，且都为上下游对称的梯形断面。为了研究坝坡比变化对坝体应力位移分布的影响，在此考虑上下游坝坡比从1∶1～1∶0.4变化，并考虑上下游坝坡比不对称的情况，上游坝坡比采用m表示，下游坝坡比采用n表示。因胶凝砂砾石坝为介于混凝土面板堆石坝和混凝土重力坝之间的一种坝型，其上下游坝坡比也应在两种坝型的坝坡比区间变化，故剔除上游缓下游陡的情况，研究如表5.7中的28种组合情况。

表5.7　坝坡比变化的组合

计算方案编号	上下游坝坡比组合	计算方案编号	上下游坝坡比组合
方案1	m=1，n=1	方案15	m=0.6，n=0.9
方案2	m=0.9，n=0.9	方案16	m=0.6，n=0.8
方案3	m=0.8，n=0.8	方案17	m=0.6，n=0.7
方案4	m=0.7，n=0.7	方案18	m=0.5，n=1
方案5	m=0.6，n=0.6	方案19	m=0.5，n=0.9
方案6	m=0.5，n=0.5	方案20	m=0.5，n=0.8
方案7	m=0.4，n=0.4	方案21	m=0.5，n=0.7
方案8	m=0.9，n=1	方案22	m=0.5，n=0.6
方案9	m=0.8，n=1	方案23	m=0.4，n=1
方案10	m=0.8，n=0.9	方案24	m=0.4，n=0.9
方案11	m=0.7，n=1	方案25	m=0.4，n=0.8
方案12	m=0.7，n=0.9	方案26	m=0.4，n=0.7
方案13	m=0.7，n=0.8	方案27	m=0.4，n=0.6
方案14	m=0.6，n=1	方案28	m=0.4，n=0.5

对不同坝坡比组合的胶凝砂砾石坝在竣工期和蓄水期分布进行数值模拟，计算结果如表5.8所示。

表5.8　不同坝坡比胶凝砂砾石坝蓄水期最大位移

方案	最大水平位移/mm	位置描述	最大沉降/mm	位置描述	断面面积/m^2
1	29.1	距坝底53.5m面板处	57.1	距坝底42.1m，距坝轴线5m靠近下游侧位置	6234.8
2	32.8	距坝底53.5m面板处	57.7	距坝底42.1m，距坝轴线5.7m靠近下游侧位置	5685.5
3	38.0	距坝底53.5m面板处	58.9	距坝底42.1m，距坝轴线6.1m靠近下游侧位置	5098.6
4	45.2	距坝底53.5m面板处	61.5	距坝底38.3m，距坝轴线8.9m靠近下游侧位置	4511.8
5	57.0	距坝底57.4m面板处	65.8	距坝底38.3m，距坝轴线10m靠近下游侧位置	3925.1
6	77.7	距坝底61.2m面板处	74.0	距坝底38.3m，距坝轴线12.1m靠近下游侧位置	3338.6
7	121.2	距坝底65.0m面板处	92.2	距坝底42.1m，靠近下游坝坡位置	2752.2
8	31.3	距坝底53.5m面板处	56.3	距坝底42.1m，距坝轴线5.1m靠近下游侧位置	5978.2
9	33.6	距坝底53.5m面板处	55.4	距坝底38.3m，距坝轴线7.7m靠近下游侧位置	5683.8
10	35.6	距坝底53.5m面板处	56.8	距坝底38.3m，距坝轴线8.0m靠近下游侧位置	5391.2
11	36.2	距坝底53.5m面板处	54.5	距坝底38.3m，距坝轴线9.0m靠近下游侧位置	5389.6
12	38.6	距坝底53.5m面板处	56.0	距坝底38.3m，距坝轴线8.0m靠近下游侧位置	5097.0
13	41.5	距坝底53.5m面板处	58.3	距坝底38.3m，距坝轴线8.2m靠近下游侧位置	4804.4
14	39.1	距坝底53.5m面板处	53.7	距坝底38.3m，距坝轴线10.2m靠近下游侧位置	5095.5

续表

方案	最大水平位移/mm	位置描述	最大沉降/mm	位置描述	断面面积/m^2
15	41.9	距坝底 53.5m 面板处	55.1	距坝底 38.3m，距坝轴线 9.2m 靠近下游侧位置	4802.9
16	45.4	距坝底 53.5m 面板处	57.4	距坝底 38.3m，距坝轴线 9.2m 靠近下游侧位置	4510.3
17	50.2	距坝底 53.5m 面板处	60.6	距坝底 38.3m，距坝轴线 9.8m 靠近下游侧位置	4217.7
18	42.5	距坝底 53.5m 面板处	52.5	距坝底 38.3m，距坝轴线 10.2m 靠近下游侧位置	4801.6
19	45.8	距坝底 53.5m 面板处	53.9	距坝底 38.3m，距坝轴线 10.3m 靠近下游侧位置	4509.0
20	50.4	距坝底 53.5m 面板处	56.6	距坝底 38.3m，距坝轴线 10.2m 靠近下游侧位置	4216.4
21	56.5	距坝底 57.4m 面板处	60.0	距坝底 38.3m，距坝轴线 10.7m 靠近下游侧位置	3923.8
22	65.1	距坝底 57.4m 面板处	65.3	距坝底 38.3m，距坝轴线 11.5m 靠近下游侧位置	3631.2
23	46.2	距坝底 53.5m 面板处	51.0	距坝底 38.3m，距坝轴线 11.5m 靠近下游侧位置	4507.9
24	50.6	距坝底 57.4m 面板处	52.8	距坝底 38.3m，距坝轴线 11.5m 靠近下游侧位置	4215.3
25	56.5	距坝底 57.4m 面板处	55.4	距坝底 38.3m，距坝轴线 11.2m 靠近下游侧位置	3922.7
26	64.5	距坝底 61.2m 面板处	58.9	距坝底 38.3m，距坝轴线 11.6m 靠近下游侧位置	3630.1
27	76.1	距坝底 61.2m 面板处	64.7	距坝底 38.3m，距坝轴线 12.2m 靠近下游侧位置	3337.5
28	91.7	距坝底 65.0m 面板处	74.5	距坝底 38.3m，距坝轴线 13.4m 靠近下游侧位置	3044.9

根据表 5.8 中坝体对称断面的计算结果，作出最大水平位移和沉降与上下游坝坡比变化的关系曲线，如图 5.5 所示。

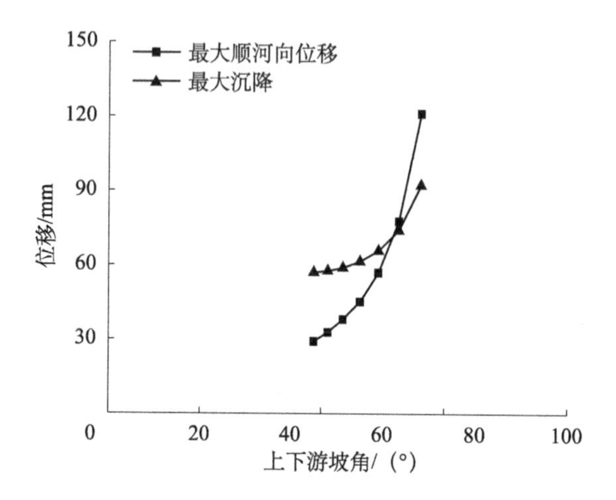

图 5.5　对称断面坝体坝坡比变化与最大水平位移和沉降关系图

由图 5.5 可发现，随着坝坡比的增大，坝体断面逐渐缩小，坝体水平刚度和竖向刚度都随之减小，坝体最大水平位移和最大沉降都随着增大；当坝体断面缩小到一定程度时（上下游坝坡比大于 1∶0.6），坝体最大水平位移和最大沉降急速增加，断面形式安全度不高，设计中不建议使用。

对非对称坝体断面的计算结果进行整理，得到坝体最大水平位移和最大沉降随上、下游坝坡比变化的关系曲线，分别如图 5.6 和图 5.7 所示。

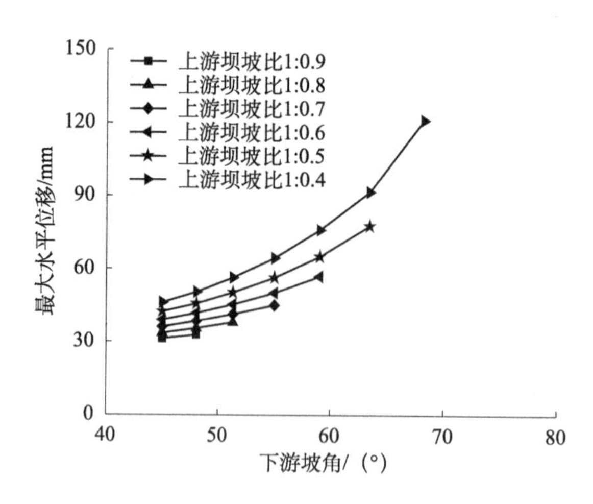

图 5.6　不对称断面坝体最大水平位移与上、下游坝坡比关系曲线

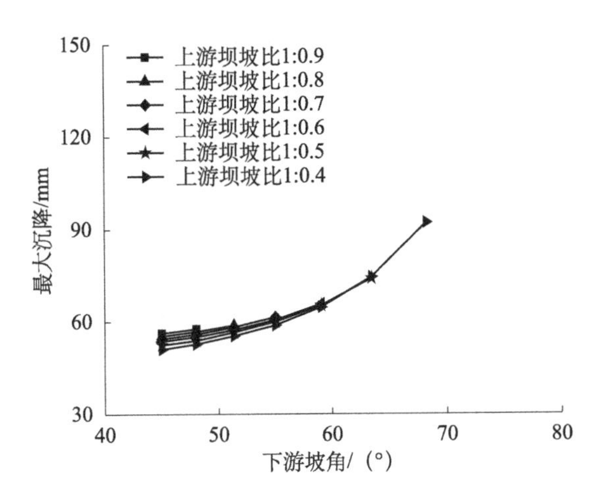

图 5.7 不对称断面坝体最大沉降与上、下游坝坡比关系曲线

从图 5.6 和图 5.7 可看出，不对称断面坝体的水平位移最大值和沉降最大值随着下游坝坡比的变陡而增大，上游坝坡比较缓时，坝体的水平位移最大值和沉降最大值随下游坝坡比的变化比较平缓，这是因为，此时坝体断面坡比放缓，坝体的水平和竖向刚度较大，外荷载对坝体变形的影响较小，随着上游坝坡比的逐渐变陡，坝体断面不断缩小，最大水平位移和最大沉降都随之增大，且增幅逐渐增大。

3）各种坝坡比组合情况下坝体的应力特征

胶凝砂砾石坝的应力分布特征是反映该坝型工作性态的重要指标。这里通过对不同断面的应力分布特点进行研究，了解该坝型随上下游坝坡比变化的应力分布变化规律，进而确定较优坝体断面。

关于胶凝砂砾石料的破坏标准，目前由于没有更多的试验资料，给出一个合理的破坏判断标准比较困难；又因胶凝砂砾石料属于固结体，不能像普通散粒体那样允许骨料之间相互错动；当胶凝砂砾石料的应力水平达到一定程度时，其骨料之间发生相对滑动，此时坝体上会产生一定数量的裂缝，虽然其强度还没有达到极限值，但作为筑坝材料已无法满足工程需求，建议将材料的应力水平控制在一定的范围内，使坝料不出现明显裂缝。这里以应力水平来判定胶凝砂砾石料的破坏，参照邓肯-张本构模型的破坏判断标准，假定当应力水平达到 0.8 时，胶凝砂砾石料达到破坏状态。计算结果如表 5.9 所示。

表 5.9 不同坡比胶凝砂砾石坝蓄水期应力最值（以拉应力为正）

方案	第一主应力/MPa	位置描述	第三主应力/MPa	位置描述	最大应力水平	面板最大顺坡向应力/MPa
1	0.14	距坝底 65m 面板下部	−1.46	坝底距中轴线 2.6m 靠近上游侧	0.363	0.152
2	0.17	距坝底 65m 面板下部	−1.39	坝底距中轴线 2.3m 靠近上游侧	0.378	0.161
3	0.20	距坝底 65m 面板下部	−1.41	坝底距中轴线 2.0m 靠近上游侧	0.418	0.175
4	0.23	距坝底 65m 面板下部	−1.40	坝底距中轴线 2.7m 靠近上游侧	0.499	0.187
5	0.26	距坝底 65m 面板下部	−1.42	坝底距中轴线 2.3m 靠近上游侧	0.588	0.200
6	0.29	距坝底 65m 面板下部	−1.46	坝底距中轴线 1.9m 靠近上游侧	0.619	0.212
7	0.32	距坝底 65m 面板下部	−1.57	坝底距中轴线 8.9m 靠近下游侧	0.645	0.224
8	0.16	距坝底 65m 面板下部	−1.39	坝底距中轴线 0.4m 靠近上游侧	0.369	0.157
9	0.17	距坝底 65m 面板下部	−1.40	坝底距中轴线 0.3m 靠近上游侧	0.401	0.179
10	0.29	距坝底 65m 面板下部	−1.46	坝底距中轴线 2.3m 靠近下游侧	0.410	0.174
11	0.26	距坝底 65m 面板下部	−1.43	坝底距中轴线 2.7m 靠近上游侧	0.461	0.188
12	0.28	距坝底 65m 面板下部	−1.46	坝底距中轴线 2.5m 靠近下游侧	0.471	0.191
13	0.30	距坝底 65m 面板下部	−1.43	坝底距中轴线 2.7m 靠近下游侧	0.483	0.199
14	0.19	距坝底 65m 面板下部	−1.40	坝底距中轴线 2.8m 靠近上游侧	0.534	0.216
15	0.25	距坝底 65m 面板下部	−1.46	坝底距中轴线 2.3m 靠近上游侧	0.549	0.213
16	0.27	距坝底 65m 面板下部	−1.44	坝底距中轴线 2.3m 靠近上游侧	0.568	0.209
17	0.31	距坝底 65m 面板下部	−1.43	坝底距中轴线 2.3m 靠近上游侧	0.573	0.203

续表

方案	第一主应力/MPa	位置描述	第三主应力/MPa	位置描述	最大应力水平	面板最大顺坡向应力/MPa
18	0.17	距坝底 65m 面板下部	−1.44	坝底距中轴线 1.9m 靠近上游侧	0.583	0.205
19	0.19	距坝底 65m 面板下部	−1.46	坝底距中轴线 2.3m 靠近下游侧	0.588	0.204
20	0.21	距坝底 65m 面板下部	−1.44	坝底距中轴线 1.9m 靠近上游侧	0.591	0.202
21	0.25	距坝底 65m 面板下部	−1.44	坝底距中轴线 1.9m 靠近上游侧	0.595	0.200
22	0.31	距坝底 65m 面板下部	−1.45	坝底距中轴线 1.9m 靠近上游侧	0.608	0.205
23	0.09	距坝底 65m 面板下部	−1.43	坝底距中轴线 1.5m 靠近上游侧	0.607	0.193
24	0.10	距坝底 65m 面板下部	−1.44	坝底距中轴线 1.5m 靠近上游侧	0.618	0.193
25	0.12	距坝底 65m 面板下部	−1.44	坝底距中轴线 1.5m 靠近上游侧	0.624	0.200
26	0.15	距坝底 65m 面板下部	−1.45	坝底距中轴线 1.5m 靠近上游侧	0.632	0.204
27	0.20	距坝底 65m 面板下部	−1.46	坝底距中轴线 1.5m 靠近上游侧	0.637	0.209
28	0.28	距坝底 65m 面板下部	−1.48	坝底距中轴线 1.7m 靠近上游侧	0.641	0.216

由表 5.9 可看出，不同断面的坝体在蓄水期第一主应力基本均为压应力，仅在距离坝底 65m（约 0.85 倍坝高处）的混凝土面板与坝体接触面的局部位置有少量拉应力区，且应力值很小，远小于胶凝砂砾石料的抗拉强度；对于不同断面的坝体，其第三主应力最大值变化不大，在 1.45MPa 附近，在胶凝砂砾石料的抗压强度范围之内，最大值发生的位置在坝底轴线附近，其位置随上下游坝坡比的变化而变化；坝体断面减小，坝体最大应力水平随之增大，其最大应力水平与坝体的断面面积以及上下游坝坡比均有关系；面板与坝体间的切向应力随着上游坝坡比的变陡而逐渐增大，当上游坝坡比不变，下游坝坡比从缓变陡时，面板与坝体间切向应力也略有增大。

对不同断面坝体在蓄水期的最大应力水平进行研究，作出最大应力水平随坝坡比变化的曲线，如图5.8所示。由图5.8可看出，随着上、下游坝坡比的增大，坝体断面缩小，坝体的竖向和水平向刚度也降低，坝体的最大应力水平随之增大，材料的强度储备逐渐降低，坝坡比的变陡可充分体现其经济性，但降低了坝体的安全性。在上游坝坡比保持不变时，坝体的最大应力水平受下游坝坡比变化的影响不大，反映坝体最大应力水平主要受坝体的断面面积以及上游坝坡比的影响。

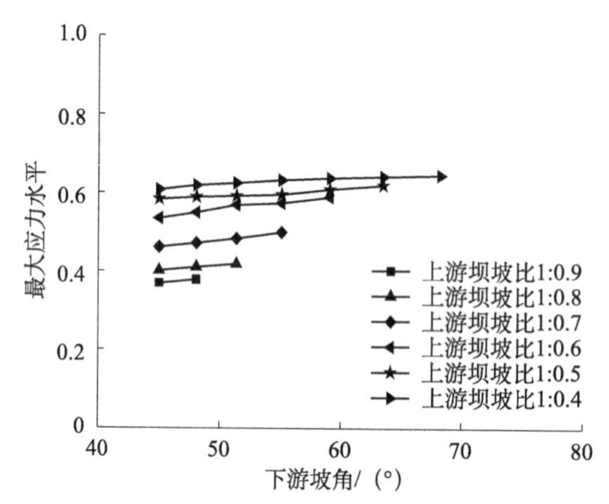

图5.8　不同断面坝体最大应力水平随坝坡比变化曲线

4）水位变化和坝体材料参数敏感性分析

敏感性分析的研究思路为：设有一个系统，其系统特征性 P 由 n 个因素 $\alpha=\{\alpha_1 \quad \alpha_2 \quad \cdots \quad \alpha_n\}$ 决定，记系统模型 $P=f(\alpha_1 \quad \alpha_2 \quad \cdots \quad \alpha_n)$；在某一基准状态 $\alpha^*=\{\alpha_1^* \quad \alpha_2^* \quad \cdots \quad \alpha_n^*\}$ 下，系统存在对应的特性 P^*；当各因素在各自可能范围内变动时，引起系统特性点偏离基准状态程度为 ΔP，其相对于各自变量的变化被表征为它的敏感程度，即敏感性。分析各参数对特性 P 的影响时，可令其余各参数取基准值且固定不变，而令 α_k 在其可能的范围内变动，这时系统特性 P 表现为

$$P=f(\alpha_1^* \quad \cdots \quad \alpha_{k-1}^* \quad \alpha_k \quad \alpha_{k+1}^* \quad \cdots \quad \alpha_n^*) \tag{5.18}$$

由式（5.18）可以了解系统 P 对参数 α_k 扰动的敏感性。以上仅能了解系统特性对单因素的敏感行为，实际系统中，决定系统特性的各因素往往是不同物理量，单位各不相同，无法比较各因素所引发的系统敏感程度，因此有必要进行无量纲化处理。将系统特征 P 的相对偏差 $\delta_P=|\Delta P|/P$ 与参数 α_k 的相对偏差 $\delta_{\alpha_k}=|\Delta\alpha_k|/\alpha_k$ 的比值定义为参数 α_k 的敏感度函数 $S(\alpha_k)$，即

$$S(\alpha_k)=\frac{|\Delta P|/P}{|\Delta\alpha_k|/\alpha_k}=\left|\frac{\Delta P}{\Delta\alpha_k}\right|\frac{\alpha_k}{P},\quad k=1,2,\cdots,n \tag{5.19}$$

理论上，在 $|\Delta\alpha_k|/\alpha_k$ 较小的情况下，$S(\alpha_k)$ 可近似地表示为

$$S(\alpha_k)=\left|\frac{\mathrm{d}\varphi_k(\alpha_k)}{\mathrm{d}\alpha_k}\right|\frac{\alpha_k}{P},\quad k=1,2,\cdots,n \tag{5.20}$$

一般情况下 φ_k（α_k）较为复杂，不容易求出$\frac{\mathrm{d}\varphi_k\ (\alpha_k)}{\mathrm{d}\alpha_k}$，若进行精度要求不太高的定性分析，在 $\alpha k=\alpha k^*$ 的附近取较小量 $\Delta\alpha_k$，然后代入式（5.25），即可求得参数 α_k 的敏感因子 S_k^*。S_k^*（$k=1$，2，…，n）为无量纲的非负实数，其值越大，表明在基准状态下，系统特征 P 对参数 α_k 越敏感。

基于上述思想，这里以正常蓄水位为基准状态，使水位变化到校核洪水位，研究胶凝砂砾石坝最大水平位移和坝体最大沉降对水位的敏感性。胶凝砂砾石坝由于其断面接近混凝土重力坝，但坝体刚度小于混凝土重力坝，随着坝坡比的不断变化，水荷载作用下坝体的水平位移也会随着变化。对坝体而言，水位的变化是经常发生的，但期望其变形对水位变化不敏感。这里对 28 种坝坡比组合的坝体模型进行水位变化的敏感性分析，为确定合适的上下游坝坡比组合提供参考依据。敏感度分析结果如表 5.10 所示。

表 5.10　胶凝砂砾石坝坝体最大水平位移和最大沉降对水位的敏感度

方案	坝体最大水平位移对水位敏感度	坝体最大沉降对水位敏感度	方案	坝体最大水平位移对水位敏感度	坝体最大沉降对水位敏感度
1	2.833	0.193	15	3.286	0.429
2	2.929	0.333	16	3.452	0.524
3	3.024	0.476	17	3.640	0.620
4	3.255	0.514	18	3.500	0.381
5	3.714	0.786	19	3.619	0.476
6	4.476	1.214	20	3.810	0.571
7	7.881	2.643	21	3.952	0.714
8	2.881	0.238	22	4.143	0.929
9	2.976	0.238	23	3.976	0.429
10	2.952	0.357	24	4.143	0.524
11	3.119	0.286	25	4.333	0.667
12	3.095	0.381	26	4.762	0.833
13	3.143	0.429	27	5.167	1.095
14	3.238	0.357	28	7.012	1.429

在表 5.10 中，随着坝体断面的缩小，坝体最大水平位移和最大沉降对水位的敏感度随之增大，当断面缩小到一定程度时（上下游坝坡大于 1∶0.6），其敏感度急速增大，这与最大水平位移和最大沉降随坝坡的变化规律一致；坝体的最大水平位移对水位变化敏感度高于最大沉降对水位的敏感度，说明该坝型在运行期水平位移受水位变化的影响较大，应引起设计人员的关注。

综上所述，坝体断面较大时坝体的水平位移最大值和沉降最大值对水位变化的敏感度相对较小，安全度较高，但建设成本较大；随着坝体断面的缩小，坝体的水平刚度和竖向刚度随之减小，最大水平位移和最大沉降都有较显著增大，此时断面缩小带来建筑成本的降低，但安全性能也明显减小。

5）稳定性分析

胶凝砂砾石坝因坝体断面介于混凝土面板堆石坝和混凝土重力坝两者之间，依据这两种常见坝的相关设计规范，胶凝砂砾石坝的坝坡稳定、整体的抗滑稳定以及抗倾覆能力都需要分析验证。

（1）胶凝砂砾石坝坝坡稳定分析。

依据碾压式土石坝设计规范，采用简化毕肖普法对胶凝砂砾石坝的坝坡稳定进行计算，胶凝砂砾石料的主要材料参数为 $\rho=2250\text{kg/m}^3$，$c=443\text{kPa}$，$\varphi=40.8°$。通过计算发现，坝体上下游坝坡比 $m=n=1∶0.4$ 时，采用简化毕肖普法得到的坝坡稳定安全系数为 4.172，当上下游坝坡比达到 1∶0.7 时，得到的坝坡稳定安全系数达到了 5.968。由此可见，胶凝砂砾石坝的坝坡稳定性非常好，一般不作为控制因素。

（2）坝体抗倾覆性分析。

由于该坝断面一般小于混凝土面板堆石坝断面，接近于混凝土重力坝的断面，还需对坝体的整体抗倾覆能力进行校核。图 5.9 给出了坝体整体抗倾覆性受力图。

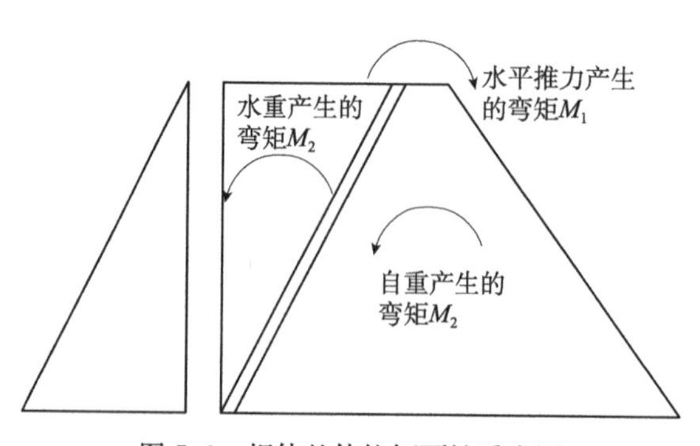

图 5.9 坝体整体抗倾覆性受力图

坝体在蓄水期主要受水荷载和坝体自重荷载作用，水荷载的水平推力对坝趾产生的弯矩可导致坝体倾覆，而坝体自重和水压在坝体面板的竖向力对坝趾产生的弯矩可使坝体抗倾覆，两者比值即为反映坝体抗倾覆性的安全系数。

对面板胶凝堆石坝而言，胶凝堆石料具有很好的透水性，故在坝底不产生扬压力，对坝体的抗倾覆性能是非常有利的。

通过计算发现，胶凝砂砾石坝最小断面（$m=n=1:0.4$）的情况下，坝体的整体抗倾覆系数达到 4.8，随着坝体断面的增大，坝体自重随着增大，同时水压在坝体面板上的竖向分量也随着增大，水压产生的水平推力保持不变，使得坝体本身的抗倾覆能力有明显提高，故对胶凝砂砾石坝的整体抗倾覆能力可不做进一步分析。

（3）坝体抗滑稳定分析。

对胶凝面板堆石坝而言，水压力作用在上游面板上，坝体自重和面板上水重产生的抗滑力及水平推力如图 5.10 所示。对普通堆石坝而言，其坝体断面较大，本身自重所产生的抗滑力已高于水压的推力，其抗滑安全系数常大于 5，通常情况下，面板坝整体稳定是自然满足的。对于胶凝砂砾石坝，由于断面的显著缩小，自重减小，上游坝坡比的变陡又降低了水压在竖向的分量，与普通堆石坝相比其抗滑稳定会有较明显降低，故应对其抗滑稳定安全系数进行验证。

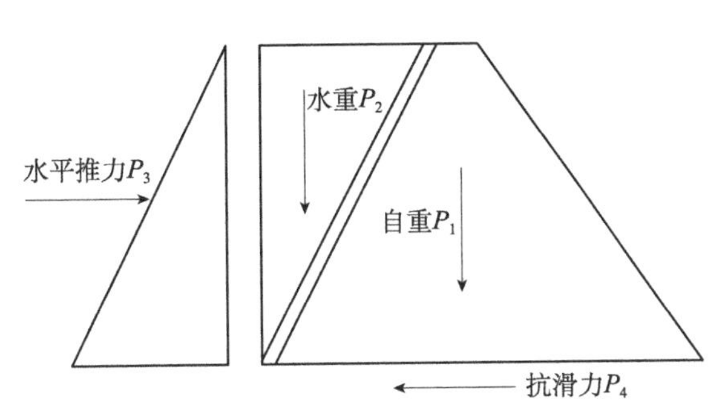

图 5.10　坝体整体稳定分析受力图

不考虑坝体和地基间的胶结作用，坝基面上的整体抗滑稳定安全系数为

$$F_s=\frac{P_4}{P_3}=\frac{f\times(P_1+P_2)}{P_3} \tag{5.21}$$

式中，F_s 为坝体抗滑稳定安全系数；f 为坝体和地基间的摩擦系数。此时坝体和地基间的摩擦系数 $f=0.86$。根据不同断面的上游坝坡角度可以分别得到坝体受到的水平推力 P_3 和水重在竖向的分量 P_2，坝体的自重 P_1 可以通过坝体断面

面积求得，不同断面的坝体整体抗滑稳定安全系数 F_s 为

$$F_s = \frac{0.86 \times (S_a \rho_c g + 0.5 \times \rho_w g h_w \cos\alpha)}{0.5 \times \rho_w g h_w \sin\alpha} \tag{5.22}$$

式中，ρ_c 为胶凝堆石料的干密度；ρ_w 为水的密度；h_w为计算水深；α 为坝体的上游坝坡角度；S_a 为坝体的断面面积。

对 28 种坝体断面进行整体的抗滑稳定计算，结果如表 5.11 所示。从该表可看出，坝体整体抗滑稳定安全系数与上游坝坡比和坝体的断面面积有直接关系，坝体断面较小，上游较陡时，坝体整体抗滑稳定安全系数低，反之坝体整体抗滑稳定安全系数相对较高；在不考虑坝体与地基胶结作用时，28 种坝体断面均满足整体抗滑稳定，F_s 的最小值为 2.491。

表 5.11　胶凝砂砾石坝坝体整体抗滑稳定安全系数表

方案	坝体整体抗滑稳定安全系数 F_s	方案	坝体整体抗滑稳定安全系数 F_s	方案	坝体整体抗滑稳定安全系数 F_s
1	7.245	11	5.336	21	3.607
2	6.313	12	5.108	22	3.370
3	5.417	13	4.849	23	3.860
4	4.591	14	4.819	24	3.631
5	3.831	15	4.572	25	3.403
6	3.133	16	4.325	26	3.175
7	2.491	17	4.078	27	2.947
8	6.598	18	4.317	28	2.719
9	5.959	19	4.081		
10	5.688	20	3.844		

图 5.11 依据不同断面的坝体整体抗滑稳定安全系数 F_s 计算结果，给出了该系数随上、下游坝坡比变化的曲线。由图 5.11 可看出，随着坝体断面的缩小，大坝整体抗滑稳定安全系数有较显著降低，当上游坝坡比保持不变，下游坝坡比逐渐变陡时，此时水平推力和水压在面板上的竖向分量为定值，而下游坝坡比的变陡导致坝体的断面缩小，自重降低，会导致整体的抗滑稳定安全系数随之降低。

6）强度安全系数研究

这里选用超载法和超载和强度储备系数联合法分别对筛选出来的 6 种断面类型进行计算，超载法只针对水荷载进行超载，采用的是超水密度法；超载和

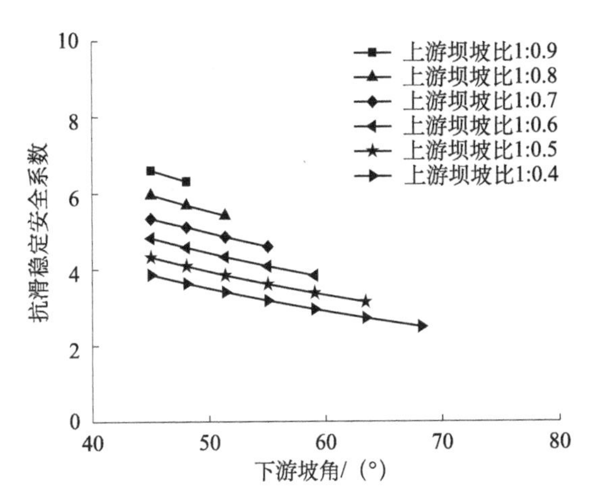

图 5.11　不同断面的坝体整体抗滑稳定安全系数随坝坡比变化曲线

强度储备系数联合法一般先对水荷载进行超载 1.2 倍，在此基础上对胶凝堆石料的强度进行折减。采用先超载后进行强度折减的原因是，特大暴雨、库岸失稳或地震引起雍浪等极端情况发生时，可能引起短期内出现超标水位。据统计，出现超标水压一般不超过 20%。因此，这里先超载 1.2 倍设计水压，然后保持该荷载不变进行强度储备计算，综合反映同时遭遇水压超载和材料强度折减的不利情况。由超载和强度储备系数联合法得到的坝体综合安全系数为

$$K_3 = K_\gamma K_2 = 1.2K_2 \tag{5.23}$$

式中，K_3 为坝体综合安全系数；K_γ 为水压超载安全系数；K_2 为强度折减安全系数。

依据式（5.23）计算得到的结果如表 5.12 所示。随着坝体断面的增大，其强度安全系数也随之增大，坝体材料安全储备更高；采用超载和强度储备系数联合法得到的整体安全系数高于超载法得到的整体安全系数，从安全角度考虑，在设计中建议以超载法结果作为控制参数，而超载和强度储备系数联合法得到的结果更具备实际意义。

表 5.12　超载法与超载和强度储备系数联合法得到的坝体强度安全系数

计算方法	坝体断面					
	m=1∶0.6 n=1∶0.6	m=1∶0.7 n=1∶0.7	m=1∶0.6 n=1∶0.7	m=1∶0.5 n=1∶0.8	m=1∶0.5 n=1∶0.7	m=1∶0.5 n=1∶0.6
超载法	3.15	3.61	3.46	3.21	3.16	2.75
超载和强度储备系数联合法	3.66	4.06	3.91	3.46	3.38	3.35

7）坝体断面的多目标优选

坝体断面面积反映了坝体的经济性，其建设成本与坝体断面面积一般成正比例关系；坝体最大水平位移对水位的敏感度可以代表坝体的安全度。在设计中要求在保证安全的前提下尽可能地体现经济性，在安全和经济两者之间寻求一个平衡点。

对坝体而言，首先考虑的是坝体安全性，在此基础上尽可能经济，而如何在安全和经济两者之间寻求一个合理的平衡点，一直都是比较受关注的问题。

这里采用多目标优化的思想，令目标函数个数 $m=2$，综合考虑坝体的经济性系数，以及坝体最大水平位移和最大沉降对水位敏感度，对 28 种坝体断面进行初步筛选。在此做了如下处理：首先将坝体的断面面积进行无量纲处理，令上下游坝坡比为 1∶1 的坝体断面面积为基础断面 S^*，不同坝坡比的坝体断面面积为 S_a，定义坝体的经济性系数 $\phi_S=S_a/S^*$，则 ϕ 的量值越小，坝体断面的经济性就越高；以最大水平位移和最大沉降对水位的敏感度为标准反映坝体的安全性能，其量值可表征坝体的安全度，值越大，坝体的安全度越低，令 $\varphi_w=\frac{1}{2}\left(\frac{\varphi_{hw}}{\varphi_{hw}^*}+\frac{\varphi_{sw}}{\varphi_{sw}^*}\right)$，$\varphi_{hw}$和 φ_{sw}分别为坝体最大水平位移和最大沉降对水位的敏感度系数；φ_{hw}^*和 φ_{sw}^*分别为最大水平位移和最大沉降对水位的敏感度系数的最大值，φ_w 综合反映了坝体水平方向位移和沉降对水位敏感度系数，在荷载作用下，坝体最大位移与其本身的刚度是成反比的，坝体对水位的敏感度系数随坝体断面的变化规律也就反映出坝体刚度与断面变化关系。

对于以胶凝砂砾石坝断面 S 衡量的经济性参数 ϕ_S 和坝体对水位变化的敏感性参数 φ_w 的两目标优化问题，采用线性加权的统一目标法化为单目标优化问题，从而求其非劣解的数学模型为

$$
\begin{aligned}
&\text{求} && X=[x_1\quad x_2\quad \cdots\quad x_n]^T \\
&\min && F(x)=\omega_1\phi_S+\omega_2\varphi_w \\
&\text{s.t.} && S\leqslant[S] \\
& && g_i(X)\leqslant 0\quad (i=1,2,\cdots,m)
\end{aligned}
\tag{5.24}
$$

式中，ω_1，ω_2 为权系数；$[S]$ 为最大面积允许值。

对 28 种坝体断面的计算结果进行整理，结果如表 5.13 所示，从表中可看出：当坝体上下游断面均为 1∶0.6 时，函数 $F(x)$ 取最小值 0.5072，与之较接近的几种断面分别为：$m=n=1:0.7$；$m=1:0.6$，$n=1:0.7$；$m=1:0.5$，$n=1:0.8$；$m=1.0.5$，$n=1:0.7$ 和 $m=1:0.5$，$n=1:0.6$。

表 5.13　不同断面坝体经济性和安全性指标

方案	坝体断面面积/m^2	水平位移敏感度 φ_{hw}	沉降敏感度 φ_{sw}	经济性系数 ϕ_s	函数 $F(x)$
1	6234.8	2.833	0.193	1.000	0.6081
2	5685.5	2.929	0.333	0.912	0.5804
3	5098.6	3.024	0.476	0.818	0.5500
4	4511.8	3.255	0.514	0.724	0.5139
5	3925.1	3.714	0.786	0.630	0.5072
6	3338.6	4.476	1.214	0.535	0.5243
7	2752.2	7.881	2.643	0.441	0.7205
8	5978.2	2.881	0.238	0.959	0.5934
9	5683.8	2.976	0.238	0.912	0.5729
10	5391.2	2.952	0.357	0.865	0.5599
11	5389.6	3.119	0.286	0.864	0.5580
12	5097.0	3.095	0.381	0.818	0.5432
13	4804.4	3.143	0.429	0.771	0.5258
14	5095.5	3.238	0.357	0.817	0.5450
15	4802.9	3.286	0.429	0.770	0.5298
16	4510.3	3.452	0.524	0.723	0.5206
17	4217.7	3.640	0.620	0.676	0.5121
18	4801.6	3.500	0.381	0.770	0.5321
19	4509.0	3.619	0.476	0.723	0.5213
20	4216.4	3.810	0.571	0.676	0.5129
21	3923.8	3.952	0.714	0.629	0.5074
22	3631.2	4.143	0.929	0.582	0.5103
23	4507.9	3.976	0.429	0.723	0.5282
24	4215.3	4.143	0.524	0.676	0.5190
25	3922.7	4.333	0.667	0.629	0.5150
26	3630.1	4.762	0.833	0.582	0.5209
27	3337.5	5.167	1.095	0.535	0.5350
28	3044.9	7.012	1.429	0.488	0.6016

8）坝体断面的多目标优选

针对胶凝砂砾石坝断面的多目标优化问题，采用三种权系数选取方法：各目标函数等权重；偏安全的权重选取（经济性系数的权重选 0.1）；偏经济的权重选取（经济性系数的权重选 0.3）。

目标函数如下：

$$\min d(F(X)) = \omega_1 d_1(\phi_S) + \omega_2 d_2(\varphi_w) + \omega_3 d_3(F_s) + \omega_4 d_4(K) \quad (5.25)$$

式中，ϕ_S 代表坝体的经济性参数；φ_w 代表坝体最大位移对水位变化的敏感度；F_s 代表坝体整体的抗滑稳定安全系数；K 代表坝体强度安全系数。

这里采用多目标优化思想，对各种坝体断面进行分析，得到的结果如表 5.14 所示。在各目标函数等权重、偏安全权重和偏经济权重下的最优坝体断面上下游坝坡比为 1∶0.7，在实际工程中胶凝砂砾石坝上下游坝坡比在 1∶0.6～1∶0.8 的取值范围内。

表 5.14　不同断面坝体多目标优化结果

计算方法	坝体断面					
	m=1∶0.6 n=1∶0.6	m=1∶0.7 n=1∶0.7	m=1∶0.6 n=1∶0.7	m=1∶0.5 n=1∶0.8	m=1∶0.5 n=1∶0.7	m=1∶0.5 n=1∶0.6
坝体断面经济性系数 ϕ_S	0.630	0.724	0.676	0.676	0.629	0.582
坝体最大水平位移对水位敏感度 φ_{hw}	3.714	3.405	3.640	3.810	3.952	4.143
坝体最大沉降对水位敏感度 φ_{sw}	0.786	0.514	0.620	0.571	0.714	0.929
坝体整体抗滑稳定安全系数 F_s	3.831	4.591	4.078	3.844	3.607	3.370
超载法得到的坝体安全系数	3.15	3.61	3.46	3.21	3.16	2.75
超载和强度储备系数联合法得到的坝体综合安全系数	3.66	4.06	3.91	3.46	3.38	3.35
等权重得到的 F（X）	0.555	0.2	0.369	0.519	0.616	0.8
偏安全权重选取得到的 F（X）	0.582	0.1	0.333	0.502	0.652	0.9
偏经济权重选取得到的 F（X）	0.528	0.3	0.406	0.537	0.580	0.7

通过对 28 种断面的胶凝砂砾石坝的工作性态进行分析研究，这里采用多目标优化的思想，综合考虑坝体的经济性、位移对水位敏感性、整体的抗滑稳定安全系数和整体的强度安全系数，对坝体的断面进行优选，并对材料参数进行敏感性分析，得出如下结论。

坝体在竣工期的最大水平位移几乎为左右对称分布；坝体的最大沉降发生在坝高1/2附近位置；在蓄水期坝体由于受到水荷载的作用，坝体整体发生向下游侧的位移，最大水平位移发生在大概0.7倍坝高位置，随着坝体断面缩小到一定程度，坝体最大水平位移发生的位置会上移，且断面越小，最大位移发生的位置越接近坝顶；坝体的最大沉降与竣工期相比量值上略有增大，位置偏向下游侧和下侧。

不同断面的坝体蓄水期小主应力基本都是压应力，在距离坝底65m（约0.85倍坝高处）的混凝土面板与坝体接触面附件存在少量拉应力区，且拉应力值接近于0，小于胶凝堆石料的抗拉强度；大主应力量值变化不大且在胶凝堆石料的抗压强度范围之内，最大值发生的位置在坝底轴线附近，其位置随上下游坝坡比的变化而略有变化；随着坝体断面减小，坝体最大应力水平随之增大，其最大应力水平与坝体的断面面积以及上下游坝坡比均有关系。

面板与坝体间的切向应力随着上游坝坡比的变陡而逐渐增大，当上游坝坡比不变，下游坝坡比从缓变陡时，面板与坝体间切向应力也随之略有增大；坝体的整体抗滑稳定安全系数与上游坝坡比和坝体的断面面积有直接关系，坝体断面较小，上游坝坡比较陡时，坝体的整体抗滑稳定安全系数低，反之，则坝体的整体抗滑稳定安全系数相对较高。

对于对称断面的胶凝砂砾石坝，随着坝体断面的缩小，坝体最大水平位移和最大沉降对水位的敏感度随之增大，当断面缩小到一定程度时（上下游坝坡比大于1∶0.6)，其敏感度快速增大。

采用多目标优化的思想，综合考虑坝体的经济性、位移对水位敏感性、整体的抗滑稳定安全系数和整体的强度安全系数，选取三种不同的权重系数组合进行研究，优选出最优坝体断面，最优断面为上下游坝坡比均为1∶0.7的情况，与实际工程中胶凝砂砾石坝上下游坝坡比选取范围1∶0.6～1∶0.8是吻合的。

2. 结构多目标优化设计

1）*胶凝砂砾石坝结构计算模型*

这里以某面板堆石坝设计方案为原型，采用胶凝砂砾石坝设计理论，建立胶凝砂砾石坝计算模型，筑坝材料采用胶凝掺量为60kg/m^3，密度为2250kg/m^{3}的胶凝堆石料，坝高74.6m，坝顶宽5m，上下游坝坡比均为1∶1.3，正常蓄水位为71.6m，采用接触单元来模拟混凝土面板和胶凝砂砾石坝之间的接触面，坝底设置竖向和水平向约束，大坝分20级施工。

2）*胶凝砂砾石坝优化设计数学模型*

胶凝砂砾石坝的结构优化设计需考虑其经济性和安全性，而坝体的断面面积能直接反映其经济性，蓄水期的最大水平位移、最大沉降和最大应力水平反映坝体的整体刚度和强度储备，由于胶凝砂砾石的坝坡稳定性较高，优化设计时可不予考虑。本书采用多目标优化思想，综合面板堆石坝与混凝土重力坝的有关设计规范，将设计变量选为上、下游坝坡比 x_1、x_2，对胶凝砂砾石坝的经济性、最大位移和最大应力水平等多个目标进行综合分析。

根据胶凝砂砾石坝的结构特征与工作性态，库水压力作用在上游坝坡，优化设计时的约束条件一般取以下形式。

(1) 几何约束。根据国内外工程经验，建造在基岩上的面板堆石坝上下游可采用 1∶1.3～1∶1.5 的坝坡，碾压混凝土坝的下游坝坡比一般为 1∶0.6～1∶0.8。考虑到胶凝砂砾石坝的坝坡一般介于普通面板堆石坝与碾压混凝土坝之间，从而可取胶凝砂砾石坝的上、下游坝坡 x_1、x_2 比的上下限为 1∶1.5～1∶0.6，且剔除上游缓下游陡的情况。

(2) 性态约束。强度方面：由于目前尚缺少胶凝砂砾石坝的设计规范，本书依据试验结果和有限元分析结果对大坝进行强度约束，当胶凝堆石料最大应力水平 s 达到 0.8 时材料开始发生剪切破坏，因此要求荷载产生的坝体最大应力水平 s 不能超过 0.8；由胶凝堆石料抗压试验和抗折试验，得到胶凝掺量为 $60\mathrm{kg/m^3}$ 的胶凝堆石料抗压强度 $[f_{cu}]$ 和抗拉强度 $[f_{ct}]$ 分别为 2.68MPa 和 0.34MPa，已知混凝土面板抗拉强度 $[\sigma]=1.0\mathrm{MPa}$，因此，这里要求坝体最大主应力 $\sigma_1 \leqslant 0.34\mathrm{MPa}$，第一主应力绝对值 $|\sigma_3| \leqslant 2.68\mathrm{MPa}$，面板最大顺坡向应力 $\sigma_{max} \leqslant 1.0\mathrm{MPa}$。稳定性方面：为保证胶凝堆石坝的整体稳定性，根据混凝土重力坝设计规范，应使大坝的整体抗滑稳定安全系数 $K \geqslant [K]=1.10$，计算公式如下：

$$K=\frac{f\cdot(P_1+P_2)}{P_3} \tag{5.26}$$

式 (5.26) 中，f 为坝体和地基间的摩擦系数，取 $f=\tan\varphi=0.863$；φ 为胶凝堆石料的内摩擦角下限 40.8°；P_1 为坝体自重；P_2 为作用在上游坝坡的水重；P_3 为水荷载对坝体产生的水平推力。

为使目标函数兼顾经济性与安全性，首先将坝体的断面面积进行无量纲处理，令上下游坝坡比为 1∶1.5 的坝体断面面积为 A^*，优化断面面积为 A_a，定义坝体的经济系数 $\varphi_a=A_a/A^*$，则 φ_a 的值越小，断面的经济性就越高；以最大水平位移和最大沉降为标准反映坝体的整体刚度，令 $\varphi_w=0.5^*(X_a/X^*+Y_a/Y^*)$，$X^*$ 和 Y^* 分别为最大水平位移与最大沉降允许值（取坝坡比为 1∶0.6 时的计算值），X_a 和 Y_a 分别为优化断面情况下的最大水平位移和最大沉降，φ_w 越小坝体的整体刚度就越大；令系数 $\varphi_s=S_a/S^*$，其中优化断面的最大应力水平为 S_a，φ_s 越小则坝体的强度储备就越高。

目标 φ_a 与目标 φ_w、φ_s 具有相互排斥性，这里采用线性加权的统一目标法将此多目标问题化为单目标优化问题，用权重系数 ω_i 乘以各目标的方法来描述各个目标的影响程度，权重系数满足 $\sum \omega_i = 1$，因此目标函数 $F(X) = \omega_1 \varphi_a + \omega_2 \varphi_w + \omega_3 \varphi_s$，式中 ω_1，ω_2，ω_3 为权重系数。

综合上述，胶凝砂砾石坝的结构优化设计的数学模型为

求设计变量

$$X = [x_1, x_2]^T \tag{5.27}$$

使目标函数

$$F(X) = \omega_1 \varphi_a + \omega_2 \varphi_w + \omega_3 \varphi_s \rightarrow \min \tag{5.28}$$

满足约束条件

$$\begin{cases} 1:1.5 \leqslant x_1 \leqslant 1:0.6 \\ 1:1.5 \leqslant x_2 \leqslant 1:0.6 \\ K \geqslant 1.10 \\ \sigma_1 \leqslant [f_{ct}] = 0.34\text{MPa}, \ |\sigma_3| \leqslant [f_{cu}] = 2.68\text{MPa} \\ \sigma_{max} \leqslant [\sigma] = 1.0\text{MPa} \\ S \leqslant 0.8 \end{cases} \tag{5.29}$$

3）优化设计结果及分析

根据上述优化设计数学模型，考虑对称断面（$x_1 = x_2$）与不对称断面（$x_1 \geqslant x_2$）两种情况，经济权重系数 ω_1 取 0.1，0.2，0.3，…，0.8，0.9 来进行胶凝堆石坝断面优化设计（φ_w，φ_s 等权重）。计算结果表明，当 $\omega_1 = 0.1$ 时，优化方案的断面面积大于原坝型，不能体现该坝型的经济性，因此这里只列出 $\omega_1 = 0.2$，0.3，…，0.7，0.8，0.9 等 16 种优化方案结果，见表 5.15～表 5.18。

表 5.15　方案 1～方案 8 对称断面优化结果

坝型	坝坡	经济系数	面积/m^2	节省材料百分比/%
原坝型	1∶1.300	0.8724	7607.71	—
方案 1（$\omega_1 = 0.2$）	1∶1.239	0.8336	7269.70	4.44
方案 2（$\omega_1 = 0.3$）	1∶0.983	0.6700	5843.55	23.20
方案 3（$\omega_1 = 0.4$）	1∶0.822	0.5673	4947.56	34.97
方案 4（$\omega_1 = 0.5$）	1∶0.711	0.4965	4330.12	43.08
方案 5（$\omega_1 = 0.6$）	1∶0.668	0.4689	4095.96	46.16
方案 6（$\omega_1 = 0.7$）	1∶0.608	0.4306	3755.52	50.64
方案 7（$\omega_1 = 0.8$）	1∶0.600	0.4257	3712.10	51.21
方案 8（$\omega_1 = 0.9$）	1∶0.600	0.4257	3712.10	51.21

表 5.16　方案 1～方案 8 应力、位移最大值

坝型	最大水平位移/mm	最大沉降/mm	最大应力水平	最大主应力/MPa	最小主应力/MPa	面板最大顺坡向应力/MPa
原坝型	14.23	31.75	0.379	0.0174	−1.440	0.132
方案 1（$\omega_1=0.2$）	15.02	31.72	0.385	0.0203	−1.438	0.141
方案 2（$\omega_1=0.3$）	19.88	31.69	0.425	0.0319	−1.465	0.164
方案 3（$\omega_1=0.4$）	25.58	32.08	0.482	0.0272	−1.421	0.177
方案 4（$\omega_1=0.5$）	32.40	32.94	0.512	0.0279	−1.468	0.187
方案 5（$\omega_1=0.6$）	36.11	33.51	0.538	0.0280	−1.467	0.194
方案 6（$\omega_1=0.7$）	43.58	34.80	0.533	0.0200	−1.469	0.177
方案 7（$\omega_1=0.8$）	44.75	35.02	0.533	0.0288	−1.474	0.200
方案 8（$\omega_1=0.9$）	44.75	35.02	0.533	0.0288	−1.474	0.200

表 5.17　方案 9～方案 16 不对称断面优化结果

坝型	上游坝坡	下游坝坡	经济系数	面积/m²	节省材料百分比/%
原坝型	1∶1.300	1∶1.300	0.8724	7607.71	—
方案 9（$\omega_1=0.2$）	1∶1.197	1∶1.295	0.8379	7307.19	3.95
方案 10（$\omega_1=0.3$）	1∶1.037	1∶1.055	0.7102	6193.54	18.59
方案 11（$\omega_1=0.4$）	1∶0.600	1∶1.105	0.5868	5117.30	32.74
方案 12（$\omega_1=0.5$）	1∶0.612	1∶0.889	0.52911	4614.26	39.35
方案 13（$\omega_1=0.6$）	1∶0.692	1∶0.696	0.48582	4236.72	44.31
方案 14（$\omega_1=0.7$）	1∶0.600	1∶0.630	0.43524	3795.57	50.11
方案 15（$\omega_1=0.8$）	1∶0.600	1∶0.600	0.42566	3712.10	51.21
方案 16（$\omega_1=0.9$）	1∶0.600	1∶0.600	0.42566	3712.10	51.21

表 5.18　方案 9～方案 16 应力、位移最大值

坝型	最大水平位移/mm	最大沉降/mm	最大应力水平	最大主应力/MPa	最小主应力/MPa	面板最大顺坡向应力/MPa
原坝型	14.23	31.75	0.379	0.0174	−1.440	0.132
方案 9（$\omega_1=0.2$）	15.06	31.53	0.388	0.0176	−1.450	0.137
方案 10（$\omega_1=0.3$）	18.38	31.57	0.412	0.0295	−1.430	0.141
方案 11（$\omega_1=0.4$）	24.15	29.56	0.511	0.0292	−1.443	0.215

续表

坝型	最大水平位移/mm	最大沉降/mm	最大应力水平	最大主应力/MPa	最小主应力/MPa	面板最大顺坡向应力/MPa
方案 12（ω_1=0.5）	28.19	30.70	0.508	0.0334	−1.482	0.210
方案 13（ω_1=0.6）	33.80	33.18	0.522	0.0331	−1.464	0.187
方案 14（ω_1=0.7）	42.24	34.16	0.535	0.0107	−1.469	0.216
方案 15（ω_1=0.8）	44.75	35.02	0.533	0.0288	−1.474	0.200
方案 16（ω_1=0.9）	44.75	35.02	0.533	0.0288	−1.474	0.200

由优化结果可以看到，较之原坝体断面，各优化方案的断面面积有不同程度的减小。随着经济权重系数 ω_1 的提高，优化断面面积呈减小趋势，该坝型的经济性就越明显（当 ω_1 达到 0.8 时，优化结果的上下游坝坡比均达到约束临界值 1∶0.6），同时坝体的最大位移和最大应力水平均有不同程度的增大，但都在允许范围之内，而最大、最小主应力的变化并不明显；在 ω_1 相同的情况下，对称断面的优化面积较小，从而经济系数较小，如图 5.12 所示。

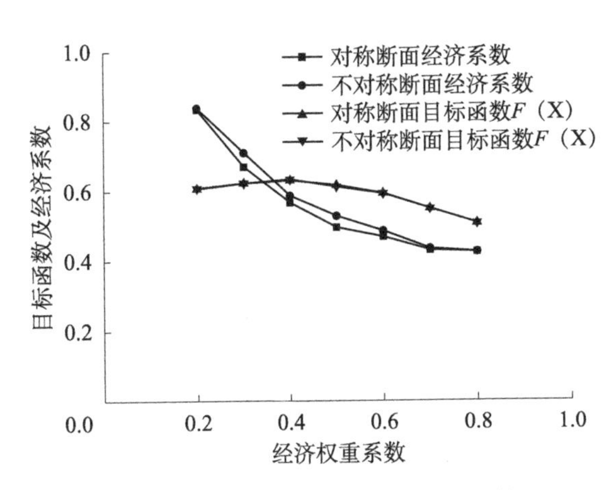

图 5.12　各方案经济系数与目标函数

从图 5.12 中可以看出，当各权重系数相同时，两种断面形状的优化目标函数 $F(X)$ 大致相同，只是经济系数 φ_a 存在较大差异，可理解为对称断面坝型牺牲了一定的断面面积来提高断面的经济性，却降低了坝体的整体刚度和强度储备；经过优化调整，各优化方案在满足安全约束的前提下，都在不同程度上减小了坝体断面面积，节省了工程成本，达到了优化设计的目的。

5.3 小　　结

本章介绍了胶凝砂砾石坝的结构设计原则，探讨了胶凝砂砾石坝的设计方法，为胶凝砂砾石坝的结构设计提供依据。

本章综合考虑了坝体经济性、位移对水位敏感性、整体抗滑稳定安全系数以及强度安全系数，选取了三种不同的权重系数组合，分析了不同上下游坝坡比条件下的胶凝砂砾石坝结构性能，确定上下游坝坡比均为 1：0.7 的断面为胶凝砂砾石坝最优坝体断面。

本章依托有限元商业软件的优化设计模块，综合考虑了胶凝堆石坝的经济性和安全性，并选取不同目标的权重组合，对该坝型断面进行了结构优化设计研究。

第6章　总结与展望

6.1　总　　结

胶凝砂砾石坝是兼有堆石坝和碾压混凝土坝两种坝型优点的一种新坝型，具有断面小、施工速度快、节省用料、便于施工导流、抗震性能好、适应较软弱地基等特点，有较高的安全可靠性和经济性，具有较强的竞争力和推广应用前景。胶凝砂砾石筑坝技术扩大了坝型选择范围，放宽了筑坝条件，丰富了以土石坝、混凝土坝、砌石坝等为主的筑坝技术体系。近年来，日本、土耳其、希腊、法国、菲律宾等国家的诸多永久工程中应用了该坝型。我国先后在福建洪口，云南功果桥、大华桥，贵州沙沱、四川飞仙关等围堰临时工程中应用该筑坝技术，取得了一定的实践经验。2015年，我国第一座高度超过50m的胶凝砂砾石坝永久工程——山西守口堡水库大坝正式开工建设，标志着我国胶凝砂砾石筑坝技术上升到一个新的阶段和水平。该技术的研究与应用，也为我国面广量大的中小型水利水电工程建设和众多老旧、病险水库工程的除险加固改造，提供了一种新的思路和途径。

但是，目前关于胶凝砂砾石筑坝材料的静动力性能、耐久性、蠕变性及热力学性质等方面的研究仍处于不断深入阶段，该坝型结构设计仍然是经验性的，特别是关于胶凝砂砾石坝结构性能预测分析的本构模型方面，尚没有提出准确反映胶凝砂砾石坝料特性的静动力本构模型、蠕变本构模型以及热应力-应变关系模型，使得大坝工作性态预测分析结果存在偏差，从而影响了大坝结构设计指标的确定，进而影响到大坝结构的最优选型。本书是作者团队在该领域的部分研究成果，主要内容总结如下。

（1）胶凝砂砾石料力学特性系列试验研究。材料的力学特性试验是了解材料特性及建立各种模型的重要基础，为满足工程建设需求以及进行系统理论研究的目标，本书开展了不同级配、不同胶凝掺量等因素下胶凝砂砾石料单轴试验、系列三轴试验、动力性能试验、热力学特性的试验、蠕变特性试验以及胶凝砂砾石坝大型离心模型试验，获得了系列详实的试验成果，通过对试验结果分析，掌握了不同因素对坝料性能影响的特点，为指导工程应用与深入理论研究提供了重要依据。

（2）胶凝砂砾石料系列本构模型研究。大坝结构设计的安全可靠性是建立在对大坝在各种荷载作用下性能科学预测分析的基础上，进行大坝结构宏观性能的预测分析的关键是建立相应的本构模型。基于系列试验结果以及理论推演，本书建立了胶凝砂砾石料静力非线性弹性本构模型、基于广义弹塑性理论的静力弹塑性本构模型、动力本构模型、基于宏细观的蠕变本构模型以及热应力-应变关系模型，全面系统地解决了胶凝砂砾石坝工作性态预测分析难题。特别是广义胶凝砂砾石坝料弹塑性本构模型，不仅能很好地模拟胶凝砂砾石坝料的弹塑性特性，提升了胶凝砂砾石坝静力性态的预测分析精度，同时该模型可以依据胶凝掺量推广适用于碾压混凝土或常规堆石料，是富有创新的一个成果。

（3）胶凝砂砾石坝结构工作性态研究。胶凝砂砾石坝料系列本构模型的建立为了解胶凝砂砾石坝的工作特性奠定了基础，但大坝设计关键控制指标的确定依赖于大坝整体性能的预测分析。本书基于提出的系列本构模型独立开发或基于商业软件平台二次开发完成了结构分析程序；进行了不同坝高、不同胶凝掺量等大坝结构的计算分析，总结了大坝结构不同荷载作用下的位移、应力等分布规律；通过综合分析，提出了大坝结构设计应关注的控制指标的建议值以及应重点关注的区域，为工程应用提供了重要依据。

（4）胶凝砂砾石坝结构设计及其优化研究。坝料试验、本构研究以及大坝结构性能预测分析研究的最终目的是实现实际工程的安全可靠运行。本书基于上述系列研究成果，探讨了胶凝砂砾石坝的结构设计原则，提出了胶凝砂砾石料坝的设计方法及控制指标，并以一个堰坝工程展示了设计分析的全过程；进而为了进一步提高结构设计质量与效率，开展了大坝结构优化设计研究，提出了不同特征条件下结构坡比的合理有效的取值范围，保证良好的安全稳定性和经济性。

6.2 展　　望

基于当前水利工程建设需求与绿色协调发展总体要求，研发并推进安全、经济、环境友好的水利工程应用是必然趋势。胶凝砂砾石坝具有地质地形适应性强、经济环保、施工效率高和安全性高等综合优势，逐步得到了坝工界的广泛赞誉和认可，被国际大坝委员会荣誉主席诺贝瑞（Nombre）认为是“大坝技术领域的重要新发展，具有广泛适用性”，因此，该坝的推广应用具有广阔的前景。但随着胶凝砂砾石坝在各种水利工程中的广泛应用，一些前期没有深入研究的问题逐步暴露出来，需要结合工程实践揭示的问题开展进一步的研究和完善。

（1）进一步完善试验相关理论及试验方法研究。胶凝砂砾石料变形机理和破坏特性有别于混凝土材料和常规砂砾石，目前胶凝砂砾石料材料特性研究采用的试验手段主要还是沿用混凝土材料或砂砾石料的设备和方法，存在一定的不合理性，需要进一步建立完善的胶凝砂砾石料试验理论，研制开发专业试验设备，在此基础上深入认识材料的变形机理，建立胶凝砂砾石料试验参数获取标准，为进一步规范胶凝砂砾石料试验、提出标准化试验方法提供必要的依据。

（2）加强大坝层面损伤宏细观演化特征研究。随着胶凝砂砾石坝由临时工程向永久性工程转移以及永久工程建设高度的增加，胶凝砂砾石坝层面特性及其对大坝结构安全的影响需要深入研究。通过胶凝砂砾石料试验获取的细观特征信息，研究不同层面间隔时间、层面处理方式以及压实度下的胶凝砂砾石料界面过渡区力学细观机理，建立界面力学特性模型，采用多尺度均匀化计算方法构建考虑损伤劣化影响的胶凝砂砾石坝层面宏观理论模型，同时开发相应计算程序，研究考虑层面影响的胶凝砂砾石坝结构工作性态，是一个发展方向。

（3）深入开展大坝结构优化设计研究。考虑坝体不同部位所处的内外环境差异，开展胶凝砂砾石坝结构分区设计与外坡局部加强保护设计，更好地发挥不同强度的材料性能，进一步提升大坝整体结构安全性。将现代系统优化设计理论引入胶凝砂砾石坝设计中，构建考虑坝坡、坝料分区以及外坡保护的结构优化设计数学模型，通过自动寻优技术得出胶凝砂砾石坝最优体型，提高大坝设计效率与质量，同样是未来的重要发展方向。

参考文献

［1］中华人民共和国水利部．胶结颗粒料筑坝技术导则：SL 678—2014.［S］. 2014.

［2］武颖利．胶凝堆石坝坝料力学特性及大坝工作性态研究［D］. 南京：河海大学，2010.

［3］杨会臣．胶凝砂砾石坝结构设计研究与工程应用［D］. 北京：中国水利水电科学研究院，2013.

［4］Londe P，Lino M. Faced symmetrical hardfill dam：a new concept for RCC［J］. International Water Power & Dam Construction，1992，44（2）：19-24.

［5］唐新军，陆述远．胶结堆石料的力学性能初探［J］. 武汉水利电力大学学报，1997，30（06）：15-18.

［6］刘录录，何建新，刘亮，等．胶凝砂砾石材料抗压强度影响因素及规律研究［J］. 混凝土，2013（3）：77-80.

［7］贾金生，刘宁，郑璀莹，等．胶结颗粒料坝研究进展与工程应用［J］. 水利学报，2016，47（3）：315-323.

［8］孙明权，郭磊．胶凝砂砾石料力学特性、耐久性及坝型研究［M］. 北京：中国水利水电出版社，2016.

［9］蔡新，武颖利，李洪煊，等．胶凝堆石料本构特性研究［J］. 岩土工程学报，2010，32（9）：1340-1344.

［10］何蕴龙，刘俊林，李建成．Hardfill筑坝材料应力-应变特性与本构模型研究［J］. 四川大学学报（工程科学版），2011，43（6）：40-47.

［11］Cai X，Wu Y L，Guo X W，et al. Research review of the cement sand and gravel（CSG）dam［J］. Frontiers of Structural and Civil Engineering，2012，6（1）：19-24.

［12］金光日，方涛，王俊锋，等．纤维掺和胶凝砂砾石材料的力学性能研

究［J］. 长江科学院院报，2018，35（9）：148－153，158.

［13］王月，贾金生，任权，等. 纤维增强富浆胶凝砂砾石的性能研究［J］. 水利水电技术，2018，49（11）：204－210.

［14］Lohani T N，Kongsukprasert L，Watanabe K，et al. Strength and deformation properties of cemented mixed gravel evaluated by triaxial compression tests［J］. Soils and Foundations，2004，44（5）：95－108.

［15］Kongsukprasert L，Tatsuoka F. Small strain stiffness and nonlinear stress-strain behavior of cemented mixed gravelly soil［J］. Soils and Foundations，2007，47（2）：375－394.

［16］Haeri S M，Hamidi A，Hosseini S M，et al. Effect of cement type on the mechanical behavior of gravely sand［J］. Geotechnical and Geological Engineering，2006，24（2）：335－360.

［17］Younes A，Amir H. Triaxial shear behavior of a cement-treated sand gravel mixture［J］. Journal of Rock Mechanics and Geotechnical Engineering，2014，6：455－465.

［18］王强. 胶结粗粒土强度与变形特性试验研究［D］. 大连：大连理工大学，2010.

［19］Wu M X，Du B，Yao Y C，et al. An experimental study on stress-strain behavior and constitutive model of hardfill material［J］. Science China：Physics，Mechanics & Astronomy，2011，54（11）：2015－2024.

［20］Yang J，Cai X，Pang Q，et al. Experimental study on the shear strength of cement sand gravel material［J］. Advances in Materials Science and Engineering，2018，2531642：1－11.

［21］Yang J，Cai X，Guo X W，et al. Effect of cement content on the deformation properties of cemented sand and gravel material［J］. Applied Sciences-Basel，2019，6，2369：1－16.

［22］傅华，陈生水，韩华强，等. 胶凝砂砾石料静、动力三轴剪切试验研究［J］. 岩土工程学报，2015，37（2）：357－362.

［23］Wu J Y，Feng M M，Ni X Y，et al. Aggregate gradation effects on dilatancy behavior and acoustic characteristic of cemented rockfill［J］. Ultrasonics，2019，92：79－92.

［24］霍文龙. 基于颗粒流的胶凝砂砾石材料破坏机理研究［D］. 郑州：华北水利水电大学，2018.

［25］明宇，蔡新，郭兴文，等. 胶凝砂砾石料动力特性试验［J］. 水利水

电科技进展，2014，34（1）：49－52.

［26］贾金生，刘宁，郑璀莹，等．胶结颗粒料坝研究进展与工程应用［J］．水利学报，2016，47（3）：315－323.

［27］孙明权，郭磊．胶凝砂砾石材料力学特性、耐久性及坝型研究［R］．郑州：华北水利水电大学，2016.

［28］孙明权，杨世锋，田青青．胶凝砂砾石材料力学特性、耐久性及坝型综述［J］．人民黄河，2016，38（7）：83－85.

［29］郭磊，段亚娟，孙明权．胶凝砂砾石材料绝热温升模型及应用［J］．人民黄河，2016（7）：80－84.

［30］郭磊，王军，杨世锋，等．严寒区胶凝砂砾石坝施工期冻融温度与应力仿真［J］．人民长江，2016，47（12）：79－83.

［31］Abid M. 活性粉末混凝土高温蠕变与力学性能研究［D］．哈尔滨：哈尔滨工业大学，2019.

［32］张军．水工隧洞衬砌混凝土温控仿真计算理论方法改进研究［D］．武汉：武汉大学，2014.

［33］李宁．复合石灰石粉-粉煤灰-矿渣再生混凝土体积稳定性研究［D］．徐州：中国矿业大学，2019.

［34］郭兴文，赵骞，顾水涛，等．基于黏弹性接触的颗粒材料蠕变特性研究［J］．岩土力学，2016（S2）：105－112.

［35］王晓强．胶凝砂砾石坝材料的渗透溶蚀研究及工程应用［D］．北京：中国水利水电科学研究院，2013.

［36］陈霞，曾力，何蕴龙，等．Hardfill 坝材料的渗透溶蚀性能［J］．武汉大学学报：工学版，2009，42（1）：42－45.

［37］冯炜．胶凝砂砾石坝筑坝材料特性研究与工程应用［D］．北京：中国水利水电科学研究院，2013.

［38］Hirose T. Design Criteria for Trapezoid-Shaped CSG Dams［C］．69th ICOLD Annual Meeting．Dresden，Germany，2001.

［39］Fujisawa T，Nakamura A，Kawasaki H，et al. Material Properties of CSG for the Seismic Design of Trapezoid-shaped CSG dam［C］．Proceedings of the 13th World Conference on Earthquake Engineering．Vancouver，Canada，2004.

［40］刘俊林，何蕴龙，熊堃．Hardfill 材料非线性弹性本构模型研究［J］．水利学报，2013，44（4）：451－461.

［41］蔡新，杨杰，郭兴文．一种新的胶凝砂砾石坝坝料应变预测模型［J］．

中南大学学报（自然科学版），2017，48（6）：1594－1599.

[42] 吴梦喜，孙宁．硬填料坝应力计算方法探讨与特性分析 [J]. 岩土力学，2013，34（S2）：229－241.

[43] 蔡新，杨杰，郭兴文，等．胶凝砂砾石料弹塑性本构模型研究 [J]. 岩土工程学报，2016，38（09）：1569－1577.

[44] 杨杰．胶凝砂砾石坝坝料力学特性试验及弹塑性本构模型研究 [D]. 南京：河海大学，2018.

[45] 王秀杰．CSG 坝静、动力性能及最佳剖面研究 [D]. 武汉：武汉大学，2005.

[46] 李永新，何蕴龙，乐治济．胶结砂砾石坝应力与稳定有限元分析 [J]. 中国农村水利水电，2005（7）：35－38.

[47] 施金．胶凝面板堆石坝结构分析与优化设计研究 [D]. 南京：南京水利科学研究院，2006.

[48] 孙明权，彭成山，陈建华，等．超贫胶结材料坝非线形分析 [J]. 水利水电科技进展，2007，27（8）：42－45.

[49] 孙伟，何蕴龙，袁帅，等．考虑材料非均质性的胶凝砂砾石坝随机有限元分析 [J]. 水利学报，2014，45（7）：828－836.

[50] Gurdil A F，Batmaz S. Structural design of Cindere Dam [C]. Proceedings 4th International Symposium on Roller Compacted Concrete Dams. Madrid，2003，439－446.

[51] Liapichev Y P. Seismic Stability and Stress-strain State of A New Type of FSH-RCC dams [C]. Proceedings 4th International Symposium on Roller Compacted Concrete Dams. Madrid，Spain，2003.

[52] 何蕴龙，肖伟，李平．Hardfill 坝横向地震反应分析的剪切楔法 [J]. 武汉大学学报（工学版），2008，41（4）：38－42.

[53] 何蕴龙，张艳锋．Hardfill 坝自振特性分析的剪切楔法 [J]. 人民长江，2008，39（13）：98－100.

[54] 于跃，张艳锋，何蕴龙，等．基于剪切楔法的 Hardfill 坝自振特性和动力反应分析 [J]. 天津大学学报，2009，42（4）：327－334.

[55] 郭兴文，明宇，杨杰，等．基于新型本构模型的胶凝砂砾石坝抗震工作性态研究 [J]. 2013，31（12）：90－94，129.

[56] 何蕴龙，张劭华，石熙冉．胶凝砂砾石坝抗震特性及其地震作用计算方法 [J]. 2016，47（5）：589－598.

[57] 张劭华，何蕴龙，孙伟．守口堡胶凝砂砾石坝抗震性能 [J]. 武汉大

学学报（工学版），2016，49（2）：193－200.

［58］吴海林，彭云枫，袁玉琳．胶凝砂砾石坝简化施工温控措施研究［J］．水利水电技术，2015，46，（1）：76－79，84.

［59］郭兴文，杜建莉，赵骞，等．胶凝砂砾石料蠕变试验及大坝长期变形预测［J］．人民黄河，2019，41（9）：149－154.

［60］燕荷叶．守口堡水库胶凝砂砾石坝断面尺寸研究［J］．水利水电技术，2012，43（6）：39－43.

［61］杨晋营，高超．胶凝砂砾石坝坝坡比分析研究［J］．水利与建筑工程学报，2017，15（01）：83－89.

［62］杨晋营，燕荷叶，闫国保．工程条件对胶凝砂砾石坝的影响分析［J］．水利规划与设计，2016（01）：60－63，68.

［63］蔡新，施金，郭兴文，等．胶凝面板堆石坝优化设计［J］．水利水电科技进展，2008，28（1）：43－45，65.

［64］明宇，蔡新，郭兴文，等．基于新型本构模型的胶凝堆石坝多目标优化［J］．河海大学学报（自然科学版）．2013，41（2）：156－160.

［65］李晶．胶凝砂砾石坝与常规重力坝最优断面研究［D］．北京：中国水利科学研究院，2013，6.

［66］刘平，刘汉龙，肖杨，等．高聚物胶凝堆石料静力特性试验研究［J］．岩土力学，2015，36（3）：749－754.

［67］Li D L，Liu X R，Liu X S. Experimental study on artificial cemented sand prepared with ordinary portland cement with different contents［J］．Materials，2015，8：3960－3974.

［68］Baxter C，Sharma M，Moran K，et al. Use of（$A=0$）as a failure criterion for weakly cemented soils［J］．Journal of Geotechnical and Geoenvironmental Engineering，2011，137（2）：161－170.

［69］何蕴龙，刘俊林，李建成．Hardfill筑坝材料应力-应变特性与本构模型研究［J］．四川大学学报（工程科学版），2011，43（6）：40－47.

［70］Ottosen N S. Constitutive Model for Short-time Loading of Concrete［J］．Journal of the Engineering Mechanics Division，1979，105：127－141.

［71］沈珠江．土体应力应变分析的一种新模型［C］．第五届全国土力学及基础工程学术讨论会论文集．北京，中国，1989.

［72］杨光华，李广信，介玉新．土的本构模型的广义位势理论及其应用［M］．北京：中国水利水电出版社，2007.

［73］杨光华，温勇，钟志辉．基于广义位势理论的类剑桥模型［J］．岩土

力学，2013，34（6）：1521－1528.

[74] 郑颖人，沈珠江，龚晓南．岩土塑性力学原理[M]．北京：中国建筑工业出版社，2002.

[75] Zienkiewicz O C，Leung K H，Pastor M. Simple model for transient soil loading in earthquake analysis. I：basic model and its application [J]. International Journal for Numerical and Analytical Methods in Geomechanics，1985，9（5）：453－476.

[76] Pastor M，Zienkiewicz O C，Leung K H. Simple model for transient soil loading in earthquake analysis. II：non-associative models for sands [J]. International Journal for Numerical and Analytical Methods in Geomechanics，1985，9（5）：477－498.

[77] Pastor M，Zienkiewicz O C，Chen A H. Generalized plasticity and the modeling of soil behavior [J]. International Journal for Numerical and Analytical Methods in Geomechanics，1990，14（3）：151－190.

[78] 高红，郑颖人，冯夏庭．材料屈服与破坏的探索[J]．岩石力学与工程学报，2006，25（12）：2515－2522.

[79] 岑威钧，陈司宁，邓同春，等．土石料双屈服面弹塑性模型的二次开发算法与应用[J]．西南交通大学学报（自然科学版），2018，53（3）：582－587.